JN441674

데이터 통신과 컴퓨터 네트워크

이용균 저

머리말

이 책은 현대 정보화 사회의 기반을 제공하는 데이터통신과 컴퓨터 네트워크와 관련된 여러 부분의 개념과 개요를 통신과 네트워크 분야의 종사자들에게 이해하기 쉽게 소개하는데 그 목적을 두었다. 그러므로 다양한 주제들을 기본 요소들로 나누어 각 요소들에 대한 기본 개념과 가능한 최신 기술들을 기술하였다.

이 책은 총 9장으로 구성되었는데, 제1장은 개요 부분으로 데이터통신의 역사와 정의, 통신망 기술, 컴퓨터통신의 개념과 구조, OSI 참조 모델 및 데이터통신의 표준 등을 소개하였다. 제2장은 데이터통신에 관련된 기본 기술들을 소개하는 장으로 데이터 전송 요소, 신호, 데이터의 부호화, 데이터 전송과 용량, 전송매체, 다중화 및 암호화 기술들을 간단히 기술하였다. 제3장은 데이터의 교환에 사용되는 여러 종류의 통신망들을 기본 개념과 특징들을 간략히 보여준다.

제4장은 OSI 참조 모델의 7계층 중 데이터 링크층에 관련된 기능들인 데이터 오류의 검출과 정정, 흐름제어와 오류제어, 데이터 링크 제어 프로토콜 등을 다루었다.

제5장은 LAN과 네트워크 연결에 관련된 표준 LAN과 고속 LAN, 네트워크 연결 장치와 백본 네트워크, 가상 LAN 기술 등을 소개하였다. 또한 인터넷이나 WAN 구성에 필요한 고속의 전송 기술인 SONET/SDH, ATM 전송 기술들에 대한 개념과 구조 및 응용 등을 논의하였다.

제6장은 OSI 참조 모델의 네트워크층 기능들인 네트워크 주소 지정, 인터넷 프로토콜, 주소 연결과 인터넷 메시지 프로토콜, 전달과 라우팅 프로토콜 등을 소개하였다.

제7장에서는 전송계층 기능들인 프로세스 간의 전달 프로토콜, 트래픽 제어, 서비스 품질 등을 기술하였다.

제8장은 OSI 모델의 응용층 기능들인 DNS, 원격 로그인, 전자우편, Web과 HTTP, 네트워크 관리 기능 등을 다루었다.

마지막으로 네트워크에서의 데이터의 보안과 기밀성을 보장하는 기술들인 대칭형 암호화, 메시지 인증, 전자서명, 인터넷 보안 등에 관한 기술들을 소개하였다.

만약 이 책을 데이터통신 과목의 교재로 사용한다면 제1장에서 제5장까지를 강의 범위로 잡으면 알맞을 것 같고, 컴퓨터 네트워크 과목의 교재로 선택한다면 제5장에서 제9장까지를 강의하면 적합할 것으로 생각된다.

끝으로 이 책이 나오기까지 많은 분들의 노력이 필요하였는데, 특히 책의 집필을 권유해 주시고 출판해 주신 도서출판 기한재의 김형근 사장님께 감사드립니다. 아울러 이 책의 원고 타이핑을 도와준 사랑하는 딸들인 향과 슬, 교정과 어색한 문장들을 매끄럽게 다듬어준 아내 정문의 노고에도 고마운 마음을 전합니다.

저자

CONTENTS

CONTENTS

Chapter 09_ 네트워크 보안 … 387

CHAPTER 01 서론

1.1 데이터 통신의 역사

1844년 모르스는 유선으로 연결된 두 지점 사이에 전기적 펄스 형태의 데이터를 전송하는 방법으로 40마일 떨어진 볼티모어와 워싱턴 간의 전기통신을 성공하였고, 그 후 1876년에는 알렉산더 그레함 벨이 전화기를 발명해서 인간의 음성을 전기신호로 변환하여 전달할 수 있게 되었다.

데이터 통신 시스템의 기원은 1958년에 미국에서 군사 목적으로 개발한 SAGE(Semi-Automatic Ground Environment) 시스템이다. 이 시스템은 명령 센터에 있는 컴퓨터와 항공 레이더망을 통신회선으로 연결하고 모든 항공기로부터 전달되는 정보를 컴퓨터로 분석 처리한 후 임무 수행 중인 전투기에 명령을 내리는 시스템이다.

그 후 이 SAGE 시스템에 기술적 영향을 받아 1964년 아메리카 온라인 사에서 여객기의 좌석 예약과 회사 업무를 종합적으로 처리하는 SABRE(Semi-Automatic Business Research Environment) 시스템을 개발하였다.

또한 컴퓨터 시스템을 여러 이용자가 공동으로 이용하려고 TSS(Time Sharing System) 개발에 주력을 하게 되었고, 이런 목적의 시스템으로 미국 MIT 대학의 CTSS(Compatible Time-Sharing System)을 들 수 있다.

온라인 시스템의 이용이 확산되는 동시에 소형이지만 고성능의 개인용 컴퓨터가 보급되면서, 컴퓨터와 단말 사이에 고속의 데이터 전송과 인터페이스의 결합이 요구되었으며, 통신망에 대해서 기존의 전화망과 전혀 다른 고도의 네트워크 기능이 새롭게 필요하였다.

이런 배경에서 1968년에 미국 국방성의 ARPA(Advanced Research Project Agency)가 컴퓨터 네트워크의 실험을 시작하여, 1971년부터 국방성을 중심으로 미국의 대학과 연구 기관의 여러 컴퓨터와 단말기를 디지털 회선으로 접속하여 각 단말에서 임의의 컴퓨터를 사용할 수 있는 실용적 시스템을 구성하게 되었다. 이 네트워크는 최초의 패킷 교환 방식을 채택하였는데, 이는 종래의 회선 교환 방식에 비해 컴퓨터들 사이의 통신에 적합한 방식으로 데이터 통신 시대의 개막에 크게 공헌하였다.

컴퓨터 네트워크의 개념은 기존의 전기 통신망의 확장이 아니라 컴퓨터 시스템 고유의 개념 위에 데이터 통신망을 구축하는 네트워크 구조로 발전하였다. 그 대표적인 예가 1974년에 IBM이 발표한 SNA(System Network Architecture)로서 컴퓨터간의 접속을 용이하게 하고, 이용 형태의 다양화와 복잡화에 대처하기 위한 체계화된 네트워크 방식이었다.

한편, 우리나라에서는 1973년에 외환 은행이 온라인 서비스를 위해서 서울과 부산 지점 사이에 전용 통신 회선을 설치한 것이 효시라 할 수 있으며, 데이터 통신 주식회사가 1984년에 개통한 DACOM-NET 등이 있다.

1.2 데이터 통신의 정의

오래 전부터 신속 정확하게 정보를 전송하는 방법들이 다양하게 연구되어 왔으며, 근래에는 통신 기술과 컴퓨터의 발전으로 그 방법들이 크게 변화하였다.

데이터는 그것을 만들어 사용하는 사용자간에 합의된 형식으로 표현된 사실 및 개념, 명령 등을 말하며 컴퓨터 정보 시스템에서 데이터는 0과 1의 형태로 만들어져 사용되는 2진 정보 단위 또는 비트(bit)로 표현된다.

데이터 통신은 특정 형태의 전송매체를 통해 두 장치 간에 0과 1의 형태로 된 데이터 교환을 말하며, 데이터 통신 시스템의 기본적인 구성은 이용자가 데이터 통신 시스템과의 접속을 위해 사용하는 데이터 입출력 단말 장치와 데이터를 처리하는 컴퓨터, 그리고 이들을 연결하는 데이터 전송회선으로 구성된다.

1970년대와 1980년대에 걸쳐서 컴퓨터 분야와 데이터간의 결합이 이루어졌으며, 관련 분야의 기술과 제품, 새로운 컴퓨터-통신의 융합 형태로 산업에 큰 영향을 주어 다음과 같은 몇몇 주목할 만한 변화를 가져왔다.

- 데이터 프로세싱을 수행하는 컴퓨터와 데이터 통신을 담당하는 전송과 교환 장치들 사이에 기본적인 차이점들이 사라졌다.
- 데이터, 음성 및 비디오 통신간의 기본적인 차이점도 사라졌다.
- 단일 프로세서 컴퓨터와 멀티프로세서 컴퓨터, 근거리 네트워크와 장거리 네트워크 간의 회선의 구분이 불명확해졌다.

이 결과 컴퓨터와 통신 산업 사이에 중복되는 부분이 증가하여, 각 구성품의 조립에서 통합된 시스템으로의 발전이 이루어져, 모든 형태의 데이터와 정보를 전송하고 처리할 수 있는 종합 시스템이 등장하였다.

1.3 데이터 통신망 기술

가장 단순한 형태의 데이터 통신은 점-대-점(point-to-point) 형태로 전송 매체에 의해서 직접 연결된 두 개의 장치들 사이에 이루어진다. 그러나 두 장치들을 직접 연결하는 방법은 다음과 같은 문제들이 있으므로 실용적이 아니다.

- 장치들이 멀리 떨어져 있는 경우는 두 개의 장치들 사이에 전용 회선을 설치하려면 비용이 많이 든다.
- 여러 개의 장치들이 각각 다른 시간에 다른 장치들과의 통신을 요구할 경우, 만약 넓은 지역의 모든 전화와 터미널, 컴퓨터를 하나의 관리 기관에서 운영한다면, 이들 사이를 전용 회선으로 연결하는 것은 경제성이 없다.

[그림 1-1] 통신망을 통한 상호 연결

이러한 문제를 해결하기 위해 정보 장치들을 그림 1-1과 같이 통신망에 접속시킨다. 통신을 원하는 정보 장치들의 결합을 통칭하여 스테이션(station)이라고 부른다. 스테이션의 종류로는 컴퓨터, 터미널, 전화 그리고 다른 통신 장치들이 있다. 스테이션들은 통신망의 노드(node)에 접속되며 스테이션들을 접속하는 노드들의 집합은 데이터를 전달하는 통신망과 스테이션의 경계이다.

통신망은 데이터를 전송하는 데 사용되는 구조화 기법에 따라 다음과 같이 분류한다.

(1) 교환망(switched nctwork)

- 회선 교환망(circuit-switched network)
- 패킷 교환망(packet-switched network)

(2) 방송망(broadcast network)

- 패킷 라디오 망(packet radio network)
- 위성 망(satellite network)
- 지역 망(local network)

교환 통신망에서 데이터는 여러 개의 중간 노드를 거쳐 송신측에서 수신측으로 전달되는데, 이 노드들은 데이터의 내용에 관여하지 않으며, 데이터가 최종 목적지로 전달될 때까지 노드에서 노드로 전달하는 기능을 제공한다.

회선 교환망에서는 전용의 통신로가 통신망의 노드들을 통해서 두 개의 스테이션 사이에 설정되며, 이 통신로는 노드들 간의 물리적 접속의 연속으로 이루어진다. 각 링크에서 하나의 논리적 채널이 이 접속을 위해 할당되고 각 노드는 들어오는 데이터를 적절한 출력 채널로 경로를 배정하거나 교환한다. 그 예로는 전화 통신망의 회선 교환을 들 수 있다.

패킷 교환망은 회선 교환망과는 달리 어떤 전송로를 위하여 전송 용량의 일부를 전용으로 할당할 필요가 없으며 정보는 패킷으로 불리는 조그만 조각으로 나뉘어져 전송된다. 각 패킷은 송신측에서 수신측을 연결하는 전송로를 따라서 노드에서 노드로 전송되는데 각 노드는 패킷을 수신하면 잠시 저장하였다가, 다음 노드로 전송한다. 패킷 교환망은 터미널-터미널 혹은 컴퓨터-컴퓨터 간의 통신에 사용된다.

방송 통신망은 중간에 교환 노드가 존재하지 않으며 임의의 스테이션에서의 데이터를 전송하면 스테이션들이 매체를 공유하므로 모든 다른 스테이션에서 수신할 수 있다.

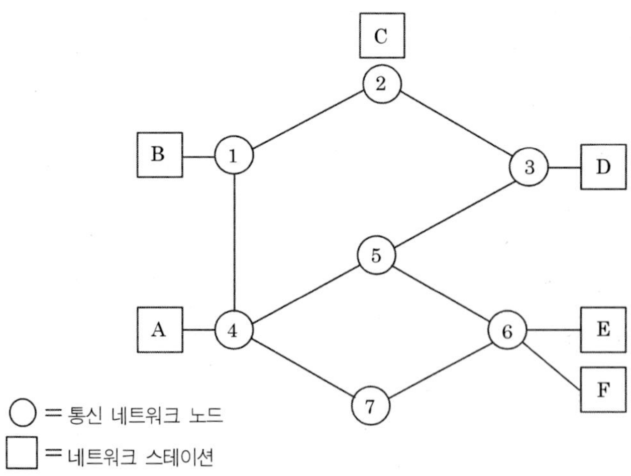

[그림 1-2] 일반적인 교환망

유사한 형태의 방송망을 패킷 라디오 및 위성 네트워크라 할 수 있는데, 이들 모두 스테이션은 안테나를 통해서 송수신 가능하고, 모든 스테이션은 같은 채널이나 라디오 주파수를 공유한다. 패킷 라디오 네트워크에서는 각 스테이션이 상대의 전송범위 내에 위치하여, 직접 교신할 수 있다. 위성 네트워크에서는 데이터가 송신기에서 수신기로 직접 전달되지 않고 위성의 중계를 거쳐야한다. 송신 스테이션들이 데이터를 위성으로 전송하면 위성은 그 데이터를 수신 스테이션으로 중계해 준다.

이와 다른 일반적인 방송망의 경우를 로컬 네트워크에서 볼 수 있는데, 로컬 네트워크는 좁은 지역에 국한된 통신망으로 2가지 형태가 있다. 링 로컬 네트워크는 닫힌 루프의 형태로 각 스테이션은 연이어 서로 다른 스테이션에 연결되어 있고, 각 스테이션에서 전송되는 데이터는 링을 따라서 회전하며, 각 스테이션은 데이터가 지나갈 때 수신할 수 있다. 버스 로컬 네트워크에서는 모든 스테이션이 공용의 통신회선 혹은 케이블에 접속되며, 어떤 스테이션에서의 전송도 전송 매체의 길이만큼 양쪽 방향으로 전파되어 다른 모든 스테이션이 수신할 수가 있다.

1.4 컴퓨터 통신 모델

데이터 통신의 기본적인 목적은 두 지역 사이에 정보를 교환하는 것이며, 여기서 그림 1-3에서 보여주는 간단한 컴퓨터통신 모델의 블록도를 살펴보자.

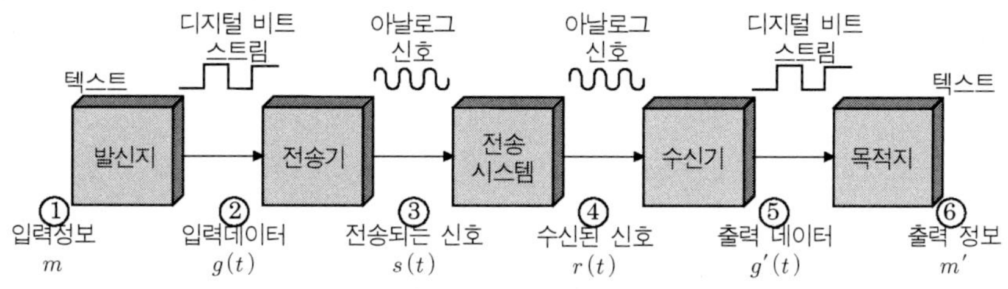

[그림 1-3] 간단한 통신 블록도

그림 1-3에서 전달하려는 정보를 메시지 m이라고 하면, 이 정보는 시간에 따라 변하는 신호 $g(t)$의 형태로 송신기로 보내진다. 신호 $g(t)$가 전송되어야 하지만, 이 신호는 전송에 적절한 형태가 아니므로 전송 매체에 적합한 신호 $s(t)$로 변환된다. 이 신호는 전송 매체를 통해 전송되며, 수신측에서는 송신측에서 보내준 신호 $s(t)$와 다를 수 있는 신호 $r(t)$가 수신된다. 이 신호는 수신기에 의해 변환되어 출력에 적합한 형태가 된다. 변환된 신호 $g'(t)$인 데이터는 입력의 근사치이며, 최종적인 출력 장치는 예상되는 메시지 m'를 수신자에게 보내게 된다.

전자 우편의 경우에 입력 장치와 송신기가 개인용 컴퓨터의 구성품이며, 송신자는 메시지를 다른 사람에게 전송하려는 컴퓨터 사용자가 된다. 예를 들면, 2010년 새해의 축하 인사를 메시지 m으로 하면 이것은 문자열의 정보가 된다. 사용자는 개인용 컴퓨터에서 전자 우편 응용 프로그램을 작동시켜서 입력 장치를 통해 메시지를 입력한다. 이 문자열은 주기억 장치 내에 일시적으로 저장되는데, 이것은 문자의 연속인 $g(t)$로 생각할 수 있으며, 메모리 내에서 비트의 연속이다. 개인용 컴퓨터는 LAN의 트랜시버나 모뎀과 같은 입출력 장치에 의해 로컬 네트워크나 전화회선과 같은 전송 매체에 연결된다. 컴퓨터에서 전송장치로 들어오는 $g(t)$는 전송 매체로 전송되기 전에 전압 변화의 연속인 $s(t)$로 변환된다.

전송 매체로 전송되는 신호 $s(t)$는 수신기에 도달할 때까지 전송환경에 영향을 받게 되므로 수신되는 신호 $r(t)$는 $s(t)$와 어느 정도 차이가 날 수도 있다. 수신기는 $r(t)$와 전송 매체에 대한 정보를 기초로 $s(t)$의 본래 형태를 추정하여 비트 연속인 $g'(t)$를 만들어낸다. 이 비트는 수신측 개인용 컴퓨터로 보내지고, 문자로 간단히 버퍼링된다. 대다수의 수신 시스템은 오류 발생 유무를 조사하고, 만약 오류가 검출되면 송신 시스템의 도움을 받아 완전하고 오류가 없는 데이터 블록을 얻을 수 있다. 최종적으로 데이터를 프린터나 스크린과 같은 장치를 통해 사용자에게 보여준다. 사용자에게 보여주는 메시지 m'는 원래의 메시지인 m과 동일하다.

전화의 경우 사용자는 음성파형 형태의 메시지 m을 발생시키며, 음성은 전화기에 의해 같은 주파수를 갖는 전기적 신호로 변환된다. 이 신호는 전화회선을 거치는 동안 변환되지 않고 전송되므로 전송장치로 들어오는 신호 $g(t)$는 전송 신호 $s(t)$와 동일하다. 신호 $s(t)$는 전송 매체를 통과하는 동안 왜곡이 발생할 수 있으므로, $r(t)$는 $s(t)$와 다를 수도 있다. 그러나 $r(t)$는 어떤 수정이나 신호의 질을 개선하기 위한 처리 없이 음성파형으로 복원된다. 그러므로 m'는 m과 정확히 같은 것이 아니나, 수신된 음성 메시지는 일반적으로 우리가 충분히 이해할 정도가 된다. 이 두 가지의 예는 데이터 통신에 대한 개념을 제시해 준다.

다음 사항들은 데이터 통신 시스템에서 수행되어야 하는 주요 기능들을 나타내주고 있다.

- 전송 시스템 활용
- 인터페이스
- 신호 발생과 동기화
- 교환 관리
- 오류 검출과 정정
- 흐름 제어와 회복

- 주소 지정과 경로 배정
- 메시지 형식화
- 보안과 네트워크 관리

첫째 항목인 전송 시스템 활용은 많은 통신장치들 간에 공유되는 전송 설비를 효율적으로 사용할 필요를 말하는 것으로, 전송 매체의 총용량을 많은 사용자에게 할당하기 위해 여러 가지 다중화 기법들이 사용되고 있다. 전송 서비스의 지나친 요구로 인해 시스템이 다운되지 않도록 하는 경쟁 제어 기법도 필요하다.

통신하려는 장치는 전송 시스템과의 인터페이스가 필요하며, 일단 인터페이스가 설정되고 통신을 시도하려면 신호를 발생시켜야 한다. 신호는 첫째, 전송 시스템을 통해 전파될 수 있어야 하고 둘째, 수신기에서 데이터로 해석이 가능해야 한다. 신호는 전송 시스템과 수신기에서 필요한 조건에 적합하도록 만들어져야 하고 송수신기간의 동기를 제공하여야 한다. 수신기는 신호의 시작과 끝의 위치를 판단하며, 각 신호 요소의 간격도 알아야 한다.

두 통신자간의 통신을 위해서는 신호의 특성과 타이밍을 결정하는 기본적인 문제 외에도 교환 관리의 범주에 속하는 여러 종류의 필요 항목들이 있다. 즉, 양측의 장치가 동시에 또는 교대로 전송할 것인가? 한 번에 전송하는 데이터양은 얼마로 할 것인가? 데이터 형식은 어떻게 할 것인가? 오류가 발생했을 때에는 어떻게 대처할 것인가? 등이다. 흐름 제어는 수신측이 데이터를 처리하는 속도보다 빠르게 송신측의 전송이 이루어질 경우에 발생하는 시스템의 불능 현상을 방지한다. 전송 장치를 2개 이상의 장치들이 공유하는 경우 송신측 시스템은 수신측을 지정할 수 있어야 하는데, 이를 주소 지정과 경로 배정이라 한다. 회복은 오류 정정과는 구별되는 개념으로 정보 교환에서 시스템의 어느 부분의 결함에 의해 동작이 중단되면 회복 기법이 필요하다.

메시지 형식화는 교환 또는 전송되는 데이터의 형태에 대한 두 통신자 사이의 약속이다. 데이터의 송신자는 의도하는 수신자만 그 데이터를 받기를 원하며, 수신자는 받은 데이터가 전송 도중에 변형되지 않고 실제의 송신자가 보낸 것임이 보장되기를 원하는 것은 보안의 문제이다. 또한 시스템을 조정하고 상태를 감시하여 다운이나 과부하에 대처하고, 미래의 확장을 위해 적합한 설계를 할 수 있는 네트워크 관리 능력이 필요하다.

지금까지 송신자와 수신자 간의 단순한 데이터 통신에서 6단계를 가진 데이터 통신 모델로 개념을 확장했으며, 데이터 통신에 필요한 기능들을 살펴보았다.

1.5 컴퓨터 통신의 구조

그림 1-3에서 보는 바와 같이 데이터 통신이라는 용어는 기본적으로 ②번에서 ⑤번 사이에서 발생하는 처리를 말하며, 두 지점 간의 신호나 데이터 스트림을 전송하는 일에만 관련될 뿐이지, 그 데이터가 담고 있는 의미와는 무관하다. 그러나 컴퓨터와 터미널 그리고 다른 데이터 처리용 장치가 데이터 교환을 할 때는 관련된 분야가 훨씬 넓다. 예를 들어, 두 컴퓨터 간의 파일 전송을 생각해 보면, 두 컴퓨터 사이에는 직접 또는 통신망을 통한 데이터 전송로가 필요하며, 일반적으로 수행되어야 할 작업들은 다음과 같다.

① 송신 시스템은 데이터 전송로를 직접 가동시키든지, 또는 수신 시스템을 식별할 수 있는 정보를 통신망에 알려야 한다.

② 송신 시스템은 수신 시스템의 데이터 수신 준비 상태를 확인해야 한다.

③ 송신 시스템에 존재하는 파일 전송 응용 프로그램은 수신 시스템에 존재하는 파일관리 프로그램이 파일을 받아 저장할 준비가 되어 있는가를 확인하여야 한다.

④ 두 시스템에서 사용되는 파일 형식이 호환되지 않는 경우에는, 그 중 한 시스템은 형식 변환 기능을 수행해야 한다.

이 두 컴퓨터 시스템 간에는 긴밀한 수준의 협력 작업이 있어야 한다. 이렇게 협력 작업이 필요한 컴퓨터간의 정보 교환을 컴퓨터 통신이라 하며, 이 컴퓨터 집합과 전송장치 등을 포함하여 컴퓨터망 혹은 컴퓨터 네트워크라 하며, 컴퓨터 통신과 네트워크를 설명하는데 다음의 두 가지 개념이 중요하다.

- **프로토콜**: 프로토콜은 서로 다른 시스템의 개체(entity) 간의 통신을 위해서 사용된다. 개체의 예로는 사용자의 응용 프로그램과 파일 전송 패키지, 데이터베이스 관리 시스템, 전자 우편 설비, 터미널 등이 있고 시스템의 예로는 컴퓨터와 터미널, 원격 센서 등이 있다. 일반적으로 개체는 정보를 송수신할 수 있는 것을 나타내며, 시스템은 하나 혹은 복수의 개체를 포함하는 물리적으로 독립된 대상을 말한다. 두 개의 개체가 원하는 대로 통신하려면 서로 같은 언어로 이야기해야 한다. 즉, 무엇을 교신하며, 어떻게 교신하며, 언제 교신할 것인가는 관련된 개체 사이에서 상호간에 수용 가능한 협정을 정하여서 그대로 이행함으로써 가능하다. 이런 협정을 프로토콜이라 하며, 두 개체간의 데이터 교환을 관리하는 일련의 규약의 집합으로 정의되며, 그 주요 내용은 다음과 같다.
  - 신택스(syntax): 데이터 형식이나 신호 레벨 등을 포함한다.

- 시맨틱(semantic) : 전송의 조정, 오류 관리를 위한 제어 정보를 포함한다.
- 타이밍(timing) : 속도 조절과 순서 조정 등을 포함한다.

- **컴퓨터 통신 구조** : 서로 다른 시스템의 2개의 개체간의 통신을 하나의 프로세스나 모듈로 처리하기는 너무 복잡하다. 앞에서 살펴본 작업 ③과 ④는 파일 전송 패키지에서 구현된 응용 위주의 프로토콜로 수행될 수 있다. 두 개의 파일 전송 패키지가 데이터를 교환하기 위해서는 각각은 네트워크 서비스 모듈을 호출하게 되며, 여기서 작업 ②를 수행하고 로컬화일 전송 모듈을 이용해서 데이터를 교환한다. 작업 ②를 수행하기 위해서는 두 네트워크 서비스 모듈은 시스템과 시스템간의 프로토콜을 사용한다. 마지막으로 실제 데이터 전송을 위해 네트워크 서비스 모듈은 작업 ①을 수행해야 하는데, 통신망의 경계 노드에서 네트워크 액세스 프로토콜을 사용하여 이를 처리한다. 다시 말하면 하나의 간단한 프로토콜을 사용하는 대신 통신 기능을 구현하는 프로토콜의 구조적 집합을 사용한다. 이러한 구조를 컴퓨터 통신 구조라고 한다.

1.6 OSI 참조 모델

컴퓨터통신이 서로 다른 종류의 컴퓨터와 네트워크들 사이에 이루어질 때는 여러 가지 기능의 차이가 발생할 수 있다. 하드웨어에 관한 표준화는 비교적 잘 되어있지만, 소프트웨어는 매우 복잡하며 컴퓨터 제조회사들이 독자적으로 다양한 네트워크를 개발하였다. 컴퓨터 통신은 자원의 공유와 분산처리 등의 관점에서 서로 다른 데이터 표현 형식과 교환방식을 사용하므로 다른 컴퓨터 간의 상호접속을 원활히 하려면 하나의 통일된 네트워크 구조가 절실히 필요하다.

세계적으로 인정받는 국제 표준기구인 ISO는 1977년부터 컴퓨터통신 구조의 표준화 작업을 진행하여 OSI(Open System Interconnection) 참조 모델을 만들어, 이질적인 컴퓨터 시스템들을 상호 연결하기 위한 기준을 제공하였다.

OSI 모델은 모든 종류의 컴퓨터 시스템 간의 통신이 가능한 네트워크 시스템을 설계하기 위한 계층구조이다. 이 모델은 서로 연관된 7개의 계층으로 이루어지며, 각 계층에는 네트워크를 통해 정보를 전송하는 과정의 기능들이 정의되어 있다. OSI 모델을 살펴보는 것은 데이터 통신과 컴퓨터 네트워크를 이해하는데 가장 기본적인 시작이다.

1.6.1 OSI 모델

OSI 모델은 물리계층, 데이터링크 계층, 네트워크 계층, 전송계층, 세션계층, 표현계층, 응용계층으로 구성되었으며, 그림 1-4는 메시지가 장치 A에서 장치 B로 전송될 때 관련되는 계층들을 보여준다. 메시지는 A에서 B로 전송되는 도중에 여러 개의 노드들을 경유할 수 있으며, 중간의 노드들은 OSI 모델의 하위 세 개의 계층의 기능만 필요하다. OSI 모델의 설계 과정에서 데이터전송 과정에 필요한 기능들을 잘 정리하여 기능들을 서로 관련된 그룹으로 구분하여 그 그룹들이 각 계층이 되었다. 각 계층은 다른 계층들의 기능과 구분되는 기능들의 집합으로, 기능을 정의하고 구분함으로써 OSI 모델은 유연한 구조가 되었다.

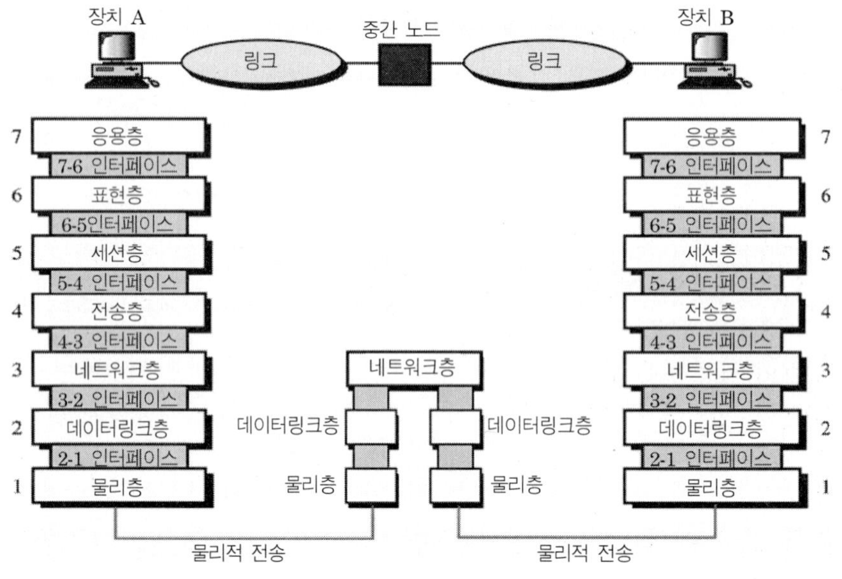

[그림 1-4] 네트워크의 OSI 계층

한 장치에서 각 계층은 바로 아래 계층에게 서비스를 요구하는데, 제3계층은 제2계층에게 서비스를 요구하고 제4계층에게는 서비스를 제공한다. 그리고 하나의 장치의 n번째 계층은 다른 장치의 n번째 계층과 논리적으로 통신한다고 표현한다. 이러한 통신은 두 시스템 간에 협의된 규칙과 규약인 프로토콜에 의해 제어되며, 해당 계층에서 통신하는 각 계층의 프로세스를 대등-대-대등 프로세스라 한다. 그러므로 장치들 간의 통신은 각 계층마다 적절한 프로토콜을 사용하는 해당 계층들 간의 대등-대-대등 프로세스로 생각할 수 있다.

물리계층의 통신은 장치 A에서 장치 B로 순서대로 비트를 보내는 직접 통신 방식이지만, 송신측에서의 통신은 계층을 따라 아래로 내려가면서 진행되고, 수신측에서는 계층을 따라 올라가면서 진행된다. 송신측의 각 계층은 바로 위 계층에서 받은 데이터 단위에 자신의 정보를 첨부한 후 아래 계층으로 내려 보낸다. 이 정보를 헤더(header)나 트레일러(trailer)라고 하며 헤더는 데이터 단위의 앞부분에, 트레일러는 뒷부분에 첨가한다. 헤더는 제6, 5, 4, 3, 2계층에서 첨부하며 트레일러는 제2계층에서만 붙인다.

물리계층에서는 모든 데이터 단위들은 수신측이 받을 수 있는 신호의 형태로 변환되어 전송된다. 수신측에 전달된 메시지는 각 계층별 프로세스에 의해 해당되는 데이터 단위를 수신하여 꺼내는 방식으로 각 계층에서 분해된다.

데이터와 정보가 포함된 데이터 단위가 송신측의 각 계층을 따라 전달되고 수신측의 각 계층을 따라 올라가면서 각 계층에서 필요한 정보를 추출하고 위 계층으로 데이터 단위를 전달하는 것은 인접한 계층 간의 인터페이스에 의해 이루어진다. 각 인터페이스는 하나의 계층이 바로 위 계층에게 제공해야 하는 정보와 서비스를 정의한다. OSI 모델은 각 계층의 기능과 계층 간의 인터페이스를 잘 정의함으로써 모듈성을 갖는다.

OSI 모델의 7개 계층은 3개의 그룹으로 크게 나눌 수 있는데, 물리층과 데이터링크층, 네트워크 층은 네트워크 지원 계층으로, 하나의 장치에서 다른 장치로 데이터를 전달할 때 필요한 물리적인 처리한다. 세션층과 표현층, 응용층은 사용자 지원계층으로, 이 그룹은 소프트웨어 시스템 사이의 연동을 가능하게 해준다.

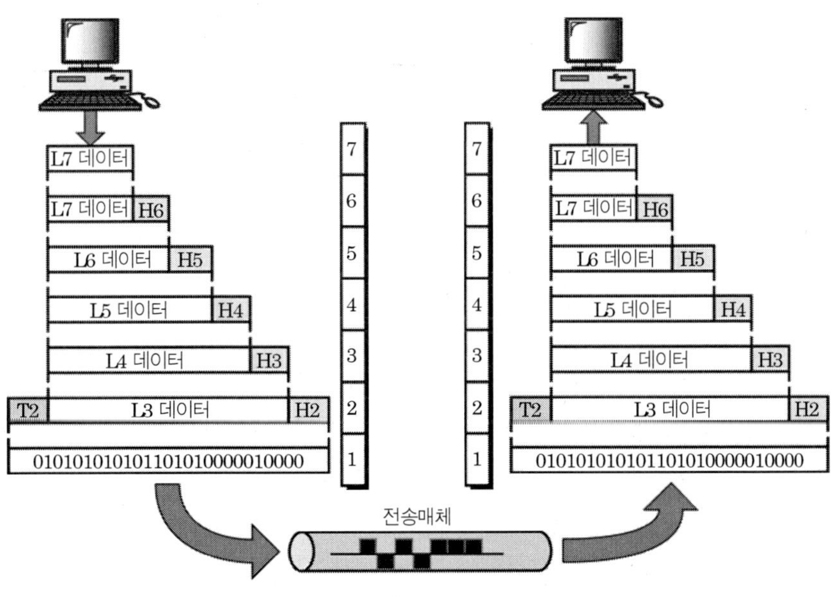

[그림 1-5] OSI 모델에서의 데이터 전달

그림 1-5에서 보듯이 응용계층의 데이터 L7이 아래 계층으로 내려가면서 헤더인 H6과 H5 등이 각 계층마다 덧붙여지고 데이터링크층에서는 H2뿐만 아니라 트레일러 T2도 첨부한다. 물리층으로 전달된 데이터는 전자기 신호로 변환되어 전송매체를 통해 수신측으로 전송된다. 수신측에 도착하면 신호는 물리층에서 디지털 형태로 복원되고 데이터 단위는 송신측에서와는 반대로 올라가면서 각 계층에서 필요한 헤더와 트레일러를 제거하면서 상위 계층으로 올라간다. 마지막 계층인 응용층에 도착하면 사용자에게 보여줄 데이터만 남는다.

1.6.2 OSI 모델의 계층별 기능

(1) 물리층의 기능

물리층은 전송매체를 통해 비트 스트림(bit stream)을 전송하기 위해 필요한 기능들을 제어하는데, 인터페이스의 기계적, 전기적 규격과 전송매체를 정의한다. 그리고 물리 장치와 인터페이스가 신호전송을 위해 필요한 기능과 절차 등을 규정하며, 물리층의 기능은 다음과 같다.

- 물리층은 장치와 전송매체 간의 인터페이스와 전송매체의 유형을 정의한다.
- 물리층의 데이터는 비트 스트림으로 구성되며, 비트들을 전송하기 위해 전기 또는 광신호로 부호화하는데 부호화의 유형도 결정한다.
- 데이터의 전송속도를 규정하고 송수신측 사이의 동기화도 책임진다.
- 장치들 간의 연결에 관련된 회선구성과 물리적인 접속 형태를 정의한다.
- 송수신측 사이의 데이터 전송방식의 결정도 물리층의 책임이다.

(2) 데이터링크 층의 기능

데이터링크층은 비트 스트림의 전송을 책임지는 물리층을 보완하여 전송매체를 신뢰성 있는 링크로 변환해 주고 노드-대-노드 전달을 책임진다. 데이터링크층의 구체적인 기능들을 소개하면 다음과 같다.

- 네트워크층에서 받은 데이터 단위를 프레임(frame)이라는 전송 단위로 나누며, 송신측과 수신측의 물리주소를 나타내는 정보를 프레임의 헤더에 첨부한다.
- 수신측에서 수신하는 전송률이 송신측보다 낮으면 흐름제어 기능을 사용하며, 손상되거나 손실된 프레임을 발견하면 오류제어 기능으로 재전송하도록 한다.
- 2개 이상의 장치가 같은 링크에 연결되었으면, 장치의 링크 사용을 결정한다.

(3) 네트워크 층의 기능

네트워크층은 패킷을 발신지에서 네트워크를 거쳐 목적지까지 전달을 책임지며, 네트워크층의 주요 기능은 다음과 같다.

- 패킷이 네트워크의 경계를 통과하려면 논리적인 주소 즉, IP 주소가 필요한데, 네트워크층은 상위 계층에서 받은 데이터 단위에 IP 주소를 헤더에 추가한다.
- 패킷이 최종 목적지까지 전달되도록 경로를 지정하거나 교환기능을 제공한다.

(4) 전송 층의 기능

전송층은 전체 메시지를 발신지에서 목적지까지 전달하는 종단-대-종단 전달을 책임지며, 전송층의 기능들을 소개하면 다음과 같다.

- 멀티프로그래밍 컴퓨터에는 여러 개의 프로그램이 동시에 실행되므로 하나의 IP 주소를 갖는 컴퓨터로 들어온 패킷을 어느 프로세스에게 전달해야 할 것인지를 구분해야 한다. 그러므로 전송층 헤더에는 이것을 서비스 액세스 점(service access point) 또는 포트(port) 주소라는 유형으로 포함된다.
- 메시지가 크면 전송할 수 있는 세그먼트 단위로 나누고 각 세그먼트에 번호를 붙인다. 목적지에 이들이 도착하면 세그먼트들을 순서에 맞게 재조립하여 메시지를 프로세스에게 전달한다.
- 전송층은 비연결형과 연결형을 모두 지원하는데, 비연결형 전송층 프로토콜은 각 세그먼트를 독립된 패킷으로 취급하여, 목적지 시스템으로 전달한다. 연결형 프로토콜은 패킷을 전달하기 전에 목적지 시스템과의 연결을 설정한다.
- 전송층은 종단-대-종단에 대한 흐름제어와 오류제어를 수행한다.

(5) 세션층의 기능

세션층은 사용자 입장에서 논리적인 연결 서비스를 제공하는 것이 목적이며, 세션층의 기능들을 소개하면 다음과 같다.

- 세션층은 두 시스템 간의 대화를 위해 세션을 설정하고 세션 파라미터를 협의하여 전이중 방식의 데이터 전달이 가능하도록 해준다.
- 데이터 흐름에 검사점을 추가하도록 하여, 큰 파일인 경우 파일 중간에 검사점을 넣어 전송 중 오류가 발생했을 때 검사점으로 어디까지 잘 전송되었는지를 판단할 수 있어 재전송이 효율적이 된다.

(6) 표현층의 기능

표현층은 두 시스템 사이에 정보의 표현 형식이 다를 때, 그 차이를 사용자가 느끼지 못하도록 형식을 변환해 주는데, 표현층의 역할은 다음과 같다.

- 표현층은 다른 부호화 방식 사이에 호환성을 제공하기 위해 송신측에서는 송신자 정보의 표현형식을 공통형식으로 변환하고 수신측에서는 공통표현형식을 수신자의 형식으로 바꾸어 준다.
- 표현층은 송신자의 원래 정보를 암호화하여 다른 형태로 변환시키고 수신측에서는 원래 메시지로 복호화하는 기능이 있다.
- 전송되는 데이터량을 줄이기 위해 데이터 압축과 복원하는 기능을 제공한다.

(7) 응용층의 기능

OSI의 최상위 계층으로 사용자나 응용 프로그램 사이에서 통신을 위한 인터페이스를 제공하여 사용자가 네트워크를 액세스 할 수 있도록 해준다. 응용층의 구체적 기능들은 다음과 같다.

- 네트워크 가상 터미널 기능을 제공하여 원격 호스트에 로그인하도록 한다.
- 사용자에게 원격 호스트가 저장하고 있는 파일을 액세스하거나 원격 컴퓨터의 파일을 관리하거나 제어하는 기능을 제공한다.
- 전자우편의 전달과 저장 기능을 제공하고, 디렉토리 서비스를 제공한다. 다양한 객체와 서비스에 대한 글로벌 정보에 대한 액세스를 제공한다.

1.7 인터넷(Internet)

1.7.1 인터넷의 시작

인터넷은 네 개의 호스트 컴퓨터를 연결했던 ARPANET이라는 네트워크에서 시작하였다. ARPANET은 미국방성(DoD)에서 군납업체와 관련 연구기관 사이의 정보교환을 위한 ARPA(The Advanced Research Projects Agency) 프로젝트의 일환으로 추진된 네트워크였다. 그 후 ARPANET 사용자들이 늘어나고 접속을 원하는 컴퓨터 기종들이 다양해지면서, 그때까지 사용하였던 NCP(Network Control Protocol)를 대신할 TCP/IP가

1970년대 초에 개발되었다. 이것이 현재까지도 인터넷에서 사용되고 있는 프로토콜이다. TCP/IP가 DoD에서 만들었다고 하여 DoD 모형이라고도 부르며, DARPA 인터넷 프로토콜이라고도 하였다.

우리나라에서는 1982년 서울대학교와 KIET(현 한국전자통신연구원의 전신) 사이에 SDN(System Development Network)이라는 네트워크가 설치되면서 인터넷이 시작되었다. 그리고 1987년 교육전산망과 연구전산망(KREONet)을 통한 교육연구망 프로그램도 시작되었다. 인터넷의 본격적인 도입과 활용은 1990년 한국과학기술원(KAIST)을 중심으로 몇몇 대학과 연구소에 공동으로 설치된 하나망(HANA/SDN)이 56kbps급 전용회선으로 인터넷에 연결되면서 부터이다.

1.7.2 인터넷의 주요 요소

인터넷의 목적은 호스트를 네트워크를 통해 상호 연결하는 것인데, 호스트들로는 PC, 워크스테이션, 서버, 대형 컴퓨터 등이 있다. 인터넷을 사용하는 대부분의 호스트들은 LAN과 WAN 등을 거쳐 네트워크에 연결되고 이 네트워크들은 라우터들에 의해 서로 연결되어 있다. 그림 1-6은 인터넷을 구성하는 주요요소를 보여주는데, 각 라우터는 두 개 이상의 네트워크에 연결되고 대형 컴퓨터나 서버 등의 호스트는 네트워크를 거치지 않고 직접 라우터에 접속되기도 한다.

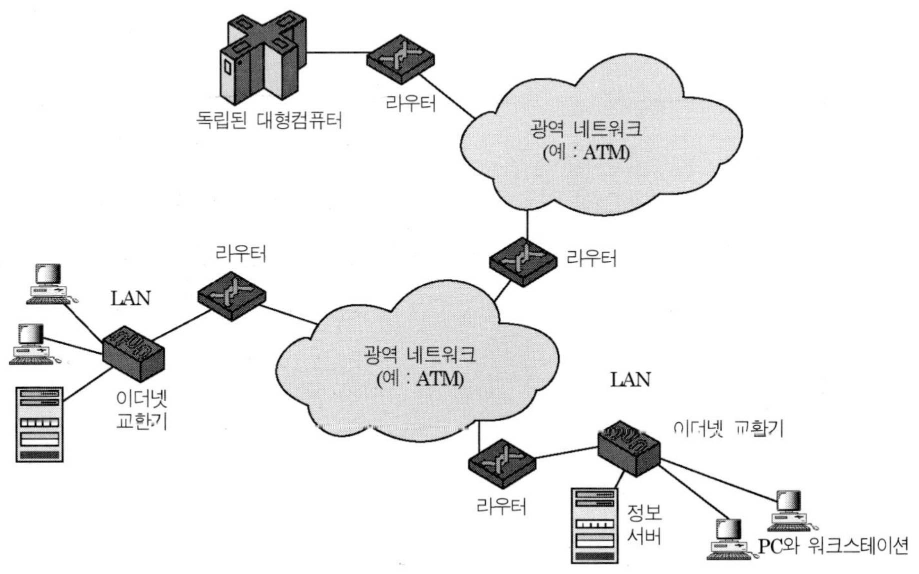

[그림 1-6] 인터넷의 주요 구성 요소

1.7.3 인터넷의 구조

현재의 인터넷은 단순한 계층 구조가 아니라 수많은 광역 네트워크와 지역 네트워크들이 라우터와 교환기들에 의해 연결되어 전 세계적인 글로벌 네트워크로 이루어 졌다. 현재 인터넷에 접속하고 싶은 사용자들은 대부분 인터넷 서비스 제공자인 ISP(Internet Service Provider)를 통해 서비스를 이용한다. ISP에는 국제 서비스 제공자와 국가 서비스 제공자, 지역 서비스 제공자, 로컬 서비스 제공자들이 있으며, 현재의 인터넷은 국가기관이 아니라 사기업에 의해 운영되고 있다. 그림 1-7은 인터넷의 개념적인 구조를 보여주는데, 계층구조의 제일 위에는 국가들을 연결하는 국제 서비스 제공자가 있다. 국가 서비스 제공자 NSP(National Service Provider)들은 특수한 기업들에 의해 운영되고 만들어지는 핵심 네트워크들이다.

사용자들 사이의 연결을 위해서는 이와 같은 핵심 네트워크들이 보통 제 3자에 의해 운영되는 네트워크 액세스 점이라고 하는 NAP(Network Access Point)에 연결되어 있다. 어떤 NAP들은 대등점(peer point)라 부르는 사설 연결 장치로 접속되기도 하며, 보통 600Mbps까지의 높은 데이터 전송 속도로 운영된다.

지역(regional) ISP는 하나 이상의 NSP에 작은 ISP로 계층구조의 세 번째 단계에 위치한다. 로컬(local) ISP는 최종 사용자들에게 직접 서비스를 제공하며, 지역 ISP에 연결되거나 직접 NSP에 연결되기도 한다. 대부분의 사용자들은 인터넷 서비스를 제공하는 회사인 로컬 ISP에 연결된다. 그러나 ISP는 직원들에게 서비스를 제공하는 일반 회사일 수도 있고 자신의 네트워크를 운영하는 대학과 같은 비영리 기관이 될 수도 있다. 이러한 경우 각각의 ISP는 지역 ISP 또는 NSP에 연결된다.

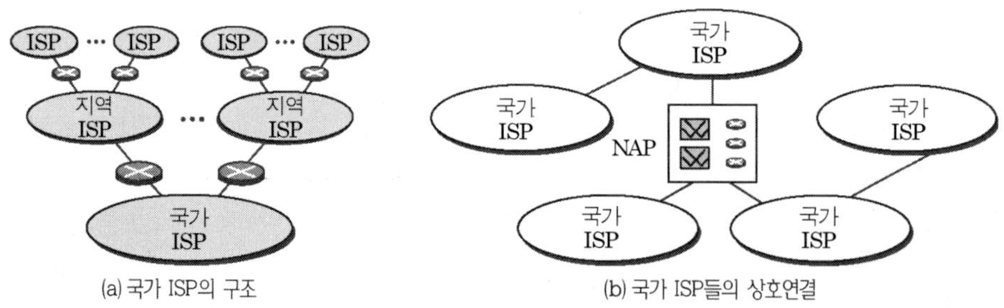

[그림 1-7] 인터넷의 계층 구조

1.7.4 우리나라의 인터넷 인프라

(1) 인터넷 교환노드(IX)

국내에서 연동되어 운영하고 있는 인터넷 교환노드는 KIX(한국정보사회진흥원)와 KT의 KTIX, LG데이콤의 DIX, 케이아이엔엑스의 KINX, 하나로텔레콤의 HIX, 한국정보사회진흥원의 부산지역 IX에서 서비스를 제공하고 있다. 한국정보사회진흥원의 KIX를 중심으로 비영리 공공 인터넷망이 연동되고, KTIX, DIX, KINX, HIX를 통하여 상용ISP들이 연동되고 있다. 또한 부산・경남지역은 원활한 지역 트래픽 소통을 위하여 한국정보사회진흥원이 부산지역 IX를 중심으로 연동・운영하고 있다. KTIX와 DIX는 ISP사업을 겸하고 있는 기간통신사업자인 ㈜케이티, ㈜LG데이콤에서 구축 운영하고, KINX는 국내 중견 ISP의 협의체에서 설립한 ㈜KINX에서 운영하고 있다.

ISP와 IX 간의 연결은 그림 1-8과 같이 전용회선(SDH), 광케이블방식으로 트래픽 규모에 따라 155Mbps~1Gbps 등의 속도로 여러 개의 IX와 연결되고 있다.

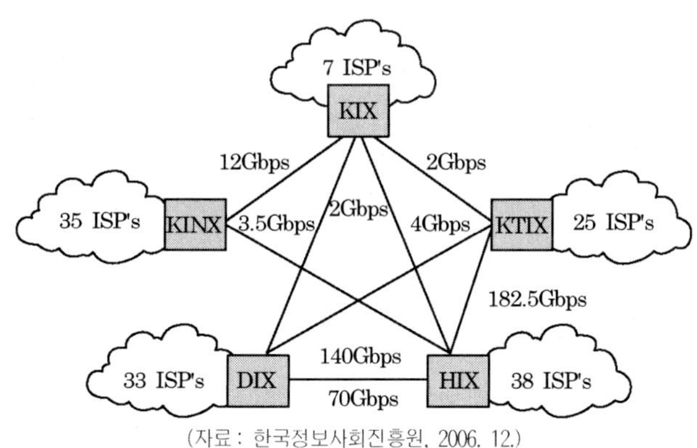

(자료 : 한국정보사회진흥원, 2006. 12.)

[그림 1-8] 우리나라의 인터넷 교환노드의 연결

(2) 상용망

국내 인터넷 상용망은 2006년 말 기준 ㈜케이티(KORNET), ㈜LG데이콤(BORANET), 하나로텔레콤㈜(HANANET), ㈜온세통신, ㈜엔터프라이스네트워크스, 드림라인, ㈜에스케이네트웍스, ㈜파워콤, 삼성네트웍스㈜ 등 106개 업체가 인터넷 서비스를 제공하고 있다.

(주)KT(KORNET)

KT의 KORNET망은 국내 인터넷 접속기간통신망으로 현재 전국 광역도시, 대도시를 중심으로 그림 1-9와 같이 주중계노드 19개국과 지방도시를 기반으로 한 지역중계노드 35개국 등 총 150개 KORNET 노드국을 운용하고 있다. 국제망으로는 급증하는 아시아 지역의 트래픽을 처리하기 위하여 중국 8.9Gbps, 일본 10.1Gbps 등 아시아 25.9Gbps의 해저횡단 인터넷대역폭을 확보하였다. 또한 북미 및 유럽 지역의 국제인터넷을 위하여 38.8Gbps의 태평양 해저횡단 인터넷 대역폭을 운영 중이며 16개국에 걸쳐 인터넷 국제회선을 제공하고 있다.

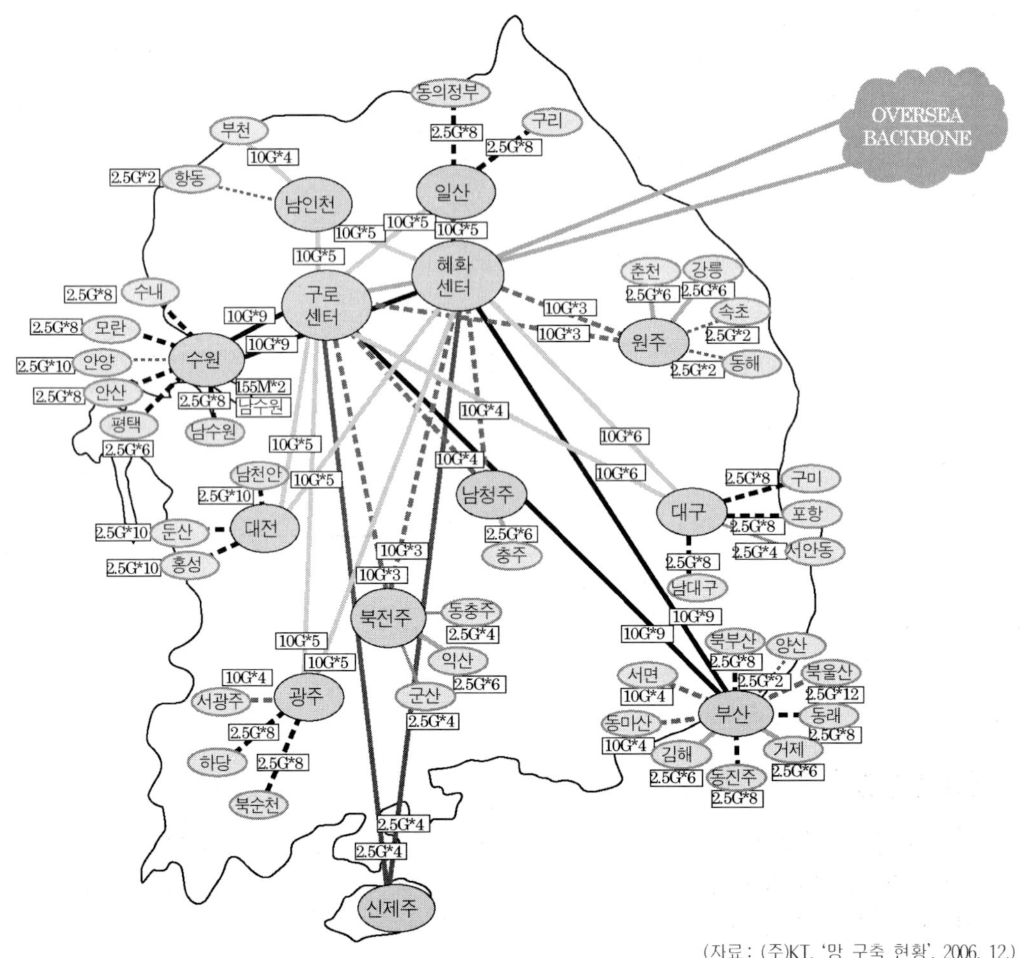

(자료 : (주)KT, '망 구축 현황', 2006. 12.)

[그림 1-9] KORNET 네트워크 구축 현황

(주)LG데이콤(BORANET)

보라넷(BORANET)은 ㈜LG데이콤의 인터넷 통신망으로 1994년 기업용 인터넷 전용회선 서비스를 시작하였다. 1999년부터는 서비스를 확대하여 가정 고객을 대상으로 초고속인터넷 서비스를 제공하고 있다. 2002년에는 광케이블 사업자인 파워콤을 인수하여 전국 어디에서나 인터넷 접속 서비스를 제공하고 있다.

보라넷은 전국 72개 직접 노드와 400여개 연동노드를 운용함으로써 고객이 시외 전용회선요금의 부담 없이 보라넷에 연결하여 서비스를 이용할 수 있게 하였다. 또한, 물리적 망 구성 기준으로 전국 대도시간은 10Gbps, 중소도시간은 1Gbps~2.5Gbps회선으로 구성되며 모든 노드의 장비 및 노드 간 연동 회선이 이중화되어 있어 안정적인 서비스를 제공하고 있다.

국제망은 미국과 아시아 지역으로 총 17Gbps의 연동용량을 확보하여 인터넷 국제회선을 제공하고 있다.

1.8 데이터 통신 시스템의 신뢰도

1.8.1 신뢰도의 표시 방법

시스템의 신뢰 정도는 신뢰성(reliability), 가용성(availability), 유용성(serviceability)으로 표시되며, 여기에 무결성(integrity), 보안성(security)을 추가해서 시스템의 신뢰성, 보안성 등을 종합한 개념을 RASIS(Reliability, Availability, Serviceability, Integrity, Security)로 나타낸다.

신뢰도은 어떤 장치가 얼마만큼 고장 없이 주어진 기능을 수행할 수 있는가를 나타내며, 일반적으로 신뢰도를 표시하는 방법으로 가동률이 있다. 가동률은 장비의 총 운영 시간에 대해 정상적인 기능을 수행한 시간이 얼마인가를 의미하며, 다음과 같은 식으로 나타낸다.

$$\text{가동률} = \frac{\text{평균 고장 간격}}{\text{평균 고장 간격} + \text{평균 수리 소요 시간}}$$

여기에서, 평균 고장 간격은 시스템이 고장에서 다음 번 고장까지의 평균 시간, 즉 고장 없이 기능이 정상으로 운영된 평균 시간이며 시스템의 고유 값이다.

1.8.2 데이터 통신 회선의 신뢰도

데이터 전송에 관한 품질은 회선 간의, 종단 장치 간의, 단말 장치 상호간에 각각의 통신 품질, 전송 품질, 전송 특성으로 나누어서 생각할 수 있다.

여기에서 통신 품질은 정보 전달이 단말까지 잘되는가를 나타내는 것으로, 각 요소의 오류율, 블록 오류율 전송 효율 등을 사용해서 나타낸다.

전송 품질은 회선 종단 장치 상호간의 부호의 오류로 평가한다. 일반적으로 오류율로는 비트 오류의 장시간 평균인 평균 비트 오류율을 사용한다.

전송 특성은 전송 품질의 주요인인 회선의 특성을 나타내는 것으로 아날로그회선의 경우 전송 손실과 잡음, 감쇠 왜곡, 지연 왜곡 등의 정상적인 저하 요인과 순간적 단절, 위상 비트 등의 비정상 저하 요인이 있다.

또한 디지털 데이터 교환 회선인 경우, 단말에서의 디지털 신호를 그대로 전송하므로 전송 특성을 사용하지 않고 전송 품질로서 평가하는 것이 일반적이며, 아날로그 전송 방식에서는 회선 종단 장치로서 모뎀을 사용하고, 변조 방식과 부호 전송 속도, 회선의 전송 특성에 의해 부호 오류의 발생 상황이 다르다. 일반적으로 부호 오류를 낮추기 위하여 고속 전송일수록 모뎀의 기능을 강화하여야하며, 아울러 전송 특성이 좋은 회선을 사용하여야한다.

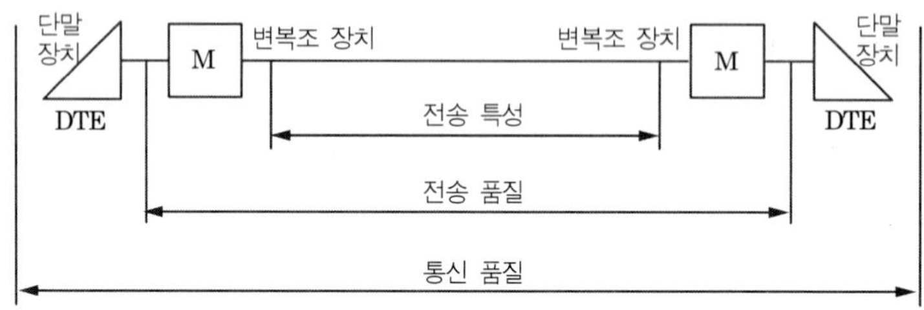

[그림 1-10] 품질 정의 부분

디지털 전송방식에서는 회선 종단 장치로서 DSU(Digital Signaling Unit)를 사용하고, 가입자 구간도 전송속도에 따라 일정 거리마다 중계기를 사용하여 부호 오류를 최소화 한다.

전용 회선은 근거리에서 꼬임선을 사용하는 것을 제외하고는, 일반적으로 아날로그 전송로나 디지털 전송로를 거치며, 아날로그 전송로에서는 랜덤 잡음, 감쇠 왜곡, 장시간 레벨 변동, 고주파 왜곡, 주파수 편차, 단일 주파 잡음, 누화, 반향, 순간적 단절, 펄스성 잡음, 단시간 레벨 변동 등에 의해 전송 품질이 저하된다. 디지털 전송로에서는 회선의 부호 오류에 의한 저하가 주된 것이다.

신뢰도 관점에서 전화망을 특정 통신 회선과 비교하면 다음과 같은 특징을 갖는다.

첫째, 교환 기능을 갖고 있으므로 회선을 구성하는 설비의 종류와 수량이 많다. 즉, 특정 통신 회선과 비교하면, 가입자선 교환, 중계선 교환 및 전송단국 설비 등이 많다. 따라서 고장 발생 확률은 전화망이 크지만, 전화망은 가입자선과 교환기 사이에 경로가 있기 때문에 만약 고장이 나더라도 재접속으로 쉽게 통신을 복구시킬 수 있다.

둘째, 전화망은 많은 사용자가 소수의 설비를 효율적으로 사용하도록 설계되었으므로 동시에 사용하려는 이용자가 일시적으로 많아질 경우에는 회선의 접속이 어렵게 되며, 접속이 완료될 때까지의 시간이 길어질 수 있다.

셋째, 전화망은 가입자선과 교환기 상호간에서 복수의 경로를 가지므로 접속할 때마다 접속에 소요되는 시간이나 전송 특성이 다를 수 있다. 그러므로 접속동작 타이밍 설정이나 전송 특성이 나쁘면 통신이 두절되거나 부호 오류가 많아질 수 있다.

1.8.3 안전과 신뢰도

시스템의 규모가 커지고 범용화와 분산화가 일반화되면서 이전의 독립된 시스템 에서 공중망을 통해 여러 사용자들에게 서비스를 제공하는 개방된 시스템으로 변화되고 있다. 특히, 소프트웨어의 각종 자원이 하드웨어를 공용으로 사용하게 되므로 보안이 새로운 문제로 등장하였다.

다음은 데이터 통신의 보안에 관한 세 가지 관점을 제시한다.

- 프라이버시 보호 : 이것은 기술적 문제가 아니라 법적, 사회적 문제로 데이터를 다루는 개인이나 조직이 자신들의 정보 수집과 이용을 통제할 수 있는 권리를 보장하는 것을 의미한다.
- 보안 : 데이터를 고의 또는 사고로 훼손과 변경, 유출로부터 보호하는 대책과 수단으로 시스템 구성 기술, 하드웨어 기술, 운영 관리 기술 등을 포함한다.
- 신뢰성의 확보 : 시스템 다운으로 인한 사용 불능이나 전송되는 데이터 내용의 오류에 의한 처리 능력의 저하 등이 주요 관심사인 개념이다.

데이터의 훼손, 변경, 유출의 주요 원인을 크게 나누어 보면 재해와 사고, 범죄 및 오류, 오동작, 조작 미숙 등이다. 암호 부호화는 데이터 통신 시스템의 보안 방안으로 매우중요하다. 즉, 암호화는 전송로의 보안, 저장된 데이터의 보호나 사용자의 인증에 효과적이며, 전송로의 고의나 사고로 인한 침해로는 통신 내용의 도청과 훼손, 변경, 잘못된 전송로 등이 있다. 전송로는 실외의 장거리에 걸쳐 있으므로 자연 재해나 인위적인 파괴를 방지하는데 한계가 있고, 위성 통신이나 무선 통신에서는 도청이 큰 문제가 된다. 이 문제의 유효한 해결 수단은 암호 부호화이다.

데이터베이스에 대한 액세스나 단말간의 데이터 전송에서는 정당한 자격이 있는 사용자에 대해 시스템 및 시스템 내의 정보를 액세스할 수 있도록 허가하고, 부정 사용자가 다른 사용자의 데이터를 액세스할 수 없도록 신원 인증 방법이 필요하다. 다음에 제시한 것은 일반적인 수단들이다.

- 패스워드와 조합키, 개인적인 배경 등 사용자가 기억하는 내용을 확인한다.
- 인식증, 자기 카드, 키 등의 사용자가 갖고 있는 정보를 확인한다.
- 지문, 서명 등으로 사용자를 확인한다.
- 대화의 내용이나 동작의 특징 등 사용자의 행위로서 확인한다.

1.9 데이터 통신 표준

통신 설비의 물리적, 전기적, 절차적 특징을 관리하는 표준안의 필요성은 오래 전부터 통신 업체에서 인정되어 왔으나 컴퓨터 업계에서 중요시되지 않고 전통적으로 그들의 고객독점을 시도하였다. 컴퓨터의 보편적인 보급과 분산 처리 시스템의 등장으로 다른 업체에서 제작된 컴퓨터들 간에도 서로 통신이 필요하게 되었다. 프로토콜 표준안이 지속적으로 보완된다면, 컴퓨터의 수요자들은 특수 목적의 프로토콜 변환 소프트웨어 별도로 개발하지 않아도 될 것이다. 그러나 표준안 제안은 많은 장단점을 갖는다.

표준안의 주요한 장점은 다음과 같다.

- 표준안은 어떤 특정한 장비나 소프트웨어에 대해 광대한 소비 시장을 제공하게 되므로 대량 생산을 촉진시키게 되고, 어떤 경우에는 고밀도 집적 소자(VLSI)를 사용하게 함으로써 가격을 떨어뜨리게 한다.
- 표준안은 다른 생산 업자의 제품 간에도 호환성을 가지게 하므로 소비자는 제품의 사용에 있어서 상당한 융통성을 갖게 된다.

표준안의 주요한 단점은 다음과 같다.

- 표준안은 기술 개발을 동결시킬 수 있다. 지금까지의 기술을 검토하고 공포하는 시간이면 더욱 진보된 기술의 개발도 가능하다.

- 동일한 사안에 대해 여러 개의 표준안이 있다. 현실적으로 여러 표준안 제안 기구들이 점점 더 공동 작업을 수행하고 있으나, 여전히 상충되는 표준안들이 존재하고 있음이 사실이다.

표준화에 따른 주요 기본 방침은 다음과 같다.

- 완전성 : 각종 조건에 부합하는 인터페이스는 예외를 피해야 한다. 즉, 규정의 불분명한 사항을 없애기 위해 순서도, 상태도, 타이밍 등을 결정하여 인터페이스의 명확화를 도모한다.
- 신뢰성 향상 : 고도의 오류 제어 방식을 채택하여 상호 확인을 기본으로 하는 제어 실행 등으로 신뢰도를 높인다.
- 보수성 향상 : 오류 검출, 테스트 루프 등으로 보수성 향상을 도모한다.
- 기존 터미널과의 호환성 : 변복조기 인터페이스와의 접속, 전송 제어 순서의 규정과 관계없이 각종 기존 터미널의 접속 등을 가능하게 한다.
- 신기술의 채용 : 신기술을 채용하여 소형, 경제화를 가능하게 한다.

1.9.1 주요한 표준안 기구

(1) 국제 표준 기구(International Organization for Standard; ISO)

1947년에 창설되어 무역의 확대, 품질의 개선, 생산성의 향상을 목적으로 해서 전 세계의 합의에 의한 국제 규격을 수행하는 기관인데, 각국의 표준화 기관들이 그 나라를 대표해서 가입함으로써 구성되어 있다. 우리나라의 경우에는 1963년에 정회원으로 가입하였다.

ISO의 한 기술위원회(TC 97)가 통신시스템에 관련되며, 이 위원회에서 ISO 모델을 설계하였으며, 이 모델 각 계층에서의 프로토콜 표준안을 설계중이다.

(2) 국제 통신 연합(ITU; International Telecommunication Union)

1865년에 창설되었으며 유선 전신분야의 만국 우편연합과 무선 분야의 만국 국제 무선 전신 연합이 통합된 UN의 국제 전문기관이다.

ITU-T는 ITU 내의 조직 개편의 결과 1993년 창설되었는데, CCITT(Consultative Committee on International Telegraph and Telephone)를 대체한 것으로 15개의 연구 그룹으로 조직되어 있고, 각 그룹은 전화, 전신 및 데이터 전송에 관한 국제적인 제반 문제를 연구 수행하는데, 국제적인 합의 사항에 대해 권고를 작성하는 일을 임무로 하며, 이 권고를 적용하여 국제 통신을 활성화시키는 것을 목적으로 한다.

ITU-T의 최고 결정 기관으로서의 총회는 4년마다 한 번씩 개최되며, 다음과 같은 일을 수행한다.

- 연구 위원회의 결론을 심의하여 채택하며 이를 권고한다.
- 새로운 연구 과제를 정하며 필요에 따른 연구 계획을 작성한다.
- 연구 위원회의 계속 설치 또는 신설을 수행하며 차기 총회까지의 연구 과제를 할당한다.

(3) 전자 공업 협회(Electronics Industries Association; EIA)

전자 공업 협회는 1924년에 RMA(Radio Manufactures Association)로 창설되었으나 그 후 EIA로 개편되었다. 이는 미국의 전자 공업 기업체의 협회를 말한다. EIA 중 데이터 통신의 표준에 관한 사항은 기술 위원회 TR-30(data transmission)이 담당하고 있다.

(4) 미국 표준 기구(American National Standard Institute; ANSI)

1918년에 창설되었으나 1969년에 현재의 구조와 이름을 갖게 되었는데, 무역과 전문 협회, 일반 회사, 정부 부처 및 기관들의 연합체로서 필요한 표준 규격을 개발하기 위해서 국가적 조정 협회로서의 역할을 하며 또한 자발적인 국가 표준 규격의 승인과 보급에 대한 과정만 제공한다. 즉, ANSI 스스로는 규격안을 작성하지 않고 관심이 있는 그룹이 규격을 작성하여 제출하면 이 규격을 승인하는 형식으로 규격을 정한다.

(5) 미 국립 표준국(National Institute for Standard and Technology; NIST)

미 상무성 산하의 기구로 국제 표준화 추세에 대비하여 미국의 국가 규격 제정을 담당하는 기구로 1901년에 설립되었다. NIST는 정보 처리 분야에서는 경영자들의 효과적인 정보 기술 이용을 돕는 표준 규격과 가이드라인을 개발하고 공포 및 유지하는 것을 목표로 한다. 시스템 부품과 서비스 조달 촉진, 시스템 사이의 데이터, 소프트웨어의 호환성 증가, 시스템 이용면에서의 낭비 감소 등을 위한 규격들을 제정하였으며, 공공의 이용을 위해 FIPS Publication Series를 발간하고 있다.

(6) ATM Forum

1991년 ATM(Asynchronous Transfer Mode)를 위한 산업체 조합으로 설립되었으며, 현재 600개 이상의 제조회사들이 참여하여 200여건 이상의 구현 협약을 만들어낸 활발한 활동을 하는 비영리 국제 조직이다.

ATM 기술은 ATM 구현의 기초를 확립한 "Anchorage 협정"으로 확정되었다. 여러 전문가들이 ATM은 IP 기술에 밀려 살아남지 못할 것이라고 예상했지만, 아직도 중요한 핵심 네트워크 기술로 남아있다. 2004년 ATM Forum은 MFA Forum을 결성하기 위해 MPLS & Frame relay 연맹과 긴밀히 협력하였다. MFA Forum은 차후 IP/MPLS Forum과 합병할 예정이다.

(7) IETF(Internet Engineering Task Force)

1986년 샌디에이고에서 15명으로 출발하여 1989년 14번째 모임에서는 세계적인 기구로서 조직되었으며, 2004년에는 우리나라에서 59번째 모임을 가졌었다.

IESG(Internet Engineering Steering Group)와 함께 인터넷에 대한 새로운 TCP/IP 표준을 개발하는 주요한 활동 그룹으로서 IAB의 기술적인 업무를 수행하는 단체이다. IAB는 ISOC(Internet Society : 1992년 1월 결성)의 자문기구로 인터넷과 프로토콜의 설계와 인터넷 표준화를 RFC 형태로 제공한다.

지원자들로 구성되어 인터넷을 실행하는 기술적인 표준 제정을 위해 1년에 세 번 모인다. 주로 인터넷 구조의 발전과 인터넷의 원활한 실행을 위한 표준화와 관련된 네트워크 설계자, 기술자, 제조업체, 연구원들에게 넓게 개방된 국제적인 공동체라고 볼 수 있다. 최근 인터넷의 경이적인 성장에 의해 발생되는 문제들을 해결하기 위해 엔지니어들과 프로그래머들이 상호 협의하는 포럼을 개최하고 있다.

1.9.2 우리나라의 표준화

우리나라의 경우, 규격이나 기술 관계 규정이 출현하기 시작한 것은 1949년 정부 수립 이후 각종 법령이 제정, 공포되면서부터다. 공업 표준화법은 1961년에 제정, 공포되었고 1962년에 공업 표준 심의회, 한국 규격 협회가 발족되어 현대적인 공업 표준화가 시작되었다. 정보 처리 부분은 1974년에 규격 제정 작업이 진행되었으며, 1976년에 정보 처리부회가 설립되었다. 1977년에 JIS를 참조로 해서 각종 코드가 제정되었고, 1978년에는 컴퓨터의 기초 언어들이 제정되었다. 그리고 1988년 정보통신 분야의 표준화를 담당하는 한국통신기술협회가 출범하였다.

(1) 한국표준협회(KSA; Korea Standards Association)

산업표준화 및 품질경영의 조사, 연구, 개발 및 보급 촉진으로 과학기술 진흥과 생산능률의 향상을 목적으로 1962년 설립되었으며, 산업표준화와 품질경영에 관한 조사, 연구, 교육 훈련, KS, ISO 인증, 국제협력 등의 임무를 수행한다.

(2) 한국통신기술협회(TTA; Telecommunications Technology Association)

국내유일의 정보통신 단체표준 제정기관으로서 통신사업자, 산업체, 학계, 연구기관 및 단체 등의 상호협력과 유대 강화를 목적으로 1988년 12월 설립되었다. 그리고 국내외 정보통신분야의 최신 기술 및 표준에 관한 각종 정보를 수집/조사/연구하여, 이를 보급/활용하게 하며 정보통신 관련 표준화 업무가 주된 임무이다.

연/습/문/제 01장

EXERCISE

01 데이터통신의 역사와 개념에 대해 설명하시오.

02 데이터통신망의 종류와 용도에 대해 설명하시오.

03 컴퓨터통신 모델의 개념에 대해 설명하시오.

04 OSI 참조 모델의 계층별 기능에 대해 간략히 설명하시오.

05 데이터통신의 역사와 개념에 대해 설명하시오.

06 인터넷의 시작은 어디서 출발하였는가?

07 인터넷의 주요 구성 요소에는 어떤 것이 있는가?

08 인터넷의 계층구조의 최상위 계층과 최하위 계층은 무엇인가?

09 우리나라의 인터넷 인프라에 대해 간단히 설명하시오.

10 세계의 주요 표준 기구들의 임무에 대해 설명하시오.

CHAPTER 2 데이터 통신 관련 기술

데이터 통신 시스템은 많은 종류의 하드웨어와 소프트웨어에 의해 이루어진다. 따라서 이들을 이해하기 위해서는 여러 가지 기초 개념들을 공부해야 하고, 전송에 관련된 하드웨어의 동작을 이해하기 위한 몇 가지 기초 개념을 비롯하여 전체적인 데이터 환경을 알아야 한다. 2장에서는 이와 관련된 내용을 다룬다.

2.1 데이터 전송의 기본 요소

데이터전송은 전송매체로 연결된 송신기와 수신기 사이에서 이루어지며, 두 장치 사이에 연결되는 형태는 점-대-점, 다중점 방식이 될 수 있다. 그리고 두 장치간의 통신 방식은 단방향과 반이중, 전이중 방식 등이 사용될 수 있고, 전송방식으로는 직렬과 병렬 전송을 생각할 수 있다. 뿐만 아니라 데이터 전송에서는 네트워크의 구성과 신호의 변환, 부호화 등 여러 가지 요소들을 고려해야 한다.

2.1.1 회선구성과 접속형태

(1) 회선구성

점-대-점(point-to-point)

점-대-점 방식은 중앙의 컴퓨터와 각 터미널이 일대일로 연결되는 가장 단순한 방법으로 여러 대의 터미널인 경우에도 각각을 일대일로 연결하므로 컴퓨터나 터미널에서 언제든지 데이터를 전송을 할 수 있다. 사용되는 통신회선은 전용회선이며, 전송되는 정보량이 많을 때 유리하며 고장 검출과 유지 보수가 쉽다.

다중점(multi-point)

다중점 방식은 2개 이상 여러 개의 터미널이 하나의 통신회선에 연결되어 정보의 송수신을 수행하는 방식으로 멀티드롭(multidrop) 방식이라고도 한다. 대부분 전용회선을 사용하며, 제어 컴퓨터를 주 스테이션, 터미널을 종 스테이션이라고 한다.

터미널의 선택은 제어 컴퓨터에 의한 폴링을 사용하며, 데이터가 분산되어 있을 때 효과적이다. 또한 통신회선의 비용은 적게 들지만 고장 검출이나 유지 보수가 힘들다.

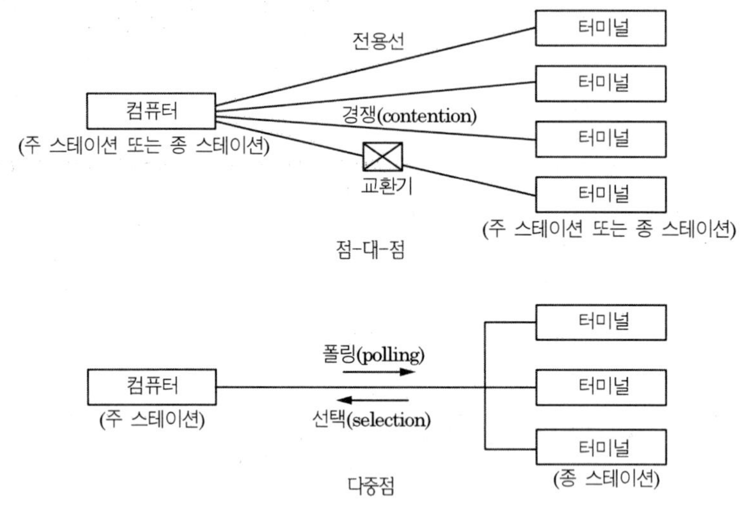

[그림 2-1] 회선 연결 방식

(2) 네트워크의 기본 유형

네트워크는 컴퓨터와 터미널, 컴퓨터와 컴퓨터를 회선을 이용하여 공간적으로 구성하는 것으로 구성 형태는 다음과 같은 4가지로 구분한다.

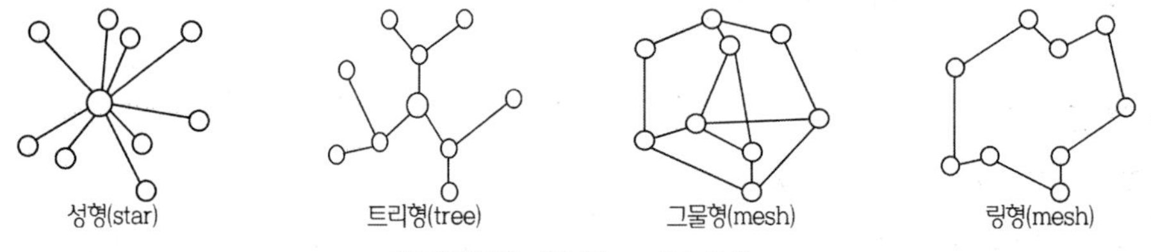

[그림 2-2] 네트워크 기본 유형

성형(star)

성형은 중앙에 컴퓨터가 있고, 그 주위에 터미널을 분산시켜 연결시킨 형태이다. 컴퓨터와 터미널은 별개로 연결하므로 통신회선이 대단히 많이 필요하며 모든 통신 제어는 컴퓨터가 수행한다. 이 형태는 네트워크의 가장 기본적인 형태이며, 일반적인 온라인 시스템의 전형적인 방법이다.

트리형(tree)

중앙에 컴퓨터가 있고 지역 터미널 가지는 하나의 통신회선으로 연결시키며 그 이웃하는 터미널은 지역에 설치된 터미널에서 다시 연결되는 구성 형태이다. 이 방법은 성형보다 통신회선이 절약되며, 일정 지역에 설치된 터미널을 컴퓨터로 대치시켜 분산 처리 시스템으로 변경할 수 있다.

그물형(mesh)

이 형태는 공중 통신 네트워크에 이용되며, 모든 터미널과 터미널을 통신회선으로 연결시킨 형태로서 가장 많은 통신회선을 필요로 한다. 장점으로는 통신회선에 장애가 발생하면 다른 경로를 통해서 데이터를 전송할 수 있는 이점이 있다.

링형(ring) 또는 루프형(loop)

컴퓨터와 터미널의 연결은 서로 이웃하는 것끼리만 연결시킨 형태로서 양쪽 방향으로 데이터 전송이 가능하므로 통신회선 장애시의 융통성을 가질 수 있다.

다음은 네트워크 기본 유형들을 비교한 것이다.

표 2-1 네트워크 구성 형태별 비교

구성형태	성형	그물형	링형
중계회선 수	n-1	n(n-1)/2	n
링크 수	2	1	n/4
경제성	양호	없음	양호
신뢰성	없음	양호	양호
네트워크 제어	양호	없음	보통

2.1.2 전송 방식

두 개의 터미널, 통신회선간의 정보 전달을 시간적으로 어떻게 하느냐 하는 것을 통신 방식이라고 부르며, 단방향(simplex), 반이중(half-duplex), 전이중(full-duplex) 통신 등 세 종류가 있다.

단방향 통신은 한 방향으로만 전송하는 경우로, 가정에서 청취하는 라디오나 텔레비전 방송 등이 있으며, 키보드에서 컴퓨터로 보내는 데이터도 이 방식이다.

반이중 통신은 양쪽 방향으로 신호의 전송이 가능하지만 어떤 순간에는 반드시 한쪽 방향으로만 전송이 이루어지며, 예로서는 무전기가 있는데, 한 사람의 말이 모두 끝났음을 상대방에게 알리면 그때서야 상대방은 말할 수 있게 된다.

전 이중 통신은 양쪽 방향으로 동시에 신호의 전송이 가능한 경우로써, 정해진 시간에 많은 전송량이 송수신되어야 할 때 이용된다. 전이중 통신방식은 실현에 비용이 많이 들지만, 높은 전송 효율을 얻을 수가 있다.

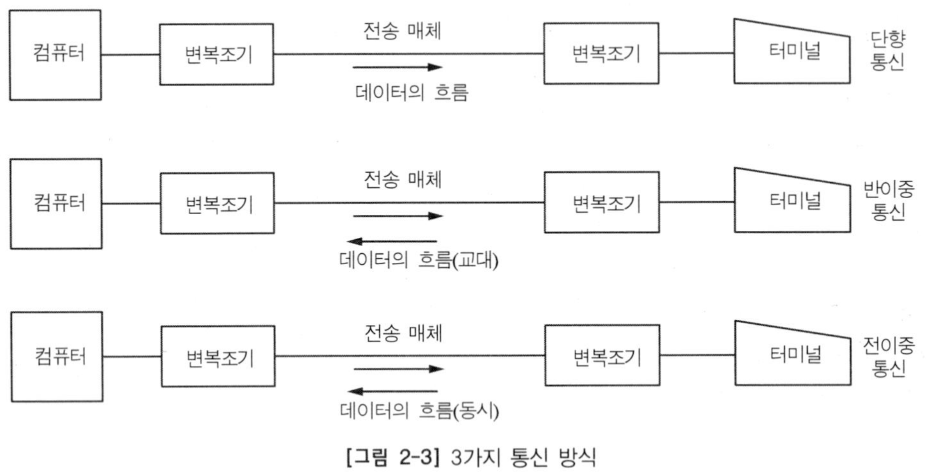

[그림 2-3] 3가지 통신 방식

2.1.3 직렬 전송과 병렬 전송

(1) 직렬 전송

직렬 전송 방식은 그림 2-4(a)와 같이 문자를 구성하는 각 데이터 비트를 일렬로 나열한 형태로 하나의 선을 통해 전송하고, 수신측에서는 일렬로 들어온 데이터를 병렬의 문자 비트로 재편성하여 수신하는 방식이다.

한편 단말 장치의 부호 형식은 일반적으로 문자 단위로 병렬 구성되므로 병렬과 직렬 변환 및 역변환 회로가 필요하며, 송수신간의 동기도 필요하다. 하나의 데이터를 8비트로 구성하는 경우는 8번 전송해야 하므로 데이터 전송 속도가 느리지만 거리가 먼 경우에는 전송로가 하나이므로 매우 경제적이다.

(2) 병렬 전송

병렬 전송은 하나의 문자를 구성하는 각 데이터 비트가 각각 1회선을 차지하는 방식으로 한 문자가 차지하는 비트 수만큼 전송로가 필요하다. 병렬 전송은 한 번에 한 문자를 전송할 수 있어 컴퓨터와 같은 고속 처리를 필요로 하는 경우와 비교적 가까운 거리 전송에 유리하며, 원거리의 경우에는 여러 개의 전송로가 필요하므로 비경제적이다.

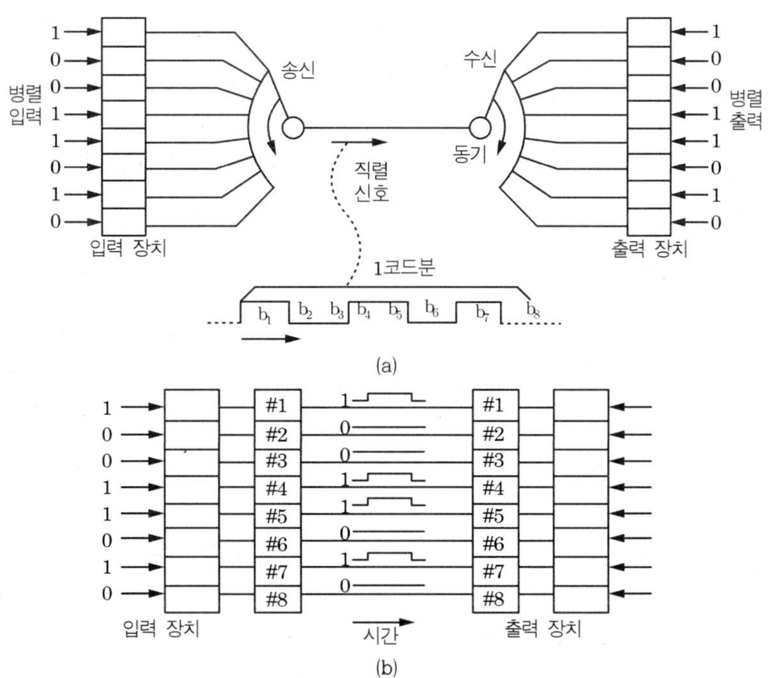

[그림 2-4] 직렬 전송과 병렬 전송

2.1.4 아날로그 전송과 디지털 전송

데이터 통신 매체에서의 전송 신호는 아날로그 형태와 디지털 형태로 나눌 수 있다. 사람의 목소리와 같이 연속적으로 변하는 신호는 아날로그이며, 모든 데이터 장비의 신호는 2진 펄스의 형태이다. 아날로그 신호를 전송하기 위해 아날로그 전송 방식이 사용되며, 디지털 신호 전송을 위해서는 디지털 전송 방식이 주로 사용된다. 그러나 특별한 경우에 디지털 신호를 아날로그로 신호 변환하는 과정을 변조라고 하며, 아날로그 신호를 디지털 신호로 복원하는 복조 과정을 통하여 전송이 이루어질 수도 있다.

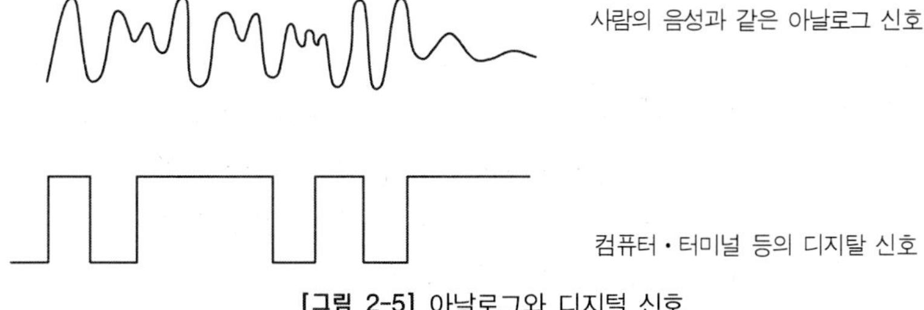

[그림 2-5] 아날로그와 디지털 신호

데이터 장비의 신호들은 모두 2진 신호 형태의 디지털 신호이므로 디지털 전송 방식을 이용하는 것이 바람직하나 기존의 음성을 위해 설치된 방대한 네트워크를 이용하려면 변조 과정을 거쳐 아날로그 신호로 전송하는 방법을 채택하고 있다. 그러나 최근에는 데이터 통신의 수요가 증가함에 따라 디지털 전송 네트워크 서비스가 증가하고 있다.

2.1.5 전송 코드

정보의 교환을 위해 정보는 전송되기 전에 반드시 부호화 되어야 하는데, 데이터 전송 시스템에서는 컴퓨터 내부에서 정보를 표현할 때와 같이 2진수로 표현되어야 한다. 한 개의 비트는 두 개의 상태를 표현할 수 있으며, 3비트가 차례로 전송된다면, 000, 001, 010, 011, 100, 101, 110, 111의 비트 형태로 8가지의 정보 전송 및 표현이 가능하다. n개의 2진수로 표현할 수 있는 정보의 개수는 2^n개가 된다. 7비트를 사용하는 ASCII의 경우에는 2^7인 128개의 정보를 나타낼 수가 있다. 이 경우에는 전송상의 오류 검출을 위해 8번째에 패리티 비트를 붙여서 7개의 정보 비트와 1개의 패리티 비트를 사용하여 전체 결과를 0으로 하는 짝수 패리티 방법, 또는 전체 결과를 1로 하는 홀 수 패리티 방법 중의 하나를 선택하여 사용하게 된다. 컴퓨터가 인식해야 할 정보량을 많이 표현할 수 있는 8비트 코드가 사용되고 있는데, EBCDIC (Extended Binary Coded Decimal Interchange Code)가 가장 대표적이다.

2.1.6 전송 효율

코드의 전송 시 오류의 발생을 감지하기 위해 패리티 비트 등을 첨가하는데, 이를 순수하게 정보를 나타내는 데 필요한 정보 비트와는 달리 중복 비트라고 한다. ASCII코드에서 7비트는 정보 비트, 패리티 비트는 1비트로 중복 비트이다. 이런 경우에 전체 비트 중에 정보를 나타내는 비트가 차지하는 비율을 코드 효율이라 하며, 이를 다음과 같이 표시한다.

$$\text{코드효율} = \frac{\text{정보비트수}}{\text{전체비트수}}$$

7비트의 정보 비트와 1비트의 패리티 비트로 구성되는 8비트 코드는 그 효율이 7/8이므로 87.5%가 된다. 그러나 이런 코드를 비동기식으로 실제 전송할 때는 동기를 돕는 스타트 비트와 스톱 비트 등이 다시 추가되므로 실제적인 전체 효율을 알기 위해서는 전송 상에서 본 전송 효율을 감안할 필요가 있다.

$$전송효율 = \frac{정보펄스의수}{전체펄스의수}$$

이런 경우에 8비트 코드에 1개의 스타트 비트와 1개의 스톱 비트를 추가하여 전송한다면 전송 효율은 8÷10 = 80%가 된다. 전송 시스템의 전체 효율은 다음과 같이 표시된다.

$$전체효율 = 코드효율 * 전송효율$$

위의 예는 87.5% × 80% = 70% 정도가 된다.

2.2 신호

2.2절에서는 신호와 전송에 관련된 몇 가지 용어들을 소개하고 아날로그와 디지털 데이터의 특성과 전송 방법들을 간단히 설명한다.

2.2.1 신호의 주파수와 스펙트럼, 대역폭

데이터를 전달하기 위해 송신기에 의해 발생된 신호는 전송 매체를 통해 전송된다. 이 신호는 시간의 함수이지만, 주파수의 함수로 표현될 수도 있다. 즉, 신호는 여러 개의 서로 다른 주파수의 조합으로 구성된다고 볼 수 있다.

신호를 '주파수 영역(frequency domain)'의 측면에서 보는 것이 '시간 영역(time domain)'의 측면에서 보는 것보다 데이터 전송을 이해하는 데 있어서는 더욱 중요하므로 여기서는 이 두 관점을 소개한다.

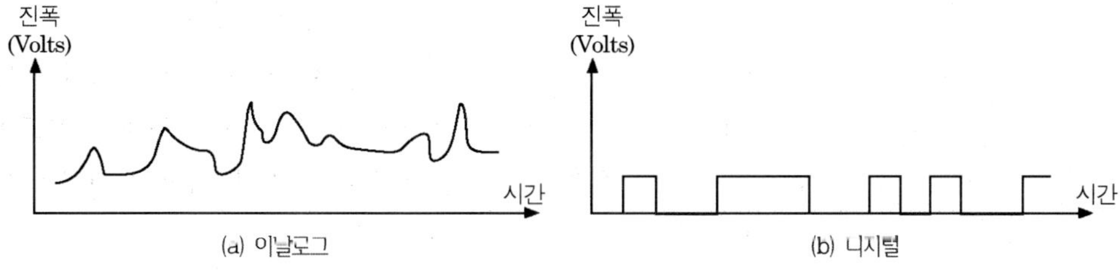

[그림 2-6] 아날로그와 디지털 신호의 파형

(1) 시간 영역의 개념

먼저, 신호를 시간의 함수로 보는 관점인데, 전자기 신호는 연속적이거나 이산적이다. 아날로그 신호는 신호의 세기가 시간에 따라 변하므로, 신호는 연속적이다. 디지털 신호는 신호의 세기가 일정 시간 동안 일정한 값을 유지하다가 갑자기 다른 값으로 변하는 신호이다. 연속적 신호의 예는 음성신호이고, 이산적 신호의 예로는 2진수 0과 1을 나타낸 것이다.

가장 간단한 신호는 동일한 신호 모양이 시간적으로 반복되는 주기 신호이다. 그림 2-7은 주기적인 연속신호인 사인파와 주기적인 이산신호인 직사각형파의 한 가지 예를 보여준다. 수학적으로 어떤 신호 s(t)가

$$s(t+T)=s(t) \qquad -\infty < t < +\infty \tag{2-1}$$

의 특성을 지닌다면, 주기 함수가 된다.

여기서 T는 신호의 주기이다.

사인파는 가장 기본적인 주기신호로 최대진폭, 주파수, 위상의 3가지 기본 파라미터로 표현된다. 최대진폭은 신호의 최대 전압값으로 측정되며 주파수는 신호의 반복 속도로 1초당 사이클 횟수 또는 Hz로 표현된다.

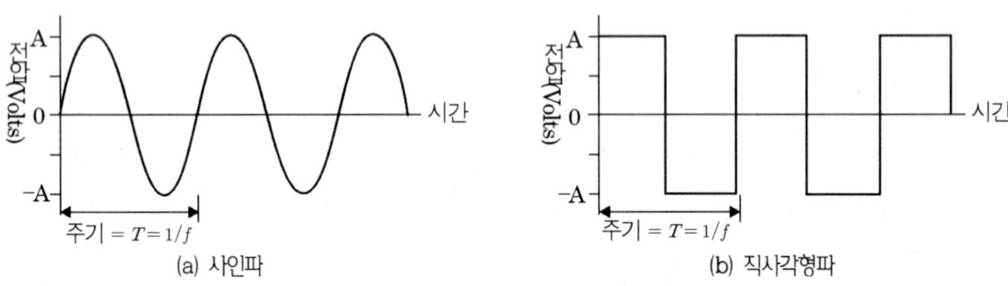

[그림 2-7] 주기신호의 예

이에 대응하는 파라미터로 주기 T가 있는데 주기란 신호가 한 번 반복되는 시간을 뜻하며 $T=1/f$이다. 위상은 신호의 단일 주기 내에서 시간에 대한 상대적 위치의 척도이다. 좀 더 자세히 표현하면 위상은 주기신호 $f(t)$에서, 임의의 원점에 대한 상대적인 편차 t를 주기 T로 나눈 분수값 t/T이다. 일반적인 사인파는

$$s(t)=A\sin(2\pi ft+\phi) \tag{2-2}$$

로 표현할 수 있으며, 이와 같은 방정식의 형태를 가진 함수를 정현파라고 한다.

하나의 사이클이 차지하는 거리 또는 2개의 연속 사이클에서 같은 위상의 두 점 간의 거리를 신호의 파장(λ)이라고 한다. 신호 전파속도를 v라 할 때 파장과 주기는 $\lambda=vT$의 관계가 있으며, $\lambda f=v$가 된다. 여기서 $v=c$이며 c는 자유공간에서의 광속으로 대략 3×10^8m/s이다.

(2) 주파수 영역 개념

실제로 전자기 신호는 많은 주파수로 구성된다. 예를 들어

$$s(t)= [(4/\pi)\times (\sin(2\pi ft)+(1/3)\sin(2\pi(3f)t)] \qquad (2\text{-}3)$$

로 표현되는 그림 2-8(c)의 신호를 보면, 이 신호의 성분은 각 주파수가 f와 $3f$인 사인파이다. 그림 2-8의 (a), (b)는 이들 각 성분을 보인 것이다. 이 그림에서는 2가지 흥미로운 점이 있다.

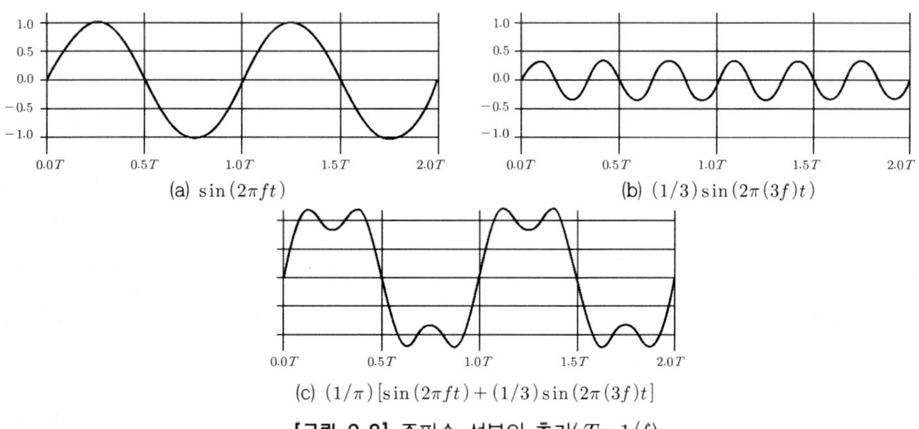

[그림 2-8] 주파수 성분의 추가($T=1/f$)

- 제2의 주파수는 처음 주파수의 정수배이다. 신호의 모든 주파수 성분이 한 주파수의 정수배일 때 그 주파수를 기본 주파수(fundamental frequency)라 한다.
- 그림 2-8에서 보듯이 전체 신호 $s(t)$의 주기는 기본 주파수의 신호 $\sin(2\pi ft)$주기 $T=1/f$와 같다.

푸리에(Fourier) 분석에 의하면 모든 신호는 서로 다른 주파수를 갖는 정현파들의 조합으로 구성되는데, 적절한 진폭과 위상 및 주파수를 가지는 정현파 신호를 무수히 많이 합치면 임의의 전자기파 신호를 만들 수 있다.

어떤 신호에 대해서 각 순간의 진폭을 표현하는 시간영역 함수인 $s(t)$를 정의할 수 있으며, 신호를 구성하는 주파수의 최대 진폭을 나타내는 주파수 영역 함수 $S(f)$를 정의할 수도 있다. 그림 2-9(a)는 그림 2-8(c)의 신호에 대한 주파수 영역 함수를 나타낸 것이며, $S(f)$는 이산적이다. 그림 2-9(b)는 $-X/2 \sim X/2$에서는 1을, 나머지의 경우는 0을 갖는 직사각형 펄스의 주파수 영역 함수를 나타낸 것이다. 이 경우 $S(f)$는 연속함수이며, 비록 주파수 f가 커질수록 그 크기는 급격하게 작아지지만 무한히 많은 nonzero 값을 갖는다.

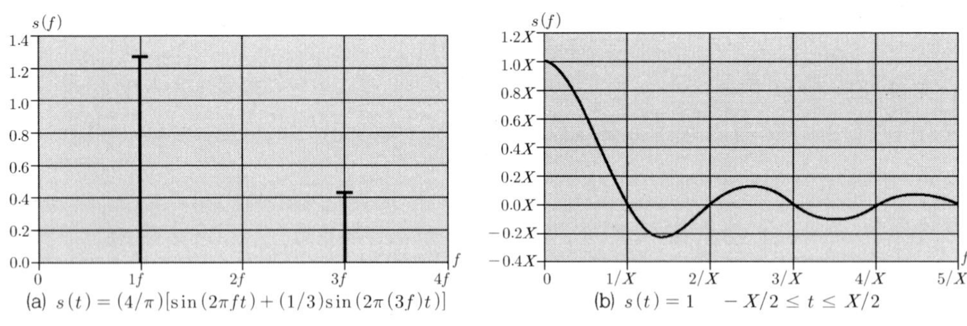

(a) $s(t) = (4/\pi)[\sin(2\pi ft) + (1/3)\sin(2\pi(3f)t)]$ (b) $s(t) = 1 \quad -X/2 \le t \le X/2$

[그림 2-9] 주파수 영역의 표현

신호의 스펙트럼(spectrum)이란 그 신호가 포함하는 주파수의 범위를 말하며, 그림 2-8(c)의 신호에서 스펙트럼은 f에서 $3f$까지 걸쳐 있다. 절대 대역폭이란 스펙트럼의 폭을 의미하며, 그림 2-8의 경우 대역폭은 $2f$이다. 대부분의 경우 그림 2-9(b)와 같이 무한대의 대역폭을 갖지만, 신호의 에너지는 좁은 영역의 주파수에 대부분 밀집되어 존재하는데, 이대역을 유효 대역폭 또는 대역폭이라 한다.

어떤 신호가 주파수 0의 성분을 가지고 있다면 그 성분은 직류이며, 예를 들어 그림 2-10은 그림 2-8(c)의 신호에 직류성분을 더한 것이다. 직류성분이 없다면 신호의 평균 진폭은 시간 영역에서 0이지만, 직류성분이 존재한다면, $f=0$에서 주파수 항을 가지게 되고 평균 진폭은 0이 아니다.

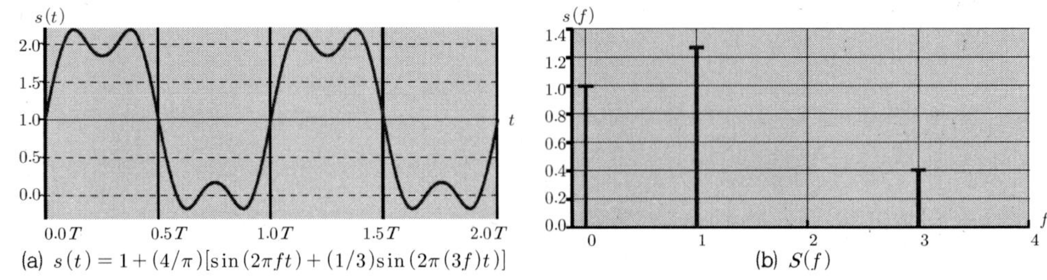

(a) $s(t) = 1 + (4/\pi)[\sin(2\pi ft) + (1/3)\sin(2\pi(3f)t)]$ (b) $S(f)$

[그림 2-10] 직류성분을 가진 신호

데이터 전송률과 대역폭 간의 관계인 유효 대역폭이란 신호에너지의 대부분이 집중되어 있는 대역을 의미하는데, 어떤 파형이 넓은 범위에 걸쳐서 주파수를 가지고 있더라도 실제 전송 시스템에서는 제한된 대역의 주파수만을 수용할 수 있다. 이것은 전송 매체에서 운반되는 데이터 전송률을 제한한다.

이러한 관계를 설명하기 위해 그림 2-7(b)의 직사각형파에서, (+)펄스는 이진수 0을 나타내고, (−)펄스는 이진수 1을 나타낸다고 가정한다. 따라서 파형은 이진수의 열 010 1…로 표시되며, 각 펄스의 구간은 $1/2f$이고 데이터 전송률은 $2f_{bps}$이다. 그러면 이 신호의 주파수 성분은 어떻게 되는지를 알기위해 그림 2-8을 다시 보면, 주파수 f와 $3f$의 사인파를 합침으로써 원래의 직사각형파에 가까운 파형을 얻는다. 그림 2-11(a)에서와 같이 주파수 $5f$의 사인파를 합하고, 그림 2-11(b)처럼 $7f$의 사인파를 합하는 과정을 계속해 보면, 이와 같이 f의 홀 수배 주파수를 합하고 적절하게 그 크기를 조정하면 점점 직사각형파에 근접한 파형을 얻게 된다.

실제로 A와 $-A$ 사이의 진폭을 갖는 직사각형파의 주파수 성분은 다음과 같이 표시할 수 있다.

$$s(t) = A \times \frac{4}{\pi} \times \sum_{k\text{홀수},\, k=1}^{\infty} \frac{\sin(2\pi kft)}{k} \qquad (2\text{-}4)$$

이 파형은 무한히 많은 주파수 성분을 가지므로, 무한대의 대역폭을 가진다. 그러나 k번째 주파수 성분 kf의 최대진폭은 $1/k$밖에 되지 않으므로, 이 파형의 대부분 에너지는 처음 몇 개의 주파수 성분에 거의 존재하게 된다. 처음 3개의 주파수 성분으로 대역폭을 제한한다면, 그림 2-12(a)에서 보듯이 파형의 모양은 원래의 직사각형파와 거의 비슷하다.

일반적으로 디지털 파형은 무한대의 대역폭을 갖지만, 어떤 매체를 통해 이 파형을 신호로 전송할 때는 전송 가능한 대역폭을 제한한다. 전송 매체의 전송 가능한 대역폭이 넓을수록 비용은 높아지므로 경제적인 측면에서 디지털 정보를 제한된 대역폭의 신호로 근사화 시키는 것이 필요하다. 그러나 대역폭을 제한하면 왜곡이 발생할 수 있기 때문에 수신신호를 해석하는 작업이 어려워진다. 대역폭을 제한할수록 왜곡은 더 커지고, 수신기에서 오류가 발생할 확률도 커진다.

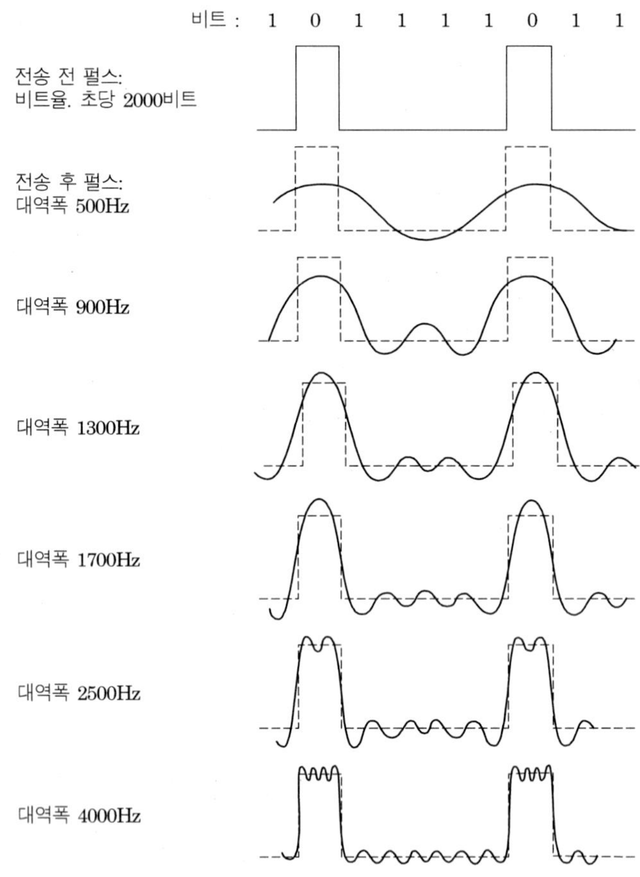

[그림 2-11] 직사각형파($T=(1/f)$)의 주파수 성분

이러한 개념을 명확히 보여주는 예를 들어보면, 그림 2-11은 데이터 전송률이 2000bps 인 디지털 비트열을 보여준다.

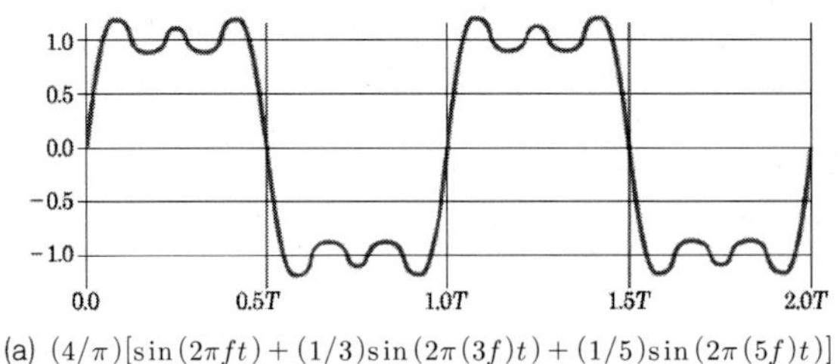

(a) $(4/\pi)[\sin(2\pi ft)+(1/3)\sin(2\pi(3f)t)+(1/5)\sin(2\pi(5f)t)]$

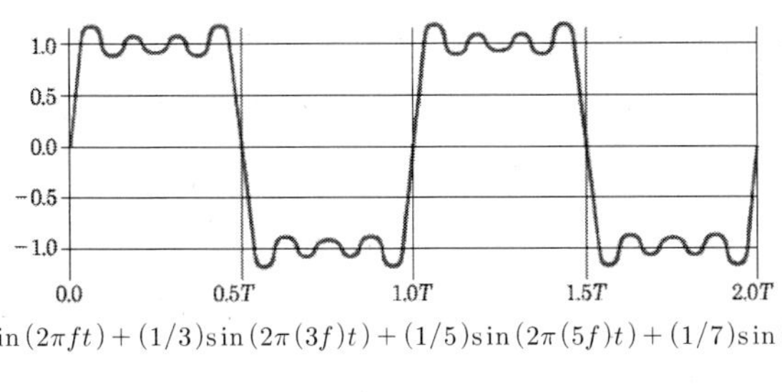

(b) $(4/\pi)[\sin(2\pi ft)+(1/3)\sin(2\pi(3f)t)+(1/5)\sin(2\pi(5f)t)+(1/7)\sin(2\pi(7f)t)]$

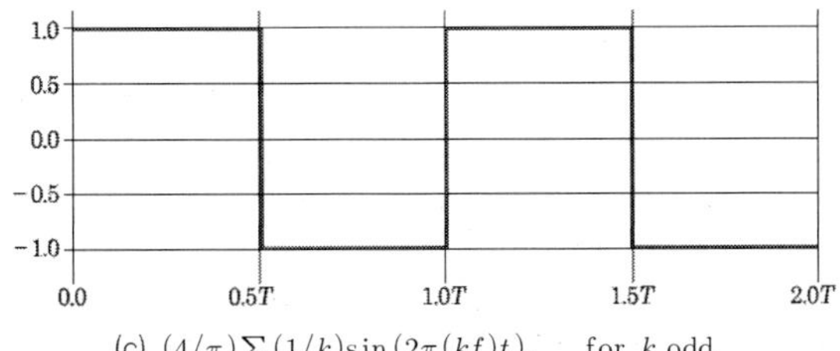

(c) $(4/\pi)\Sigma(1/k)\sin(2\pi(kf)t)$, for k odd

[그림 2-12] 디지털 신호에서 대역폭의 효과

2500Hz의 대역폭뿐만 아니라 1700Hz의 대역폭에서도 매우 양호한 모양을 가진다. 이것을 일반화시켜보면 디지털 신호의 데이터 전송률이 Wbps일 경우 2WHz의 대역폭을 가진 매체로 전송하면 매우 양호한 신호를 수신할 수 있다. 그러나 잡음이 심하지 않으면 보다 적은 대역폭으로도 비트 모양을 제대로 읽을 수 있다. 그러므로 데이터 전송률과 대역폭 사이에는 직접적인 관계가 있어 신호의 데이터 전송률이 높을수록 필요한 유효 대역폭은 더 커진다. 바꾸어 말하면 전송 시스템의 대역폭이 클수록 시스템을 통해 전송할 수 있는 데이터 전송률은 높아진다. 하나 더 주목해야 할 점은 신호 대역폭의 중심이 되는 주파수인데, 중심 주파수가 높을수록 잠재적인 대역폭과 잠재적인 데이터 전송률이 높아진다. 만약 신호의 중심 주파수가 2MHz이라면 최대 대역폭은 4MHz이다.

2.2.2 아날로그 및 디지털 데이터 전송

간단히 말하면 아날로그는 연속적인 것을, 디지털은 이산적인 것을 의미하는데, 이 용어는 데이터통신에서 데이터와 신호 방식, 전송이라는 3가지 관점에서 자주 사용된다.

데이터는 어떤 의미 또는 정보를 전달하는 개체로 정의하며, 신호는 데이터의 전자기적 표현이다. 신호방식(signaling)은 적절한 전송 매체를 통해 신호를 물리적으로 전파하는 것이고, 전송은 신호 전파와 처리를 통한 데이터 통신이다.

(1) 아날로그 및 디지털 데이터

아날로그 데이터는 음성과 비디오의 세기와 같이 연속적으로 변하는 모양을 가지며, 센서가 감지하는 온도나 압력 등은 연속적인 값이다. 그러나 디지털 데이터는 이산적인 값을 갖는데, 텍스트나 정수(integer)가 그 예이다.

아날로그 데이터의 대표적인 예는 음성 데이터로, 사람이 직접 들을 수 있는 음파의 형태를 가진다. 그림 2-13은 음성과 음악의 음향 스펙트럼을 보여주는데, 음성의 주파수 성분은 100Hz에서 7kHz 사이에 분포한다.

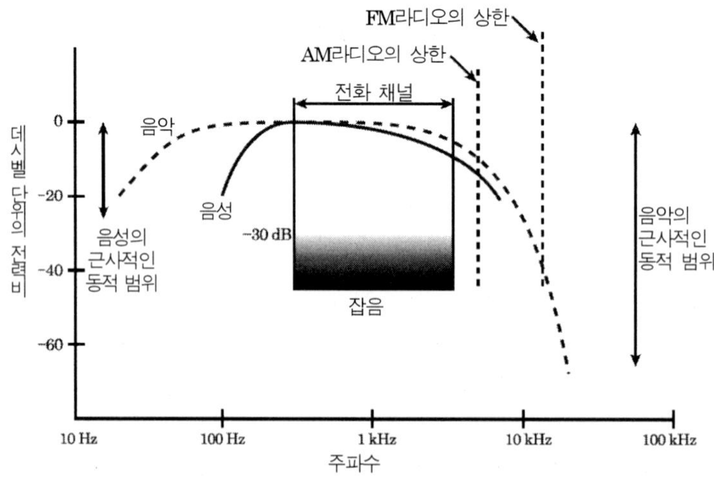

[그림 2-13] 음성과 음악에 대한 음향 스펙트럼

디지털 데이터의 흔한 예는 텍스트, 즉 문자열인데, 데이터 처리 및 전송 시스템에서는 문자 단위로 저장되고 전송되지 않는다. 그 시스템들은 2진 데이터에 적합하게 설계되어 있으므로, 문자를 비트열로 나타내는 여러 가지 코드들이 있다. 최초의 코드는 아마도 모스 부호(Morse code)일 것이며, 최근에 가장 많이 사용되는 텍스트 코드는 IRA(International Reference Alphabet)이다. 이 코드에서 각 문자는 7비트로 표현되므로 128개의 문자를 표시할 수 있는데, 이것은 일반적으로 필요한 것보다 개수가 많으므로 그 중 몇 가지는 제어문자(control character)로 사용된다. IRA로 표현된 문자는 거의 대부분 한 문자당 8비트의 단위로 저장 또는 전송된다. 8번째 비트는 오류 검출을 위한 패리티(parity) 비트로 사용된다.

(2) 아날로그 신호와 디지털 신호

통신 시스템에서, 데이터는 전자기 신호에 의해 한 지점에서 다른 지점으로 전파된다. 아날로그 신호는 다양한 스펙트럼의 전송 매체를 통해 전파될 수 있는 연속적인 전자기파이다. 디지털 신호는 전압펄스의 열로 구성되는데, 일정한 크기의 (+)전압은 0을, (–)전압은 1을 나타낸다. 디지털 신호방식은 아날로그 신호방식에 비해 가격이 저렴하고 잡음에 강하지만, 아날로그 신호보다 감쇠가 크다. 그림 2-14는 2가지 전압 레벨을 사용하여 전송한 일련의 전압 펄스와 전송신호가 매체를 따라 전파되어 수신되는 것을 나타낸다.

[그림 2-14] 디지털 신호의 감쇠

(3) 데이터와 신호

아날로그 데이터는 시간의 함수로 제한된 주파수 스펙트럼 영역을 가지며, 동일한 스펙트럼 영역을 갖는 전자기 신호로 표현될 수 있다. 디지털 데이터는 2진수 값을 나타내기 위해 2가지 다른 전압을 갖는 디지털 신호로 표현될 수 있다.

그러나 디지털 데이터는 모뎀(modem)을 이용해 아날로그 신호로 표현될 수도 있다. 모뎀은 디지털 데이터를 반송주파수(carrier frequency)로 부호화함으로써 일련의 2진 전압 펄스를 아날로그 신호로 변환하는 기능을 갖는다.

아날로그 데이터는 코덱(codcc) 장치에 의해 디지털 신호로 표현될 수 있는데, 아날로그 신호를 입력 받아 비트열(bit stream)로 신호를 변환시키며, 수신측에는 이 비트열을 아날로그 데이터로 재생한다.

(4) 아날로그 및 디지털 전송

표 2-2는 데이터 전송법을 요약하였는데, 신호는 음성과 같은 아날로그 데이터를 나타낼 수도 있고, 모뎀을 통해 전달되는 2진 데이터를 나타낼 수도 있다. 어느 경우라도 신호는 거리에 따라 그 세기가 감쇠된다. 장거리 전송을 위해서는 아날로그 전송 시스템은 신호의 세기를 크게 하는 증폭기를 가져야 한다. 그러나 증폭기는 잡음성분까지도 증폭하므로, 장거리 전송에서 증폭기를 직렬로 연결하는 경우 신호는 점차 크게 왜곡된다. 음성과 같은 아날로그 데이터라면 약간의 왜곡은 문제가 되지 않지만, 디지털 데이터의 경우 오류가 발생한다.

표 2-2 아날로그 및 디지털 전송

(a) 데이터와 신호		
	아날로그 신호	디지털 신호
아날로그 데이터	2가지 방법 : ① 아날로그 데이터와 동일한 스펙트럼을 점유 ② 아날로그 데이터는 스펙트럼의 다른 부분을 점유하도록 부호화	아날로그 데이터는 코덱을 사용하여 디지털 부호열로 부호화
디지털 데이터	디지털 데이터는 모뎀을 사용하여 아날로그 신호로 부호화	2가지 방법 : ① 2가지 2진 값을 표현하기 위해 신호는 2가지 전압 크기를 가짐. ② 디지털 데이터는 요구 특성을 가진 디지털 신호로 부호화
(b) 신호의 취급		
	아날로그 전송	디지털 전송
아날로그 신호	증폭기를 사용하며, 아날로그 데이터를 표시하든 디지털 데이터를 표시하든 신호는 동일하게 취급	아날로그 신호가 디지털 데이터를 표현한다고 가정하며 리피터를 사용, 각 리피터에서 입력신호로부터 디지털 데이터가 복원되고 새로운 아날로그 신호를 만듦.
디지털 신호	사용되지 않음.	디지털 신호는 1과 0의 열을 표시함. 이들 1과 0은 디지털 데이터를 표시하거나 아날로그 데이터의 부호화일 수 있다. 신호는 리피터에서 입력신호로부터 1과 0으로 복원되고, 새로운 디지털 출력 신호를 만듦.

그러나 디지털 신호는 감쇠와 잡음 등이 데이터의 무결성에 문제가 되지 않을 정도의 거리에서만 전송이 가능하므로 장거리의 전송을 위해서는 리피터가 사용된다. 리피터는 디지털 신호를 수신하여 0과 1을 복원한 후 새로운 신호를 만들어 전송하므로, 감쇠 현상을 극복할 수 있다.

아날로그 신호가 디지털 데이터를 운반할 경우에도, 같은 기법이 적용된다. 적절한 거리마다 증폭기 대신 리피터를 설치하여 수신되는 아날로그 신호로부터 디지털 데이터를 복원해서 깨끗한 새 아날로그 신호를 생성한다.

현재 장거리 통신설비와 빌딩 내의 서비스들은 디지털 전송으로 전환되고 있으며, 가능한 경우 다음과 같은 이유로 디지털 신호 방식으로 바꾸고 있다.

- LSI와 VLSI 기술의 발달로 디지털 회로의 가격이나 크기가 계속 낮아진다.
- 증폭기 대신 리피터를 사용함으로써 잡음 등의 영향이 누적되지 않으므로, 먼 거리를 저렴한 회선으로 데이터의 무결성을 유지하면서 전송할 수 있다.
- 위성채널이나 광섬유를 포함한 광대역 전송링크를 구축하는 것이 경제적이다. 이러한 대용량을 효율적으로 활용하려면 고도의 다중화(multiplexing)가 필요한데, 다중화는 아날로그보다는 디지털 기법으로 쉽고 값싸게 구현할 수 있다.

- 디지털 데이터에 대해서는 암호화 기법을 쉽게 적용할 수 있다.
- 아날로그와 디지털 데이터 모두를 디지털로 취급함으로써 모든 신호는 동일한 형태가 되어 유사한 방법으로 처리할 수 있어 경제적이다.

2.3 데이터 부호화

어떤 데이터는 전송하려면, 그 데이터의 특성과 데이터 전송을 수행하는 실제적인 도구, 수신되는 데이터가 인식 가능하도록 처리와 조정 사항이 고려되어야 한다. 이런 고려 사항 중 가장 중요한 것이 아날로그 특성인가, 디지털 특성인가 하는 것이다. 즉, 아날로그는 연속적인 것을, 디지털은 이산적인 것을 의미한다.

그림 2-15와 같이 아날로그나 디지털 데이터는 모두 아날로그 및 디지털 신호로 부호화 할 수 있다.

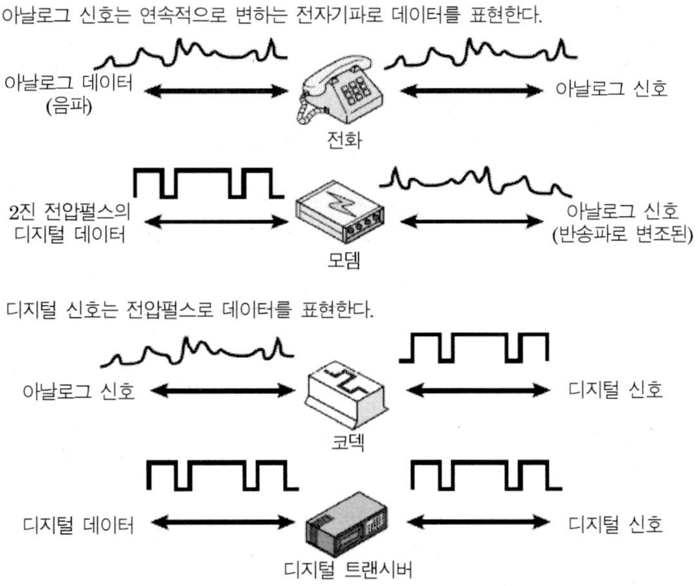

[그림 2-15] 아날로그와 디지털 데이터의 신호

그림 2-16(a)는 디지털이나 아날로그 데이터 $g(t)$가 인코더(encoder)를 통해 $x(t)$라는 디지털 신호로 변환되고, 또 다시 디코더(decoder)를 통해서 원래의 $g(t)$ 데이터로 복원되는 것을 보여주고 있다. 이때 $x(t)$의 형태는 부호화 기법에 의해 결정되고, 전송 매체의 특성을 최대로 활용하도록 설계된다.

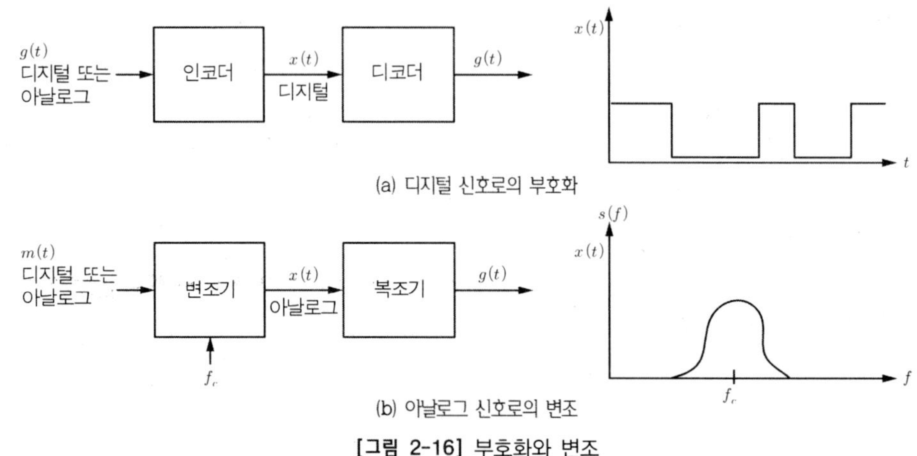

[그림 2-16] 부호화와 변조

데이터는 변조를 거쳐 전송되며, 변조란 원래 데이터를 주파수 f_c를 갖는 반송 신호로 부호화하는 과정을 말한다. 모든 변조 기법은 진폭, 주파수, 위상(phase) 3가지 영역 변수 중의 하나 또는 그 이상을 혼용한다.

그림 2-16(b)에서, 입력되는 신호 $m(t)$는 아날로그 또는 디지털 신호인데, 이를 변조될 신호 또는 기저대역 신호라고 부른다. 이 신호는 반송 신호에 의해 변조되어 신호 $s(t)$를 얻는다. 이때 스펙트럼 상에 나타나는 대역폭은 f_c를 중심으로 일정하게 되고, 보통 f_c가 대역폭의 중앙에 위치한다. 그림 2-16(b)에 나타난 기법을 조합한 4가지 형태의 전송이 널리 사용되고 있다. 각 경우에 대하여 선택하는 이유는 서로 다르나, 여기서는 몇 가지 대표적인 경우를 나열하여 본다.

- 디지털 데이터 → 디지털 신호 : 일반적으로 디지털 데이터를 디지털 신호로 부호화하는 것이 디지털을 아날로그로 변환하는 것보다 단순하며 가격도 싸다.
- 아날로그 데이터 → 디지털 신호 : 아날로그 데이터를 디지털 신호로 변환하여서 전송하는 것은 디지털 전송 장비와 교환 장비를 이용할 수 있다.
- 디지털 데이터 → 아날로그 신호 : 광섬유나 소프트 전송 매체 등의 특정 매체는 아날로그 신호만을 전송할 수 있다.
- 아날로그 데이터 → 아날로그 신호 : 음성 데이터는 기저대역 신호로 값싸고 쉽게 전송할 수 있다.

어떤 기저대역 신호의 대역폭을 다른 스펙트럼의 영역으로 이동시키기 위해 변조 기법을 사용하며, 이 방법에 의해서 다른 스펙트럼 영역에 있는 복수 개의 신호가 같은 전송 매체를 공유할 수 있다.

2.3.1 디지털 데이터 → 디지털 신호

디지털 신호는 불연속적인 전압 펄스의 연속으로 구성되며, 각 펄스를 하나의 신호 요소(signal element)라고 한다. 2진 데이터는 각 데이터 비트를 신호 요소로 부호화 하여 전송한다. 이때 가장 간단한 경우로는 각 비트가 1:1로 각 신호 요소에 대응되게 하는 전송 방법이다.

먼저, 몇 가지의 용어를 정의해 보면, 모든 신호 요소가 동일한 수식적 부호를 가질 때, 즉 모두가 음(−)이거나 혹은 양(+)일 경우에 신호를 **단극형**(unipolar)이라고 하다.

반면에, 어떤 논리상태가 양의 전압으로, 다른 논리 상태가 음의 전압으로 표시될 때를 **양극형**(polar)신호 전송이라 한다. 데이터 신호 전송률은 초당 전송되는 비트 수로서 나타내는 데이터 전송 속도이다. 한 비트의 기간 혹은 길이란 송신기가 한 비트를 송출하는 데 걸리는 시간이며, 데이터 전송률 R에 대한 비트 기간은 $1/R$이다.

변조율(modulation rate)은 신호 레벨이 변화하는 속도로, 다음에 설명할 디지털 부호화의 특성에 좌우되나, 변조율은 **보**(bauds)로 나타내는데, 초당 신호 요소의 수를 의미한다.

수신기는 각 비트간의 시간 간격과 어떤 전압이 각각 0과 1을 나타내는지를 알아야 한다. 각 비트의 시간 간격의 중간의 전압을 전선의 전압과 비교하여 0과 1을 판독한다. 이 과정 중에 잡음으로 인한 오류가 발생할 수 있다.

수신된 신호를 성공적으로 해석하는 데 다음의 3가지 요소가 주요한 문제가 된다.

- 신호 대 잡음비(S/N 비)
- 데이터 전송률
- 대역폭

S/N 비가 증가할수록 비트 오류율은 감소하며, 데이터 전송률이 낮을수록 비트 오류율은 증가하며, 대역폭이 클수록 데이터 전송률이 증가한다. 또 부호화 기법도 전송의 효율성에 영향을 주는데, 부호화란 데이터 비트를 신호 요소로 매핑(mapping)시키는 것을 말한다.

자주 사용되는 부호화 방식들은 다음과 같으며, 그림 2-17에 이들을 나타내었다.

- NRZ(nonreturn to zero)
  - NRZ-L(Nonreturn to Zero-Level) : 0=고전압, 1=저전압
  - NRZ-I(Nonreturn to Zero Inverted) : 0=구간 시작점에서 천이가 없음,
1=구간 시작점에서 천이가 일어남.

- Bipolar-AMI : 0=선로에 신호가 없음,
  1= + 또는 −의 값으로 1이 계속될 때는 그 값이 교대로 바뀜.
- Pseudeternary : 0= + 또는 −의 값으로 0이 계속될 때는 그 값이 교대로 바뀜,
  1= 선로에 신호가 없음.
- Manchester : 0= 구간 중간에서 하향 천이, 1=구간 중간에서 상향 천이
- Differential Manchester : 구간 중간에서 항상 천이가 발생
  0 = 구간 시작점에서 천이 발생,
  1 = 구간 시작점에서 천이 없음.

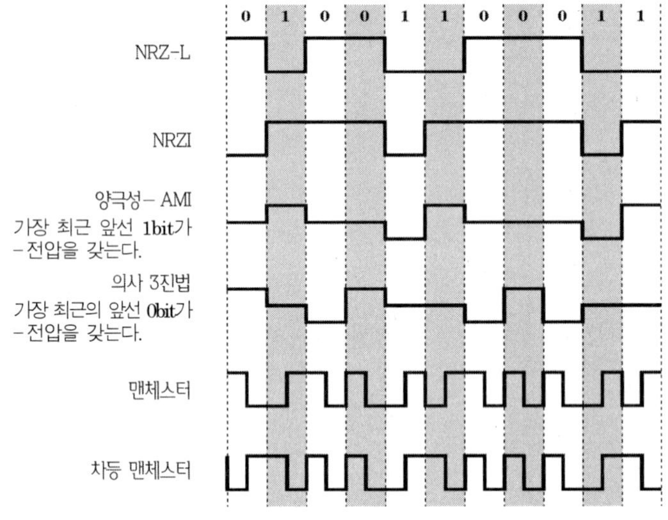

[그림 2-17] 디지털 부호화 방식

기법들을 평가하는 데는 여러 가지 방법이 있으나 여기서는 5가지 평가요소로 비교한다.

- 신호스펙트럼 : 신호의 구성 요소 중에 고주파 성분이 거의 없는 경우에는 보다 좁은 대역폭으로 전송이 가능하며, 직류 성분이 없는 경우가 바람직하다.
- 신호 동기화 능력 : 각 비트의 위치 간격을 나타내는 것은 결코 쉬운 일이 아니며, 수신측과 송신측의 동기화 조절을 위해 독자적인 클록(clock)이 필요할 수도 있다. 어떤 부호화 기법은 부호화 자체로 이 문제를 해결하기도 한다.
- 신호 오류 검출 능력 : 부호화 자체에도 기본적인 오류 검출 기법이 내장되어야 한다.
- 신호 간섭 및 잡음 면역 : 어떤 부호화에서는 잡음에도 불구하고 높은 효율을 갖기도 한다. 비트 오류율로 신호의 신뢰도를 나타낸다.
- 가격 및 복잡성 : 디지털 소자의 가격은 하락하고 있지만, 고려해야 한다.

다음은 각 부호화 기법에 대해서 살펴보자.

(1) 영 비복귀(NRZ)

NRZ 코드는 한 비트 간격 동안 전압이 항상 일정 값을 유지하며, 영(zero)전압으로 되돌아오지 않는다. NRZ코드의 가장 간단한 형태는 **NRZ-L**이며 음의 전압은 1, 양의 전압은 0을 나타내는데 사용하며 그림 2-17에 나타내었다. **NRZ-L**은 단말기나 기타 장치에 의해 디지털 데이터를 생성하고 해석하는데 사용된다.

이외에 NRZ-L의 변형으로 **NRZI**(Nonreturn to Zero Invert on ones)가 있는데 이것은 NRZ-L과 같이 비트구간 동안 일정한 전압을 유지하며, 비트구간의 시작점에서 신호의 상향 또는 하향 천이는 1을 나타내고, 천이가 없으면 0이다.

NRZI는 전압 값이 데이터를 나타내는 것이 아니고 비트 신호의 변화에 따라 전압의 레벨이 바뀌게 되는 방식으로 차등 부호화(differential encoding)의 대표적인 예이다. 이런 방식의 장점은 첫째, 잡음이 발생한 상황에서는 전압의 절대값으로 0과 1을 판별하는 것보다는 전압의 상대적인 변화값으로 0과 1을 판별하는 것이 쉽다. 둘째로는, 신호를 보내는 매체의 극성(polarity)에 무관하여, 꼬임선을 사용한 경우, 전선의 극성을 거꾸로 연결하면 모든 1과 0의 비트가 바뀌어서 수신되지만 차등 부호화의 경우에는 아무런 문제가 발생하지 않는다. NRZ코드는 가장 쉬운 형태의 부호화 기법이라고 할 수 있고 대역폭을 효율적으로 사용하게 해준다. 그러나 NRZ 코드의 중요한 제약점으로는 직류 성분의 존재와 동기화 능력의 부족함이다. 동기화 능력의 부족한 예로서는, NRZ-L이나 NRZI의 부호화 기법으로 매우 긴 1의 비트 데이터를 전송하는 경우 출력 전압은 그 데이터의 전송이 끝날 때까지 일정한 값을 유지한다.

(2) 다중 레벨 이진법

다중 레벨 방식들은 NRZ 기법들을 보완하려고 둘 이상의 신호 레벨을 사용하며, 2가지 예는 양극성-AMI와 의사 3진법으로 그림 2-17에서 보여준다.

양극성-AMI 방식은 2진수 0은 선로신호가 없는 것이고, 1은 + 또는 −의 펄스로 나타난다. 2진수 1의 경우 펄스의 극성이 교대로 나타나야 하므로 1이 길게 연속되더라도 동기를 잃지 않는다. 각각의 1은 천이가 일어나므로 수신단에서 그 천이 시점에 다시 동기를 맞출 수 있지만 길게 연속되는 0은 문제가 있다.

1의 신호는 전압이 +에서 −로 변하므로 순수 직류 성분이 없고 신호의 대역폭이 NRZ보다 작다. 그리고 펄스의 극성이 교대로 나타나므로 펄스가 제거되거나 추가되어 나타나는 오류는 극성이 이 특성에서 벗어나므로 검출이 쉽다.

의사 3진법(pseudoternary)의 경우에는 2진수 1은 선로에 신호가 없고 0은 +와 -의 펄스가 교대로 나타나며, 이 방식은 다른 방식들에 비해 특별한 이점은 없다.

(3) 이중 위상(biphase)

NRZ 부호화 방식의 한계를 해결하는 방식으로는 이중 위상(biphase)라 분류하는 방식들이 있는데 그중에 널리 사용되는 것은 맨체스터와 차등 맨체스터이다.

맨체스터(Manchester) 부호는 각 비트의 중간에 천이가 있는데, 이 천이는 시간 정보를 나타내면서 데이터의 역할도 한다. 즉, 상향 천이는 1을 나타내고, 하향 천이는 0을 나타낸다.

차등 맨체스터에서 비트 중간의 천이는 클록을 제공하기 위해 사용되며, 0은 비트의 시작점에서 천이가 존재하고, 1은 비트 주기의 시작점에 천이가 없는 경우이다. 차등 맨체스터는 차등 부호화가 가지고 있는 이점도 함께 갖는다.

모든 이중 위상 방식은 한 비트의 시간 간격동안 1회 또는 2회의 천이가 발생한다. 따라서 최대 변조율은 NRZ의 2배가 되므로 보다 광역의 대역폭이 필요하지만 이를 보상해 주는 장점은 다음과 같다.

- 각 비트 시간 간격 동안의 전압 천이를 예측할 수 있으므로 수신측은 그 천이에 대해 동기화를 할 수 있다.
- 이중 위상 코드는 직류 성분을 포함하지 않는다.
- 천이가 기대되는 위치에서 발생하지 않으면 오류가 검출되고, 잡음으로 인해 천이 위치의 앞뒤에서 모두 신호가 역으로 된 경우는 오류를 검출할 수 없다.

이중 위상 방식은 데이터 전송에 인기가 있어, 맨체스터 부호는 베이스밴드 동축케이블과 꼬임선 CSMA/CD 버스 LAN의 IEEE 802.3 표준에 규정되었다. 차등 맨체스터 코드는 차폐 꼬임선을 사용하는 토큰링의 IEEE 802.5 표준에 규정되었다.

(4) 스크램블 방식

이중 위상 방식이 LAN 분야에서 10Mbps까지 비교적 높은 전송률로 많이 사용되지만 전송률에 비해 신호율(signaling rate)이 높아 장거리분야에서 경제성이 없다. 그러므로 스크램블 기법이 등장했는데, 이 방식은 선로에서 일정 전압 레벨로 계속되는 순서열을 정해진 순서열(filling sequence)로 대치한다. 대치된 순서열은 수신기에서 원래 순서열로 복원한다.

보통 두 가지 방식이 장거리 전송 분야에 사용되는데, **B8ZS**(Bipolar with 8-Zeros Substitution)와 **HDB3**(High-Density Bipolar-3zeros) 부호로 그림 2-18에 나타내었다.

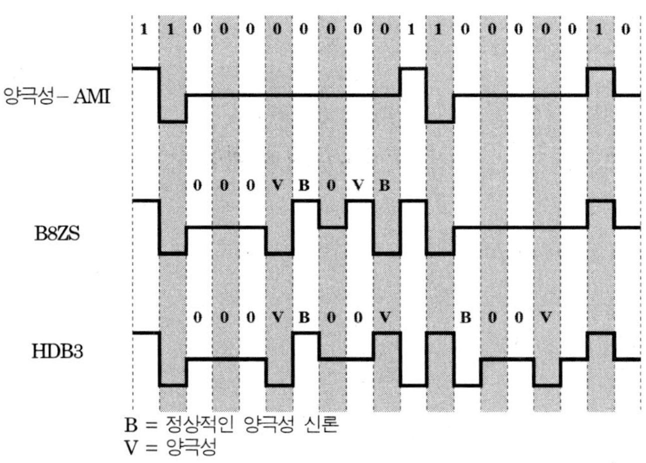

[그림 2-18] B8ZS와 HDB3 부호화 방식

B8ZS는 주로 북미에서 사용되고 있는데 이 방식은 양극성-AMI에 기초한다. AMI의 문제점을 해결하기 위한 방식으로 다음과 같이 연속된 0의 순서열을 대치한다.

- 앞에 + 펄스가 있는데 연속하여 0이 8개 나오면, 8개의 0은 000+−0−+로 대치
- 앞에 − 펄스가 있는데 연속하여 0이 8개 나오면, 8개의 0은 000−+0+−로 대치

주로 유럽과 일본에서 사용되는 HDB3 방식도 AMI 부호화에 기초를 두며 4개의 0이 하나 또는 2개의 펄스를 포함하는 순서열로 대치되는데, 각 경우에 4번째 0은 "부호위반(violation)"으로 대치된다. 직류성분이 생기지 않도록 연속적인 위반이 일어나면 그 극성이 교대로 되어야 한다는 규칙이 필요하여, 만약 바로 앞의 위반이 +라면 이번의 위반은 −가 되어야 한다. 이 조건은 바로 앞의 위반 이후 발생한 펄스의 수가 홀수인지 짝수인지를 알아야 하며, 4개의 0이 나타나기 전 마지막 펄스의 극성을 조사하는 검사를 한다.

(5) 다중 레벨 2진법

특이한 형태의 부호화 기법으로서 다중 레벨 2진법이 있는데, 이는 3개 이상의 신호 레벨을 두는 것이다. 잘 알려진 예로 양극성(bipolar) 방식이 있는데, 양극성은 T1-PCM 반송파(carrier)를 위해 널리 연구소 등에서 널리 사용하고 있다.

예로서, 9600bps의 전송 속도로 신호를 전송하는 경우, 대부분의 에너지는 직류와 4800Hz 사이의 주파수 내에 있다. RZ에서 에너지는 데이터 전송률의 절반과 데이터 전송률 사이에서 많은 양이 분포하므로 대역폭이 넓지 않고, 직류 성분을 포함하지 않으며, 또한 맨체스터코드를 제외한 모든 2단계 코드는 차등적임을 알아야 할 것이다. 지연 변조에서는 2단계나 NRZ에 비하여 현저히 좁은 대역폭을 가진다. 그러나 최악의 비트 형태를 취급할 경우에는 많은 직류 성분을 포함하게 될 뿐만 아니라, NRZ 보다 넓은 대역폭이 필요하다. 다중 레벨 2진법에서는, 데이터 전송률의 1/2 지점을 중심으로 하여서 대역폭이 형성되고 직류 성분은 존재하지 않지만 동기화 능력은 없고 연속적인 1은 반대의 극성을 지니므로, 약간의 오류검출 능력이 있다.

2.3.2 디지털 데이터→아날로그 신호

디지털 데이터를 아날로그 신호로 전송하는 가장 흔한 예는 디지털 데이터를 전화회선을 통해 전송하는 것인데, 전화망은 음성 주파수 범위인 300-3400Hz의 주파수를 송수신할 수 있는 능력이 있다. 디지털 장치는 모뎀을 통해서 전화망에 연결되며, 모뎀은 디지털 데이터를 아날로그 신호로 또 그 역으로 변환시키는 장치이다.

부호화 기법으로는 전송 신호 특성인 진폭(amplitude), 주파수와 위상 중의 하나 또는 몇 개를 혼용해서 변조에 이용한다. 따라서 그림 2-19에서 보듯이 디지털 데이터를 아날로그로 변환하는 변조 기법에서는 기본적으로 3가지의 유형이 있다.

- 진폭편이키잉(amplitude-shift keying)(ASK)
- 주파수편이키잉(frequency-shift keying)(FSK)
- 위상편이키잉(phase-shift keying)(PSK)

3가지 경우 모두는 결과의 신호에서 반송 주파수를 중점으로 둔 대역폭을 갖는다.

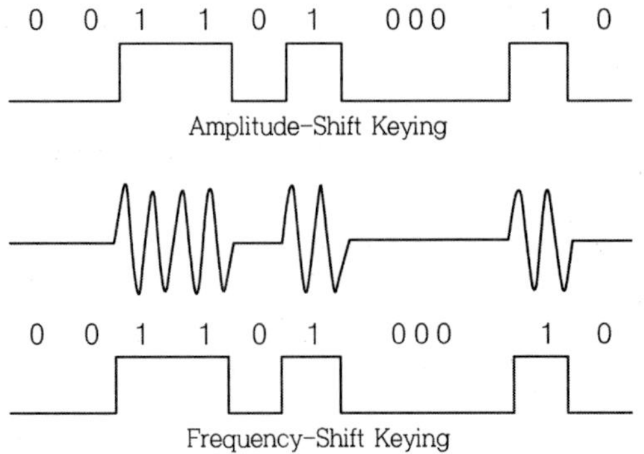

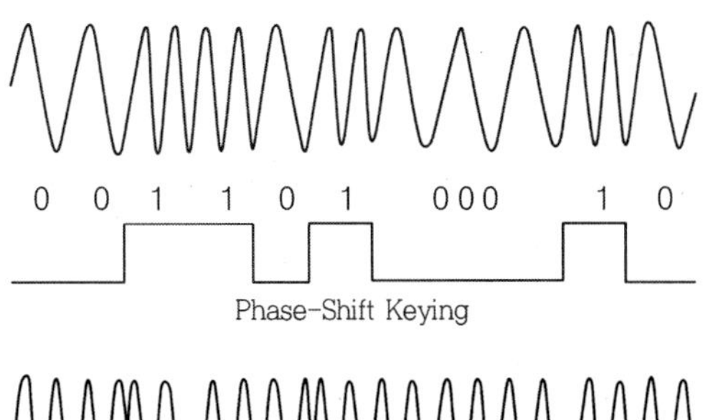

[그림 2-19] 디지털 데이터를 위한 아날로그 신호

ASK에서 2진수 1과 0을 표현하기 위해 신호의 진폭을 변경하는데, 주파수와 위상은 진폭이 변하는 동안에도 일정하게 유지된다. 어느 진폭이 1을 나타내는지는 시스템 설계자가 정한다. ASK를 사용하는 전송속도는 전송매체의 물리적 특성에 의해 제한되며, 잡음에 취약하다. 널리 사용되는 ASK 기술로 **OOK**(On-Off-keying)가 있는데, 비트 값 중의 하나는 진폭이 0의 값을 갖는다. 즉, 하나의 2진 값은 고정된 진폭을 가지는 반송파의 존재로서 표현되고, 다른 하나의 2진 값은 반송파의 비존재로 나타난다. 이렇게 생성된 신호는 다음과 같이 표현 가능하다.

$$s(t) = \begin{cases} Acos(2\pi f_c t) & \text{2진수 } 1 \\ 0 & \text{2진수 } 0 \end{cases} \quad (2\text{-}5)$$

여기서 반송 신호는 $Acos(2\pi f_c t)$이다. ASK 방식은 갑작스런 이득(gain)의 변화에 민감하게 반응하며, 다소 비효율적인 변조 기법이다. 음성급 회선에서는 보통 1200bps 이하의 속도에서 사용된다.

FSK에서는 2진수 1과 0을 나타내기 위해 주파수가 다른 반송 신호를 사용한다. 각 비트의 지속시간 동안 신호의 주파수는 일정하지만, 진폭과 위상은 일정하게 유지된다. 이 주파수는 반송 주파수 부근에 존재하게 된다. 이 결과로 나타나는 신호는 다음과 같다.

$$s(t) = \begin{cases} A\ \cos(2\pi f_1 t) & \text{2진수 } 1 \\ A\ \cos(2\pi f_2 t) & \text{2진수 } 0 \end{cases} \quad (2\text{-}6)$$

여기서, f_1과 f_2는 반송 신호의 주파수 f_c와 동일한 차이를 갖는 것이 일반적이다.

FSK는 ASK 보다 잡음에 민감하지 않으며, 고주파(3-30MHz)의 라디오에서도 흔히 사용되며, 동축케이블을 사용하는 네트워크에서는 보다 높은 주파수를 사용할 수도 있다.

그러나 2종류의 주파수를 사용하므로 대역폭에 제한을 받는다.

PSK에서는 2진수 1과 0을 나타내기 위해 반송 신호의 위상이 바뀐다. 그림 2-19는 2위상 시스템의 예를 보여주고 있는데, 2진수 0은 이전의 위상과 같은 위상을 가진 신호로써, 2진수 1은 이전의 위상과 반대의 위상을 가진 신호로써 각각을 표시한다. 이 결과를 나타내면 다음과 같다.

$$s(t) = \begin{cases} Acos(2\pi f_c t) & \text{2진수 1} \\ Acos(2\pi f_c t + \pi) & \text{2진수 0} \end{cases} \qquad (2\text{-}7)$$

단, 여기서 위상은 이전의 비트 간격에 존재하는 위상에 대해 상대적인 값이다.

이 방법은 서로 다른 두 위상인 0도와 90도가 사용되므로 2-PSK 또는 2진 PSK라 부르며, PSK는 잡음이나 대역폭 제한에 영향을 받지 않는다.

4-PSK는 반송 신호를 4가지 변형 신호로 만들어 0도의 위상은 00을, 90도는 01을, 180도는 10을, 270도는 11을 나타내게 하여 하나의 위상 편이(phase shift)당 2비트를 나타낼 수 있다. 그러므로 4-PSK를 사용하면 2-PSK보다 2배의 속도로 데이터를 전송할 수 있다. 그러나 PSK는 위상의 작은 변화를 감지하는 장치의 능력에 의존하므로 전송속도를 높이는데 제한을 받는다.

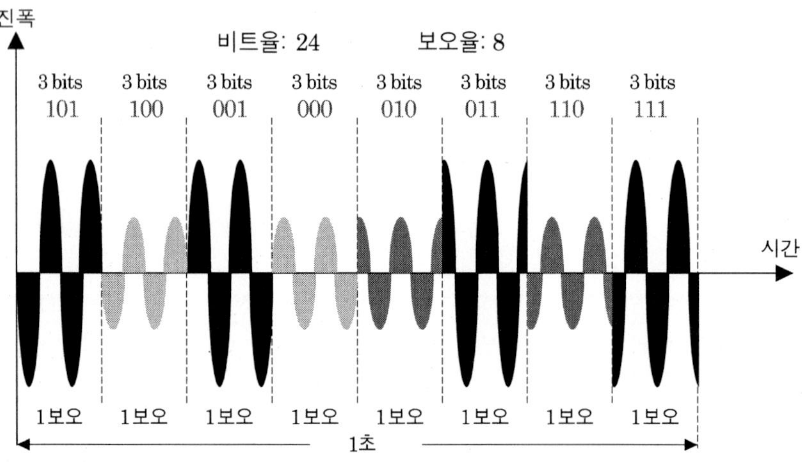

[그림 2-20] 8-QAM 신호

QAM(Quadrature Amplitude Modulation)은 ASK와 PSK를 조합하여 진폭과 위상을 함께 변화시켜 여러 가지의 변형을 만들 수 있다. 진폭의 변화는 잡음에 민감하고 위상의 변화보다 많은 편이가 필요하므로 QAM에서는 진폭편이보다는 위상편이가 많이 쓰인다. 그림 2-20은 8-QAM에 대한 신호를 보여준다.

2.3.3 아날로그 데이터 → 디지털 신호

아날로그 데이터를 디지털 데이터로 변환하는 과정을 디지털화라고 하며, 일단 아날로그 데이터가 디지털 데이터로 변환되면, 이 변환된 데이터에 여러 가지 처리가 행해질 수 있다. 그 중에 대표적인 것은 다음과 같다.

- 디지털 데이터는 NRZ-L 기법으로 전송될 수 있는데, 이 경우에는 아날로그 데이터를 디지털 신호로 전송하는 것이다.
- 디지털 데이터는 NRZ-L 이외의 다른 코드의 디지털 신호로 부호화될 수 있다. 이 경우 추가적 처리가 필요하게 된다.
- 디지털 데이터는 아날로그 신호로 변환될 수 있다.

3번째 변환 경우는 다소 이상하게 보일 것이나, 그림 2-21로 이해할 수 있다. 이 그림에서는 음성 데이터가 디지털화 되어 그것이 아날로그 ASK 신호로 변환됨을 보여준다. 비록 아날로그 신호가 사용되었지만, 음성 데이터가 디지털화되었기 때문에 음성 데이터는 디지털 데이터처럼 처리될 수 있다.

아날로그 데이터를 전송을 위해 디지털 형태로 변환시키고, 또 이 디지털 형태를 원래의 아날로그 데이터로 복구시키는 장치를 코덱(codec)이라 한다. 여기에서는 펄스코드(pulse code) 변조와 델타(delta) 변조가 있다.

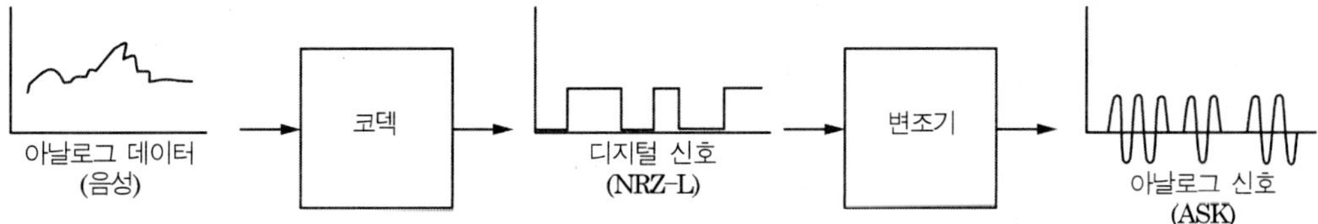

[그림 2-21] 아날로그 데이터의 디지털화

(1) 펄스코드 변조(PCM; Pulse Code Modulation)

PCM은 샘플링(sampling) 이론을 바탕으로 한 것이며, 음성 데이터가 4000Hz 이내의 주파수로 제한되어 있다면, 초당 8000개의 샘플로 음성 신호를 거의 완전히 복원할 수 있다.

그림 2-22(a)와 (b)는 이를 나타내는데, 원래의 신호가 B의 대역폭을 지니고 있다고 하면 이때의 샘플은 2B의 속도로, 즉 1/(2B) 초마다 얻어진다. 이러한 샘플은 원래 신호의 값에 비례하는 진폭의 펄스로 표시된다. 이러한 과정을 펄스 진폭 변조(pulse amplitude modulation; PAM)라고 한다.

이것이 PCM으로의 사용을 위한 첫 단계이며, 이는 그림 2-22(b)에 나타나 있다. PCM 데이터를 만들기 위해서는 PAM 샘플들을 정량화(quantization) 하는데, 이것은 각 PAM 펄스의 진폭을 n비트의 정수 값으로 근사화 시킨다.

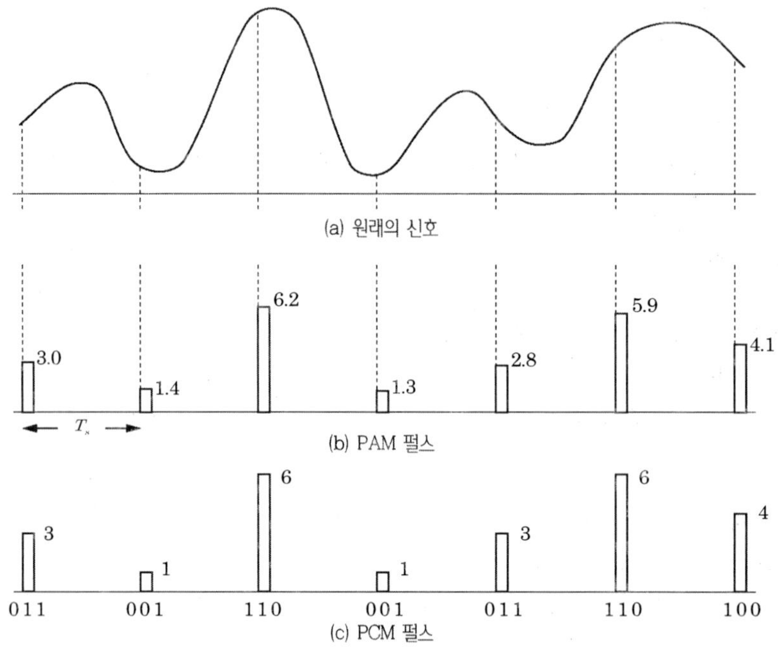

[그림 2-22] 펄스코드 변조

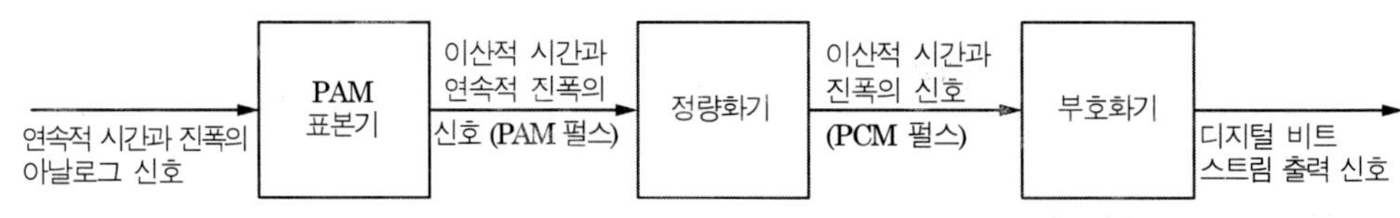

[그림 2-23] 아날로그를 디지털로 변환

그림 2-23은 연속적인 아날로그 신호가 디지털 신호로 변환되는 과정을 설명한다. 디지털 신호는 n비트의 블록으로 구성되고, 각 n비트는 PCM 펄스의 진폭을 나타낸다. 수신측은 이것의 역과정을 수행하여 아날로그 신호를 복원한다.

(2) 델타 변조(DM; Delta Modulation)

DM에서 아날로그 데이터는 각 샘플을 취하는 시간마다 단 하나의 정량화 레벨을 오르내리는 계단형의 함수에 의해서 근사치가 구해진다. 그림 2-24(c)는 그 예를 보이고 있다. 각 샘플 데이터의 변이는 그 샘플 데이터에 의해서 생성되는 계단 함수가 원래의 아날로그 파형과 가능한 유사하게 선택되어야 할 것이다. 그림 2-24는 이 과정을 나타내고 있다. 이 과정은 기본적으로 피드백의 메커니즘을 가지고 있다.

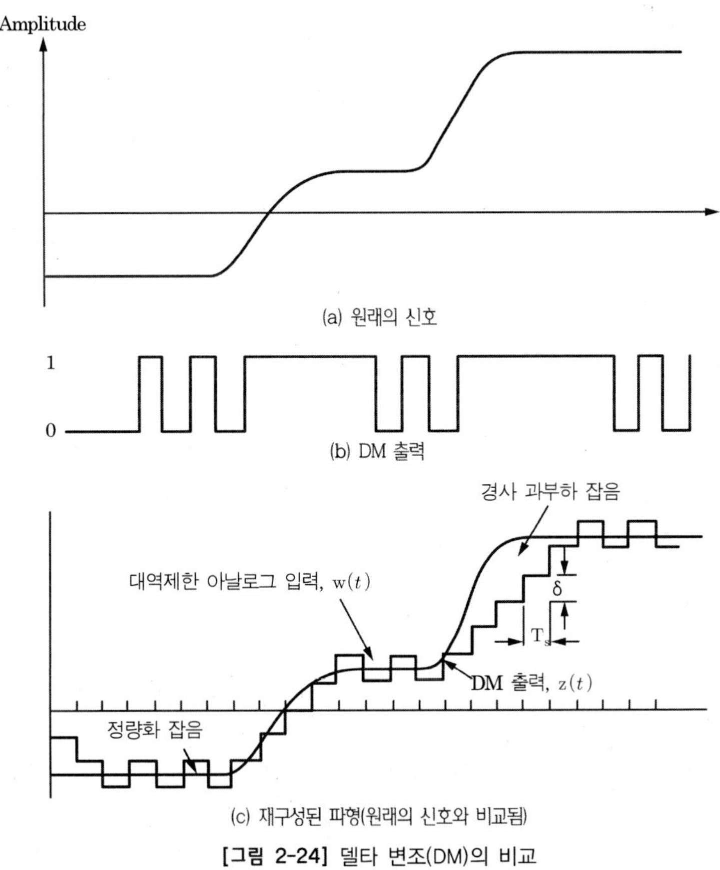

[그림 2-24] 델타 변조(DM)의 비교

2.3.4 아날로그 데이터 → 아날로그 신호

아날로그 신호를 또 다른 아날로그 신호로 변조하는 것은 2가지 이유 때문이다.

- 효율적인 전송을 위해 보다 높은 주파수가 필요하며, 무선으로 전송하는 경우는 기저대역 신호를 전송하는 것은 실제로는 불가능하다.
- 아날로그 신호를 변조하면 주파수 분할 다중화가 가능하다.

(1) 진폭 변조(AM)

진폭변조는 가장 단순한 변조로 그림 2-25에 나타내었으며, 수식으로 나타내면,

$$s(t) = [1 + n_a x(t)]\cos 2\pi f_c t \qquad (2\text{-}8)$$

로 표현 가능하며, $\cos 2\pi f_c t$는 반송 신호이고 $x(t)$는 변조될 입력 신호이다. n_a는 모듈 지수라고 부르며 입력 신호의 진폭과 반송파 진폭의 비율이다. 위식에서 "1"은 정보 손실을 방지하는 직류 성분이며, 이 변조 방식을 반송파 송신 양측파대 방식(DSBTC; Double sideband transmitted carrier) 라고도 한다.

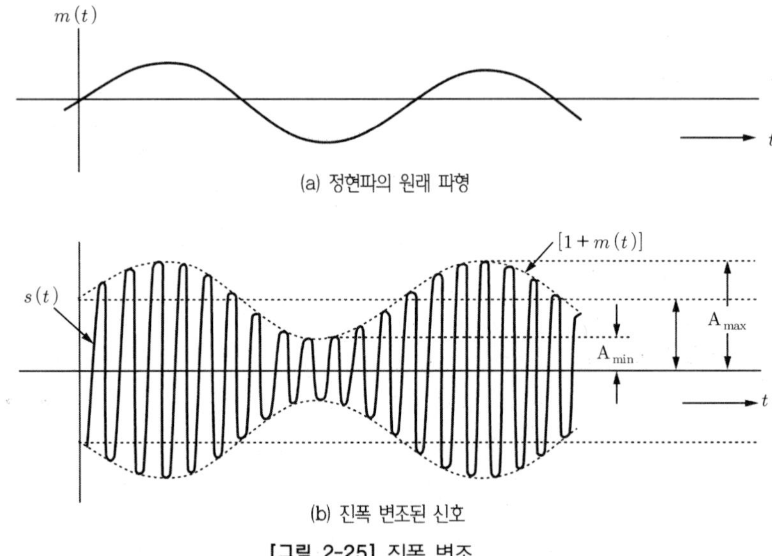

(a) 정현파의 원래 파형

(b) 진폭 변조된 신호

[그림 2-25] 진폭 변조

위식과 그림 2-25에서 진폭변조는 입력신호와 반송신호의 곱을 포함한다는 것을 알 수 있다. 변조된 신호의 윤곽은 $[1 + n_a x(t)]$로 나타나며, $n_a < 1$이면 원래의 신호가 완전히 복원될 수 있으나 $n_a > 1$이면 신호의 윤곽은 손상된다.

그림 2-26에서는 진폭변조의 신호 스펙트럼을 보여주는데, 스펙트럼은 원래의 반송신호와 f_c로 변조된 입력신호의 합으로 구성된다. $|f| > |f_c|$인 영역의 스펙트럼은 상측파대(upper sideband)이며, $|f| < |f_c|$인 영역은 하측파대(lower sideband)이다. 상측파대와 하측파대 모두 원래의 스펙트럼 $M(f)$의 복사판이다.

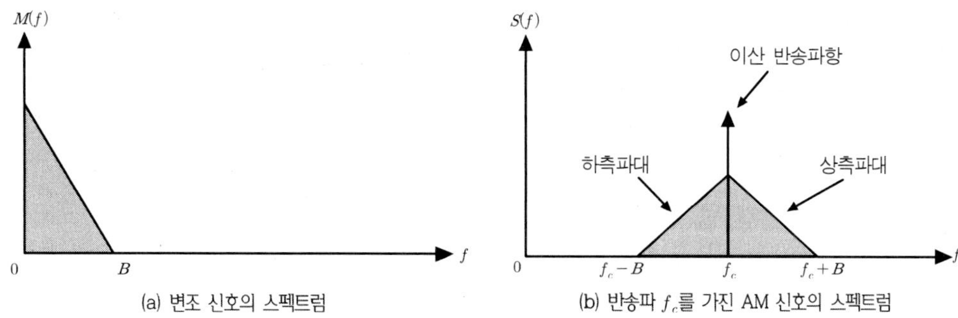

(a) 변조 신호의 스펙트럼　　(b) 반송파 f_c를 가진 AM 신호의 스펙트럼

[그림 2-26] 진폭 변조된 신호의 스펙트럼

여기서 전송되는 신호의 전력을 나타내는 다음과 같은 관계식을 살펴보자.

P_t는 $s(t)$에서의 전송전력의 총합이고, P_c는 반송파에서의 전송전력을 나타낸다.

$$P_t = P_c\left(1 + \frac{n_a^2}{2}\right) \tag{2-9}$$

대부분의 신호전력이 실제의 전달 정보를 포함하도록 n_a를 가능한 크게 하고 싶지만 n_a는 1보다 작아야 한다.

$s(t)$의 측파대가 $m(t)$의 완전한 스펙트럼을 포함하고 있으므로 $s(t)$는 불필요한 성분을 가지고 있다. 진폭변조의 일반적인 변형인 SSB(Single SideBand)에서는 한쪽의 측파대와 반송파를 제거하여 하나의 측파대만을 전송함으로써 다음과 같은 이점이 있다.

- 신호전송에 1/2의 대역폭만 필요한데, 원래의 대역폭이 B라 하면 SSB에서는 $B_T = B$이나, DSBTC 방식에서는 $B_T = 2B$이다.
- 반송파와 다른 측파대를 전송하지 않으므로 전송 전력 소모가 적다.

(2) 주파수 변조(FM)와 위상 변조(PM)

주파수 변조(FM)와 위상 변조(PM)는 각 변조의 특수한 형태로, 이 경우에 변조된 신호는

$$s(t) = A_c \cos\left[2\pi f_c t + \phi(t)\right] \tag{2-10}$$

의 형태를 갖는다.

위상 변조에서는 위상이 변조되는 신호 $m(t)$에 비례한다. 즉,

$$\phi(t) = n_p m(t) \tag{2-11}$$

이다. 여기서, n_p는 위상 변조지수이다.

주파수 변조에서는 위상 변화의 도함수와 변조되는 신호 $m(t)$에 비례한다. 즉,

$$\phi'(t) = n_f m(t) \tag{2-12}$$

이고, n_f는 주파수 변조 지수이다.

어느 순간의 $s(t)$의 위상은 정확히 $2\pi f_c t+\phi(t)$이며, 반송신호로부터 순간적인 시각에서 변위는 $\phi(t)$이다. 위상변조에서 이 위상의 변위는 $m(t)$에 비례하고 주파수는 위상의 변화속도로 정의됨으로, $s(t)$의 어느 순간의 주파수는

$$2\pi f_i(t) = \frac{d}{dt}\left[2\pi f_c t + \phi(t)\right] = 2\pi f_c + \phi'(t)\text{이므로}$$
$$f_i(t) = f_c + \frac{1}{2\pi}\phi'(t)\text{이다.}$$

그리고 어느 순간에서 반송 주파수와의 주파수 편차는 $\phi'(t)$인데, 이것은 주파수 변조에서 $m(t)$에 비례한다.

그림 2-27은 정현파에 대한 진폭, 위상, 주파수 변조를 보인 것이다. FM과 PM의 파형은 매우 유사하다. 실제로는 변조 함수에 대한 정보 없이 구분하는 것은 불가능하다.

주파수 변조에는 다음과 같은 특성이 있는데, 반송주파수와의 최고 편차 ΔF는 $\Delta F = \frac{1}{2\pi} n_f A_m$ Hz로 표시할 수 있다. 여기서 A_m은 $m(t)$의 최대값이므로 $m(t)$가 증가하면 ΔF도 증가한다. 그러므로 전송에 필요한 대역폭 B_T가 증가되어야 한다.

그러나 그림 2-27에서 보듯이 주파수변조 신호의 평균전력인 Ac^2를 증가시키지 않는다. 진폭변조에서는 $m(t)$가 커짐에 따라 필요한 전송전력이 증가하지만 대역폭에는 영향을 주지 않는다.

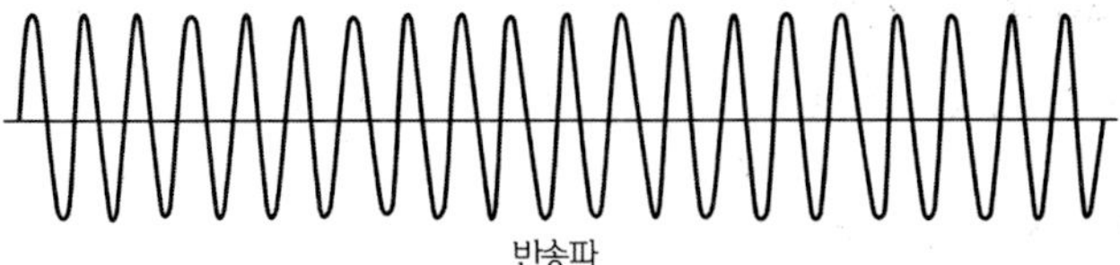
반송파

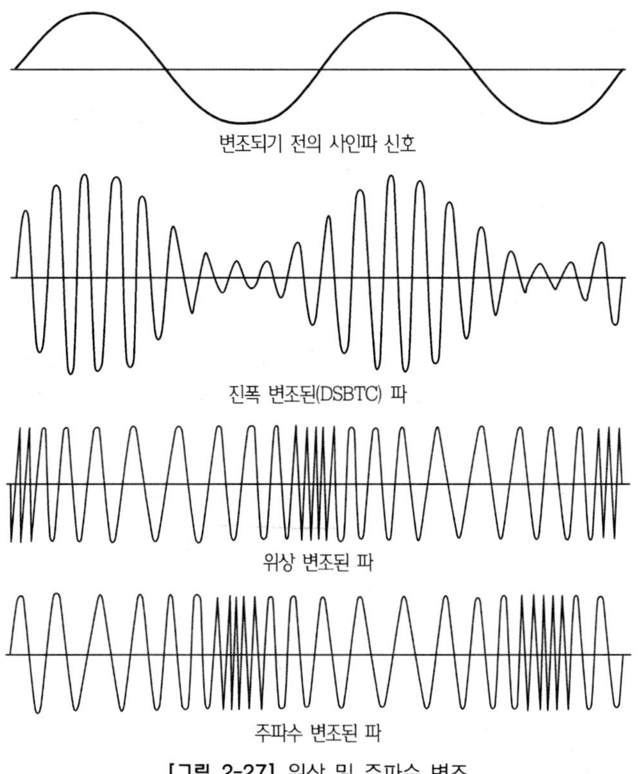

[그림 2-27] 위상 및 주파수 변조

2.4 전송 손상과 채널 용량

통신시스템에서 여러 가지 전송손상으로 수신되는 신호가 송신신호와 달라질 수 있으므로, 이 손상은 아날로그 신호의 질을 떨어뜨리고 디지털 신호의 비트 오류를 발생시켜 2진수 0을 1로 변경하기도 한다. 여기서는 여러 종류의 손상들과 손상이 디지털의 데이터 전송률에 어떤 영향을 미치는지에 대해 설명한다.

2.4.1 전송 손상

전송매체를 통해 이루어지는 신호의 전송에서 주요 손상 요인들은 감쇠와 지연 왜곡, 감쇠 왜곡(attenuation distortion), 잡음이다.

(1) 감쇠(attenuation)

신호의 세기는 전송되는 거리에 따라 약해지며, 유도전송 매체는 지수적으로 감쇠하므로 단위거리에 대한 일정한 데시벨 값으로 나타낸다. 비유도 매체는 감쇠가 거리와 대기 특성의 복합적인 함수로 나타난다. 이러한 감쇠 현상에 대해 세 가지 고려할 점은 첫째, 수신되는 신호가 충분한 세기이어야 수신 장치가 인식할 수 있다는 것이다. 둘째는, 신호가 잡음에 비해 충분히 강해야 오류 없이 수신할 수 있다. 셋째, 감쇠 정도는 주파수에 따라 달라진다.

처음 두 가지는 신호의 세기에 관련되므로 증폭기나 리피터를 사용하여 해결한다. 먼 거리로 전송하는 경우 감쇠가 커지므로 일정 거리마다 증폭기나 리피터를 두어야 한다.

세 번째 문제는 아날로그 신호를 전송하는 경우 특히 주의해야 하는데, 감쇠현상은 주파수의 함수이므로 수신 신호는 왜곡되고 수신 인지도가 낮아진다. 이 문제는 전송되는 전체 주파수들의 감쇠를 동일하게 만드는 기법으로 해결할 수 있다.

그림 2-28(a)에서는 일반적인 전용회선에 대해 주파수에 따른 감쇠의 정도를 보여주는데, 1000Hz에서의 감쇠도를 기준으로 상대적인 값으로 나타내었다. 세로축에서 (+)값은 감쇠가 1000Hz에서의 감쇠보다 크다는 것을 의미하며, 1000Hz의 입력 전력에 대한 출력을 P_{1000}이라할 때 다른 주파수 f에 대한 상대적인 감쇠도를 데시벨로 나타내면 다음과 같다.

$$N_f = -10\log_{10}\frac{P_f}{P_{1000}} \qquad (2\text{-}13)$$

그림 2-28(a)의 실선은 등화(equalization) 처리가 없는 감쇠현상을 나타낸다. 음성대역의 상한 주파수는 저주파수보다 많이 감쇠되므로 수신되는 신호를 왜곡시킨다. 점선 그래프는 등화기법을 사용하여 감쇠를 등화 시킨 결과이다.

(2) 지연 왜곡(delay distortion)

지연왜곡은 주로 유도 전송매체에서 신호의 전파속도가 주파수에 따라 다르기 때문에 발생한다. 대역이 제한되는 신호의 경우 중간 주파수에서 전파속도가 가장 빠르고 양쪽 끝으로 갈수록 속도가 낮으므로 한 신호의 여러 주파수 성분들은 각각 수신측에 도달하는 시간이 달라 주파수들 간에 편이가 나타나 왜곡된다.

이 지연왜곡은 디지털 신호 전송에서 특히 심하며, 지연왜곡으로 비트 위치가 겹치게 되어 신호 심벌 간 간섭현상이 일어나 전송속도를 제한하게 된다.

지연왜곡에도 등화 기법을 적용할 수 있는데, 전용회선의 경우 그림 2-28(b)에서 주파수에 대한 함수로서 지연을 등화 시킨 효과를 보여준다.

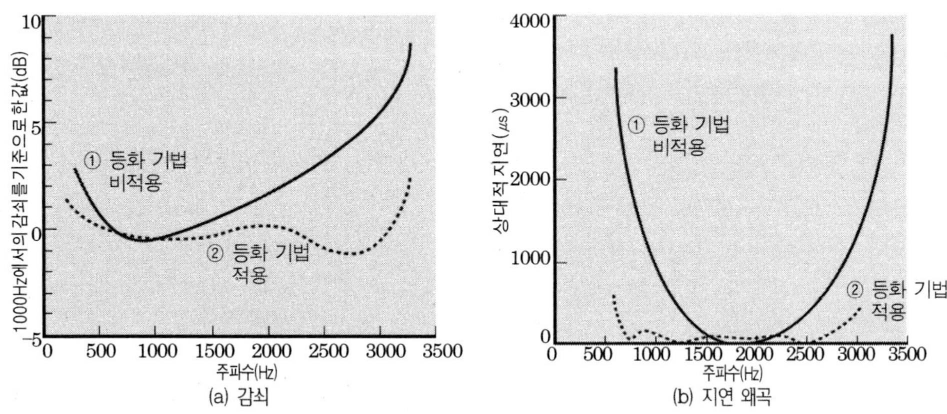

[그림 2-28] 음성 채널에 대한 감쇠와 지연왜곡

(3) 잡음(noise)

전송도중에 불필요한 신호들이 끼어드는데, 이 신호를 잡음이라하며 통신시스템의 효율을 저하시키는 주요인이다. 잡음의 유형으로는 열잡음과 상호변조 잡음, 누화, 충격잡음 등 4종류가 있다.

열잡음은 전자의 열 교란으로 인한 것이며, 통신시스템이 사용하는 주파수 대역에 걸쳐 고르게 분포되므로 백색잡음(white noise)이라고도 부른다. 이 잡음은 제거할 수 없고 어떤 임의의 장치와 전송매체에서, 1Hz의 주파수 대역폭에서 존재하는 열잡음의 크기는 다음 식과 같다.

$$N_0 = kT(W/Hz) \qquad (2\text{-}14)$$

여기서,

N_0 = 1Hz의 대역폭 당 잡음전력밀도, watt/hertz(W/Hz)

k = 볼츠만 상수(Boltzmann's constant) = 1.38×10^{-23}J/K

T = 캘빈(Kelvin)으로 나타낸 온도(절대온도)

잡음은 주파수에 무관하다고 가정하므로, 주파수 대역폭 B(Hz)에 존재하는 열잡음은 다음과 같이 표현할 수 있다.

$$N = kTB$$

그리고 데시벨-와트로 표현하면 다음 식과 같다.

$$\begin{aligned} N &= 10\log k + 10\log T + 10\log B \\ &= -228.6\,dBW + 10\log T + 10\log B \end{aligned} \qquad (2\text{-}15)$$

서로 다른 주파수의 신호들이 동일한 전송매체를 공유할 때 상호변조잡음(intermodulation noise)이 발생할 수 있다. 상호변조잡음은 원래 주파수들의 합이나 차 또는 곱의 주파수 신호들을 만들어서 발생하는 잡음이다. 만약 주파수 f_1과 f_2의 신호가 혼합되어 f_1+f_2의 신호를 만들고 이 신호는 f_1+f_2의 주파수에서 원래 신호에 대해 간섭으로 작용할 수 있다.

상호변조잡음은 수신측이나 송신측, 또는 전송매체 시스템에 있는 비선형성(nonlinearity)에 의해 발생한다.

누화(crosstalk)는 누구나 경험해 보았던 것으로 전화를 사용할 때 다른 사람의 대화를 듣는 경우와 유사하다. 이것은 신호의 경로가 비정상적으로 결합되어 발생하는 것으로 인접한 꼬임선 간의 전기적 결합으로 또는 무선 안테나가 불필요한 신호를 감지할 경우에도 발생할 수 있다.

소개된 잡음들은 예측 가능하며 상대적으로 일정한 크기이므로 이것을 극복할 전송시스템의 설계가 가능하다.

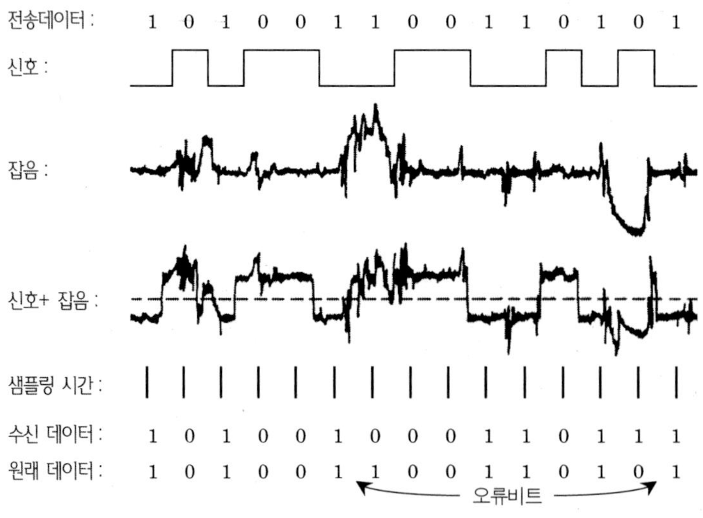

[그림 2-29] 잡음이 디지털 신호에 미치는 영향

충격잡음(impulse noise)은 불연속적이고 불규칙한 진폭을 가지며, 짧은 시간에 큰 세기로 발생하는 잡음이다. 이 잡음의 원인은 번개와 같은 외부의 전자기적인 충격이나 통신시스템에서의 결함 때문이다.

아날로그 데이터의 경우 충격잡음은 약간의 소음이 발생하는 정도로 큰 문제가 아니지만, 디지털 데이터 전송에서는 충격잡음은 데이터 오류의 주요인이 된다. 그림 2-29는 디지털 신호에서 잡음의 영향을 보여주는데, 여기에는 상대적으로 약한 열잡음과 간헐적으로 발생하는 충격잡음이 혼합되어 있다. 디지털 데이터는 매 비트시간마다 수신 파형을 읽음으로써 복원되므로 간혹 큰 잡음이 발생하면 1과 0이 뒤바뀌기도 한다.

2.4.2 채널 용량(channel capacity)

이제는 이 손상들이 어떻게 데이터 전송률을 제한하는지에 대해 살펴본다. 주어진 조건에서 통신선로나 채널로 전송할 수 있는 최대전송률을 채널용량라고 하며, 상호 연관되는 4가지 개념을 포함한다.

- 데이터 전송률 : 데이터의 통신 속도로 단위는 초당 비트 수이다.
- 대역폭 : 송신기와 전송매체의 특성에 의해 제한되는 전송신호의 대역폭으로 단위는 초당 사이클, 즉 Hz이다.
- 잡음 : 통신선로에서 잡음의 평균 수준
- 오류율 : 오류발생 비율

전송매체의 물리적 특성으로부터 제한이 생기고 다른 통신 사용자들과의 간섭에 의해서도 영향을 받는다. 그러므로 제한된 대역폭을 가능한 효율적으로 사용해야 하는데, 디지털 데이터의 경우 주어진 대역폭에 대해 일정한 오류율을 만족시키면서 데이터 전송률을 최대로 높여야 한다.

(1) Nyquist 대역폭

전송시스템에 잡음이 없다면 데이터 전송률은 제한하는 것은 신호의 대역폭뿐이다. 이 제한에 대해 Nyquist는 신호의 전송률이 $2B$이라면 B 이하의 주파수를 가진 신호는 그 전송률로 충분히 전송할 수 있다는 내용의 공식을 만들었다.

만약 신호가 2진수로 전송된다면, BHz로 지원할 수 있는 데이터 전송률은 $2B$bps이다. 디지털 데이터를 모뎀을 통해 전송하는 경우를 생각해보면, 신호는 2개 이상의 레벨을 가질 수 있으므로 각 신호 요소는 1비트 이상을 나타낼 수 있다. 만약 4개의 전압 레벨로 신호를 사용한다면 각 신호 요소는 2비트를 표현할 수 있다.

다중 레벨 신호방식에서 Nyquist 공식은

$$C = 2B\log_2 M$$

이다.

여기서 M은 전압 레벨 또는 서로 다른 신호의 수를 나타낸다. 그러므로 주어진 대역폭에서 신호 레벨의 수를 증가시키면, 데이터 전송률이 증가한다. 그러나 이 방법은 각 신호기간 동안 2개의 신호 중에 하나만을 구분하는 것이 아니라 M개의 신호 중 하나를 구별해야 하므로 수신기에 부담을 증가시킨다.

(2) Shannon의 용량 계산 공식

Nyquist 공식에 따르면 대역폭만 2배로 증가시키면 전송률이 2배로 증가한다. 그러나 잡음은 하나 이상의 비트를 손상시키므로 데이터 전송률이 증가하면 비트기간은 더 짧아져 잡음에 의해 더 많은 비트들이 영향을 받는다.

이러한 개념들이 Shannon이 만든 공식에 잘 표현되며, 데이터 전송률이 높아지면 잡음에 의해 손상이 커진다는 것을 보여준다. 주어진 잡음 레벨에서 신호의 세기를 크게 하면 잡음이 있더라도 데이터를 정확히 수신할 능력이 좋아진다. 이 관점에서 핵심 파라미터는 신호 대 잡음비(SNR)이다. 이것은 신호의 전력량과 전송의 특정 지점에 존재하는 잡음의 전력량의 비율이다. 이 SNR 값은 신호를 처리하고 데이터를 복원하는 수신측에서 측정되며, 데시벨로 표현된다.

$$SNR_{dB} = 10\log_{10}\frac{\text{신호의 세기}}{\text{잡음의 세기}}$$

이 값은 신호 값이 잡음 값을 초과하는 정도를 데시벨로 나타내며, 높은 SNR 값은 좋은 신호를 의미하며 필요한 리피터의 개수가 적다. SNR은 데이터 전송률의 상한선을 설정하게 되므로 디지털 데이터의 전송에서 중요한 의미를 갖는다. Shannon에 따르면, 채널의 최대용량은 다음과 같은 공식에 의해 결정된다.

$$C = B\log(1 + SNR) \tag{2-16}$$

여기서 C는 bps로 표시되는 채널의 용량이고, B는 채널의 대역폭(Hz)을 나타낸다.

Shannon의 공식으로 이론상 최대전송률을 구할 수 있지만, 실제 속도는 이보다 훨씬 낮다. 왜냐하면 이 공식이 열잡음과 같은 백색 잡음만 가정하고 충격잡음과 감쇠현상, 지연왜곡 등을 고려하지 않았기 때문이다. 이상적인 백색잡음만 있는 환경이라도 코드 길이와 복잡도 등의 부호화 문제 때문에 현재 기술로는 Shannon의 용량을 얻을 수 없다. 위의 식에서 제시된 용량 C는 오류 없는 용량으로 생각하며, Shannon은 채널의 실제 전송률이 오류 없는 용량보다 작다면, 적절한 신호 코드를 사용하여 그 채널을 통한 오류 없는 전송이 이론상 가능하다는 것을 입증하였다. 그러나 이상적인 코드는 발견하지 못했지만 통신방식의 성능을 측정할 수 있는 척도를 제공했다.

(3) Eb/N_0

마지막으로 디지털 데이터 전송률과 오류율을 결정하는데 보다 쉽게 사용할 수 있고, 디지털시스템 성능의 품질 척도인 SNR에 관련된 파라미터들을 소개한다. 이 파라미터는 비트당 신호 에너지와 Hz당 잡음에너지의 비(E_b/N_0)이다. 디지털이나 아날로그이든 비트율 R로 전송되는 2진 디지털 데이터를 포함하는 신호를 생각해 보면, 1w=1J/s이므로 신호의 비트당 에너지는 $E_b=ST_b$로 주어진다. 여기서 S는 신호전력이며, T_b는 한 비트를 보내는데 걸리는 시간이다. 또한 데이터 전송률 R은 $1/T_b$이다. 그러므로

$$\frac{E_b}{N_0}=\frac{S/R}{N_0}=\frac{S}{kT_bR}$$

이 되며, 데시벨로 표현하면 다음과 같다.

$$\begin{aligned}(\frac{E_b}{N_0})_{dB} &= S_{dBW}-10\log R-10\log k-10\log T_b \\ &= S_{dBW}-10\log R+228.6_{\,dBW}-10\log T_b\end{aligned} \qquad (2\text{-}17)$$

디지털 데이터에서 비트 오류율은 E_b/N_0비에 대한 함수로 표시되므로, E_b/N_0비는 중요한 의미를 가진다. 어떤 오류율을 얻기 위해 필요한 E_b/N_0의 값이 주어질 경우, 위의 공식으로부터 파라미터들을 선택할 수 있다. 비트율이 증가함에 따라 요구되는 E_b/N_0을 유지하기 위해서는 신호의 전력이 상대적으로 잡음의 전력보다 커져야 한다.

그림 2-29에서 보면 이 결과를 직관적으로 유추할 수 있으며, 여기서 신호는 디지털이지만 아날로그 신호에 대해서 같은 논리를 적용할 수 있다. 잡음은 어떤 비트 값을 변경시킬 수 있으며, 데이터 전송률이 2배가 되면 동일한 잡음은 거의 2배의 비트들을 손상시킨다. 그러므로 신호와 잡음의 세기가 일정할 때 데이터 전송률이 증가하면 오류율도 증가한다. 즉, SNR에 대해 E_b/N_0가 갖는 장점은 SNR이 대역폭에 따라 달라진다는 점이다.

E_b/N_0와 SNR의 관계는 다음 식과 같다.

$$\frac{E_b}{N_0} = \frac{S}{N_0 R} \qquad (2\text{-}18)$$

N_0는 잡음전력밀도로서 단위는 Watts/Hertz이다. 그러므로 대역폭이 B인 신호에서의 잡음은 $N = N_b B$이다. 이것을 위 식에 대입하면,

$$\frac{E_b}{N_0} = \frac{S}{N}\frac{B_T}{R} \qquad (2\text{-}19)$$

흥미 있는 또 하나의 공식은 E_b/N_0와 주파수 효율에 관한 것으로 식 (2.1)의 Shannon의 공식은 다음과 같이 다시 쓸 수 있다.

$$\frac{S}{N} = 2^{C/B-1} \qquad (2\text{-}20)$$

식(2-19)를 사용하여, R을 C로 놓으면 다음과 같이 된다.

$$\frac{E_b}{N_0} = \frac{B}{C}(2^{C/B-1}) \qquad (2\text{-}21)$$

이 식은 주파수 효율인 C/B를 E_b/N_0와 연관시켜주는 매우 유용한 식이다.

2.5 유도 전송 매체(guided media)

전송매체는 데이터 전송 시스템에 있어서 수신기와 송신기 간의 물리적인 데이터 전송로이며, 전송 매체는 유도 매체와 비유도 매체로 구분할 수 있다. 유도 매체의 예는 꼬임선, 동축 케이블, 광섬유 케이블 등이 있고, 비유도 매체(Unguided media)로는 공기, 진공, 해수 등을 들 수 있다.

전송 매체의 특성과 질은 매체의 특성과 신호의 특성에 의해 결정되며, 유도 매체의 경우에는 전송 매체 자체가 전송의 한계를 결정짓는 중요한 요인이다. 표 2-2는 유도 매체의 전형적인 특성을 나타낸 것으로 각 매체의 총 데이터 전송률, 대역폭, 디지털 전송을 위해서 요구되는 리피터 설치 간격 등을 나타내고 있다.

표 2-3 유도 매체의 특성

전송 매체	총 데이터 전송률	대역폭	리피터 설치 간격
꼬임선	1Mbps	250kHz	2-10Km
동축 케이블	500Mbps	350MHz	1-10Km
광섬유	1Gbps	1GHz	10-100Km

2.5.1 꼬임선(Twisted pair)

(1) 물리적 특성

꼬임선은 두 가닥의 절연된 구리선이 균일하게 서로 감겨 있는 형태로, 하나의 쌍이 통신 링크의 역할을 한다. 일반적으로 여러 개의 쌍이 다발로 묶여져 하나의 케이블을 형성한다. 이 케이블은 보호용 외피로 감싸져 있으며, 각 쌍들은 서로 감겨져 있기 때문에 다른 쌍들과의 간섭 현상을 최소로 줄일 수가 있다. 쌍 내의 전선의 굵기는 0.4~0.9mm 정도이다.

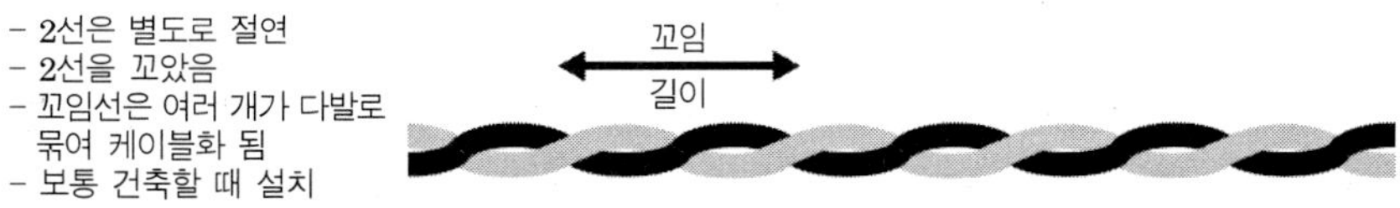

[그림 2-30] 꼬임선 구조

(2) 용도

아날로그 신호와 디지털 신호에서 가장 많이 사용되었던 전송 매체로, 전화 회선의 근간을 이루며, 건물 내의 통신 수단으로 많이 사용된다. 전화 시스템의 경우 각 개인의 전화기는 꼬임선에 의해 로컬 전화국에 연결된다.

(3) 전송 특성

디지털과 아날로그 신호 모두를 전송할 수 있으며, 디지털인 경우는 2-3km마다 리피터를, 아날로그인 경우는 5-6km마다 증폭기가 필요하다. 꼬임선은 다른 전송 매체와 비교할 때 거리, 대역폭, 데이터 전송률에 있어서 상대적으로 많은 제약점이 있으며, 간섭이나 잡음에 민감하고 충격 잡음에도 쉽게 영향을 받는다.

(4) 비차폐 및 차폐 꼬임선

꼬임선에는 비차폐와 차폐 두 종류가 있는데, 비차폐 꼬임선(UTP; Unshielded Twisted Pair)은 일반적인 전화선으로 전송매체 중 가장 저렴하고 설치와 작업이 간편하다. 비차폐 꼬임선은 전자기 간섭에 취약하므로 간섭을 줄이기 위해 금속그물이나 외피를 사용하여 차폐시켜 특성을 개선할 수 있다. 이러한 차폐 꼬임선(STP; Shielded Twisted Pair)은 전송 성능이 좋지만 작업하기 어렵고 비싸다.

(5) UTP의 범주(Category)

고성능 워크스테이션과 응용이 일반화되면서 저렴한 케이블로 100Mbps까지 동작하는 LAN이 관심을 끌게 되어 1995년 EIA-568-A가 발표되었다. 이 표준은 케이블 및 커넥터의 설계와 시험방법의 발전을 반영하여 UTP 케이블의 3가지 범주를 다음과 같이 정의하였다.

- 범주 3: 16MHz까지 전송특성이 규정된 UTP 케이블과 커넥터 하드웨어
- 범주 4: 20MHz까지 전송특성이 규정된 UTP 케이블과 커넥터 하드웨어
- 범주 5: 100MHz까지의 전송특성이 규정된 UTP 케이블과 커넥터 하드웨어

이들 중 LAN 응용에 주목을 받는 것은 범주 3과 범주 5로, 범주 3은 사무용 빌딩에서 많이 볼 수 있으며 제한된 거리에서 16Mbps까지 데이터 전송이 가능하다. 범주 5는 꼬임 길이가 0.6~0.85cm 정도로 조밀하여 가격은 비싸지만 제한된 거리에서 100Mbps의 데이터 전송도 가능하다. 표 2-4에 EIA-568-A에서 규정한 STP와 함께 범주 3과 범주 5의 UTP 성능을 요약해 나타내었다.

EIA-568-A 표준 이후 기가비트 이더넷을 수용하려고 특성이 강화된 범주 5(Cat 5E), 범주 6, 범주 7이라는 케이블링 규정이 요구되었는데, 표 2-5에 이들을 요약해 보았다.

표 2-4 차폐 및 비차폐 꼬임선의 비교

	감쇠(100m당 dB)			종단 인근 누화(dB)		
주파수 (MHz)	범주 3 UTP	범주 5 UTP	150Ω STP	범주 3 UTP	범주 5 UTP	150Ω STP
1	2.6	2.0	1.1	14	62	58
4	5.6	4.1	2.2	32	53	58
16	13.1	8.2	2.2	23	44	50.4
25	-	10.4	6.2	-	41	47.5
100	-	22.0	12.3	-	32	38.5
300	-	-	21.4	-	-	31.3

표 2-5 꼬임선 범주와 등급

	범주 3등급 C	범주 5등급 D	범주 5E	범주 6등급 E	범주 7등급 F
대역폭	16MHz	100MHz	100MHz	100MHz	100MHz
케이블 종류	UTP	UTP/FTP	UTP/FTP	UTP/FTP	SSTP
링크 가격 (범주 5=1)	0.7	1	1.2	1.5	2.2

FTP : Foil Twisted Pair(포일 꼬임선)
SSTP : Shielded Screen Twisted Pair(차폐 스크린 꼬임선)

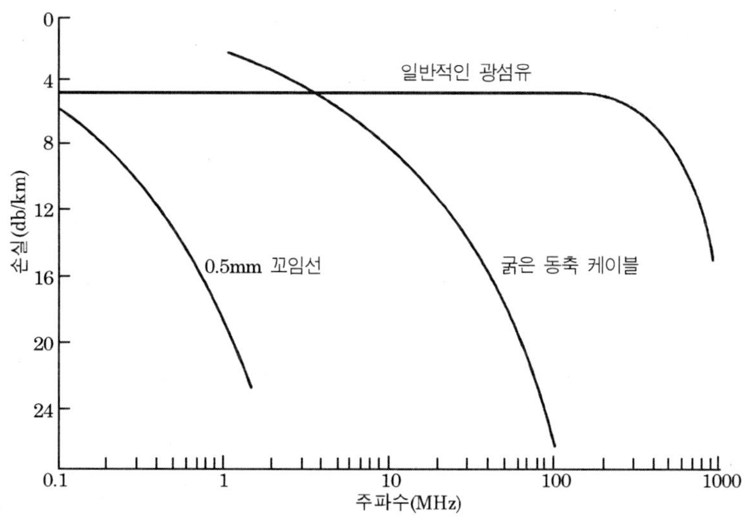

[그림 2-31] 대표적인 전송 매체에 대한 감쇠현상

2.5.2 동축 케이블(Coaxial Cable)

(1) 물리적 특성

동축 케이블도 꼬임선과 마찬가지로 2개의 도체로 구성되나, 보다 넓은 주파수 범위를 허용한다. 동축 케이블은 내부의 단일 전선과 그것을 감싸고 있는 원통형의 외부 도체로 구성되어 있나. 내부 노체는 균일한 간격으로 존재하는 절연체 링이나 혹은 고체 유전체로 감싸여 고정되어 있다. 외부 도체는 어떤 표피나 보호막으로 감싸여 있고, 한 가닥의 동축 케이블의 지름은 1~2.5cm 정도이다.

(2) 용도

동축 케이블은 가장 용도가 다양하여 전화 및 텔레비전 전송, 분배, 네트워크 등에 사용되며 그 수요는 증가 추세에 있다. 동축 케이블은 장거리 전화망의 중요한 부분을 차지하며, 주파수 분할 다중화를 사용할 때 10,000개 이상의 음성 채널을 동시에 전송할 수 있다. 또한 장거리 텔레비전 전송에도 사용된다.

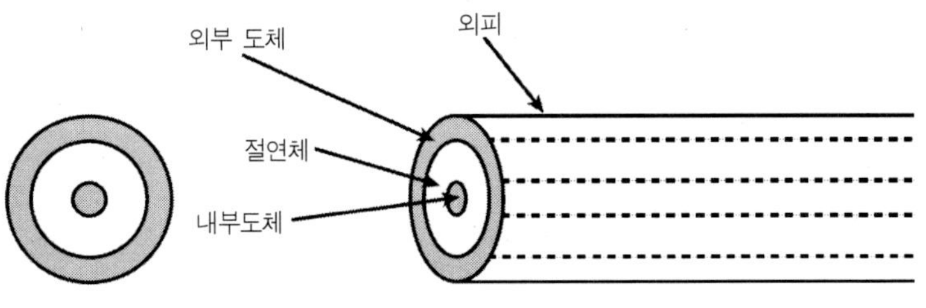

[그림 2-32] 동축 케이블의 구성

(3) 전송 특성

동축 케이블은 아날로그와 디지털 모두의 신호 전송에도 사용되며, 장거리 시스템은 아날로그이거나 디지털일 수 있다. CATV는 아날로그이고, 근거리 네트워크에서는 아날로그 또는 디지털 모두 사용된다. 동축 케이블은 꼬임선보다 주파수 특성이 좋아 보다 높은 주파수와 데이터 전송률을 가질 수 있다.

그러나 FDM으로 여러 개의 채널을 사용하는 경우 상호변조잡음이 나타나며, 아날로그 신호의 전송에는 수 km마다 증폭기가 필요하며, 디지털 신호방식에서는 약 1km마다 리피터가 필요하다.

2.5.3 광섬유

(1) 물리적 특성

광섬유는 매우 가늘고(2~125μm) 유연한 전송 매체로 광선을 투과시킬 수 있다. 광섬유를 만드는데 유리와 플라스틱이 사용되는데, 다중 성분 유리 섬유가 경제적이며, 플라스틱 섬유는 가격이 훨씬 싼 장점이 있어 단거리 전송에 사용된다.

광섬유 케이블은 그림 2-33과 같이 원통형 모양으로 코어(core), 클래딩(Cladding), 재킷을 비롯한 3개의 동심원 부분으로 구성된다. 코어는 유리나 플라스틱으로 만들어지며, 지름은 약 8~50μm 정도이다. 각각의 광섬유는 코어와 광특성이 다른 유리나 플라스틱

코팅(coating)으로 이루어진 직경 125㎛의 클래딩으로 둘러싸여 있다. 코어와 클래딩의 접합 부분은 두 부분의 굴절률이 서로 달라 반사면 역할을 하여 빛이 코어를 벗어나지 못하게 한다. 재킷은 가장 바깥 부분으로 광섬유를 습기나 마모 또는 파손 등 외부 충격으로부터 보호한다.

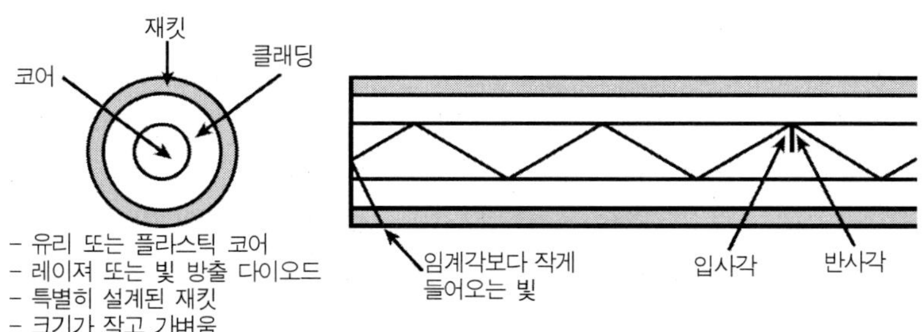

[그림 2-33] 광섬유의 구성

(2) 용도

광섬유는 장거리 통신용으로 많이 사용되어 왔으며, 군사용으로도 그 수요가 증가하고 있다. 광섬유의 본질적인 장점 이외에 성능과 가격을 개선하여 로컬 네트워크나 단거리 화상 중계와 같은 새로운 응용 분야를 만들어 내게 되었다.

넓은 대역폭

전송 매체의 잠재적 대역폭이 크므로 주파수와 더불어 데이터 전송률이 높아진다. 광섬유는 넓은 주파수 대역으로 2Gbps의 데이터 전송률로 수십 km까지 전송이 가능하다.

작은 크기와 가벼운 무게

광섬유는 동축 케이블이나 꼬임선 케이블의 다발보다 아주 작고, 같은 용량의 경우는 그 직경이 최소한 그 제곱에 비례해서 작아진다. 또한 크기에 비해 무게의 적음은 그를 지지하는 구조물을 최소화시켜 준다.

낮은 감쇠도

동축 케이블이나 꼬임선에 비해서 감쇠도가 낮아지며, 넓은 범위까지 일정 값을 유지시켜 준다.

전자기적인 문제 최소화

외부적 전자기장에 영을 받지 않으며, 간섭, 충격 잡음, 누화 등에 둔감하며, 도청으로부터의 안전성을 보장받을 수 있다.

리피터 간 설치 간격이 넓음

리피터 설치 수가 적음은 비용의 절감과 오류의 유발을 감소시킬 수 있다. 동축 케이블이나 꼬임선 시스템에서는 일반적으로 수 ㎞마다 리피터가 필요하나 광섬유 시스템에서는 수백 ㎞까지 리피터 없이 데이터를 전송할 수 있다.

(3) 전송 특성

그림 2-34는 광섬유의 전송 원리를 보여주는데, 빛은 발신지로부터 유리 또는 플라스틱 코어로 들어온다. 낮은 입사각으로 들어온 빛은 반사되어 코어를 통해 전파된다. 이런 형태의 전파를 단계지수 다중모드(Step-index multimode)라 부르며, 전파가 다중경로를 가지므로 전송경로에 따라 각각의 경로 길이가 달라 전송시간이 다르다. 단일모드는 단 하나의 빛 펄스만 코어를 통해 전송하므로 왜곡이 발생하지 않으므로 전송성능이 좋다.

등급지수 다중모드(graded-index multimode)는 굴절률이 높은 코어의 중심부분의 빛은 클래딩에 가까운 부분의 빛보다 더 느린 속도로 전파된다. 그러므로 코어내의 빛들은 클래딩과의 경계면에서 사선방향으로 반사하지 않고 곡선 형태로 전파되므로 전송경로가 더 짧아진다.

광섬유 시스템에서는 발광 다이오드와 분사 레이저 다이오드 두 가지 형태의 광원을 사용한다. 발광 다이오드는 값이 저렴하고 넓은 범위에서 동작하면서 오랜 수명을 갖는 반면에 분사 레이저 다이오드는 더 효율적이며 보다 높은 데이터 전송률을 얻기 위해서 사용된다.

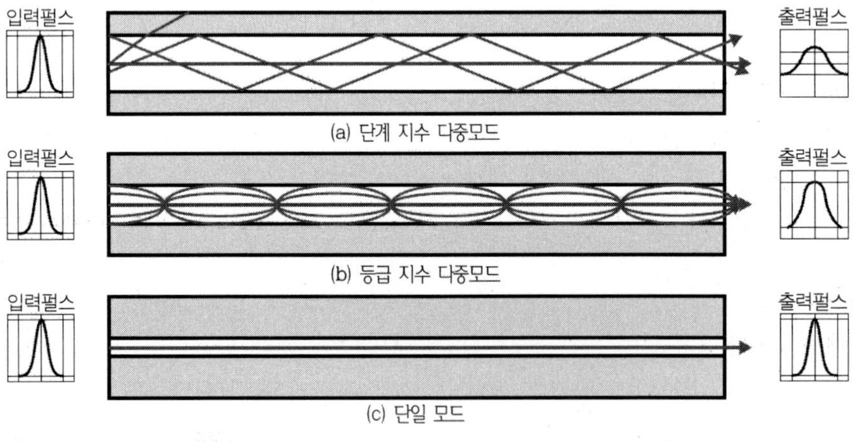

[그림 2-34] 광섬유의 모드별 전송 형태

2.6 비유도 매체(Unguided media)

비유도 매체로는 공기와 진공, 해수 등을 들 수 있는데, 일반적인 통신에 주로 사용되는 것은 이 매체들을 통한 전자기파이다. 이 전자파는 사용되는 주파수의 대역에 따라 고유한 특성이 있으며, 여러 가지 용도로 응용된다.

2.6.1 무선 전송

무선 전송에서는 3가지 일반적인 주파수 영역이 관심을 받고 있는데, 약 1~40GHz 범위의 주파수를 마이크로파 주파수(microwave frequency)라 한다. 이 주파수는 고도의 지향성 빔이 가능하므로 점-대-점 전송에 적합하며, 또한 위성통신에서도 사용된다. 30MHz~1GHz 범위의 주파수는 다방향성 응용에 적합한데, 이 범위를 라디오 범위라고 한다. 근거리 응용에서 사용되는 또 하나의 중요한 주파수 범위는 적외선 부분의 스펙트럼으로, 3×10^{11}~2×10^{14}Hz 주파수 대역이다.

(1) 안테나

안테나는 전자기 에너지를 방출하거나 받는데 사용되는 도체들의 시스템이라고 할 수 있다. 양방향 통신에서는 하나의 안테나로 송신과 수신이 모두 가능한데, 안테나의 특성은 근본적으로 전자기 에너지를 방출할 때나 수신할 때 동일하기 때문이다.

파라볼라형 굴절 안테나(parabolic reflective antenna) : 지상 마이크로파와 인공위성 통신에 사용되는 중요한 파라볼라형 굴절 안테나가 있는데, 파라볼라는 초점(focus)이라고 부르는 하나의 점에서 같은 거리에 있는 점들의 궤적으로 이루어지는 포물선을 말한다. 포물선이 축을 중심으로 회전하여 만드는 면을 포물면(paraboloid)이라 한다. 전자기 에너지의 방출점(source)이 초점이고 포물면이 반사면일 경우, 점에서 나오는 전파는 포물면의 축과 평행한 방향으로 반사된다. 안테나의 직경이 커질수록 빔의 방향을 정확하게 조절할 수 있다. 수신되는 입사파가 반사 포물면의 축에 평행하게 들어오면 수신신호는 포물면의 초점에 모이게 된다.

안테나 이득(antenna gain) : 안테나 이득은 안테나의 방향성을 나타내는 척도로 등방성 안테나에 의하여 방출되는 출력 전력과 해당 안테나에 의해 특정 방향으로 방출되는 전력의 비로 정의한다. 만약 안테나 이득이 3dB일 경우, 등방성 안테나에 비해 특정 방향으로 3dB만큼 더 큰 전력으로 에너지를 방출한다는 뜻이다. 그러므로 안테나 이득이란 안테나의 방향성을 나타낸다.

안테나의 물리적 크기와 형태에 연관이 있는 유효 면적(effective area)은 안테나 이득과 다음과 같은 관계가 있다.

$$G = \frac{4\pi A_e}{\lambda^2} = \frac{4\pi f^2 A_e}{c^2} \qquad (2\text{-}22)$$

여기서 G=안테나 이득, A_e=유효 면적, f=반송파 주파수, C=광속($\approx 3x^{10^8}$m/s), λ=반송파 파장이다.

예를 들어 이상적인 등방성 안테나의 유효 면적이 $A^2/4\pi$이고 전력 이득이 1이라고 할 때, 표면적이 A인 파라볼라 안테나의 유효 면적은 $0.56A$이며, 전력 이득은 $7A/\lambda^2$가 된다.

(2) 지상 마이크로파

가장 일반적인 마이크로파 안테나는 "접시" 안테나로 보통 지름은 약 3m이다. 안테나는 고정되어 있고, 수신 안테나까지 가시선 전송을 위해 좁은 빔을 발사한다. 장거리 전송을 하려면 마이크로파 중계탑을 여러 개 사용하여 필요한 거리마다 점-대-점 마이크로파 링크를 여러 개 연결한다.

지상 마이크로파 시스템의 주요 용도는 장거리 전기통신 서비스로 같은 거리에서 동축케이블보다 훨씬 적은 증폭기나 리피터가 필요하다. 그러나 시야 내의 전송이어야 하며, 음성이나 텔레비전 전송에서 많이 사용된다. 빌딩 간의 단거리 점-대-점 링크나 폐쇄회로 TV나 LAN 간의 데이터 링크로 사용되며, 또 다른 중요한 용도는 셀룰러 시스템이다.

마이크로파 전송에 사용되는 주파수는 1~40GHz인데, 주파수가 높을수록 데이터 전송률도 높아진다. 표 2-6에 전형적인 영역의 대역폭과 데이터 전송률을 정리하였다. 마이크로파에서 주요 손실요인은 감쇠이며, 마이크로파에 대한 손실은

$$L = 10\log(\frac{4\pi d}{\lambda})^2 dB \qquad (2\text{-}23)$$

로 표현되는데, 여기서 d는 거리이며, λ는 파장으로 같은 단위를 가진다. 마이크로파의 손실은 거리의 제곱에 따라 변하므로 증폭기나 리피터 간격을 10-100km로 더 멀리 할 수 있다. 마이크로파는 주파수가 높아질수록 비가 오는 경우 감쇠가 커져서 특히 10GHz 이상의 주파수에서는 두드러진다.

표 2-6 디지털 마이크로파의 성능

영역(GHz)	대역폭(MHz)	전송률(Mbps)
2	7	12
6	30	90
11	40	135
18	220	274

장거리 공중통신업체가 가장 흔히 이용하는 대역은 4GHz와 6GHz 대역인데, 이 주파수 대역의 사용이 많아져 11GHz 대역도 사용되기 시작했다. 12GHz대역은 유선 TV 시스템에서 사용하는데, 마이크로파 링크로 TV 신호를 지역 CATV 설비로 보내고, 이 신호는 동축케이블을 통해 가입자에게 분배된다. 더 높은 주파수의 마이크로파는 건물 사이의 단거리 점-대-점 링크로 사용되며, 흔히 22GHz 대역이 사용된다.

(3) 위성 마이크로파

통신위성은 마이크로파 중계국으로서 2개 이상의 지구국이라 부르는 지상 마이크로파 송수신기를 연결하는 데에 이용된다. 위성은 상향 링크(uplink)로 수신하여, 이를 증폭하거나 재생한 후 다른 주파수인 하향 링크(downlink)로 송신한다. 그러나 단일궤도 위성은 트랜스폰더 채널(transponder channel) 또는 트랜스폰더라 부르는 여러 개의 주파수 대역에서 동작한다.

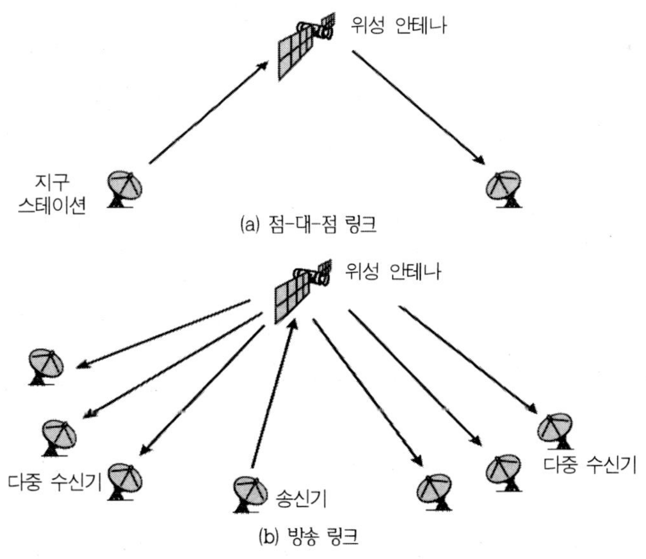

[그림 2-35] 위성통신 시스템의 구성

그림 2-35는 2가지 형태의 일반적인 통신위성 구성을 나타낸 것으로, 첫 번째는 멀리 떨어진 2개의 지상 안테나 사이에서 점-대-점 링크로 사용되는 경우이고, 두 번째는 하나의 지상 송신국과 여러 개의 수신국 간에 통신을 제공하는 경우이다.

통신위성이 효율적으로 동작하려면 지구를 기준으로 위성의 위치가 고정되어야 한다. 35,863km의 고도에서 위성과 지구의 회전속도가 같아 지구에서 보면 고정된 것으로 보인다.

동일 주파수 대역을 사용하는 두 위성이 가까이 있는 경우에는 상호 간섭이 발생하므로 4/6GHz대역에서는 지상에서 본 각도로 4°의 간격을, 12/14GHz 대역에서는 3°의 간격을 유지해야 하므로 위성의 개수는 상당히 제한을 받는다.

위성의 중요한 응용들로는 TV 분배, 장거리 전화전송, 사설 기업망, 위성 항법 등이 있다.

위성은 방송특성 때문에 TV 분배에 적합하여 전 세계에서 널리 사용되고 있는데, 중앙에서 프로그램을 위성으로 보내고, 여기서 여러 개의 지상국으로 방송한 후, 각 시청자에게 분배한다. PBS(Public Broadcasting Service)와 같은 네트워크는 거의 독점적으로 위성채널을 사용하여 TV 프로그램을 분배한다. 그 밖의 상업망들도 위성을 많이 사용하고 있으며, 위성 기술을 TV 분배에 활용한 최근의 응용은 DBS(Direct Broadcast Satellite)로 위성 비디오 신호를 가정의 시청자에게 직접 전송한다.

위성 전송은 공중전화망에서 전화국 사이의 점-대-점 트렁크로도 사용되며, 국제 트렁크로서 가장 적당한 매체이며 장거리 광 전송시스템과 경쟁한다. 위성은 업무용 데이터 응용에도 많이 사용되는데, 위성 제공자는 전체 용량을 여러 채널로 분할하고, 이들 채널을 개별 기업에게 임대한다. 여러 사이트에 안테나를 설치한 기업은 위성채널을 사설망으로 사용할 수 있다. 최근에 매우 작은 직경의 터미널 VSAT(Very Small Aperture Terminal) 시스템이 개발되어 저렴하게 사용할 수 있게 되었다.

최근에 점차 사용이 증가하고 있는 GPS가 위성 통신의 응용으로 주목받고 있는데 GPS는 다음과 같은 3개의 구성요소로 이루어진다.

- 약 20,000km 상공에서 라디오 스펙트럼의 마이크로파 부분에 있는 2개의 주파수로 경도 신호를 전송하는 현재 27개 궤도 위성 집합
- 지상 감시국과 위성 업로드 설비로 이루어진 시스템을 통하여 GPS를 관리하는 제어 부분
- 사용자의 수신기

27개의 각 위성은 원자시계를 사용하여 정확한 시간에 고유한 디지털 코드 열을 전송하고, GPS 수신기는 안테나로 수신하여 수신기 내부에서 만들어지는 동일한 코드 열과

맞춘다. 4개 이상의 위성과의 거리를 측정하고 전송신호에 포함된 정보로 위성의 정확한 위치를 알면 자신의 위도와 경도 그리고 높이를 파악할 수 있고, 자신의 시계를 GPS 표준 시계와 동기화시켜 정확한 시간을 정한다.

위성 전송에서 최적의 주파수 범위는 1~10GHz로, 1GHz 대역에서는 우주와 태양, 대기 등에서 발생하는 잡음과 각종 전자장치로 나오는 인공적인 잡음이 있다. 10GHz 이상일 경우에는 대기의 흡수와 강우에 의하여 감쇠가 크다.

현재 점-대-점 서비스를 제공하는 대부분의 위성에서는 지상에서 위성으로 전송할 경우 5.925~6.425GHz 범위의 주파수를 사용하고, 위성에서 지상으로 전송할 경우 3.7~4.2GHz를 사용하며, 이 조합을 4/6GHz 대역이라 부른다. 간섭 없이 연속적인 통신을 하기 위해서는 상향링크(uplink)와 하향링크(downlink)에서 사용하는 주파수가 달라야 한다.

4/6GHz 대역은 1~10GHz 범위에서 최적이지만 그 영역의 주파수에서 동작하는 지상 마이크로파가 간섭으로 작용하므로 포화 상태이다. 그러므로 상향 링크가 14~14.5GHz, 하향 링크가 11.7~12.2GHz의 주파수를 사용하는 12/14GHz 대역이 개발 중에 있다. 이 주파수는 감쇠가 커지만, 작고 저렴한 지구국 수신기를 사용할 수 있다.

(4) 방송 라디오

마이크로파는 지향성인데 비해 방송 라디오가 다향성이므로, 방송라디오는 접시형의 안테나가 필요 없고 정해진 지점에 정확히 설치하지 않아도 된다.

라디오는 3kHz~300GHz 대역의 주파수를 일컫는 것으로, 여기서는 VHF와 UHF대역의 일부분인 30MHz~1GHz를 나타내는 방송 라디오(broadcast radio)라는 용어를 사용한다. 이 영역은 FM 라디오와 UHF, VHF TV에서 사용하며, 다양한 데이터 네트워킹 응용에도 사용된다.

30MHz~1GHz의 주파수 범위는 방송통신용으로 효율적인데, 라디오파는 전리층을 투과하므로, 시야 내에서의 전송만이 가능하고, 멀리 떨어진 수신기들끼리는 대기반사로 인한 상호 간섭이 일어나지 않는다. 또한 마이크로파 영역에 속하는 높은 주파수와는 달리, 강우에 의한 감쇠도 덜 하다.

마이크로파의 경우와 같이 거리에 따른 감쇠량은 간단하게 식 $10\log\left(\frac{4\pi d}{\lambda}\right)^2$에 따르며, 라디오의 긴 파장 때문에 감쇠는 상대적으로 적다.

방송 라디오파에서 주요한 손상 요인은 다중경로 간섭인데, 대지와 물, 자연 또는 인공적 물체에 의한 반사로 안테나 사이에 많은 전송경로가 발생할 수 있다.

(5) 적외선

적외선 통신은 적외선을 변조하는 송수신기인 트랜시버를 사용하여 이루어지며, 트랜시버들은 직접 시야 내에 있거나 방의 천장과 같은 표면의 반사를 통해 시야 내에 있어야 한다. 적외선은 마이크로파와는 달리 벽을 투과하지 못하므로, 마이크로파 시스템과는 달리 보안과 간섭의 문제가 없고 적외선을 사용하는데 주파수 사용허가를 받지 않아도 되므로 주파수 할당문제가 없다.

2.6.2 무선 전파

안테나로부터 방출된 신호는 지상파와 창공파, 그리고 시선(LOS; line of sight)을 통한 3종류의 경로를 거쳐 전송된다.

표 2-7에서 각 경로별 주요 주파수 범위를 나타내었고, 여기서는 주로 LOS 통신을 다루지만, 각 방법에 대해 간단히 살펴본다.

(1) 지상파 전파(ground wave)

지상파는 그림 2-36(a)에서처럼 대체로 지표의 등고선을 따라 지평선 넘어 상당히 먼 거리까지 전파될 수 있는데, 2MHz 이내의 주파수 대역을 사용한다. 이 주파수 대역에서 전자기파는 대기에 의하여 분산되어 상층 대기권으로 침투하지 못한다. 지상파 통신의 가장 잘 알려진 예가 바로 AM 라디오이다.

(2) 창공파 전파(sky wave)

창공파 전파는 아마추어 무선과 한국의 소리와 같은 국제 방송 등에 사용되며, 지상의 안테나에서 전송된 신호가 전리층으로부터 지상으로 반사된다.

창공파 신호는 그림 2-36(b)처럼 전리층과 지표면 사이를 왕복하면서 여러 개의 홉을 거쳐 전송된다, 이 전송방법을 사용할 경우, 송신기로부터 수천 킬로미터 떨어진 장소에서도 신호를 수신할 수 있다.

(3) 시선 전파

30MHz 이상의 주파수는 직진성이 강하므로, 반드시 가시선(LOS; lline of sight)을 유지해야 한다. 위성통신에서 30MHz 이상의 주파수 대역 신호는 지평선 안쪽에서 가시선이 유지된다면 지상국과 인공위성 사이에 전송이 가능하다. 지상에서 통신하는 경우에는 전송측과 수신측 안테나는 반드시 상대방의 유효 가시선 내에 있어야 한다.

굴절: 굴절은 전자기파의 전파속도가 매질의 밀도에 달라지기 때문에 발생하며, 진공상태에서 전자기파는 약 c=3×10^{8}m/s의 속도로 전파된다. 공기나 물, 유리, 그리고 투명하거나 반투명한 매질에서 전자기파는 c보다 느리다. 전자기파가 한 매질에서 다른 밀도의 매질로 전파될 때, 전자기파의 속도는 바뀌게 되므로 두 매질의 경계면에서 굴절이 발생하여 전자기파의 방향이 바뀐다.

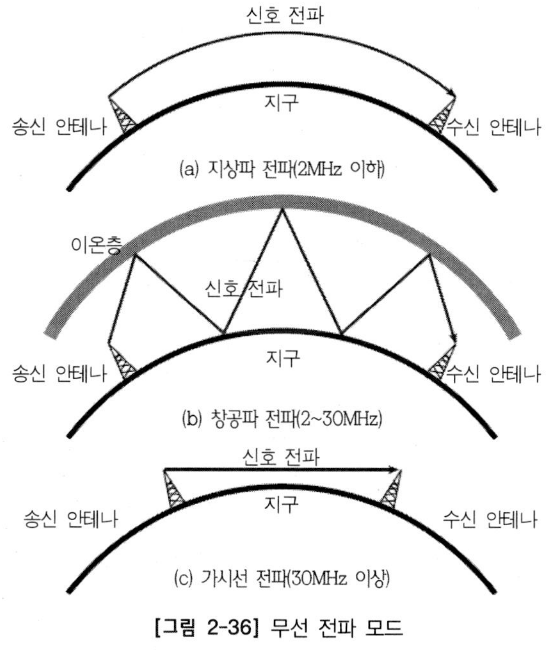

[그림 2-36] 무선 전파 모드

빛과 전파의 가시선: 중간에 장애물이 없을 경우, 빛의 가시선은 다음 식과 같이 표현된다.

$$d = 3.57\sqrt{h} \qquad (2\text{-}24)$$

여기서 d는 안테나와 지평선 사이의 거리로 단위는 킬로미터이며, h는 안테나의 높이로 단위는 미터이다. 지평선까지의 유효 가시거리는 그림 2-37에서처럼 다음과 같이 표현된다.

$$d = 3.57\sqrt{Kh} \qquad (2\text{-}25)$$

여기서 K는 전파의 굴절을 고려한 조정계수로 대략 K=4/3이다. 따라서 시선 전파를 위한 두 안테나 사이의 최대 거리는 3.57($\sqrt{Kh_1}+\sqrt{Kh_2}$)이며, 여기서 h_1과 h_2는 각 안테나의 높이를 나타낸다.

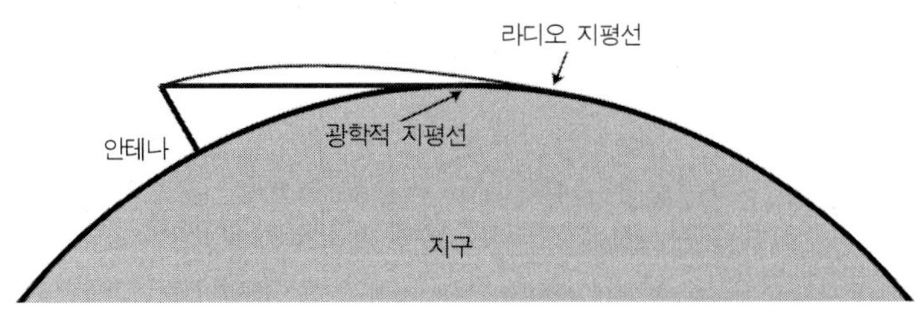

[그림 2-37] 광학적과 라디오적 지평선

표 2-7 주파수 대역

대역	주파수 범위	자유공간에서의 파장 범위	전파 특성	일반적 용도
ELF (극초저주파)	30~300Hz	10,000~1000km	지상파	전력선통신, 홈 제어 시스템
VF (음성 주파수)	300~300Hz	1000~100km	지상파	아날로그 가입자 선로용 전화시스템
VLF (초저주파)	3~30kHz	100~10km	지상파: 주야간 낮은 감쇠, 높은 대기잡음	장거리항법, 해저통신
LF (저주파)	30~300kHz	10~1km	VLF보다 약간 낮은 신뢰도, 주간 흡수	장거리 항법 해상통신 무선표지
MF (중파)	300~3000KHz	1000~100m	지상파: 야간, 창공파: 야간 낮은 감쇠, 주간 높은 감쇠, 대기잡음	해상전파, 방향 탐지, AM방송
HF (고주파)	3~30MHz	100~10m	창공파: 시간, 계절, 주파수에 따라 가변 품질	아마추어전파, 국제방송, 군 통신, 장거리 항공 및 선박통신
VHF (초고주파)	30~300MHz	10~1m	LOS: 기온 역전으로 인한 분산, 우주잡음	VHF TV, FM 방송 및 양방향 전파, AM 항공 통신, 항공기 항법보조
UHF (ultra high frequency)	300~3000MHz	100~10cm	LOS: 우주잡음	UHF TV, 셀룰러 통신, 레이더, 마이크로파 링크, 개인통신
SHF (super high frequency)	3~30GHz	10~1cm	LOS: 10GHz 이상에서 강우 감쇠, 산소와 수증기로 대기 감쇠	위성통신, 레이더, 지상 마이크로파 링크, 무선가입자 선로
EHF (extremely high frequency)	30~300GHz	10~1cm	LOS: 산소와 수증기로 인한 대기감쇠	실험적: 무선가입자 선로
적외선	300GHz~400THz	1mm~77nm	LOS	적외선 LAN, 가전응용
가시광선	400~900THz	770nm~330nm	LOS	광통신

2.6.3 시선 전송

앞에서 전송매체에서 발생하는 여러 종류의 전송 손상에 공부하였는데, 여기서는 무선 전파에서 시선 전송에서만 발생하는 손상에 대하여 소개한다.

(1) 자유공간 손실(free space loss)

전파 거리가 멀어지면 신호가 분산되어 위성통신에서는 손실의 주요 요인이다. 이 형태의 감쇠가 자유공간 손실이며, 송신측의 방출 전력 P_t와 안테나의 수신 전력 P_r의 비로 나타내거나 이것의 로그 값에 10을 곱한 데시벨 값으로 표현한다. 이상적인 등방성 안테나의 경우, 자유공간 손실은 다음과 같이 표현된다.

$$\frac{P_t}{P_r} = \frac{(4\pi d)^2}{\lambda^2} = \frac{(4\pi f d)^2}{c^2} \qquad (2\text{-}26)$$

여기서 P_t: 송신전력, P_r: 수신전력, λ: 반송파의 파장, d: 안테나 사이의 거리, c: 빛의 속도를 나타내며, d와 λ는 같은 단위를 사용한다.

위 식의 양변에 log를 취하면 다음과 같이 나타난다.

$$\begin{aligned} L_{dB} &= 10\log\frac{P_t}{P_r} \qquad (2\text{-}27) \\ &= 20\log\left(\frac{4\pi d}{\lambda}\right) = -20\log(\lambda) + 20\log(d) + 21.98dB \\ &= 20\log\left(\frac{4\pi f d}{c}\right) = 20\log(f) + 20\log(d) - 147.56dB \end{aligned}$$

안테나는 이득을 고려해야 하므로 자유공긴 손실은 다음과 같이 주어진다.

$$\frac{P_t}{P_r} = \frac{(4\pi)^2 (d)^2}{G_r G_t \lambda^2} = \frac{(\lambda d)^2}{A_r A_t} = \frac{(cd)^2}{f^2 A_r A_t} \qquad (2\text{-}28)$$

여기서 G_t: 송신 안테나의 이득, G_r: 수신 안테나의 이득, A_t: 송신안테나의 유효 면적, A_r: 수신 안테나의 유효 면적이다. 식 (2-22)에서 정의된 안테나 이득과 유효 면적 간의 관계를 이용하면 식의 3번째 항은 2번째 항으로부터 유도할 수 있으므로, 손실 방정식을 다시 써 보면 다음과 같다.

$$\begin{aligned} L_{dB} &= 20\log(\lambda) + 20\log(d) + 10\log(A_t A_r) \qquad (2\text{-}29) \\ &= -20\log(f) + 20\log(d) - 10\log(A_t A_d) + 169.54dB \end{aligned}$$

그러므로 같은 면적의 안테나와 동일한 거리에 대해 반송파의 파장이 길수록 자유공간 손실은 커진다. 식 (2-27)과 식 (2-29)를 비교해 보면 식 (2-27)에서 주파수가 높아질수록 자유공간 손실이 커지므로 높은 주파수에서 손실이 더 커짐을 알 수 있다. 그러나 식 (2-29)는 안테나 이득으로 이 손실을 보상할 수 있다는 것을 보여준다. 그러나 안테나 이득을 크게 하고 안테나의 유효 면적을 고정 값으로 하면, $20\log(f)$에 따라 손실이 변한다.

(2) 대기 흡수에 의한 손실

송신과 수신측 안테나 사이에 발생하는 또 다른 손실로는 대기에 흡수되는 것으로, 공기 중의 수증기와 산소가 감쇠의 요인이다. 22GHz 대역에서 수증기 감쇠가 가장 크며, 15GHz 이하에서는 감쇠가 적다. 산소에 의한 감쇠는 60GHz 대역에서 가장 크고 , 30GHz 이하에서는 적다. 안개나 비도 전파를 산란시켜 신호에 손실을 주므로 강우량이 많은 곳은 낮은 주파수를 사용하는 것이 좋다.

(3) 다중 경로에 의한 손실

장애물이 없는 위치라면 두 개의 안테나를 가시선에 맞추어 설치할 수 있으므로, 점-대-점 마이크로파 통신이나 위성과의 통신에 해당된다. 그러나 이동전화와 같은 경우에는 주변에 장애물이 많아 신호가 장애물에 반사되어 수신측에는 다른 지연시간의 여러 개의 신호가 수신된다. 직접 신호와 반사되어 오는 간접신호는 전파 경로가 다르므로, 이들의 합성된 신호의 세기는 시간에 따라 강해지기도 하고 약해질 수도 있다. 이 문제를 경로 페이딩이라 하며, 안테나들을 여러 개 고정된 위치에 설치하여 해결할 수 있다. 그림 2-38에서는 지상의 고정된 마이크로파 통신과 이동통신에서 다중경로 간섭의 유형을 간단히 보여준다.

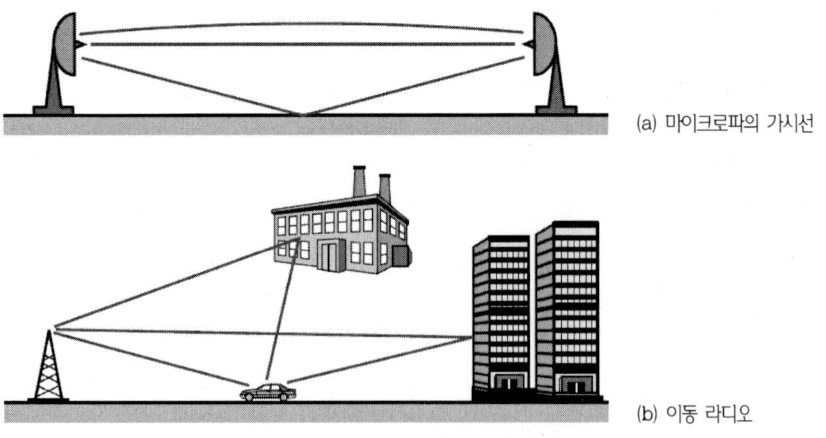

[그림 2-38] 다중경로로 인한 손실

(4) 굴절에 의한 손실

전파는 대기 중에서 굴절되는데, 고도에 따라 대기 밀도가 다르므로 신호의 속도가 바뀌거나 대기 상황의 공간적 변화에 따라 정도가 달라진다. 일반적으로 고도가 높아지면 공기의 밀도가 높아져 신호의 속도가 증가하므로 전파는 지구 방향으로 휘어진다. 어떤 경우에는 기상 조건의 영향으로 고도에 따른 속도의 변화로 수신측 안테나에서는 가시선 전파의 일부만 수신할 수 있거나 어떤 때는 아예 수신하지 못하는 불상사도 있다.

2.7 다중화(Multiplexing)

두 통신 스테이션은 데이터 링크의 전체 용량을 사용하지 않으므로, 링크의 용량을 공유하는 것이 좋으며, 이러한 공유를 다중화라 한다. 다중화의 간단한 예로는 멀티드롭(multidrop) 회선이 있다. 이 경우에는 다수의 스테이션과 하나의 스테이션이 동일한 회선을 공유하며 이 경우에 몇 가지 장점이 있다.

- 호스트 컴퓨터는 다수의 터미널을 위해서 하나의 I/O 포트만 필요로 한다.
- 하나의 전송선만 필요하다.

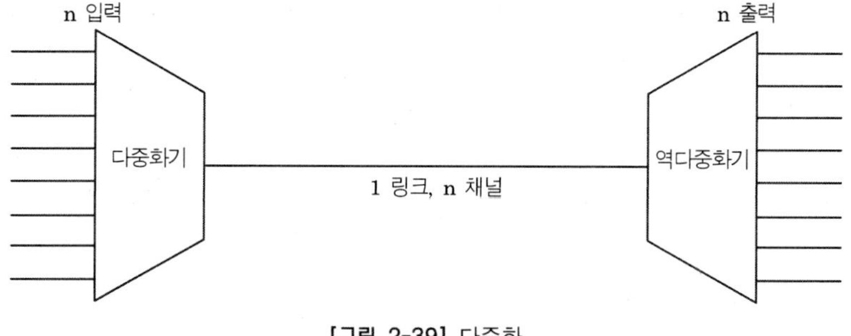

[그림 2-39] 다중화

여기서는 많이 알려진 3가지 종류의 다중화를 소개한다.

첫째로는 가장 널리 쓰이며, 라디오와 텔레비전에서 사용되는 주파수 분할 다중화(FDM)가 있고, 둘째로는 시분할 다중화(TDM)의 특수한 경우인 동기식 시분할 다중화가 있다. 세 번째로는 다중화에 복잡한 회로를 첨가시켜 동기식 시분할 다중화의 효율을 개선한 것으로 통계 시분할 다중화를 사용하기도 한다.

그림 2-39는 일반적인 다중화를 보여주는데, 다중화기는 역중화기와 단일 데이터 링크로 연결된다. 링크는 여러 개의 채널로 데이터를 나눌 수 있고, 다중화기는 n개의 입력회선들의 데이터를 다중화하여 데이터 링크로 보낸다. 역중화기는 다중화된 데이터 스트림에서 데이터를 분리하여 적절한 출력회선으로 보내준다.

2.7.1 주파수 분할 다중화(frequency-division multiplexing)

주파수 분할 다중화는 전송하려는 신호에서 필요한 대역폭보다 전송 매체의 유효 대역폭이 클 경우에 가능하다. 각 신호들이 서로 다른 반송 주파수로 변조된다면 동시에 전송될 수 있으며, 반송 주파수는 각 신호들의 대역폭이 겹치지 않도록 분리되어야 한다. FDM의 일반적인 경우가 그림 2-40에 나타나있다.

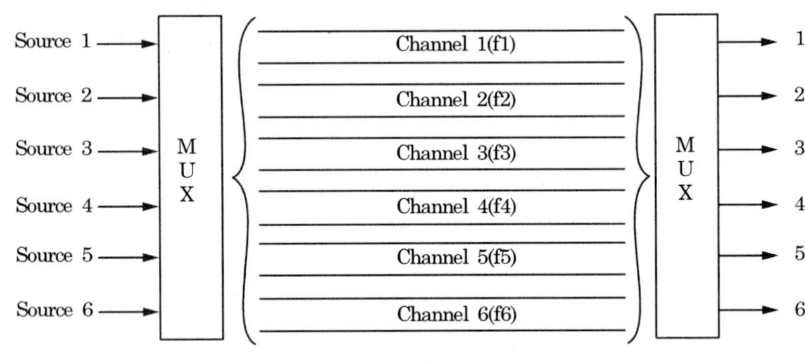

[그림 2-40] FDM

이 그림에서는 6개의 신호원들이 한 개의 다중화기에 신호를 보내면 서로 다른 주파수 $\{f1, f2, \cdots, f6\}$로 신호들을 변조한다. 변조된 각 신호는 채널이라는 반송 주파수를 중심으로 한 어떤 대역폭을 요구한다. 상호 간섭을 배제하기 위해서 채널 간에는 사용되지 않는 부분의 주파수대로 분리된다.

FDM 시스템의 일반적인 모습을 그림 2-41에서 보여준다. 다수의 아날로그 혹은 디지털 신호 $[m_i(t), i = 1, \cdots, N]$들이 동일한 전송 매체에서 사용되기 위해 다중화 된다. 각 신호 $m_i(t)$는 반송파 f_{SCi}로 변조된다. 여기서는 어떤 형태의 변조도 가능하다. 변조된 아날로그 신호는 혼성 신호 $m_c(t)$를 생성하기 위해서 합쳐진다. 그림 (b)는 혼성된 신호를 보여주고 있는데, $m_i(t)$ 신호의 스펙트럼은 f_{SCi}를 중심으로 이동되며, 이때 신호의 대역폭이 겹치지 않도록 f_{SCi}를 설정한다. 혼성 신호는 또 다른 변조 과정을 거쳐 반송 주파수를 바꾸기 위해 전체적으로 이동하게 된다.

그림에서와 같이 두 번째 변조 과정은 첫 번째와 다른 변조 기술을 필요로 하는데, 혼성 신호는 전 대역폭 B를 가지며, 이때에는 $B > \sum_{i=1}^{N} B_{SCi}$이다.

이 아날로그 신호는 매체를 통해 전송되며, 수신측에서 혼성 신호는 N개의 대역통과 필터(bandpass filter)를 지나며, 각 필터는 대역폭 B_{SCi}를 가지면서, f_{SCi}로 조절되어 있다. 이 방식으로 신호는 분리되며 원래의 신호로 복조 된다.

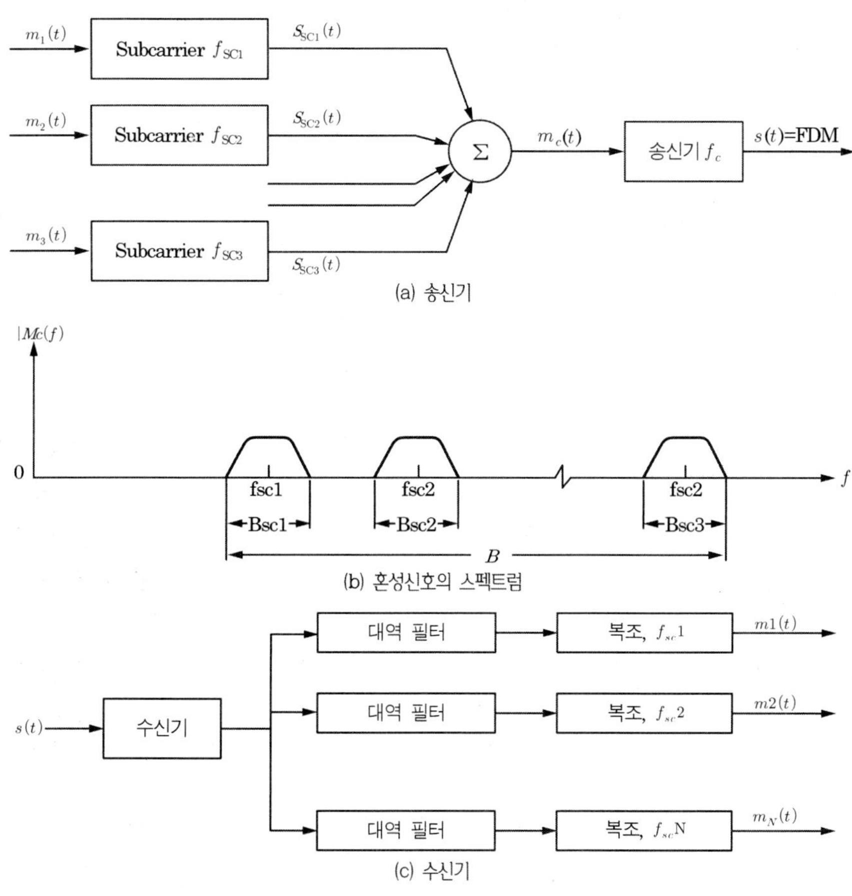

[그림 2-41] 주파수 분할 다중화

2.7.2 파장 분할 다중화(wavelength division multiplexing)

파장 분할 다중화는 광섬유의 고속 전송률을 이용하려고 설계되었으며, 다중화와 역다중화가 광섬유 채널을 통해 전송된 빛 신호와 관련된다는 점을 제외하고는 FDM과 같은 개념이며, 주파수가 다른 신호들을 결합하지만 FDM에 비해 주파수가 매우 높다.

그림 2-42는 WDM 다중화와 역다중화의 개념을 보여주며, 여러 개의송신측에서 오는 좁은 대역을 갖는 빛들을 넓은 대역의 빛을 만들기 위해 결합하여 다중화하고, 수신측에는 각각의 빛 신호들을 역다중화기에 의해 분리한다.

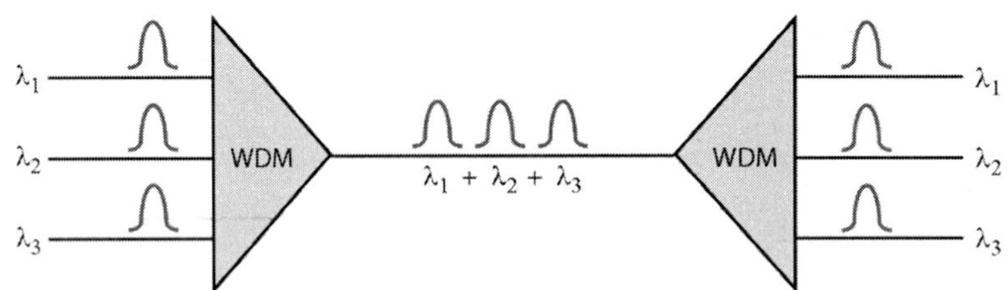

[그림 2-42] 파장 분할 다중화

다중화기에서는 여러 개의 다른 파장의 빛들을 결합해야 하고, 반대로 역다중화기에서는 결합된 빛을 분리해야 한다. 프리즘은 임계각과 주파수를 기반으로 하여 광선을 굴절시키며, 이와 같은 기법을 사용하여 다중화기는 좁은 대역의 주파수를 갖는 여러 개의 입력 광선들을 넓은 대역폭의 주파수를 갖는 출력 광선으로 결합할 수 있다. 그리고 역다중화기는 그 반대 과정으로 결합된 광선을 여러 개의 광선으로 분리할 수 있으며, 그림 2-43에서 그 개념을 볼 수 있다. 현재는 DWDM(Densed WDM)이라는 새로운 방식이 개발되어 채널을 더 가깝게 붙여서 더 많은 채널을 다중화 할 수 있다.

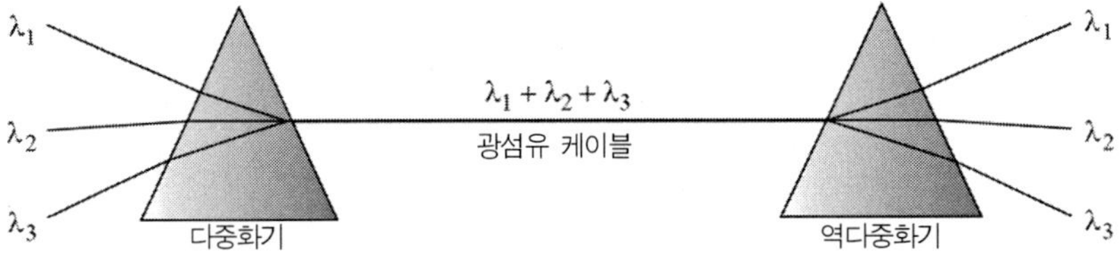

[그림 2-43] 프리즘에 의한 다중화와 역다중화

2.7.3 동기식 시분할 다중화(synchronous time-division multiplexing)

동기식 시분할 다중화는 여러 개의 디지털 신호들을 시간적으로 인터리빙(interleaving)시켜 단일 전송로로 보낸다. 인터리빙은 비트 레벨이나, 바이트의 블록 혹은 그 이상의 크기로 수행된다. 일반적인 동기 TDM 시스템의 개념을 다음 그림 2-44에 나타내었다.

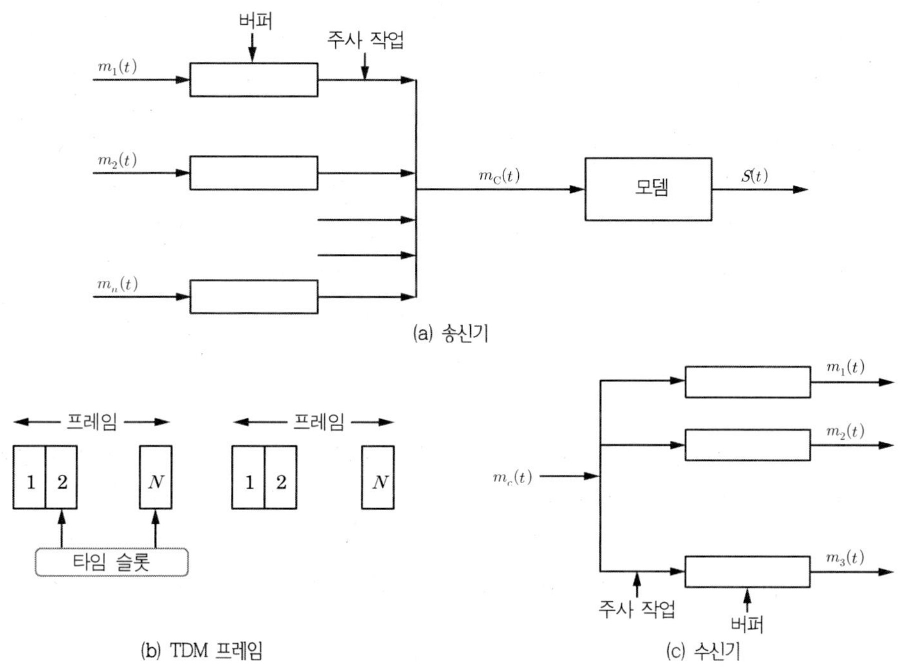

[그림 2-44] 동기식 시분할 다중화

다수의 신호들[$m_i(t)$, $i=1$, ⋯, N]은 동일 전송 매체로 다중화 된다. 각 신호원으로부터의 데이터는 버퍼에 일시적으로 저장된다. 각 버퍼의 길이는 대개 한 비트나 한 문자 길이를 갖는다. 버퍼는 순차적으로 주사(scan)되어 복합 디지털 데이터 스트림 $m_c(t)$로 구성된다. 주사작업은 매우 빠르게 이루어지므로 데이터가 계속 입력되기 전에 버퍼를 비울 수 있다. 그러므로 $m_c(t)$의 데이터 전송률은 최소한 $m_i(t)$의 데이터 전송률의 합과 같아야 한다. 디지털 신호 $m_c(t)$는 직접 전송되거나, 모뎀을 통해 아날로그 신호로 전송되며, 전송은 동기식으로 이루어진다.

전송 데이터는 그림 2-44(b)와 같은 형식을 가지며, 데이터는 프레임으로 구성되고 각 프레임은 한 주기의 타임 슬롯을 포함한다. 각 프레임은 각 데이터 소스에 한 개 이상의 슬롯을 배당시킨다. 한 개의 소스에 적용되는 일련의 슬롯들을 채널이라 하고 슬롯 길이는 송신기의 버퍼 길이와 같으며 대개 한 비트나 한 문자이다.

동기 TDM은 타임 슬롯이 소스에 미리 할당되어 고정되기 때문에 각 소스에 대한 타임 슬롯은 소스가 데이터를 보내는 것과 상관없이 전송된다.

2.7.4 통계 시분할 다중화(statistical time-division multiplexing)

동기식 시분할 다중화기에서는 많은 타임 슬롯들이 낭비된다. 다수의 터미널을 하나의 공유 컴퓨터 포트에 연결할 때는 대개 동기 TDM을 사용한다. 모든 터미널이 활발하게 사용되더라도 대부분의 시간동안 터미널의 데이터 전달은 없다.

통계 TDM에서 통계 다중화기는 요구에 따라서 타임 슬롯을 동적으로 할당하여 데이터를 전송하는 기법을 하며, 통계 다중화기는 한 편에 다수의 I/O 회선과 맞은편에 고속 다중화기 회선을 갖는다. 각 I/O 회선은 자신과 연결된 하나의 버퍼를 가지며, n개의 I/O 회선이 있으나 k개($k<n$)의 타임 슬롯만이 TDM 프레임을 위해서 사용된다. 입력을 위한 기능으로는 입력 버퍼를 조사하고, 프레임이 찰 때까지 데이터를 모은 후에 전송한다. 출력할 때 다중화기는 한 프레임을 받아서 적절한 출력 버퍼로 데이터의 슬롯들을 분산시킨다.

통계 TDM은 연결된 장치들이 항상 계속해서 전송하는 것이 아니라는 점을 이용하므로 다중화된 회선의 데이터 전송률은 접속 장치들의 데이터 전송률의 합보다 적다. 그러므로 통계 다중화기는 같은 데이터 전송률의 링크로 더 많은 장치들의 데이터를 처리할 수 있다. 그림 2-45는 통계 TDM과 동기 TDM을 비교하고 있다.

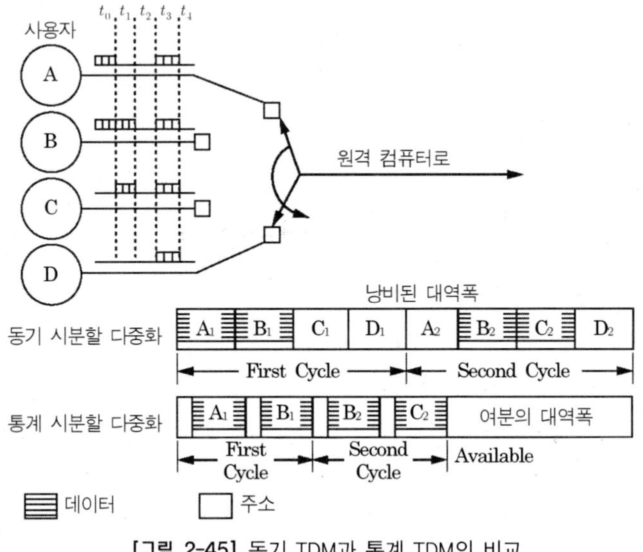

[그림 2-45] 동기 TDM과 통계 TDM의 비교

4개의 데이터 소스와 4개의 시간 간격(t_0, t_1, t_2, t_3)에서 출력된 데이터를 보면, 동기 다중화기의 경우에는 각 시간 간격동안 4개 소스의 데이터들이 모여 출력된다.

그러나 통계 다중화기의 경우에는 빈 슬롯은 전송되지 않으므로 t_0동안 A와 B의 슬롯만 전송된다. 그러나 입력 회선으로부터의 데이터나 출력회선으로 분산되는 데이터가 어느 회선으로 입출력되는지 예상할 수 없어서, 적절한 전달을 위해 주소 정보가 필요하다. 전송 효율을 증가시키기 위해 오버헤드 비트를 최소화시켜야 하며, 통계 TDM 시스템은 HDLC와 같은 동기 프로토콜을 사용한다.

다음 그림 2-46은 통계 TDM 프레임 형식을 나타내고 있다.

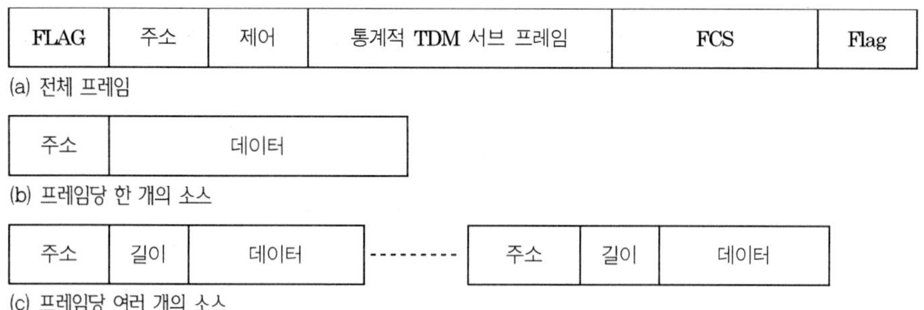

[그림 2-46] 통계 TDM 프레임 형식

케이블 모뎀

통계 TDM 방식을 사용하는 대표적인 응용으로 케이블 모뎀을 통한 데이터 전송을 예로들 수 있다. 케이블 TV 공급자는 각 방향에 대해 하나씩 2개의 전용 채널을 제공한다. 각 채널은 많은 가입자에 의해 공유되므로 각 채널의 용량을 할당하는 기법이 필요하여 그림 2-47에서와 같이 통계 TDM 방식이 사용된다.

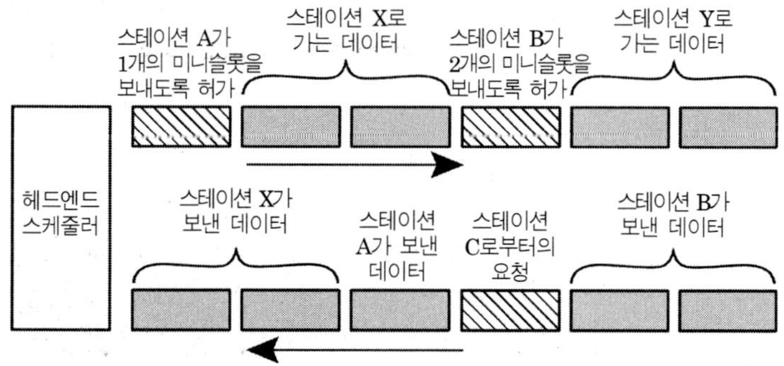

[그림 2-47] 케이블 모뎀의 통계 다중화 방식

하향스트림(downstream), 즉 헤드엔드(headend)로부터 가입자 방향에서는 케이블 스케줄러는 작은 패킷 형태로 데이터를 전달한다. 여러 가입자가 채널을 공유하므로 둘 이상의 가입자가 활성상태이면 각 가입자는 하향스트림 용량의 일부만을 얻는다.

케이블 모뎀 가입자는 네트워크 구조와 트래픽 부하에 따라 보통 500kbps부터 1.5Mbps 사이의 접속 속도를 가지게 된다. 하향 스트림은 가입자에게 시간슬롯을 허용하기 위해서도 사용되는데 전송할 데이터를 가진 가입자는 먼저 공유하고 있는 상향 스트림 채널의 시간슬롯들을 요청해야 한다. 각 가입자에게는 이러한 요청 목적으로 사용할 별도의 전용 시간슬롯이 주어진다.

2.7.5 ADSL(Asymmetric Digital Subscriber Line)

현재 고속 공중용 디지털 광역망 구축에 있어서 가장 각광을 받는 분야는 디지털 가입자 회선이라 부르는 가입자와 망간의 링크이다. 전 세계적으로 수십억의 가입자가 있어 새로운 가입자마다 케이블을 설치하는 것이 어려워 거의 모든 가입자에게 연결되어 있는 전화선(꼬임선)을 이용하려 한다.

ADSL은 기존의 전화선으로 고속의 데이터를 전송하는 새로운 모뎀기술로, 현재 여러 사업자들에 의해 제공되며 ANSI에서 표준화 하였다.

ADSL 설계

비대칭(Asymmetric)이란 ADSL에서 하향 스트림의 용량이 상향 스트림보다 크다는 것을 의미한다. 일반적으로 사용자는 상향스트림에 비해 하향스트림에 훨씬 많은 용량을 요구한다.

ADSL은 꼬임선에서 1MHz의 용량을 내기 위한 방법으로 주파수분할 다중화(FDM)를 사용하며 1MHz의 대역폭을 3개의 대역으로 나눈다. 첫 번째 대역은 0~25kHz 사이로 보통 POTS라 부르는 전화 서비스에 사용되며 이 서비스는 대역의 4kHz만을 사용한다. 나머지는 데이터 채널과 음성채널을 분리하는 보호대역으로 사용된다. 두 번째 대역은 보통 25~200kHz 사이로 상향스트림 통신에 사용되며, 셋째 대역은 250kHz~1MHz 사이로 하향스트림 통신에 사용된다. 그림 2-48은 ADSL의 대역을 보여준다.

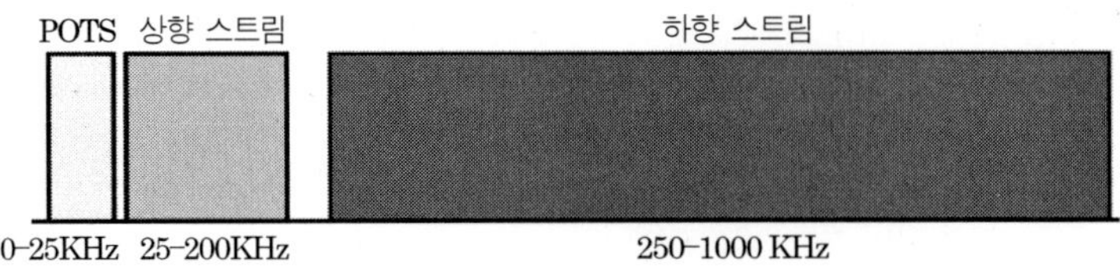

[그림 2-48] ADSL의 대역

변조기법

현재 대부분의 ADSL 구현에는 DMT(Discrete Multitone)라 알려진 변조기법이 ANSI에 의해 표준화되었다.

DMT : QAM과 FDM을 결합한 것으로 각 방향에 대해 가능한 대역폭이 4kHz 채널로 나누어지고 각 채널은 자신만의 주파수를 갖는다.

그림 2-49는 *N*개의 채널을 가진 DMT의 개념을 보여준다.

발신지에서 만들어진 비트들은 병렬변환기를 통과하여 *N*비트의 블록은 한 비트로 구성된 *N*개의 병렬 패스로 나뉜다. 각 패스에서 발생한 QAM 신호는 서로 복합된 주파수로 출력회선으로 보내진다.

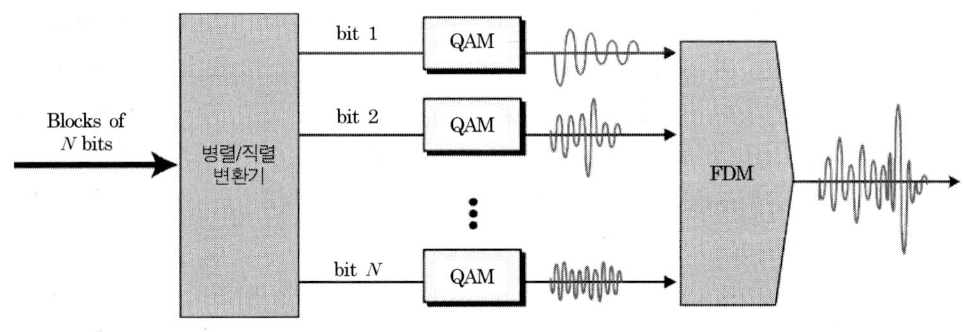

[그림 2-49] DMT

ANSI 표준은 각 4kHz 채널에 대해 60kbps의 데이터 전송률을 정의하였는데 이는 QAM 변조가 보우당 15비트를 갖는다는 것을 의미한다.

- 상향스트림은 보통 25개의 채널을 사용하는데, 이는 20×60kbps 또는 1.5Mbps의 데이터 전송률을 의미한다. 그러나 일반적인 경우 잡음 때문에 이 방향의 전송률은 64kbps에서 1Mbps이다.
- 하향스트림 채널은 보통 200개의 채널을 사용하는데, 이는 20×60kbps 또는 12Mbps의 데이터 전송률을 의미한다. 그러나 잡음으로 인해 이 방향의 전송률은 보통 500kbps에서 8Mbps이다.

ADSL은 가입자에게 고속 디지털 전송을 제공하는 최근의 가입자회선 방법 중의 하나이며, 표 2-8은 이러한 기술들 중 중요한 요소들을 비교 요약하였다.

표 2-8 xDSL들 간의 비교

	ADSL	HDSL	SDSL	VDSL
데이터 전송률	하향 1.5~9Mbps 상향 16~640kbps	1.544~2.048Mbps	1.544~2.048Mbps	하향 13~52Mbps 상향 1.5~2.3Mbps
통신 모드	비대칭	대칭	대칭	비대칭
꼬임선 수	1	2	1	1
거리(24카테고리 UTP)	3.7~5.5km	3.7km	3.0km	1.4km
신호 형식	아날로그	디지털	디지털	아날로그
주파수	1~5MHz	196kHz	196kHz	≧10MHz
사이클 당 비트 수	가변	4	4	가변

HDSL(High bit rate Digital Subscriber Line): HDSL은 비용 면에서 좀 더 효율적인 방법으로 T1 데이터 전송률(1.544Mbps)을 지원하기 위해 1980년대 Bellcore에서 개발한 것이다. 표준 T1 회선은 약 1.5MHz 대역폭을 점유하는 AMI(Alternate Mark Inversion) 부호화를 사용한다. 고주파를 사용하므로, 감쇠현상 때문에 리피터 간의 거리가 1km로 제한된다. 그러므로 많은 가입자를 수용할 때 여러 개의 리피터를 사용해야 하므로 설치와 유지비용이 많이 든다. HDSL은 196kHz 대역폭을 가진 2개의 꼬임선을 통해 약 2Mbps까지의 데이터 전송률을 제공하는 2B1Q 부호화 기법을 쓰며, 약 3.7km의 거리의 범위를 담당한다.

SDSL(Symmetric Digital Subscriber Line): 비록 HDSL이 T1 회선의 대안으로 매력적이지만, 2개의 꼬임선이 필요하므로 보통 1개 꼬임선만 설치된 가정 내의 가입자에게는 적합하지 못하다. SDSL은 하나의 꼬임선만으로 HDSL과 같은 서비스를 제공하기 위해 개발되었다. HDSL처럼 2B1Q 부호화를 사용하고, 하나의 꼬임선 상에서 전이중전송을 하려고 에코(Echo)소거를 사용한다.

VDSL(Very high bit rate Digital Subscriber Line): xDSL 방식 중 최근에 개발된 것으로 짧은 거리(300m~1800m 사이)에서 동축케이블, 광섬유 케이블, 꼬임선 등을 사용한다. VDSL은 에코소거를 사용하지 않지만 다음과 같이 임시적인 할당을 통해 여러 서비스를 위한 대역을 분리하였다.

- POTS : 0~4kHz
- ISDN : 4~80kHz
- 상향스트림 : 300~700kHz
- 하향스트림 : ≧1MHz

2.8 암호화

생활수준의 향상으로 사람들의 삶이 다양해지고 활동 영역이 넓어짐에 따라 네트워크의 추세도 여러 지역에 흩어진 컴퓨터들 사이에 기능과 데이터를 분산시키는 네트워크들이 일반화되었다. 그러므로 네트워크를 공유하는 이용자들 사이에 데이터 교환이 활발해져 새로운 보안(security) 문제가 중요해졌다. 특히 네트워크를 통해 쉽게 컴퓨터 시스템을 액세스할 수 있으므로, 기밀 정보의 도청과 불법적인 액세스로부터 정보를 보호하는 기술도 발전하였다.

2.8.1 암호화의 원리

송신되는 데이터가 읽혀지거나 복사되거나 또는 누군가에 의해 조작되지 않도록 할 수 있는 가장 안전한 방법은 암호화 기법(cryptography)을 이용하는 것이다. 데이터를 암호화하여(enciphering) 전송한 다음에 암호화된 데이터를 해독(deciphering)하는 방식이다. 통신에 대한 암호화 원리를 다음 그림 2-50에 나타내었다.

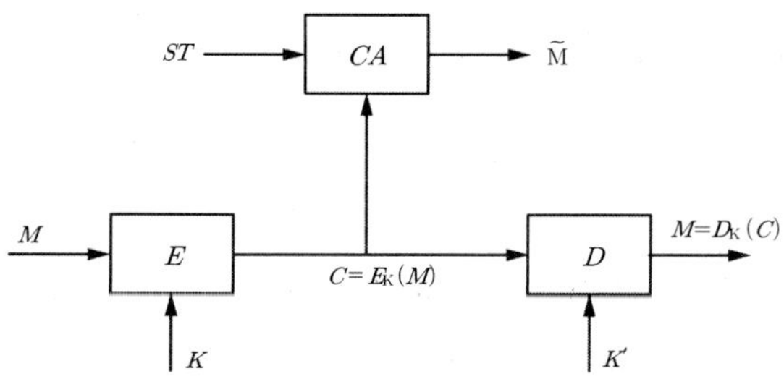

[그림 2-50] 암호화의 원리

블록 E는 암호화(encryption)를, D는 복호화(decryption)를, CA는 암호 해독자(crypto analyst)를 표시한다. M은 전달하고자 하는 임의의 정보이고, K는 M을 암호화하기 위한 키(key)이다. C는 K와 M의 함수이고, K'는 C를 복호화하기 위한 키이다. K는 K'와 동일한 경우와 그렇지 않은 경우가 있다. CA는 C를 액세스할 때 모든 부가적인 정보(SI : Side Information)에 의해 M의 근사값 M'를 구할 수 있다.

암호화의 기본적 원리는 정보의 확산과 혼란인데, 확산은 문자열의 상관관계와 종속성의 범위를 넓히는 것이며, 혼란은 문자열의 상관관계를 복잡하게 하는 것이다. 이런 방식에는 위치 교환 방법과 대치 방법, 대수적인 방법 등이 있다.

2.8.2 고전적인 암호화 기법

(1) 위치 교환 방법

위치 교환 방법은 평문의 각 글자들의 위치를 바꾸어 놓는 방법으로, 평문에서 사용된 각 글자는 모두 그대로 사용되거나 또는 위치가 달라져 원래의 뜻을 알아볼 수 없게 된다. 위치 교환 방법에는 다음과 같은 예가 있다.

예 2.1 글자의 순서를 완전히 반대로 나열하면서 다섯 글자씩 그룹을 지었다.

평문(plaintext): PRIME SUSPECT IS H JONES

암호문(ciphertext): SENOJ HSITC EPSUS EMIRP

예 2.2 문장 전체를 둘로 나누어 세로의 순서로 나열하고, 다섯 글자씩 그룹으로 나눈다.

평문 : DIRECTORS CHOOSE PLAN A

두 줄로 적은 형태 : DIRECTORSC
HOOSEPLANA

암호문 : DHIOR OESCE TPOLR ASNCA

예 2.3 매트릭스 크기에 따라 글자의 위치를 바꾸는 방법

IBM TO PRESS FOR OUT OF COURT SETTLEMENT라는 문장은 6*6 매트릭스 형태로 아래와 같이 재배치될 수 있다.

I	B	M	T	O	P
R	E	S	S	F	O
R	O	U	T	O	F
C	O	U	R	T	S
E	T	T	L	E	M
E	N	T			

그런 다음 정해진 그룹 크기에 따라 세로로 글자를 선택해서 다섯 글자씩 그룹으로 나눈다면 암호문은 IRRCE EBEOO TNMSU UTTTS TRLOF OTEPO FSM과 같이 된다. 또한 매트릭스 형태에서 글자를 선택하는 순서를 달리 하여 다른 형태의

암호문도 얻을 수 있다. 예를 들어, 매트릭스의 왼쪽 위에서부터 대각선으로 차례를 선택할 수도 있고, 오른쪽부터 세로로 글자를 선택할 수도 있다.

그리고 매트릭스를 만들 때에도 변화를 줄 수 있는데, 아래와 같이 시계 방향으로 회전하는 모양으로 만들 수도 있고

I	B	M	T	O	P
O	U	R	T	S	R
C	N	T		E	E
F	E			T	S
O	M	E	L	T	S
T	U	O	R	O	F

'ㄹ'자 모양으로 양 방향으로 변화시키면서 만들 수도 있다.

I	B	M	T	O	P
O	F	S	S	E	R
R	O	U	T	O	F
S	T	R	U	O	C
E	T	T	L	E	M
			T	N	E

(2) 대치 방법

대치하는 방법은 평문의 글자를 다른 체계를 가지는 글자로 바꾸어 놓아 글자 위치는 변하지 않으나 글자 자체는 바꾸어 알아 볼 수 없게 하는 것이다. 한 종류의 알파벳을 사용하여 평문의 한 글자를 암호문의 한 글자로 변환시키는 방법, 그리고 여러 종류의 알파벳을 사용하여 평문의 한 글자를 암호문의 한 글자로 변환시키는 방법이 있다.

한 종류의 알파벳을 사용하여 평문의 한 글자를 암호문의 한 글자로 바꾸는 방법

일반적으로 알파벳을 만드는 데에 키(Key)를 사용하는데, 예를 들어 MANAGEMENT를 키로 사용하는 경우 암호문의 알파벳을 만드는 방법은 먼저, 단어에서 중복되는 글자, 즉 MANAGEMENT에서 A, M, E, N을 제외하고 MANGET만 처음 부분에 놓고 나머지 문자를 차례로 나열하는 것이다.

평문의 알파벳 : A B C D E F G H I J K L M N O P Q R S T U V W X Y Z
암호문의 알파벳 : M A N G E T B C D F H I J K L O P Q R S U V W X Y Z
"키"

또한 암호문의 알파벳을 만드는 방법으로 위치 교환 방법에서와 같이 매트릭스를 이용해서 다음과 같이 할 수도 있다.

(매트릭스)	M	A	N	G	E	T
	B	C	D	F	H	I
	J	K	L	O	P	Q
	R	S	U	V	W	X
	Y	Z				

위의 매트릭스에서 암호문의 알파벳을 M B J R Y A G K S Z N D L U G F O V E H P W T I Q X로 취하면 INVITATION TO ARRIVE FRIDAY는 SUWSH MHSGL HGMVV SWYAV SRMQ 와 같이 된다. 그리고 두 개의 키를 사용해서 평문의 알파벳과 암호문의 알파벳 순서를 모두 바꾸는 경우도 있다.

여러 종류의 알파벳을 사용해서 평문의 한 글자를 암호문의 한 글자로 변환시키는 방법

이 방법은 Vigenere 표 2-9를 사용하여 암호화한다. 예를 들면 다음과 같다.

"키" : C A T A S T R O P H E C A T A S T R O P H E C A T A
평문 : D I C T A T O R D E A D C O U P I N P R O G R E S S
암호문 : F I V T S M F F S L E F C H U K B E D G V K T E L S

암호화하는 방법은 세로 방향에서 키에 해당하는 글자의 줄을 선택하고 가로 방향에서 평문에 해당하는 글자의 줄을 선택하여 만나는 지점의 글자로 선정한다.

표 2-9 Vigenere 표

plaintext character			ABCDEFGHIJKLMNOPQRSTUVWXYZ
	0	A	ABCDEFGHIJKLMNOPQRSTUVWXYZ
	1	B	BCDEFGHIJKLMNOPQRSTUVWXYZA
	2	C	CDEFGHIJKLMNOPQRSTUVWXYZAB
	3	D	DEFGHIJKLMNOPQRSTUVWXYZABC
	4	E	EFGHIJKLMNOPQRSTUVWXYZABCD
key character	5	F	FGHIJKLMNOPQRSTUVWXYZABCDE
	6	G	GHIJKLMNOPQRSTUVWXYZABCDEF

7	H	HIJKLMNOPQRSTUVWXYZABCDEFG
8	I	IJKLMNOPQRSTUVWXYZABCDEFGH
9	J	JKLMNOPQRSTUVWXYZABCDEFGHI
10	K	KLMNOPQRSTUVWXYZABCDEFGHIJ
11	L	LMNOPQRSTUVWXYZABCDEFGHIJK
12	M	MNOPQRSTUVWXYZABCDEFGHIJKL
13	N	NOPQRSTUVWXYZABCDEFGHIJKLM
14	O	OPQRSTUVWXYZABCDEFGHIJKLMN
15	P	PQRSTUVWXYZABCDEFGHIJKLMNO
16	Q	QRSTUVWXYZABCDEFGHIJKLMNOP
17	R	RSTUVWXYZABCDEFGHIJKLMNOPQ
18	S	STUVWXYZABCDEFGHIJKLMNOPQR
19	T	TUVWXYZABCDEFGHIJKLMNOPQRS
20	U	UVWXYZABCDEFGHIJKLMNOPQRST
21	V	VWXYZABCDEFGHIJKLMNOPQRSTU
22	W	WXYZABCDEFGHIJKLMNOPQRSTUV
23	X	XYZABCDEFGHIJKLMNOPQRSTUVW
24	Y	YZABCDEFGHIJKLMNOPQRSTUVWX
25	Z	ZABCDEFGHIJKLMNOPQRSTUVWXY

(3) 대수적 방법

이 방법은 평문의 글자를 미리 정해진 숫자로 바꾸고 숫자에 수학적인 처리를 한 다음, 글자를 바꾸는 방법으로, 컴퓨터와 관련되어 가장 많이 사용된다.

연속 방정식에 의한 방법

이 방법은 Lester S. Hill이 고안한 연속 방정식에 기초를 두고 있으며, 알파벳에 임의의 숫자를 붙여서 숫자화한 다음 평문의 글자는 $x_1, x_2, \cdots, x_n$으로 나타내고 암호문의 글자는 $y_1, y_2, \cdots, y_n$으로 나타낸다. $y_1, y_2, \cdots, y_n$은 각각 $x_1, x_2, \cdots, x_n$으로 이루어진 방정식으로 나타낸다. Tetragraphic substitution이라고 알려진 방법은 이러한 방정식을 채택해서 4개의 글자를 한 그룹으로 암호화한다.

방정식은 다음과 같다.

$$y_1 = 8x_1 + 6x_2 + 9x_3 + 5x_4$$

$$y_2 = 6x_1 + 9x_2 + 5x_3 + 10x_4$$

$$y_3 = 5x_1 + 8x_2 + 4x_3 + 9x_4$$

$$y_4 = 10x_1 + 6x_2 + 11x_3 + 4x_4$$

해독하는 방정식은 다음과 같다.

$$x_1 = 23y_1 + 20y_2 + 5y_3 + 1y_4$$
$$x_2 = 2y_1 + 11y_2 + 18y_3 + 1y_4$$
$$x_3 = 2y_1 + 20y_2 + 6y_3 + 25y_4$$
$$x_4 = 25y_1 + 2y_2 + 22y_3 + 25y_4$$

아래는 숫자화한 임의의 알파벳이다.

A	B	C	D	E	F	G	H	I	J	K	L	N	M	O	P	Q	R	S	T	U	V	W	X	Y	Z
4	8	25	2	9	20	16	5	17	3	0	22	13	24	6	21	15	23	19	12	7	11	18	1	14	10

만약, HELP 라는 평문을 암호화한다면,

$x_1 = 5$(H)
$x_2 = 9$(E)
$x_3 = 22$(L)
$x_4 = 21$(P)

암호화 방정식에 넣어서 계산하면,

$$y_1 = 7,\ y_2 = 15,\ y_3 = 10,\ y_4 = 14$$

7, 15, 10, 14는 U, Q, Z, Y이므로 HELP는 UQZY로 암호화된다.

매트릭스에 의한 방법

이 방법은 연속 방정식 방법을 간소화하여 매트릭스로 표현한 것으로, 암호화와 해독에 같은 방정식을 사용하며 상수항이 추가되어서 보안성이 더욱 높아진다.

$$Y_1 = \begin{pmatrix} 3 & 6 & 2 \\ 16 & 23 & 8 \\ 2 & 16 & 13 \end{pmatrix} X_1 + \begin{pmatrix} 2 & 6 & 14 \\ 8 & 24 & 4 \\ 14 & 16 & 20 \end{pmatrix} X_2 + \begin{pmatrix} 18 & 6 & 6 \\ 24 & 20 & 22 \\ 2 & 2 & 16 \end{pmatrix}$$
$$Y_2 = \begin{pmatrix} 18 & 14 & 22 \\ 20 & 4 & 10 \\ 22 & 20 & 24 \end{pmatrix} X_1 + \begin{pmatrix} 15 & 16 & 20 \\ 4 & 13 & 2 \\ 20 & 8 & 11 \end{pmatrix} X_2 + \begin{pmatrix} 2 & 16 & 14 \\ 8 & 12 & 4 \\ 18 & 8 & 20 \end{pmatrix}$$

위의 (2)에서와 같은 알파벳을 사용해서 AIR SEA ATTACK AT DAWN을 매트릭스로 표현하면 다음과 같다.

$$X_1 = \begin{pmatrix} A & I & R \\ S & E & A \\ A & T & T \end{pmatrix} = \begin{pmatrix} 4 & 17 & 23 \\ 19 & 9 & 94 \\ 4 & 12 & 12 \end{pmatrix}$$

$$X_2 = \begin{pmatrix} A & C & K \\ A & T & D \\ A & W & N \end{pmatrix} = \begin{pmatrix} 4 & 25 & 0 \\ 4 & 12 & 2 \\ 4 & 18 & 24 \end{pmatrix}$$

X_1과 X_2를 위의 암호화 방정식에 대입하면 Y_1과 Y_2는 다음과 같다.

$$Y_1 = \begin{pmatrix} 6 & 15 & 3 \\ 25 & 11 & 20 \\ 20 & 16 & 14 \end{pmatrix} = \begin{pmatrix} O & Q & J \\ C & V & F \\ F & G & Y \end{pmatrix}$$

$$Y_1 = \begin{pmatrix} 8 & 1 & 12 \\ 20 & 20 & 24 \\ 10 & 6 & 4 \end{pmatrix} = \begin{pmatrix} B & X & T \\ F & F & N \\ Z & O & A \end{pmatrix}$$

따라서 평문 AIR SEA ATTACK AT DAWN은 OQCVFFGY BXTFFNZOA로 암호화 된다.

연/습/문/제 02장

01 회선구성과 네트워크 유형들에 대해 간략히 설명하시오.

02 데이터 부호화 4종류에 대해 간략히 설명하시오.

03 시간 영역의 개념에 대해 설명하시오.

04 주파수 영역의 개념에 대해 설명하시오.

05 데이터의 전송률과 대역폭 사이에는 어떤 관계가 있는가?

06 아날로그 데이터와 디지털 데이터의 대표적인 예를 들어 보시오.

07 점차 디지털 전송이 확대되는 이유를 설명하시오.

08 전송 도중 발생하는 전송손상의 종류들을 열거해 보시오.

09 채널 용량에 영향을 주는 요소들에는 어떤 것들이 있는가?

10 유도 전송매체 별 특성에 대해 간략히 설명하시오.

11 무선 전송에서 안테나의 역할은 무엇인가?

12 안테나의 이득에 대해 간략히 설명하시오.

13 지상 마이크로파 통신의 용도는 무엇인가?

14 위성 마이크로파 통신의 용도는 무엇인가?

15 방송 라디오파의 특성과 용도는 무엇인가?

16 지상파(ground wave) 전파 통신의 용도는 무엇인가?

17 창공파(sky wave) 통신의 용도는 무엇인가?

18 자유공간 손실의 중요 요인은 무엇인가?

19 다중 경로 손실의 원인은 무엇인가?

20 다중화 방식의 대표적인 3종류를 들고 그 특성을 간략히 설명하시오.

21 WDM의 원리를 간략히 설명하시오.

22 비대칭 가입자 회선들의 종류별 특성과 용도에 대해 간략히 설명하시오.

23 암호화의 기본 원리에 대해 간략히 설명하시오.

24 고전적 암호화에 대해 간략히 설명하시오.

25 위치교환 방법, 대치방법, 대수적 방법들에 대해 간략히 설명하시오.

CHAPTER

통신망 기술

여러 기기들 사이에 통신을 하기 위해서는 통신망 기술이 필요하다.

일반적으로 통신망 기술에는 교환망(switched network)과 방송망(broadcast network)의 두 종류가 있으며, 통신망은 데이터를 전달하는데 사용되는 기술과 구조에 따라 다음과 같이 분류될 수 있다.

- 교환 통신망(switched communication network)
  - 회선 교환망(circuit-switched network)
  - 메시지 교환망(message-switched network)
  - 패킷 교환망(packet-switched network)
- 방송 통신망(broadcast radio network)
  - 패킷 라디오 네트워크(packet radio network)
  - 무선망(Wireless Network)
  - 위성망(satellite network)
  - 지역망(local network)

이 장에서는 위에서 분류한 통신망의 분류에 대해 알아본다.

3.1 통신망(Communication Network)

여러 장치 간에 통신을 할 때 두 장치를 점-대-점(point-to-point)방식으로 직접 연결하는 것은 비현실적이다. 왜냐하면 각 장치마다 연결 장비를 갖춰야 하며 장치들이 여러 개이기 때문이다. 이 경우의 문제점이 그림 3-1에서 보면 알 수 있는데, 이것을 해결하기 위해 토폴로지(topology)를 고려해야 하며 토폴로지는 여러 개의 장치가 통신 링크로 상호 연결된 방식이다. 그림 3-1에서 각 장치는 점-대-점 링크로 연결되어 있는데 이것을 완전 연결(fully connected)이라 한다.

N개의 장치가 있을 때 $N(N-1)/2$개의 링크가 필요하고, 각 장치는 $(N-1)$개의 입출력 포트가 필요하게 되어, 케이블 연결과 I/O 하드웨어 면에서 시스템 비용이 엄청나게 증가한다.

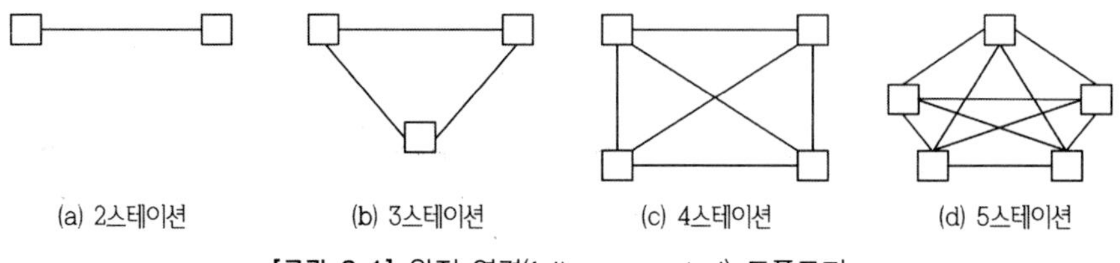

[그림 3-1] 완전 연결(fully-connected) 토폴로지

이 문제들을 해결하기 위해 장치들을 통신망에 연결하는 개념을 그림 3-2에서 보여준다. 스테이션은 통신에 이용되는 장치들의 모임을 의미하며, 컴퓨터, 터미널, 다른 통신 장치 등으로 구성된다. 각 스테이션은 네트워크 노드(node)에 접속된다.

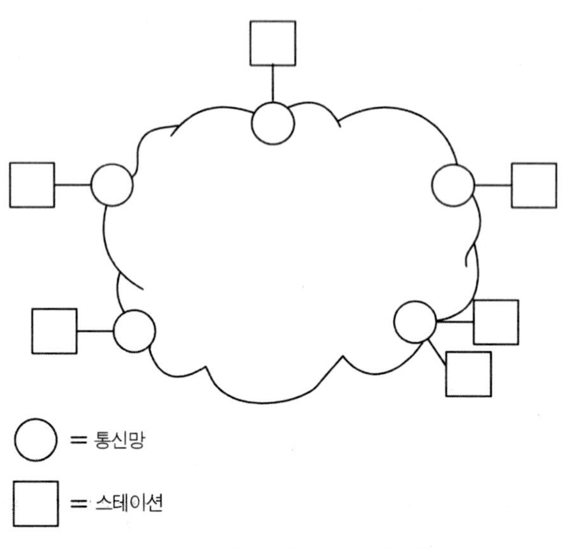

[그림 3-2] 통신망을 이용한 네트워크

통신망은 스테이션 사이에 교환되는 정보의 내용에는 관여하지 않고, 다만 정보 이동만을 목적으로 한다. 통신망을 사용하면 여러 스테이션 사이의 통신설비를 공유하게 되어 스테이션간의 연결에 드는 비용을 감소시킨다.

3.2 교환 통신망(Switched Communication Network)

교환 통신망은 상호 연결된 노드들의 모임으로 구성되며, 정보가 네트워크를 통해 전송된다. 그림 3-3은 일반적인 교환망을 보여주고 있다. 노드들은 전송로로 연결되고, 정보는 노드와 노드를 거쳐 목적지에 도착한다.

교환망을 회선, 메시지, 패킷으로 분류하는 기준은 정보를 송신지에서 수신지로 보낼 때, 한 노드에서 다른 노드로 정보를 교환하는 방법에 의한 것이다.

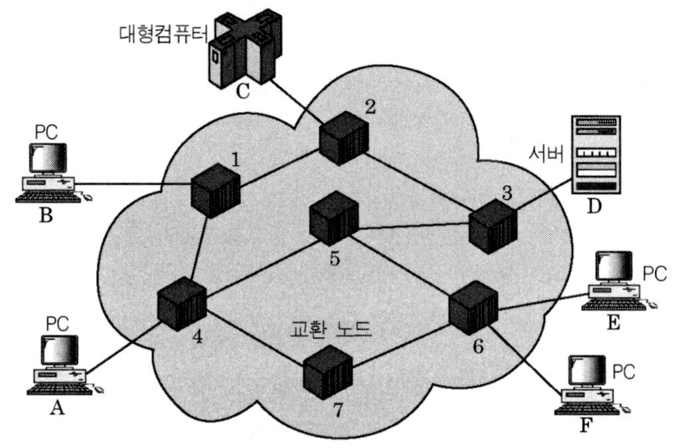

[그림 3-3] 교환망의 예

3.2.1 회선 교환(circuit switching)

회선 교환은 전화나 컴퓨터 같은 장치들 사이에 직접적인 물리적 연결을 만들며 음성, 센서(sensor), 원격 측정 입력(telemetry input)과 같은 연속적인 흐름을 포함하는 데이터를 교환할 경우에 적합한 교환 방식이다. 회선 교환 환경은 송신자와 수신자를 연결하기 위해 교환기에서 경로를 찾아 물리적 연결을 이룬다.

회선 교환의 주요 특성은, 데이터를 보내기 전에 경로 연결이 필요하므로 발신지와 수신지간의 연결 설정에 시간이 많이 걸린다. 그러나 일단 연결되면, 정보를 전송할 때마다 경로 확보를 위한 대기 시간이 없어 오버헤드가 적다.

만약 전송할 정보가 짧고 간헐적이면, 회선 교환에서 경로의 연결에 드는 오버헤드가 패킷 제어 오버헤드보다 훨씬 커지게 되므로 패킷 교환이 더 효율적이다. 회선 교환은 코드, 형식(format), 속도, 프로토콜을 변환하지 않으며, 발신지와 수신지간에 교환되는 데이터의 내용을 변경하거나 차단하지 않는다. 그리고 양측을 연결하는 회선은 두 통신자가 독점하여 사용하며, 이 독점 사용 상태는 통화가 끝날 때까지 계속된다.

(1) 공간분할교환(space division switching)

공간분할교환은 원래 아날로그 환경을 위해 개발되었는데 공간분할 교환기에서는 신호 통로들이 물리적으로 분리되어 있다. 연결 설정을 위해서 교환기를 통해 두 종단(endpoint) 사이의 데이터 전달에만 전용으로 사용되는 물리적 경로를 설정해야 한다. 교환기의 기본 구성요소는 금속 교차점(crosspoint)이나 반도체 게이트로 제어장치에 의해 활성화 또는 비활성화 된다. 그림 3-4 는 10개의 I/O 회선을 가진 간단한 크로스바 행렬로 10개의 입력과 10개의 출력을 갖는다. 각 스테이션은 하나의 입력과 하나의 출력회선을 통해 행렬에 접속된다. 두 회선 사이의 연결은 100개의 교차점 중 적절한 교차점을 활성화시켜 이루어진다.

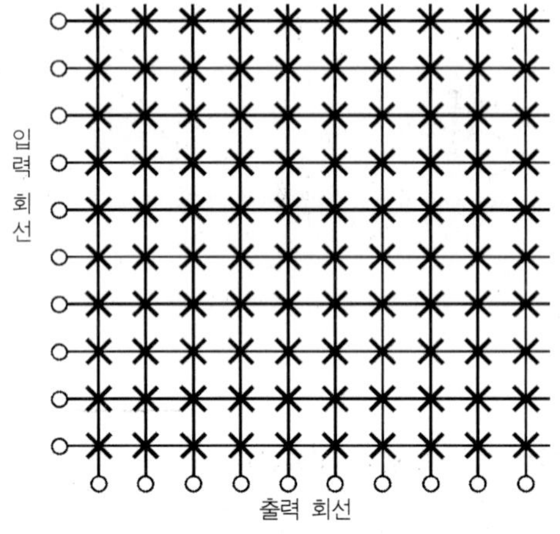

[그림 3-4] 공간분할 교환기

공간분할교환은 교차점 수가 접속되는 스테이션 수의 제곱에 비례하므로 큰 교환기의 경우 경제성이 없으며, 한 교차점에 고장이 생기면 그 점을 지나는 회선을 사용하는 장치들은 연결이 불가능하고 모든 접속장치가 활성화되어도 일부의 교차점만 사용되므로 비효율적이다.

이 문제 해결을 위해 그림 3-5와 같은 다단 교환기를 사용하며, 다단교환기는 1단 교환기에 비해 10개의 스테이션에 대해 교차점의 수가 100개에서 48개로 줄어들며, 두 종단간을 연결할 수 있는 경로가 하나 이상이므로 신뢰도가 높다.

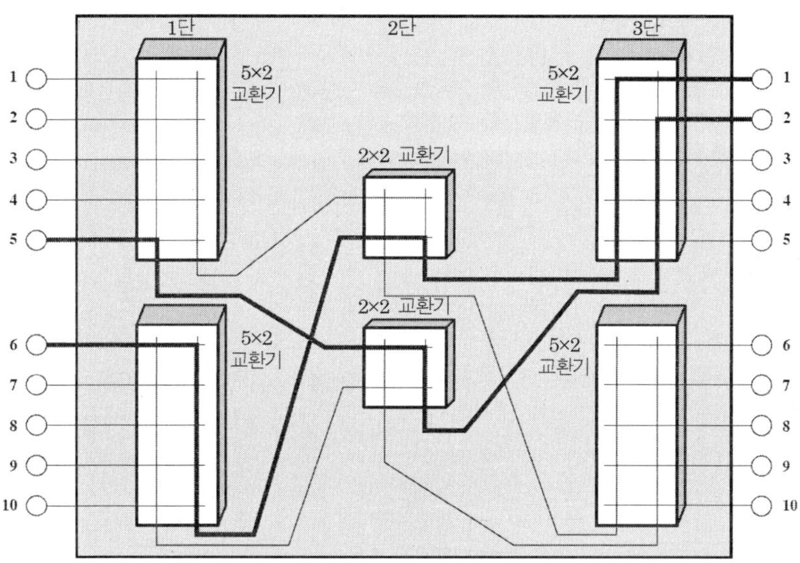

[그림 3-5] 3단 공간분할교환기

다단 교환기에서는 여러 단들을 통해 빈 경로를 결정하고 적당한 게이트를 열고 차단(blocking) 가능성을 고려해야 한다. 그림에서 굵게 표시된 선은 사용 중이므로 입력선 10은 출력선 3, 4 또는 5로의 연결할 수 없다. 다단 교환기는 중간 교환기의 크기나 수를 증가시켜 차단을 피할 수는 있지만 비용이 증가한다.

(2) 시분할교환(time-division switching)

시분할교환은 시분할나중화를 이용하여 수행되는데 자주 사용되는 다중화 기법으로는 시간간격교환(**TSI**; Time Slot Interchange)과 **TDM** 버스가 있다.

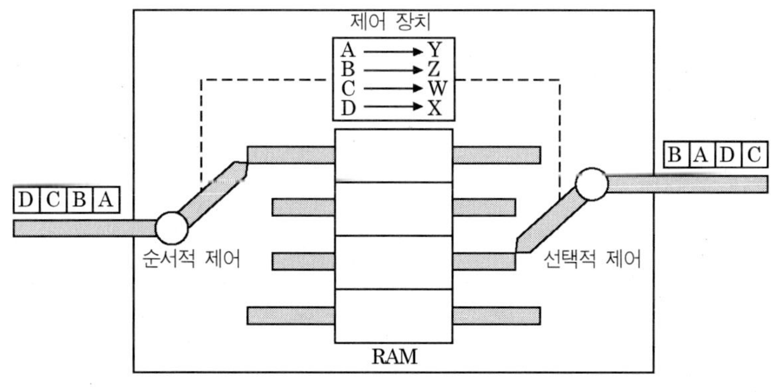

[그림 3-6] TSI

- TSI는 그림 3-6에 동작방법이 나타나 있는 것처럼 여러 개의 저장장소를 가지고 있는 RAM과 제어장치로 구성된다. 각 저장장소의 크기는 하나의 슬롯 크기와 같으며 저장장소의 수는 입력의 수와 같다. RAM은 슬롯으로부터 들어오는 데이터를 순서적으로 채우고 제어장치에 의해 결정된 순서에 따라 출력된다.
- TDM 버스는 그림 3-7처럼 입출력회선은 입출력 게이트를 통해 고속의 버스에 연결되며, 각 입력 게이트는 4개의 슬롯마다 한번 닫히며 같은 시간 슬롯 동안 하나의 출력 게이트만 닫히게 된다. 이와 같이 동작하는 이 게이트 쌍은 버스를 이용하여 하나의 특정 입력회선에서 하나의 특정 출력회선으로 버스트 데이터를 전달할 수 있도록 해준다. 제어장치는 첫 시간 슬롯 동안에는 입력 게이트1과 출력 게이트 3을 닫고 두 번째 시간슬롯 동안에는 입력 게이트 2와 출력 게이트 4를 닫는다.

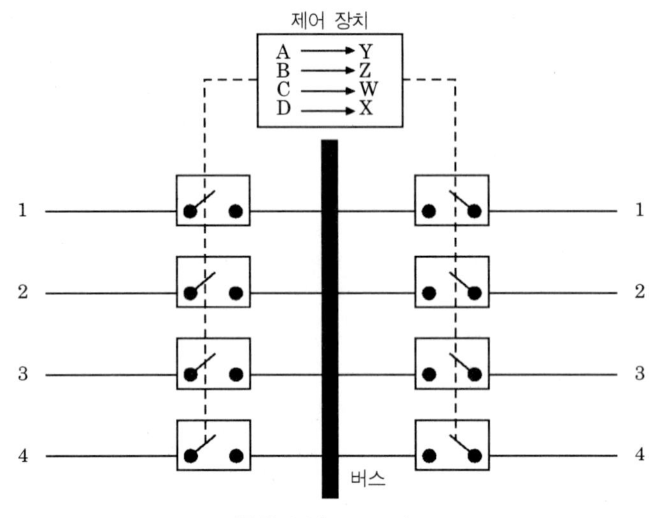

[그림 3-7] TDM 버스

(3) 공간분할교환과 시분할교환의 결합

공간분할과 시분할교환의 장점을 활용하기 위해 이 두 기술을 결합하면 교차점의 수나 지연시간 면에서 교환기를 최적화시킬 수 있다. 이러한 다단교환기는 시간-공간-시간(TST), 시간-공간-공간-시간(TSST), 공간-시간-시간-공간(STTS) 또는 다른 결합 형태로 설계될 수 있다. 그림 3-8은 2개의 시간단과 1개의 공간단으로 구성되고 12개의 입력/출력을 갖는 간단한 TST 교환기를 보여준다.

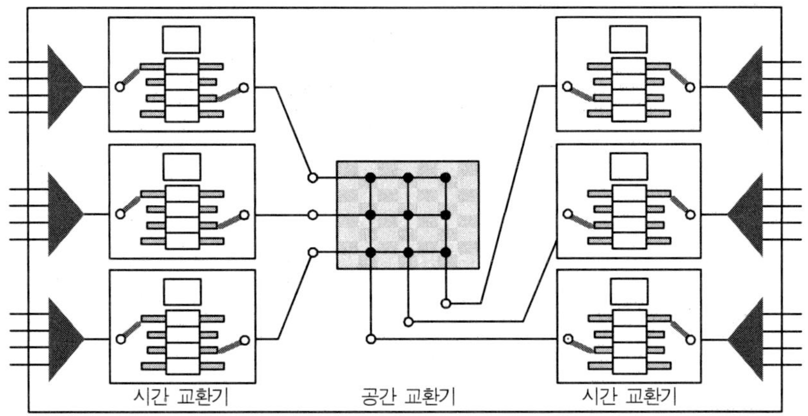

[그림 3-8] TST 교환

(4) 소프트 교환기

최근의 회선교환 기술에서는 소프트 교환기라는 개념을 도입하였는데, 소프트 교환기는 스마트폰 교환기로 변환할 수 있는 기능을 가진 특수한 소프트웨어가 동작하는 범용 컴퓨터를 말한다. 전통적인 회선 교환기보다 비용은 적게 들면서 기존의 회선 교환 기능을 처리할 수 있을 뿐만 아니라 디지털 음성 데이터를 패킷으로 변환할 수 있다. 소프트 교환기는 급격히 증가하는 인터넷 전화를 포함한 여러 가지 전송 선택사항들을 수용할 수 있도록 개방되어 있다.

전화교환에서 가장 복잡한 호 처리(call processing)를 수행하는 소프트웨어는 회선 교환 하드웨어와 연결된 전용 프로세서에서 실행된다. 그러므로 회선 교환 하드웨어와 밀착된 기존의 회선 교환기 소프트웨어와는 다르게 하드웨어와 느슨하게 결합되는 방식으로 기능의 추가, 삭제, 변경 등을 유연하게 수용할 수 있다. 소프트교환기에서 실제 교환기능은 미디어 게이트웨이(Media gateway)가 수행하고, 호 처리 관련 기능들은 미디어 게이트웨이 제어기에서 실행한다.

그림 3-9에서는 기존의 전화망 회선교환기와 소프트교환기의 구조를 비교하며, 소프트 교환기의 경우에는 미디어 게이트웨이와 미디어 게이트웨이 제어기는 별개이므로 이들은 독립적으로 제작할 수 있다. 호환성을 유지하기 위해 이들 사이의 미디어 게이트웨이 제어 프로토콜에 대한 두 가지 인터넷 표준이 제정되었다. 미디어 게이트웨이 제어 프로토콜 구조와 요구사항(RFC 2805)과 게이트웨이 제어 프로토콜 버전 1(RFC 3525)이 그것이며, 소프트교환기의 기능은 ITU-T에서도 시청각 및 멀티미디어 시스템에 관련된 H 시리즈와 ITU-T 권고안에서도 정의하였다.

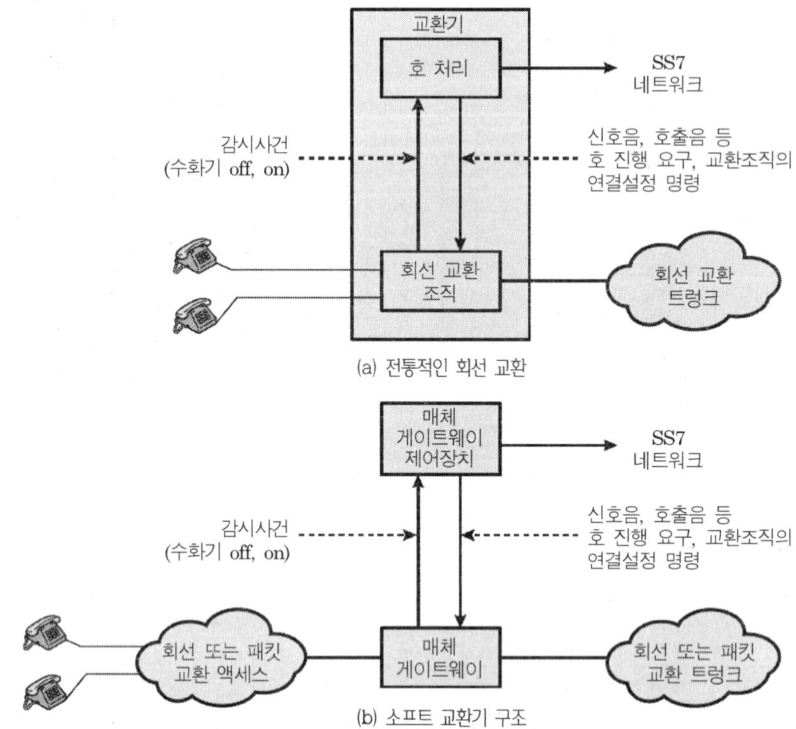

[그림 3-9] 기존 회선교환기와 소프트교환기의 비교

3.2.2 메시지 교환(message-switching)

회선 교환 방식을 데이터 통신에 사용할 경우에 다음과 같은 문제점이 있다.

- 첫째, 데이터 전송 속도의 폭이 넓어서 단말 장치와 컴퓨터 사이의 속도와 컴퓨터와 컴퓨터 사이의 전송 속도의 차이가 크다.
- 둘째, 데이터가 없는 시점에도 회선 교환의 접속 상태를 유지해야 하고 돌발적으로 일어나는 최대 전송량을 감당해야 한다.

메시지 교환은 스테이션이 메시지를 보낼 때, 스테이션 간에 전용선 없이 메시지에 목적지 주소를 첨부하면, 노드에서 노드로 네트워크를 통해 이동되며, 각 노드는 전체 메시지를 모두 수신하여 잠시 저장하고 있다가 다음 노드로 전송한다.

메시지 교환 방식은 각 노드마다 메시지를 받는 시간만큼 지연되고, 다음 노드로 전송되기 위해 기다리기 때문에 실시간 처리에 적합하지 않다. 그러나 메시지 교환 방식은 회선 교환 방식에 비해 다음과 같은 몇 가지 장점이 있다.

- 메시지를 축적한 후 전송이 가능하므로 전송로 이용이 효과적이며, 같은 양의 정보를 전송하는 경우 회선 교환 방식보다 네트워크 구축비용이 적다.
- 착신 측이 다른 단말 장치와 교신중이거나 고장인 경우 교환기가 수신하여 보관하다가 수신자가 수신 가능한 상태일 때 메시지를 보내줄 수 있다.
- 정보 전송량이 갑자기 많아지면, 축적 기능을 이용해 혼잡을 피할 수 있다.
- 작동되지 않는 단말기로 가는 메시지는 교환기가 보관할 수 있다.
- 메시지 교환망은 속도와 코드 변환을 수행할 수 있기 때문에 코드와 속도가 다른 단말 장치사이의 메시지 교환이 가능하다.
- 메시지에 우선순위를 줄 수 있으므로 노드에 대기 상태의 메시지가 많다면, 우선순위가 높은 메시지를 먼저 전송할 수 있다.
- 메시지 번호, 전송날짜, 시간 등을 메시지에 추가해서 전송할 수 있다.

3.2.3 패킷 교환(packet-switcing)

패킷 교환은 메시지 교환과 회선 교환의 단점을 최소화시키고 장점을 살린 방식으로, 메시지 교환과 비슷하지만, 네트워크를 지나는 데이터 단위의 길이가 제한된다. 패킷 교환에서는 메시지 길이가 제한되어 있기 때문에 일정 길이를 초과하는 메시지는 몇 개의 조각으로 분할된 후에 전송된다. 분할된 일정 길이의 조각을 프레임(frame), 블록(block), 또는 패킷(packet)이라 하고, 패킷의 길이는 경우마다 다르고, 일정하게 정해진 길이보다 짧은 패킷으로 전송되는 경우도 있다.

패킷은 보조 기억 장치가 아닌 주기억 장치에 저장이 가능하다. 여러 개의 패킷이 필요한 메시지의 경우, 두 번째 패킷이 완전히 도착하기 전에 첫 번째 패킷을 네트워크로 출력할 수 있기 때문에 지연 시간을 감소시키고 처리율은 높일 수 있다.그러므로 컴퓨터를 사용하는 네트워크에서는 주로 패킷 교환이 사용되며, 빠른 응답시간을 필요로 하는 연속적이고 대량의 데이터 전송을 원하는 경우에는 회선 교환이 사용된다.

패킷 교환이 패킷 스트림(stream)을 처리하는데, 데이터그램(datagram)과 가상회신(virtual) 두 가지 방식이 있다.

3.2.4 교환 기술의 비교

여기서 위에서 소개된 회선 교환, 메시지 교환, 패킷 교환에 대해 간략하게 비교해 보자. 그림 3-10에서 노드 1에서 노드 4까지 네 개의 노드를 경로로 하는 메시지의 전송을 각 교환 방식 별로 보여주고, 세 가지 지연에 대해 다룬다.

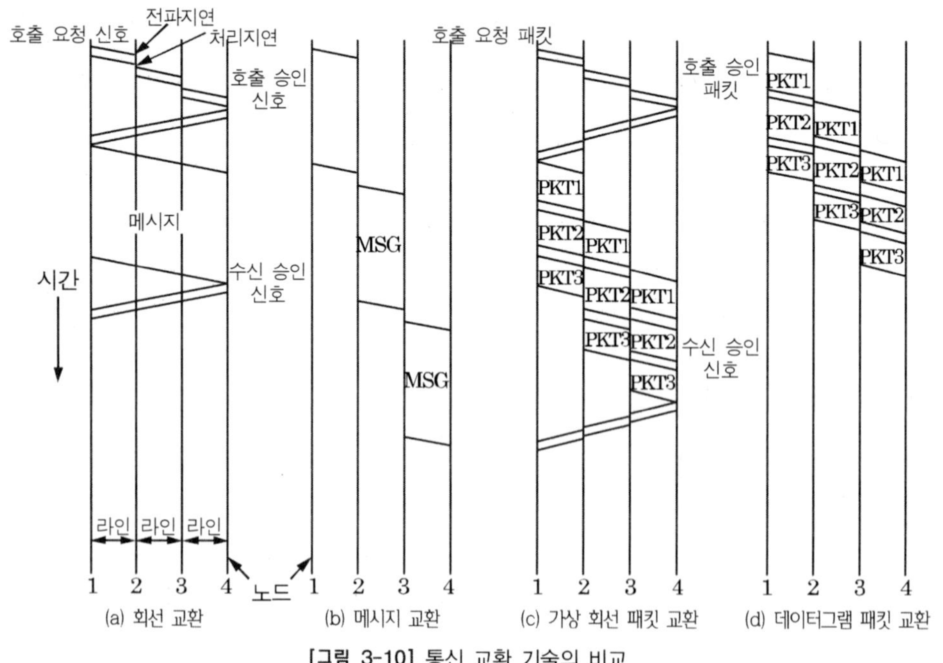

[그림 3-10] 통신 교환 기술의 비교

전파 지연(propagation delay)은 신호가 한 노드에서 다음 노드로 도달하는데 걸리는 시간이고, 전송 시간(transmission time)은 송신 DTE가 한 데이터 블록을 보내는데 걸리는 시간이다. 노드 지연(node delay)은 한 노드가 데이터 교환을 위한 처리를 수행하는데 걸리는 시간이다.

회선 교환에서는 메시지가 전송되기 전에 수신 DTE와 연결하기 위해 호출 요청 신호를 보낸 후, 수신 DTE가 요청을 받을 수 있으면 호출 승인 신호를 보내므로 어느 정도의 경과 시간이 필요하다. 호출 승인 신호가 수신 DTE로부터 올 때는 이미 경로가 연결되어 있기 때문에 처리 지연이 없다. 노드의 연결 구성이 끝나면 메시지는 한 개의 블록으로 전송되고 중간 노드에서 큰 지연은 없다.

메시지 교환은 노드 사이를 미리 연결할 필요가 없지만 각 노드에서는 전송할 정보를 모두 받아야 다른 노드로의 전송을 시작할 수 있으므로 전체 지연은 회선 교환보다 더 길다.

데이터그램 패킷 교환은 각 노드가 경로를 따라 패킷이 도착한 후 즉시 패킷 전송을 하므로 전체 메시지를 기다릴 필요가 없으며 메시지 교환보다 훨씬 빠르다.

가상 회선 패킷 교환은 호출을 요청하여 가상 회선 구성을 요구함으로 각 노드마다 지연이 발생한다. 가상 회선의 경로가 미리 설정되어 있다 해도 호출 승인 신호가 돌아올 때 각 노드에서 지연이 발생한다. 가상 회선이 설정되면, 메시지는 패킷 단위로 전송된다. 가상 회선 패킷 교환은 일정한 데이터를 계속 전송할 경우 노드에서의 지연이 전송에 영향을 미치기 때문에 전송 면에서 회선 교환 방식보다 빠르지 않다.

통신기술의 상대적 성능은 스테이션 수와 노드 수와 배열, 노드의 처리속도, 시스템의 부하(load), 패킷 크기, 두 스테이션 사이의 교환 길이 등에 의해서 결정된다.

표 3-1 통신 교환 기술의 비교

통신교환 기술 / 특성구분	회선 교환	메시지 교환	데이터그램 패킷 교환	가상회선 패킷 교환
전용로 유무 여부	전용로 있음.	전용로 없음.	전용로 없음.	전용로 없음.
대역폭 사용 형식	고정된 대역폭 전송	대역폭 동적 사용	대역폭 동적 사용	대역폭 동적 사용
데이터 전송 형식	데이터 연속 전송	메시지 전송	패킷 전송	패킷 전송
대화식 사용면에서의 속도	대화식 사용이 가능할 정도로 빠름.	대화식 사용으로는 너무 느림	대화식 사용이 가능할 정도로 빠름	대화식 사용이 가능할 정도로 빠름.
메시지 저장 여부	저장 안 됨.	나중에 회복하기 위해 파일로 저장됨.	패킷은 배달될 때까지 저장될 수 있음.	패킷은 배달될 때까지 저장될 수 있음.
전송 경로의 형태	전체 전송을 위해 전송로 설립	각 메시지마다 전송로 설립	각 패킷마다 전송로 설립	전체 전송을 위해 전송로 설립
지연 여부	호출 설정 지연, 무시할 수 있을 정도의 전송 지연	메시지 전송 지연	패킷 전송 지연	호출 설정 지연
과부하의 경우	과부하시 호출 설정이 중단될 수 있음. 따라서 전송 지연 없음.	과부하가 메시지 지연을 증가시킴.	과부하가 패킷 지연을 증가시킴.	과부하시 호출 설정이 중단될 수 있음. 따라서 패킷 지연을 증가시킴.
호출된 지국이 바쁠 때	busy 신호를 냄.	busy 신호 없음.	패킷이 전달되지 않으면 송신자에게 통지됨.	연결 거부 시 송신자에게 통지됨.
교환 노드 종류	전자 기계식 또는 컴퓨터화 된 교환 노드	파일 저장 기능을 가진 메시지 교환 센터	소규모 교환 노드	소규모 교환 노드
메시지 분실에 대한 책임	사용자가 분실에 대해 책임짐.	네트워크가 메시지를 책임짐.	네트워크가 각 패킷에 대해 책임짐.	네트워크가 각 패킷에 대해 책임짐.
속도와 코드 변환 여부	보통 속도 변환, 코드 변환 없음.	속도와 코드 변환 있음.	속도와 코드 변환 있음.	속도와 코드 변환 있음.
오버헤드 비트 유무	호출 설정 후에는 오버헤드 비트 없음.	각 메시지마다 오버헤드 비트 있음.	각 패킷마다 오버헤드 비트 있음.	각 패킷마다 오버헤드 비트 있음.

3.3 방송망(Broadcast Communication Network)

교환 통신망을 대신할 수 있는 가장 좋은 방법은 방송망으로, 패킷 라디오 네트워크, 인공위성 네트워크, 로컬 네트워크 등이 있다.

방송망에는 기본적으로 교환 장치가 없으며, 한 스테이션에서 전송된 데이터는 네트워크의 다른 모든 스테이션에 의해 수신된다. 스테이션들은 통신 매체를 공유하기 때문에 액세스 제어 기술이 필요하다.

패킷 라디오 네트워크와 인공위성 네트워크에서는 안테나를 통해서 정보 전송이 이루어지며 모든 스테이션은 같은 채널과 무선 주파수를 공유한다.

패킷 라디오 네트워크에서 스테이션은 같은 통신 범위에 위치하며, 한 스테이션에서 다른 스테이션으로 직접 전송한다.

인공위성 네트워크에서는 송신 DTE에서 수신 DTE로 직접 전송하는 것이 아니라 인공위성을 통해 중계된다.

로컬 네트워크는 단일 건물이나 몇 개의 건물 등과 같이 제한된 영역에서 통신이 이루어지는 것을 말한다. 모든 스테이션은 공통의 도선이나 케이블로 연결되어, 어떤 스테이션에서 데이터 전송이 있으면 데이터는 양 방향으로 전송되어 다른 모든 스테이션에서 받아 볼 수 있다.

위에서 세 가지로 방송망을 분류하는 주요 요소는 스테이션간의 데이터 전송률과 거리이다.

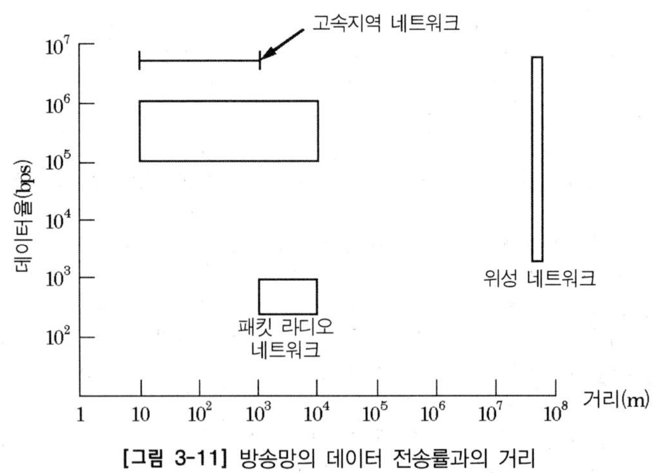

[그림 3-11] 방송망의 데이터 전송률과의 거리

3.4 패킷 교환망

패킷 교환 방식은 축적 후 전달 방식(store-and-forward switching)의 하나로, 송신 DTE에서 보낸 데이터를 교환기가 축적한 다음 네트워크로 고속 전송하여 수신 DTE에 도달하게 하는 방식이다.

네트워크를 통해 전송되는 데이터는 일정한 길이를 가지며, 각 블록의 앞부분에는 목적지 정보와 제어 정보, 순서 번호 등의 전송 정보 헤더를 붙이며, 헤더가 붙은 데이터 블록을 패킷이라고 한다.

패킷 교환망의 주요 기능은 경로 배정(routing), 트래픽 제어(traffic control), 오류 제어(error control)이다.

경로 배정은 발신지와 수신지가 직접 연결되지 않으므로 각 패킷을 네트워크를 통해 노드에서 노드사이로 전달하는 기능이고, 트래픽 제어는 네트워크에 전송되는 전송량을 효율적으로 안정시키며, 오류 제어는 네트워크 내에서 송산 또는 손실되는 패킷에 대한 처리 기능을 말한다.

3.4.1 가상회선과 데이터그램(virtual circuit & datagram)

송신 호스트(host)가 패킷을 네트워크를 통해 수신 호스트로 전달하는 방법에는 크게 가상회선과 데이터그램 두 가지가 있다.

가상회선 방식은 노드 사이에 경로를 설정한 후, 연결 경로를 따라 패킷들을 순서적으로 운반하는 방법이고, 데이터그램 방식은 경로를 설정하지 않고 개개의 패킷들을 순서에 상관없이 독립적으로 운반하는 방식이다.

스테이션과 네트워크 노드 사이의 인터페이스에서 네트워크는 가상회선이나 데이터그램을 제공할 수 있다. 가상회선 인터페이스에서 사용자는 가상회선 설정을 위해 호출요청을 하고, 흐름 제어와 오류 제어를 위해 순서번호를 사용한다.

데이디그램의 주요 장점은 견고성과 유연성으로, 만약 네트워크 내의 어떤 노드나 링크(link)를 사용할 수 없으면 경로를 바꾸어 문제를 해결할 수 있으나, 가상회선인 경우 경로가 설정되었을 때에만 만들어지기 때문에 노드나 링크가 파괴되거나 상실되면 경로를 복구할 방법이 없고 처음부터 경로를 다시 설정해야 한다.

데이터그램은 매 패킷단위로 경로를 설정하기 때문에 네트워크의 혼잡(congestion)이나 교착상태(deadlock)에 보다 신속하게 대처할 수 있다.

가상회선의 장점은 매 패킷당 경비를 최소화시킬 수 있다는 점으로, 경로 설정은 매 패킷이 아닌 송수신 간에 한 번만 발생한다.

이후에 모든 패킷들은 순서 번호를 정하여 설정된 가상회선으로 순서대로 전달하면 되므로 결국 패킷 당 경비는 데이터그램의 경우보다 훨씬 적어진다.

가상회선을 사용한 통신은 우선 가상회선을 설정하고 그 경로에 따라 데이터 패킷을 전송하고 전송이 완료되면 사용된 가상회선을 종료하기 때문에 매 가상회선마다 그 정보를 갖는 복잡한 테이블을 유지해야 하지만 데이터그램을 사용하는 경우 각 패킷들에 수신지 주소만 붙여 보내면 되므로, 각 목적지 방향에 대해 가능한 출력 라인만 알려주는 비교적 간단한 테이블만 유지하면 된다.

호스트와 네트워크 사이의 인터페이스를 '외부'라고 하고 서브네트 내의 전송을 '내부'라고 했을 때, 그림 3-12는 외부 및 내부의 가상회선과 데이터그램을 보여주고 있다.

- 외부 가상회선 : 호스트 간에 논리적인 연결이 설정되고, 패킷들에 가상회선의 번호와 순서가 붙어 순서대로 보내지고 순서대로 도착한다.
- 외부 데이터그램 : 각 패킷들은 독립적으로 취급되어 전송되며, 패킷들은 순서가 어긋나게 도착할 수 있다.
- 내부 가상회선 : 호스트들 간에 패킷의 경로가 정의되고 표시되며, 모든 패킷들은 정해진 경로에 따라 순서대로 도착한다.
- 내부 데이터그램 : 서브네트는 각 패킷들을 독립적으로 다루며, 패킷에는 목적지 주소가 붙으며 목적지에는 패킷들이 순서에 어긋나게 도착할 수도 있다.

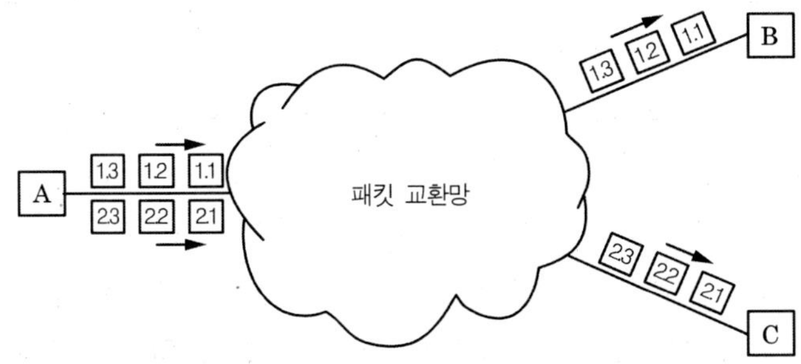

(a) 외부 가상회선 : 호스트 간에 논리적인 연결이 확립된다. 패킷들에 가상회선의 번호와 순서가 붙고 순서대로 보내지고 순서대로 도착한다.

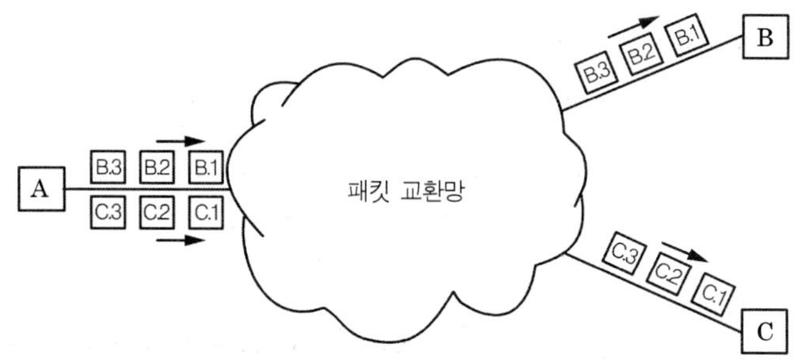

(b) 외부 데이터그램: 각 패킷들은 독립적으로 취급되어 전송된다. 패킷들은 순서가 맞지 않게 도착할 수 있다.

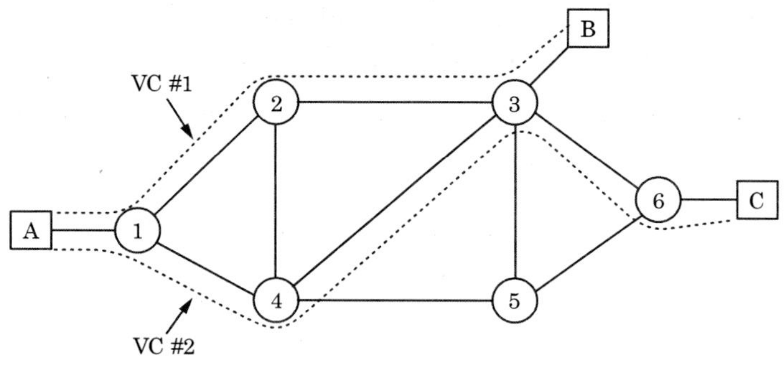

(c) 내부 가상회선: 호스트들 간에 패킷이 경로가 정의되고 표시된다.
모든 패킷들은 정해진 경로에 따라 순서대로 도착한다.

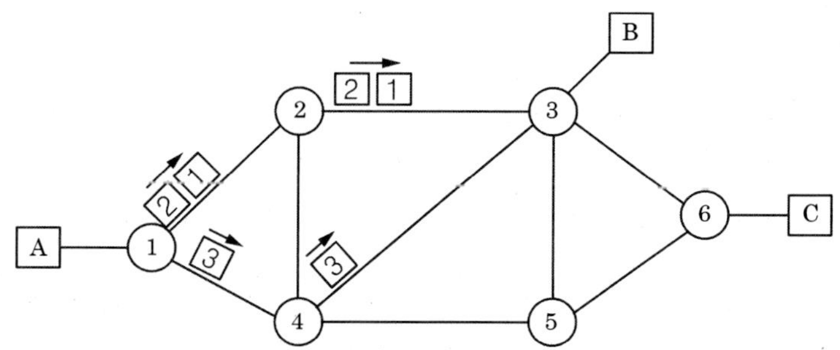

(d) 내부 데이터그램: 서브네트는 각 패킷들을 독립적으로 다룬다.
패킷에는 목적지 주소가 붙으며 목적지에는 패킷들이 순서에 맞지 않게 도착할 수도 있다.

[그림 3-12] 가상회선과 데이터그램 방식의 종류

가상회선의 예로 패킷 교환을 사용하는 공중 전화망을 들 수 있다. 사용자가 전화 다이얼을 돌려서 통화자간에 가상회선을 만들어지고 대화를 하면 데이터 패킷이 전달되고 전화를 끊음으로써 가상회선이 없어진다.

데이터그램의 예로 우편 시스템이 있는데, 편지를 보낼 때 상대방 주소만 써서 보내면 제각기 다른 경로를 통해 보낸 순서에 상관없이 도착할 수 있다.

3.4.2 경로 설정(routing)

경로 설정이란 네트워크 노드 또는 패킷 교환기에 들어오는 패킷을 목적지에 이르는 최적의 경로로 보내는 것으로, 최적의 경로를 구성하는 출력 포트를 결정하는 방법이다. 최적 경로란 최단 경로, 예를 들면 전송 지연 시간이 최소가 되는 경로 혹은 전송 비용이 최소가 되는 경로를 의미한다.

데이터그램을 사용할 경우에는 매 패킷마다 새로운 경로를 설정해야 하지만 가상회선을 사용할 경우 경로는 처음에 결정되고 모든 패킷들이 이미 결정된 경로 설정 방식에 따라 전달된다. 이를 세션 경로 설정(session routing)이라 한다.

경로 설정이 부적절하면 정보가 필요 이상으로 긴 경로를 지나거나, 극단적인 경우에는 두 개의 노드 사이를 왕복하는 핑퐁 현상이나, 세 개 이상의 노드 사이에서 루프 현상을 일으켜 네트워크의 혼잡을 초래한다.

경로 설정 알고리즘에서 고려해야 할 사항은 다음과 같다.

- 정확성(correctness)과 단순성(simplicity)
- 견고성(robustness) : 경로에 문제가 발생했을 경우 다른 적절한 경로를 통하여 패킷들을 전달할 수 있어야 한다.
- 안정성(stability) : 네트워크가 장시간 운용된다고 해도 경로 설정 알고리즘에 변화가 있으면 안 된다.
- 공평성(fairness)과 최적성(optimality) : 상쇄 작용(trade-off)이 존재하는 요소로서 공평성이 좋아지면 최적성은 나빠진다. 가까운 노드로만 경로를 정하면 최적성은 좋아지지만 멀리 있는 노드와는 교류가 없어 공평성이 나빠진다.

경로 설정 알고리즘은 크게 비적응(non-adaptive)와 적응(adaptive)의 두 가지 그룹으로 나눌 수 있다. 비적응 알고리즘은 현재의 트래픽이나 토폴로지에 근거하여 경로를 결정하는 것이 아니라 정해진 대로 무조건 경로를 설정한다. 적응 알고리즘은 현재의 트래픽이나 토폴로지 또는 네트워크에서 일어나고 있는 현상들에 적응해 나가는 경로 설정 알고리즘이다.

경로 설정 알고리즘에는 다음과 같은 방법들이 있다.

(1) 고정 경로 설정(static routing, fixed routing, directory routing)

가장 단순한 경로 배정 방법으로, 네트워크 내의 모든 발신지-수신지 노드의 쌍에 대해서 한 경로씩 선택된다. 모든 노드들은 매 패킷 도착 시 최적의 경로를 표시하는 경로 설정 디렉토리(routing directory) 테이블을 가지고 가능한 경로 중에서 최적의 경로를 최적 원리에 따라 선택한다. 테이블은 처음에 한 번 작성되고 갱신되지 않는다.

고정 경로 배정을 하면 데이터그램과 가상회선의 경로 배정에 차이가 없게 된다. 발신지와 수신지 사이의 모든 패킷들은 동일한 경로를 따를 것이다. 고정 경로 배정의 장점은 단순성이며, 단점은 유연성이 없다는 것이다.

(2) 플러딩(flooding)

발신지 노드가 패킷을 이웃 노드에 보내면, 각 노드는 수신 패킷을 발신 노드로부터의 링크를 제외한 다른 모든 링크로 재전송한다. 즉, 각 노드는 패킷이 들어오면 이를 복사하여 모든 출력라인으로 전송하며 네트워크 내의 모든 노드들이 이 과정을 반복한다. 복사된 패킷들을 통제하지 않으면 패킷들이 노드들 사이를 순환하게 되어 그 수가 무한히 늘어난다. 이것을 막기 위한 가장 간단한 방법은 이미 수신되었던 패킷의 고유번호를 기억하고 있다가 다시 수신될 때 폐기시키는 것이다. 다른 방법은 패킷에 홉 카운트(hop count)를 넣어, 패킷이 각 노드를 통과할 때마다 카운트를 하나씩 감소시켜 카운트가 0이 되면 그 패킷을 버린다.

플러딩은 송신 노드와 수신 노드 사이의 모든 경로에 패킷이 전달되어 링크에러가 생기더라도 최소한 하나의 경로는 존재할 수 있기 때문에 매우 견고한 방식이지만, 네트워크에 트래픽이 크게 증가한다.

(3) 랜덤 경로 설정(random routing)

노드에 들어온 패킷마다 나갈 수 있는 경로를 선택할 때 나가는 링크를 무삭위로 선택한다. 만약 모든 링크들이 경로 설정방식을 같은 확률로 선택한다면 라운드-로빈(round-robin) 방식을 선택할 수도 있다. 랜덤 경로 설정은 플러딩의 단순성과 견고성을 가지나, 패킷을 전송할 때의 지연을 예상할 수 없고 트래픽 부하의 증가 때문에 일반적으로 사용하지 않는다.

(4) 중앙 집중 경로 설정(centralized routing algorithm; adaptive routing)

네크워크 내에 경로 설정 센터(Routing Control Center; RCC)를 두어 주기적으로 각 노드들로부터 현재의 가동 중인 이웃 노드들의 목록, 대기 행렬(queue)의 길이, 각 링크에서 처리된 트래픽 등의 정보를 보고 받는다.

종합된 전체 네트워크의 정보에 의해 각 노드에서 다른 노드로 향하는 최적 경로를 선택하여 새로운 경로 설정 테이블을 만들어 각 노드들에게 배부한다.

(5) 고립 경로 설정(isolated routing; adaptive routing)

고립 경로 설정 방식으로는 다음과 같은 두 가지가 있다.

- 핫 포테이토 알고리즘(hot potato algorithm): 노드로 오는 패킷을 가장 짧은 대기 행렬을 갖는 출력 회선으로 전송한다.
- 후진 파악 알고리즘(backward learning algorithm): 각 노드의 현재 상태를 직접 파악하는 것이 아니라 각 노드를 통해 나온 패킷들에 근거하여 간접적으로 파악하여 경로를 결정하는 방법이다.

(6) 분산 경로 설정 알고리즘(distributes routing algorithm; adaptive routing)

각 노드는 모든 이웃 노드들과 주기적으로 경로 설정에 대한 정보를 주고받는다. 각 노드는 경로설정 테이블을 가지며, 테이블에는 인접 노드 사이의 비용, 거리 등의 정보를 기록하고 이들 정보에 따라 최적 경로를 설정한다.

(7) 계층적 경로 제어 설정(hierarchical routing)

네트워크의 규모가 커지면 경로 설정 테이블이 커지고 그것을 처리하기 위한 메모리의 소요량과 CPU 처리 시간도 증가하며, 경로 설정 정보도 급격히 늘어나서 처리 능력의 한계점에 도달된다. 계층적 경로 설정은 노드들을 지역적으로 분할하여 동일 지역 내의 경로 설정만 분리하여 처리한다.

(8) 브로드캐스트 경로 설정(broadcast routing)

어떤 한 노드에서 네트워크 내의 모든 다른 노드에 동시에 동일한 패킷을 보내는 것을 브로드캐스팅이라고 하며, 두 가지 방식이 있다.

- 다목적지 경로 설정(multidestination routing): 각 패킷은 목적지들의 리스트를 가지고 패킷이 노드에 들어오면 다음 출력 라인들을 검토한 뒤 모든 출력라인의 숫자만큼 복사 패킷을 만들어 전송한다.
- 역 경로 전송(reverse path forwarding): 패킷이 노드에 도착하면 패킷이 그 노드로부터 송신 노드에 이르는 경로 중 최적 경로를 통해 전송되었는지 조사한 후 만약 최적 경로를 통해 들어 왔으면 복사해서 모든 출력라인으로 전송하고, 아니면 중복 가능성이 있는 패킷으로 간주하여 폐기시킨다.

3.4.3 트래픽 제어

트래픽 제어는 네트워크 내의 패킷의 수를 통제하여 네트워크의 병목현상을 방지하고, 네트워크를 효율적으로 이용하는 것을 가능하게 한다. 트래픽 제어 기능에는 일반적으로 다음과 같은 세 종류가 있다.

(1) 흐름 제어(flow control)

흐름제어는 두 지점들 사이에 데이터 흐름을 조절한다. 흐름 제어의 기본적인 목적은 수신측에게 너무 많은 데이터를 보내 시스템이 동작 불능 상태에 빠지지 않도록 송신측을 제어하는 것이다.

(2) 혼잡 제어(congestion control)

혼잡제어는 네트워크에서 패킷의 대기지연(queueing delay)이 너무 커지지 않도록 하는 것으로, 네트워크의 패킷 수를 대기 지연의 한계점 이하로 규제한다. 각 노드마다 전송되어야 패킷들의 대기행렬이 생기고 전송 속도보다 빠르게 패킷들이 입력되면, 대기 행렬이 급격히 늘어나 결국 혼잡 수준에 도달한다.

혼잡이란 너무 많은 패킷들이 서브네트 안에 있을 때를 말하는 것으로 혼잡을 막기 위해서는 패킷 트래픽 제어가 필요하며, 혼잡을 해결하는 방법에는 다음과 같은 것들이 있다.

- 버퍼의 사전 할당(preallocation of buffers) : 가상 회선에서 최초의 회선을 설정할 때 각 경유지의 노드에 필요한 수의 버퍼를 사전에 할당한다.
- 패킷 폐기(packet discarding) : 사전에 수신 버퍼를 미리 예약하지 않은 패킷들을 각 노드가 임의로 폐기 처분할 수 있다.
- Choke 패킷 : 각 노드가 각 출력 라인의 이용률이나 대기 행렬의 길이를 측정하여 한계값 이상이 되면 Choke 패킷을 발신 노드들로 보낸다. Choke 패킷을 수신하는 노드들은 출력하는 패킷들의 수를 줄인다.

(3) 교착 상태 회피(Deadlock Avoidance)

교착 상태는 사용 가능한 버퍼가 없어서 노드들이 패킷을 서로 전송할 수 없는 상태를 말하는데, 과부하가 아니라도 발생할 수 있다. 교착 상태 회피기법은 교착 상태가 발생하지 못하도록 네트워크를 설계하는 데 쓰이며, 패킷 교환망에서 발생할 수 있는 세 종류의 교착상태는 그림 3-13과 같다.

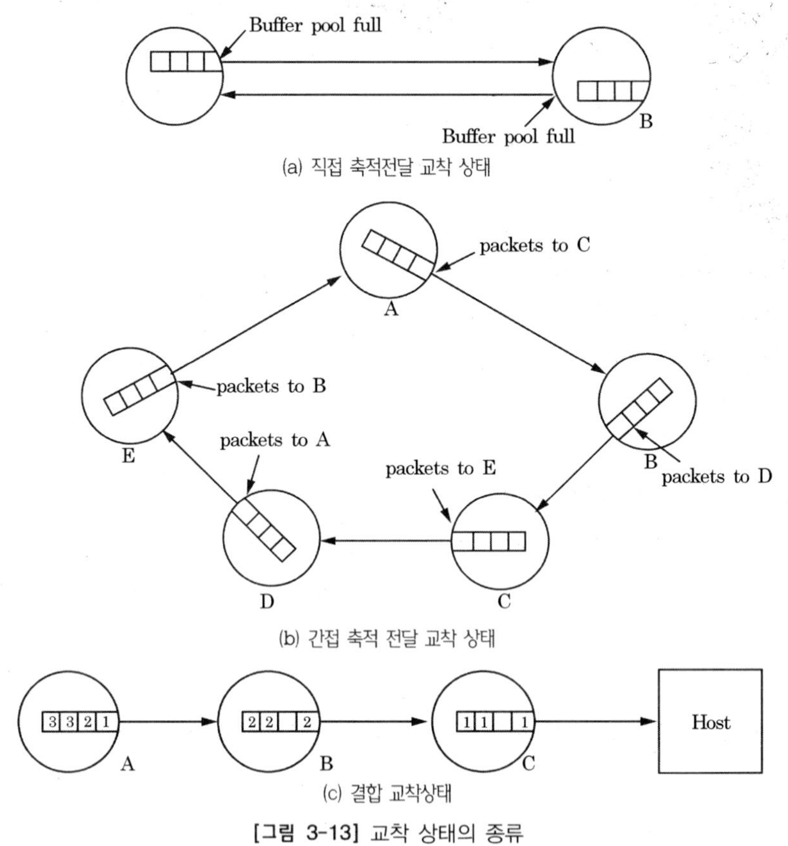

(a) 직접 축적전달 교착 상태

(b) 간접 축적 전달 교착 상태

(c) 결합 교착상태

[그림 3-13] 교착 상태의 종류

직접 축적 후 전달 교착 상태(direct store-and-forward deadlock)

두 개의 노드에 있는 버퍼들이 꽉 차서 서로 패킷을 주고받을 수 없는 경우에 발생한다. 그림 3-13(a)에서 노드 A와 노드 B에서의 버퍼 공간이 꽉 차 있어, 양 노드 모두 패킷을 더 받을 수 없고 어느 노드도 링크를 통해서 패킷을 보내거나 받을 수 없다. 직접 축적 후 전달 교착 상태는 모든 버퍼가 한 링크에 사용되는 것을 방지함으로써 막을 수 있다.

간접 축적 후 전달 교착 상태(indirect store-and-forward deadlock)

보다 더 큰 규모의 네트워크에서 발생하는 교착 상태로 각 노드가 다음 노드로 패킷을 전송하려 하지만 어느 노드도 수신할 수 없는 상황이다. 각 노드는 한 쪽 방향으로 이웃 노드로의 대기 행렬이 패킷들로 가득 차 있다.

재결합 교착 상태(reassembly deadlock)

가상회선에서는 패킷들이 번호에 따라 순서대로 전달되는데 여러 개의 패킷을 보낼 때 그 중 단 하나의 패킷이라도 모든 버퍼가 가득 차 목적지에 수신되지 못하면 재결합할 수 없어 수신 호스트로 넘겨줄 수 없는 교착 상태에 빠진다.

(4) 오류 제어(Error Control)

네트워크에서 패킷은 트래픽 제어에 의해 버려지거나 링크의 불안, 코드의 오류, 목적지 스테이션의 고장 등에 의해 손실될 수 있다. 이 경우 노드 간이나 노드와 스테이션 사이의 데이터 링크 제어에 의해 부분적으로 처리될 수 있지만 이것만으로는 패킷이 네트워크를 통해 잘 전송되는 지를 확신할 수 없다.

오류 제어에 대한 요구 사항은 다음과 같이 요약될 수 있다.

- 링크나 노드에 고장이 발생하면, 네트워크는 고장난 장소가 아닌 주변으로 다음에 전송할 패킷을 보낼 수 있어야 한다.
- 링크나 노드가 고장이 나면, 그곳을 통하는 모든 가상적인 경로는 자동적으로 새롭게 구성되어야 한다.
- 링크나 노드가 고장이 나면, 그것에 영향을 받는 모든 가상회선들이 재구성되고 패킷들은 스테이션이 아닌 네트워크에 의해 회복되어야 한다.
- 데이터그램 네트워크에서 패킷은 손실되지 않는다.

모든 네트워크는 첫 번째 요구사항을 만족하고 가상회선을 가진 대부분의 네트워크는 두 번째를 만족한다. 세 번째를 만족하는 네트워크는 있으나, 현재 네 번째 요구사항을 만족하는 네트워크는 없다.

3.4.4 X.25

패킷교환망에서 접속장비들이 데이터를 전송하려면 패킷으로 만들어야 하므로 네트워크와 접속장비는 간에 협력 작업이 필요하다. 이러한 협력 작업은 호스트 시스템과 패킷교환망 사이의 인터페이스를 말하며 이를 규정하는 X.25는 ITU-T 표준이며, X.25의 기능은 물리층과 링크층, 패킷층으로 나눈다.

물리계층은 접속된 스테이션과 그 스테이션을 패킷교환 노드에 접속시켜주는 링크 사이의 물리적인 인터페이스를 제공한다. X.25는 X.21로 불리는 표준 물리층 규격을 사용한다.

링크층은 일련의 프레임으로 데이터를 전송함으로써 물리적 링크를 통해 신뢰성 있게 데이터를 전송한다. 링크층의 표준은 **LAPB**(Link Access Protocol Balanced)인데 **HDLC**의 부분집합이다.

패킷층은 가상회선 서비스를 제공하는데 이 서비스는 네트워크의 가입자로 하여금 다른 가입자와 가상회선이라 부르는 논리적 연결을 설정하도록 한다. 예를 들어 그림 3-14에서 스테이션 **A**는 **C**와 가상회선으로 연결되어 있다. 스테이션 **B**는 **C**, **D**와 각각 하나의 가상회선으로 연결되며, 스테이션 **E, F**는 각각 **D**와 가상회선을 이루고 있다.

이와 같이 가상회선이란 네트워크를 통한 두 스테이션 간의 논리적 연결을 의미하며, **X.25**는 가상회선 뿐만 아니라 데이터그램 방식의 운용도 가능하다. 외부가상회선에서 중요한 것은 두 스테이션 간에 논리적 채널이 성립하여 이 논리 채널과 관련된 모든 데이터들이 두 스테이션 사이의 단일 데이터 열로 간주된다는 것이다. 예를 들어 그림 3-14에서 스테이션 **D**는 세 개의 다른 스테이션(**B, E, F**)으로부터 오는 데이터 패킷들의 가상회선번호로 이들을 구분할 수 있다.

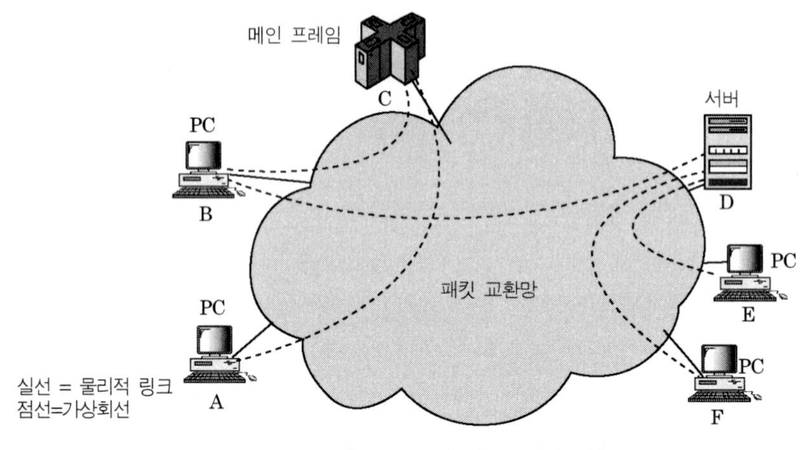

[그림 3-14] 가상회선의 사용

그림 3-15는 **X.25**의 계층 사이의 관계를 나타내는 것으로 사용자 데이터가 **X.25**의 계층 3으로 내려가면 그 데이터에 제어정보를 담은 헤더를 접속하여 패킷을 만드는데, 다음은 패킷 제어정보가 하는 역할이다.

- 이 데이터와 관련된 가상회선번호를 식별한다.
- 가상회선별로 수행되는 흐름제어와 오류제어에 사용될 순서번호를 제공한다.

[그림 3-15] 사용자 데이터와 X.25 프로토콜 제어정보

이 패킷은 **LAPB** 층으로 내려가 패킷의 앞, 뒤로 제어정보가 추가되어 **LAPB** 프로토콜의 동작에 사용된다.

X.25 패킷층의 동작은 **HDLC**의 동작과 유사하며 각 X.25 데이터 패킷은 순서번호를 포함한다. 송신순서번호 **P(S)**는 특정 가상회선으로 나가는 패킷의 순서를 나타내며 수신 순서번호 **P(R)**은 그 가상회선으로 수신된 패킷들에 대한 확인응답을 나타낸다.

3.4.5 프레임 릴레이(Frame Relay)

프레임 릴레이는 **X.25**보다 효율적으로 데이터를 전송하려고 설계되었는데 프레임 릴레이의 표준은 **ATM** 보다 먼저 만들어졌고 시스템 또한 일찍 개발되었다.

(1) 배경

패킷교환에 대한 기존의 방법은 **X.25**를 사용하는 것으로 이것은 사용자-네트워크 인터페이스를 결정할 뿐만 아니라 네트워크의 내부 구조까지 영향을 미친다.

X.25의 주요 특징은 다음과 같다.

- 가상회선을 설정하고 해제하는데 사용되는 호제어 패킷은 데이터 패킷과 동일한 채널, 동일한 가상회선을 통해 전송된다.
- 가상회선의 다중화는 계층 3에서 이루어진다.
- 계층 2와 계층 3 모두 흐름제어 메커니즘을 가지고 있다.

이 방법은 네트워크의 각 노드에서 데이터 링크제어 프로토콜은 데이터 프레임과 확인응답 프레임을 교환하고, 중간 노드에서는 각각의 가상회선에서 호 관리와 흐름제어 및 오류제어를 하기 위한 테이블을 유지해야한다.

현재 대부분의 네트워크가 높은 품질과 신뢰도를 갖는 광섬유 링크와 디지털 전송기술을 사용하므로 **X.25**의 오버헤드는 불필요하며 오히려 고속 데이터전송을 저해한다.

프레임릴레이는 X.25의 오버헤드를 제거하기 위해 설계되었으며, 기존의 X.25 패킷교환 서비스와의 주요 차이점은 다음과 같다.

- 연결을 설정하고 관리하는데 필요한 제어신호는 데이터회선과 분리되어 별도의 논리적 연결로 전송되므로 중간노드는 상태 테이블을 유지할 필요가 없고 각각의 연결에 대해 호 제어와 관련된 메시지를 처리하지 않는다.
- 다중화 및 교환이 계층 3 대신 계층 2에서 수행되므로 계층 3이 필요 없다.
- 홉-홉 흐름제어 및 오류제어가 없고 종단 간의 흐름제어 및 오류제어가 필요할 경우 그것은 상위계층이 책임진다.

즉, 프레임릴레이에서는 발신지에서 목적지로 하나의 사용자 데이터 프레임이 전송되고, 상위계층에서 생성되는 확인응답은 프레임에 실려 전송되므로 홉-홉 간의 데이터 프레임과 확인응답의 교환은 없다.

프레임 릴레이의 장점은 통신과정을 일련화(streamline)할 수 있다는 것으로, 사용자-네트워크 인터페이스에서 요구하는 프로토콜 기능은 네트워크 내부 처리와 마찬가지로 감소되어 그 결과 지연의 감소 및 처리율이 증가 된다. ITU-T 권고 I.233은 프레임 릴레이가 2Mbps까지의 접속 속도에서 사용하도록 제안하고 있으나 더 높은 전송률에서도 프레임 릴레이가 사용될 수 있다.

(2) 프레임 릴레이 프로토콜 구조

그림 3-16은 프레임 방식 전달 서비스를 지원하기 위한 프로토콜 구조를 보여주고 있다. 이 구조에서는 두 가지 독립적인 동작 평면(plane)을 고려해야 하는데 논리적 연결 설정 및 해제와 관련된 제어평면(C)과 가입자 간의 사용자 데이터 전송과 관련된 사용자 평면(U)이다. C 평면 프로토콜은 가입자와 망 사이의 기능을 제공하고, U 평면은 종단 간 기능을 제공한다.

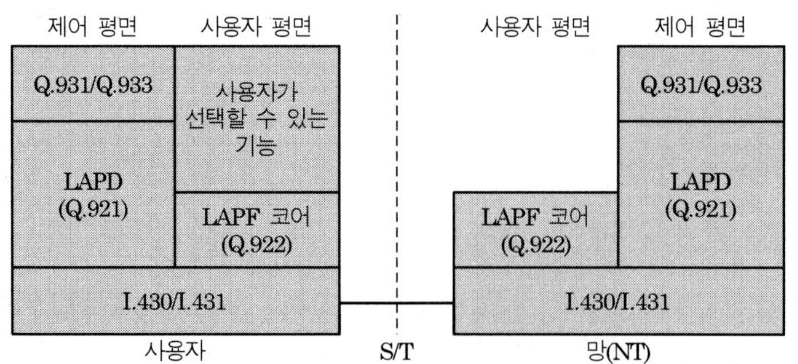

[그림 3-16] 사용자-망 인터페이스 프로토콜 구조

제어 평면 : 각 논리채널은 제어정보를 위해 사용되며, 데이터링크 층에서는 LAPD(Q.921)가 D채널에서 오류제어, 흐름제어를 통해 사용자와 네트워크 간의 신뢰성 있는 데이터 링크제어 서비스를 제공한다.

사용자 평면 : 종단 사용자 간의 실질적인 정보전달을 위한 사용자 평면 프로토콜은 Q.922에서 정의된 LAPF(Link Access Procedure for Frame Mode Bearer Service)이며, 다음과 같은 LAPF의 핵심기능만 프레임 릴레이에서 사용된다.

- 프레임 분리(delimiting), 정렬(alignment), 투명성(transparency)
- 주소 필드를 사용한 프레임 다중화 및 역다중화
- 0비트 삽입 전 또는 0비트 추출 후, 프레임이 정수개의 옥텟인지를 확인 조사
- 프레임이 너무 길거나 너무 짧지 않은지를 확인하기 위한 프레임 조사
- 전송 오류의 검출
- 혼합 제어 기능

사용자 평면에서 LAPF의 핵심 기능은 데이터 링크층의 부계층을 구성하는 것으로, 이것은 흐름제어나 오류제어 없이 가입자 사이에 데이터 링크 프레임을 전송하는 기능을 제공한다. 이를 바탕으로 사용자는 데이터 링크층이나 네트워크층 종단 간 기능을 추가적으로 선택할 수 있으며, 핵심기능을 기반으로 프레임 릴레이는 다음과 같은 연결 지향적인 링크층 서비스를 제공한다.

- 네트워크의 한부분에서 다른 부분으로 프레임을 전송할 때 순서의 보존
- 낮은 프레임 손실 확률

프레임 릴레이는 논리적인 연결을 사용하는데 이 연결을 데이터 링크 연결이라 부른다. X.25와 프레임 릴레이의 또 다른 차이점은 프레임 릴레이의 경우 호 제어를 위해 별도의 데이터 링크를 사용하는 것이다.

프레임 릴레이는 네트워크가 수행할 작업을 많이 줄여, 중간 노드는 오류 검출이나 연결 번호 기반의 경로 배정 등을 하지 않고 프레임을 단순히 폐기한다.

(3) 사용자 데이터 전송

사용자 데이터 전송을 위한 프레임 릴레이의 동작원리는 그림 3-17a에 나와 있는 프레임 형식을 살펴보면 알 수 있다. 이는 LAPF 프로토콜의 최소 기능을 정의한 형식이다. 제어 필드가 없다는 것을 제외하고는 LAPB나 LAPD와 비슷한 프레임 형식을 가지며 이는 다음과 같은 점들을 의미한다.

- 사용자 데이터를 전송하는 하나의 프레임 유형만 있으며 제어 프레임은 없다.
- 논리적 연결은 사용자 데이터만을 전송할 수 있다.
- 순서번호가 없어 흐름제어나 오류제어의 수행이 불가능하다.

만약 사용자가 추가적으로 종단 간에 데이터 링크제어 기능을 선택한다면 데이터 링크 프레임이 이 필드에 실려 전송된다. 일반적으로, LAPF의 핵심 기능 이상을 수행하려면 전체 LAPF 프로토콜을 선택해야 한다. 이 방법으로 실현되는 프로토콜은 종단 사용자 간에만 적용되고 프레임 릴레이 네트워크와는 무관하다.

주소 필드는 기본적으로 2옥텟이지만, 3 또는 4옥텟까지 확장될 수 있는데 그것은 10~23비트로 이루어진 데이터링크 연결식별자(DLCI: Data Link Connection Identifier)를 운반하는데 사용된다. DLCI는 가상회선번호와 같은 기능을 하며, 여러 개의 논리적 프레임 릴레이 연결이 하나의 채널로 다중화될 수 있게 한다.

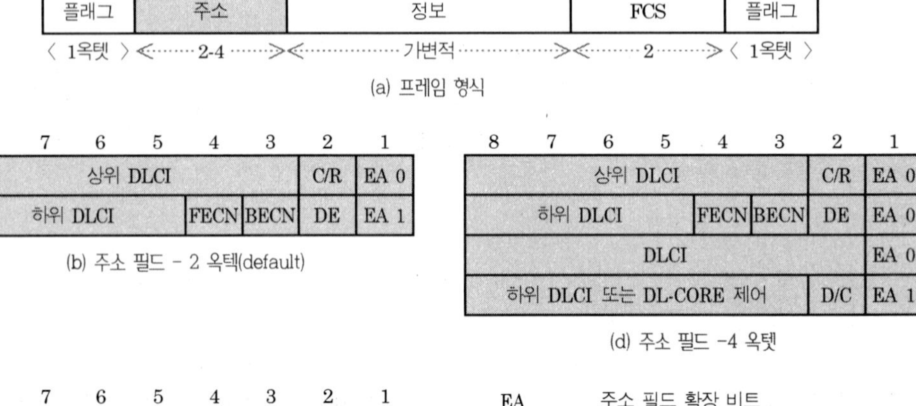

(a) 프레임 형식

(b) 주소 필드 - 2 옥텟(default)

(d) 주소 필드 -4 옥텟

8 7 6 5 4 3			2	1
상위 DLCI			C/R	EA 0
DLCI	FECN	BECN	DE	EA 0
하위 DLCI 또는 DL-CORE 제어			D/C	EA 1

(c) 주소 필드 - 3 옥텟(default)

EA	주소 필드 확장 비트
C/R	명령/응답 비트
FECN	순방향 혼잡 통지
BECN	역방향 혼잡 통지
DLCI	데이터 링크 연결 식별자
D/C	DLCI or DL-CORE 제어 지시자
DE	폐기 가능

[그림 3-17] LAPF 핵심 형식

3.4.6 패킷 라디오 네트워크

(1) 네트워크 구조

집중형 네트워크에서는 두 개의 라디오 채널을 갖고, 노드들이 개별적으로 한 채널로 패킷을 보내면 중앙 노드는 다른 채널로 패킷들을 전송한다.

라디오 전송은 전방향이므로 중앙 노드에서 보내는 패킷들은 다른 노드에서 모두 수신 가능하지만, 현재와 같이 개인용 컴퓨터 끼리 정보가 교환되는 상황에는 적절하지 않다.

그러나 분산형 네트워크는 라디오의 전방향 성질을 충분히 이용하여 모든 전송에 하나의 채널을 쓰고 다른 모든 노드에서 모든 전송을 수신할 수 있다.

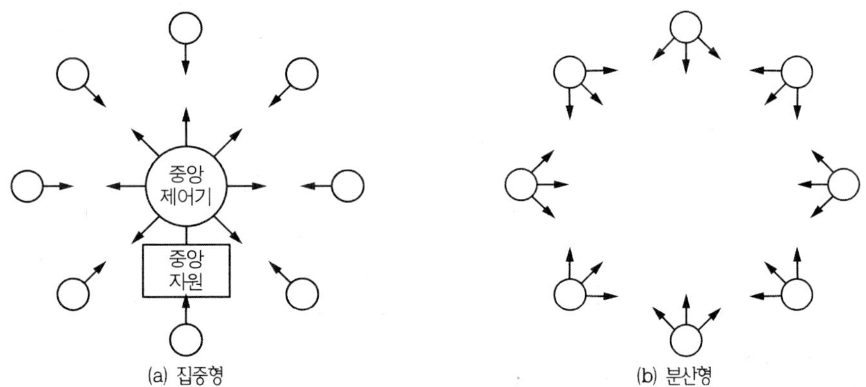

[그림 3-18] 패킷 라디오 네트워크의 구조

라디오 네트워크는 거리 제한을 갖는데, 이것을 극복하기 위해 축적 후 전달 리피터가 쓰인다.

집중형 네트워크에서 리피터는 중앙 노드의 패킷들을 받아 먼 거리의 노드에 재전송하고, 먼 거리의 노드에서 패킷을 받아 중앙 노드로 보내기도 한다.

분산형 네트워크에서 리피터는 두 그룹의 노드들 사이의 스위치 작용을 하여, 한 그룹에서 패킷을 받아 다른 그룹으로 다시 전송한다.

집중형 시스템의 대표적인 예로 ALOHANET가 있고, 분산형 네트워크의 대표적인 예로 MP-NET 있다.

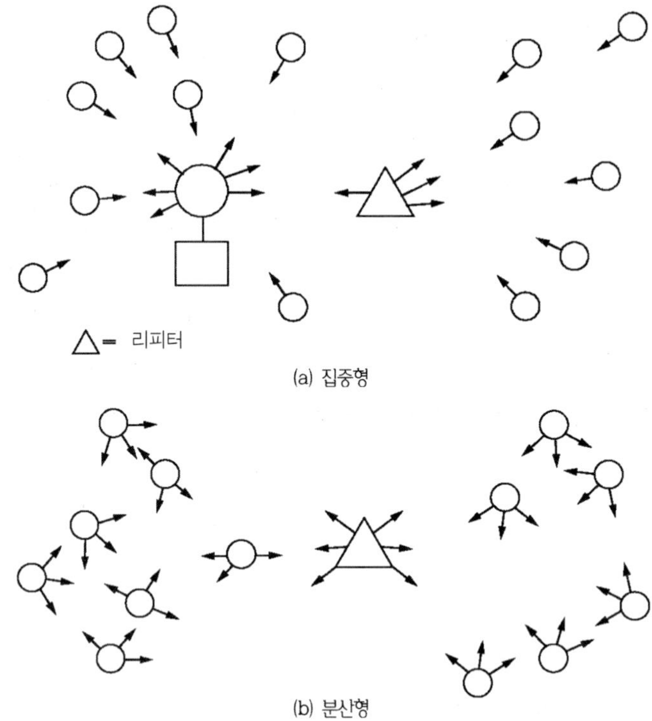

[그림 3-19] 리피터가 있는 패킷 라디오 네트워크

(2) 패킷 라디오 액세스 프로토콜

패킷 라디오 네트워크는 다중 액세스 네트워크이므로 매체 액세스 제어 프로토콜이 필요하다. 패킷 라디오 네트워크에서는 전송 시간을 예측할 수 없기 때문에 스테이션은 아무 때나 전송될 패킷을 만들며, 모든 스테이션이 중앙 통제가 없으므로 경쟁기법이라고 할 수 있으며 다음 세 가지 프로토콜이 있다.

순수 ALOHA 프로토콜(Pure ALOHA Protocol)

초기의 ALOHA 프로토콜은 순수 ALOHA라 부르며, 각 스테이션이 자신이 보낼 데이터 프레임이 있으면 언제든지 보낸다는 개념으로 설계하였다. 그러나 스테이션들이 오직 하나의 무선 채널을 사용하므로 서로 다른 스테이션들에서 전송한 프레임 사이에 충돌이 발생할 수 있다.

그림 3-20에서 보듯이 각 스테이션이 현재 데이터 프레임을 두 개 씩 전송한 상태로 여덟 개의 프레임이 채널에 존재한다. 이들 중 어떤 프레임들은 중첩되어 충돌이 발생한다.

그림에서 보면 중첩되지 않는 것은 스테이션 1이보낸 프레임 1.1과 스테이션 3이 보낸 프레임 3.2뿐이다.

순수 ALOHA 프로토콜은 모든 데이터 프레임에 대해 수신자가 응답하므로, 타임 아웃될 때까지 응답을 받지 못하면 데이터 프레임이나 응답 프레임이 손상된 것으로 판단하여 재전송한다. 프레임들의 충돌은 여러 개의 스테이션들이 관련될 수 있으므로, 타임 아웃 후 바로 재전송한다면 다시 충돌이 발생할 것이다. 그러므로 순수 ALOHA에서는 충돌이 발생한 후 스테이션들은 임의의 시간(back-off time)이 지난 후 재전송하도록 하여 충돌 발생 확률을 낮추려 한다.

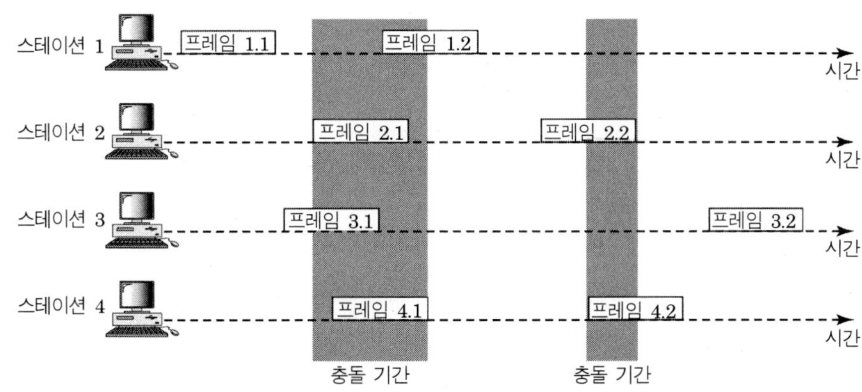

[그림 3-20] 순수 ALOHA의 프레임 충돌

순수 ALOHA에서는 충돌을 완전히 방지할 수 없으므로 충돌의 위험이 있는 취약한 시간을 안다면 도움이 될 것이나. 각 스테이션이 성해진 크기의 프레임을 보내고 그 프레임의 전송에 걸린 시간이 T_{fr}이라 한다면, 스테이션 1이 시간 t에 프레임을 전송하고 스테이션 2가 시간 $t-T_{fr}$과 t 사이의 시간에 프레임을 전송하였다. 이 경우 스테이션 1과 2가 전송한 프레임들이 충돌하게 될 것이다. 그리고 스테이션 3도 시간 t와 $t+T_{fr}$ 사이에 프레임을 전송한다면, 스테이션 1이 보낸 프레임의 뒷부분과 스테이션 3이 전송한 프레임의 앞부분이 충돌한다. 그러므로 순수 ALOHA에서 충돌이 발생하는 취약시간은 프레임 전송시간의 2배인 $2T_{fr}$이다.

하나의 프레임 전송시간 동안 시스템에서 만들어지는 프레임의 평균 개수를 A라 하면, 순수 ALOHA에서 성공적으로 전송되는 프레임의 평균 개수 $N=A\times e^{-2A}$라는 결과가 발표되었다. 그러므로 최대 성공적 프레임의 개수 N_{max}는 $A=1/2$일 때 0.184이므로, 한 프레임 전송시간 동안 전체 시스템에서 1/2개의 프레임이 만들어 진다면 18.4%가 전송에 성공한다.

슬롯 ALOHA(Slotted ALOHA)

순수 ALOHA는 취약시간이 $2T_{fr}$이므로 최대 처리율이 낮아 효율을 개선하기 위해 ALOHA를 보완한 슬롯 ALOHA가 개발되었다. 슬롯 ALOHA는 채널상의 시간을 프레임 전송시간 T_{fr}과 같은 크기의 여러 개의 슬롯으로 나누어 각 스테이션은 매 슬롯의 시작시간에 전송하지만 그림 3-21과 같이 충돌을 피할 수는 없다. 그러므로 스테이션들 간에 동기화하는 기법이 필요하며, 만약 스테이션이 그 시간 슬롯을 놓치면 다음 슬롯이 시작될 때까지 기다려야 한다. 물론 두 개의 스테이션이 동시에 같은 시간 슬롯에 전송을 시도하면 충돌이 일어나지만 취약시간은 순수 ALOHA에 비해 1/2로 줄어든다.

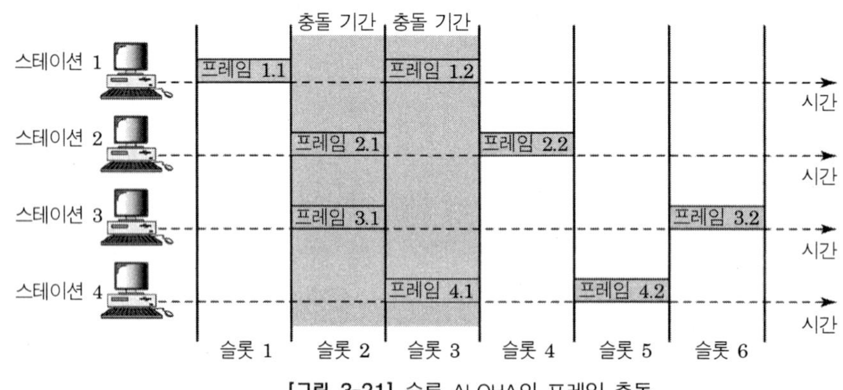

[그림 3-21] 슬롯 ALOHA의 프레임 충돌

순수 ALOHA에서와 마찬가지로 연구결과에 의하면 슬롯 ALOHA의 성공적인 전송 프레임의 평균 개수는 $N=A\times e^{-A}$이므로, 최대 전송 성공 프레임은 0.368이다. 즉, 한 프레임 전송시간 동안 평균적으로 하나의 프레임이 만들어 진다면 36.8%의 프레임이 성공적으로 전달되므로 슬롯 ALOHA 프로토콜의 효율이 좋다.

CSMA(Carrier Sense Multiple Access)

스테이션 간의 거리가 멀어 전파 지연 시간이 패킷 전송 시간보다 크다면, 한 스테이션이 전송한 후에 다른 스테이션이 전송 사실을 알게 되는 시간 동안 다른 스테이션이 패킷을 전송할 수도 있어 전송이 겹치게 된다. 그러나 전파 지연이 패킷 전송보다 아주 작으면 한 스테이션에서 전송할 때 거의 모든 스테이션들이 전송하지 않으므로, 두 스테이션이 거의 동시에 전송을 시작할 때만 충돌이 발생한다.

이 개념을 기본으로 CSMA에서는 전송하려는 스테이션은 전송 매체를 살펴서 만일 다른 스테이션이 사용하지 않으면 전송하고, 사용 중이면 얼마 동안 기다렸다가 다시 전송을 시도한다. 둘 이상의 사용자들이 짧은 시간 내에 전송을 시작할 때만 충돌이 발생한다. 그러므로 CSMA는 충돌의 가능성을 낮출 수는 있으나 없앨 수는 없으며, 그림 3-22에서 충돌이 발생하는 상황을 시간과 공간 측면을 함께 고려하여 보여준다.

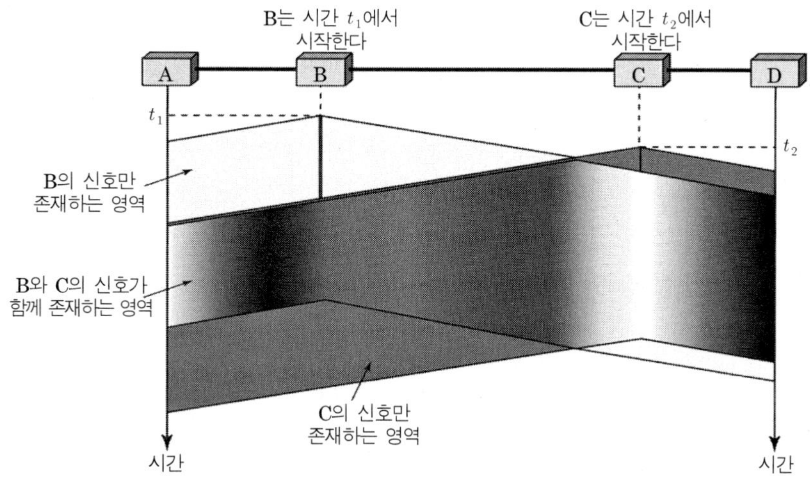

[그림 3-22] CSMA에서의 충돌

스테이션 B가 시간 t_1에서 전파를 감시하여 다른 스테이션이 보내는 프레임이 없다고 판단하여 프레임을 전송한다. 그 다음 스테이션 C는 B가 보낸 프레임이 아직 도착하지 않았으므로, 아무도 전송하지 않았다고 판단하여 시간 t_2에 프레임을 전송한다. 그러면 두 개의 프레임은 충돌하여 모두 손상된다.

CSMA의 취약시간은 프레임이 전파되는 시간 T_p로 이시간은 신호가 매체의 한쪽 끝에서 다른 쪽 끝까지 전파하는네 걸리는 시간이다. 스테이션이 프레임을 전송할 때 다른 스테이션이 이 시간 동안에 전송을 한다면 충돌이 발생한다. 그러나 프레임의 첫 번째 비트에 해당하는 신호가 매체의 다른 쪽 끝에 도달하면, 각 스테이션들은 이미 전파를 감지했으므로 전송하지 않을 것이다.

최악의 경우는 왼쪽의 스테이션 A가 시간 t_1에 프레임을 전송하고 이 프레임이 오른쪽 끝의 스테이션 D에 시간 $t_1 + T_p$에 도달하는데, 만약 D가 시간 $t_1 + T_p$의 바로 전에 프레임을 진송하는 것이다.

3.5 무선 망(Wireless Network)

최근 몇 년 동안 무선 망은 LAN분야의 중요한 시장으로 자리 잡았으며, 호스트의 이동과 재배치, 회선을 설치하기 어려운 환경이나 ad hoc 네트워크 구성 등에 관한 요구사항을 충족시키기 위해 무선의 효용이 높아지고 있다. 무선 LAN에서 가장 널리 사용되는 표준은 IEEE 802.11 Working Group에서 개발한 IEEE 802.11a, 802.11b, 802.11g가 있다.

3.5.1 무선 LAN의 등장 배경

무선 LAN은 무선 전송매체를 사용하며, LAN 장치의 설치에 비용이 많이 들고 유선에 비해 데이터율도 낮고 보안 문제 등의 이유로 최근까지 거의 사용되지 않았다. 그러나 하드웨어 장비들의 가격이 저렴해지고 데이터 전송률도 기술의 발전으로 해결되면서 급격히 사용이 증가하게 되었다.

(1) 무선 LAN의 응용 분야

일반적으로 무선 LAN의 응용분야를 크게 4부분으로 정의하는데, LAN의 확장과 떨어진 건물 사이의 네트워크 연결, 이동 액세스, ad hoc 네트워크로 분류한다.

1980년대 후반 초기 무선 LAN 제품이 발표되었으나 LAN 케이블들 중 특히 범주 3과 5의 비차폐 꼬임선의 신뢰도가 증가하고 새로운 건물에는 범주 5의 케이블이 배선됨으로써 무선 LAN에 대한 필요가 어느 한도 이상 발생하지 않았다.

그러나 공장이나 창고와 같이 넓고 개방된 공간이나 문화재처럼 유선망을 설치할 수 없는 여건에서는 무선 LAN이 효과적이다.

그림 3-23에서는 여러 가지 환경에서 전형적인 무선 LAN의 구성을 보여주며, 이더넷과 같은 백본 유선 LAN이 서버와 워크스테이션 및 다른 네트워크와 연결하기 위해 1개 이상의 브리지나 라우터를 사용한다.

뿐만 아니라 무선 LAN을 접속하기 위한 제어모듈 CM(Control Module)이 있는데, CM은 백본에 무선 LAN을 연결하기 위한 브리지나 라우터 기능을 포함한다. 그리고 유선 LAN으로부터 떨어져 있는 허브나 다른 사용자 모듈도 무선 LAN에 포함할 수 있다.

그림 3-23은 모든 무선 종단 시스템들이 하나의 무선 제어 모듈의 통신 범위 내에 있으므로, 단일 셀 무선 LAN이라 할 수 있다.

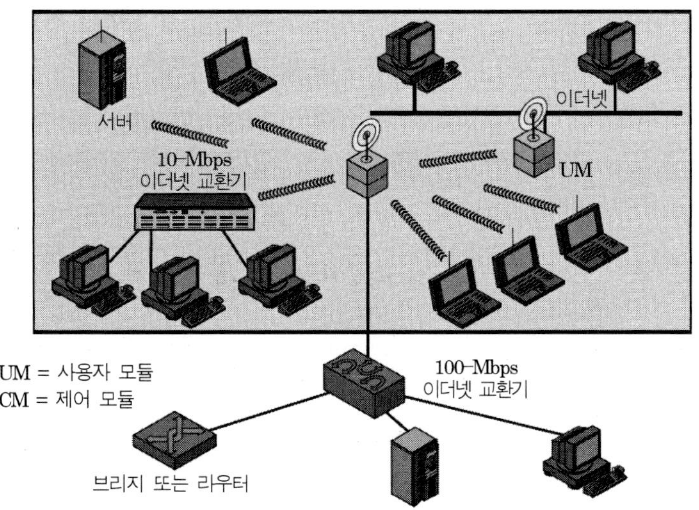

[그림 3-23] 단일 셀 무선 LAN

그러나 그림 3-24에서 보여주는 네트워크 구성은 여러 개의 제어 모듈들이 유선 LAN으로 연결되므로 다중 셀 무선 LAN이다. 각 제어 모듈은 전송 범위 내의 여러 개의 무선 단말기들을 지원하는데, 적외선 LAN의 전송범위는 하나의 방 정도로 제한되므로 무선 LAN이 필요한 각 방마다 하나의 셀이 설치된다.

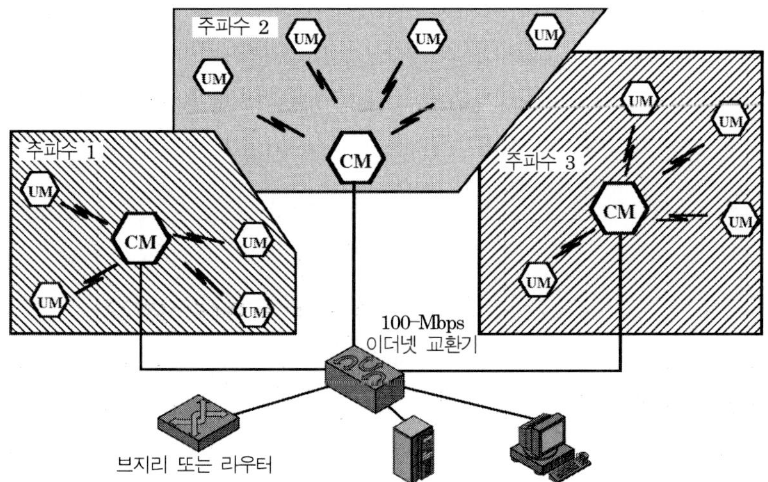

[그림 3-24] 다중 셀 무선 LAN

인접한 건물들에 설치된 LAN을 연결하기 위해 무선 LAN 기술을 사용할 수 있는데, 이 경우에는 두 건물 사이에 점-대-점 무선 링크가 사용된다.

일반적으로 이렇게 연결되는 장치는 브리지나 라우터이며, 점-대-점 연결은 엄밀한 의미로는 LAN으로 볼 수 없지만 무선 LAN의 응용 예의 하나이다.

이동 액세스(nomadic access)는 LAN의 허브와 이동 가능한 단말기 사이에 무선 링크를 제공하는 것으로, 이동 가능한 단말기로는 안테나가 포함된 노트북과 무선 LAN 수신 기능을 갖춘 휴대전화 등이 있다.

이 연결의 예로는 대학 캠퍼스의 학생들이 노트북으로 학교의 컴퓨터 연결하여 자료를 찾는 경우와 큰 회의 장소에서 발표 자료를 무선으로 다운로드하거나 회의 건물의 네트워크를 사용하는 것 등이 있다. 이 경우들은 사용자가 휴대용 컴퓨터를 가지고 이동하면서 여러 곳에서 유선 LAN에 연결된 서버를 액세스할 수 있다.

ad hoc 네트워크는 필요에 따라 일시적으로 만들어지는 P2P(Peer-to-Peer) 네트워크로, 중앙에 서버와 같은 역할을 하는 것이 없다. 좋은 예로는 회의에 참석한 같은 회사 동료들이 노트북을 가지고 회의 동안에 그들끼리만 무선 네트워크를 구성하여 정보를 주고받는 경우가 있다. ad hoc 네트워크에는 인프라가 없으며, 스테이션들은 서로의 통신 범위 내에서 동적으로 네트워크를 구성한다.

(2) 무선 LAN의 요구사항들

무선 LAN도 기존의 LAN과 마찬가지로 높은 용량과 근거리통신의 지원, 접속되는 스테이션들 간의 연결, 브로트캐스트 기능 등을 포함하는 요구사항들을 만족시켜야 한다.

그 밖에도 무선 LAN 환경에서 필요한 다음과 같은 요구사항들이 있다.

- 용량을 극대화시키기 위해 무선매체를 효율적으로 사용해야 한다.
- 여러 셀에 걸쳐서 수백 개의 노드를 지원할 수 있어야 한다.
- 유선 백본 LAN과의 연결이 가능해야 하는데, 인프라를 가진 무선 LAN에서 두 가지 형태의 LAN을 연결시키는 제어 모듈을 사용하면 쉽게 구현된다.
- 무선 LAN은 직경 100~300m 범위를 서비스한다.
- 무선 LAN에서는 네트워크를 사용하지 않을 때는 수면모드(sleep mode)로 동작하여 전지를 절약하는 기능이 있어야 한다.
- 무선 LAN은 잡음이 있는 환경에서도 신뢰성 있는 전송을 보장하고, 도청으로부터 보안 기능을 제공할 수 있어야 한다.
- 무선 LAN이 대중화되면서 두 개 이상의 무선 LAN이 근처에 존재하면 서로 간섭을 일으킬 수 있으므로, 이러한 간섭에 대한 대책이 필요하다.

- 사용자들은 LAN에서 사용하는 주파수 대역에 대해 어떤 허가도 필요 없는 무선 LAN 제품을 사용하려 한다.
- 무선 LAN에서 사용하는 MAC 프로토콜은 이동 단말기가 하나의 셀에서 다른 셀로 이동하면서 통신할 수 있도록 해야 한다.
- MAC 주소지정과 네트워크 관리에서 다른 사용자를 방해하지 않고 단말기를 동적으로 추가하거나 제거 또는 재배치할 수 있어야 한다.

3.5.2 무선 LAN의 기술

무선 LAN은 전송기법에 따라 구분하는데, 앞에서 설명한 세 종류가 있지만 현재 대부분의 무선 LAN들은 다음에 제시한 두 가지 유형 중 하나에 속한다.

- **적외선 LAN** : 적외선은 빛과 같이 불투명한 벽을 통과할 수 없으므로, 적외선 LAN의 개별 셀은 하나의 방으로 제한된다.
- **스프레드 스펙트럼 LAN** : 이 유형의 LAN에서는 스프레드스펙트럼 전송 기법을 사용하며, 대부분 산업이나 과학 및 의료용의 주파수 대역은 사용할 수 없으므로 허가를 받아야 한다.

(1) 적외선 LAN

적외선 대역은 무척 넓어서 높은 전송률을 낼 수 있으며, 규제가 없지만 마이크로파 스펙트럼의 일부 대역은 다른 무선장비들과 겹친다. 적외선의 가시광선 특성인 산란은 천장에서 산란이 발생하여 방 전체를 통신범위로 할 수 있고, 벽과 같은 불투명한 물체를 통과하지 못하므로 다른 방과는 차단되므로 서로 간에 간섭을 없앨 수 있다.

적외선 LAN의 또 다른 장점은 장비가 비교적 저렴하고 간단하며, 강도변조(intensity modulation)를 사용하므로 수신 장치는 광학 신호의 강도만 측정하면 데이터를 수신할 수 있다. 그러나 대부분의 마이크로파 수신 장치는 주파수나 위상을 측정해야 한다.

적외선 매체는 태양 광선이나 조명에서 상당한 양의 적외선이 복사되므로 이것이 적외선 수신기에 잡음으로 작용할 수 있다.

적외선으로 데이터를 전송하려면 다음에 설명하는 세 가지 전송기술을 사용하는데, TV 리모컨처럼 방향에 맞추어 신호를 전송하는 방법, 전방향으로 전송하는 방법, 밝은 색의 천장에 반사시켜 전송하는 방법이 있다.

- 지향성 빔(directed beam)은 점-대-점 링크를 만드는데 사용할 수 있으며, 전송범위는 방출되는 전력과 초점의 정도에 따라 정해진다.

초점을 잘 맞추면 수 km까지 전송할 수 있지만 실내에 LAN을 구축할 때는 필요 없으나 가시거리 내에 있는 브리지나 라우터를 연결하는데 사용할 수 있다.

- 전방향 구성(omnidirectional configuration)은 하나의 기지국을 두어 이것이 모든 다른 스테이션들의 시선을 확보하도록 구성한다. 일반적으로는 천장에 설치하며, 기지국은 다중 포트 또는 중계기처럼 동작하여 데이터를 전송할 때는 모든 수신기가 수신하도록 브로드캐스트한다.
- 확산(diffused) 구성을 사용하는 경우에는 모든 송신기는 밝은 색의 천장에 초점을 맞추어 데이터를 실은 적외선을 방출하며, 천장에서 산란된 신호들은 전방향으로 퍼져 수신기로 전달된다.

(2) 스프레드 스펙트럼(Spread Spectrum) LAN

소규모의 방을 제외하고는 스프레드 스펙트럼 무선 LAN은 그림 3-24처럼 다중 셀을 구성하며, 인접 셀들 사이의 간섭을 줄이기 위해 서로 다른 중심 주파수를 사용한다.

하나의 셀 내에서 연결 형태는 허브를 이용하는 형태 또는 P2P 형태이며, 허브 형태는 그림 3-24 에 나타나 있다. 허브 형태에서 허브는 일반적으로 천장에 설치되고, 백본 유선 LAN과 연결되어 유선 LAN에 접속된 스테이션이나 다른 셀의 스테이션과 연결된다. 그리고 허브는 이더넷 다중 포트 리피터와 유사하게 동작함으로써 매체 액세스를 제어할 수 있는데, 이 경우에는 모든 스테이션들이 허브 쪽으로 데이터를 전송하고 허브에서 데이터를 받는다.

허브의 또 다른 잠재적 기능은 이동 스테이션의 핸드오프를 자동적으로 지원하는 것이며, 많은 스테이션들이 동적으로 가까운 허브에 연결되고 허브의 신호가 약해지면 가장 가까운 인접한 허브로 핸드오프(Handoff) 된다.

P2P 형태는 허브가 없으며, CSMA와 같은 MAC 알고리즘이 액세스 제어를 위해 사용되고 ad hoc LAN에 적합하다.

무선 LAN은 별도의 허가 없이 사용하는 것이 이상적이지만, 다른 분야에서 사용하는 마이크로파 대역과 일부 겹치므로 나라마다 규제가 다르게 적용된다. 미국의 FCC가 허가한 세 가지 주파수 대역은 915MHz 대역과 2.4GHz 대역, 5.8GHz 대역이며, 그 중에서 2.4GHz 대역은 우리나라와 일본, 유럽 등에서도 사용한다. 900MHz 대역은 무선전화기와 무선 마이크, 아마추어 라디오와 같이 다른 통신장치들이 많이 사용하므로 간섭의 영향이 크다. 그러나 2.4GHz 대역을 사용하는 장비는 전자레인지를 제외하고는 없으므로 가장 적합하다. 5.8GHz 대역은 간섭의 영향은 거의 없으나 장비의 가격이 높다.

03장 연/습/문/제

01 공간분할과 시분할 교환의 차이점에 대해 간략히 설명하시오.

02 패킷교환 방식이 장점과 단점에 대해 간략히 설명하시오.

03 가상회선 방식과 데이터그램의 차이점은?

04 트래픽 제어의 3종류 별 개념을 간략히 설명하시오.

05 오류제어의 목적과 개념에 대해 간략히 설명하시오.

06 X.25와 프레임릴레이의 차이점에 대해 간략히 설명하시오.

07 순수 ALOHA와 슬롯 ALOHA 프로토콜의 전송 효율에 차이가 있는 이유는?

08 CSMA가 ALOHA 프로토콜에 비해 개선 점은 무엇인가?

09 적외선 LAN의 장단점을 간략히 설명하시오.

10 스프레드 스펙트럼 LAN에서 전송의 문제에 대해 간략히 설명하시오.

CHAPTER 4 데이터 링크 계층 기능

이제까지는 전송 링크에서의 신호 전송에 대해 살펴보았는데, 효율적으로 디지털 통신을 하려면 데이터의 송수신에 대한 제어와 관리가 필요하다. 4장에서는 전송 도중에 발생하는 오류를 검출하고 정정하는 기능과 이에 관련된 데이터링크의 제어와 관리, 흐름제어, 오류제어 등에 관해 소개한다.

4.1 오류검출과 정정

전송되는 데이터는 외부의 충격이나 전자기 간섭, 신호의 감쇠 등으로 인한 신호의 변형 때문에 변경될 수 있다. 실제로, 전체 데이터가 완벽하게 수신되기보다는 일부분이 전송 중에 변경될 가능성이 더 높으므로 통신 시스템은 이러한 데이터 오류(errors)들을 검출하고 정정할 수 있는 기법을 포함하고 있어야 한다.

4.1.1 오류의 종류

신호가 전송되는 회선 근처에 전자기신호가 발생한다면 이로 인해 열과 전자기장 및 여러 형태의 간섭을 받아 신호가 부호화된 2진 데이터를 전송하고 있다면 이러한 간섭은 데이터의 의미를 바꿀 수도 있다.

단일비트 오류(single-bit-error)는 주어진 데이터 단위인 바이트, 문자, 또는 패킷 중 오직 하나의 비트만이 1에서 0 또는 0에서 1로 변경되는 오류를 의미한다. 그림 4-1은 데이터 단위에서 단일비트 오류가 어떻게 발생했는지를 보여준다.

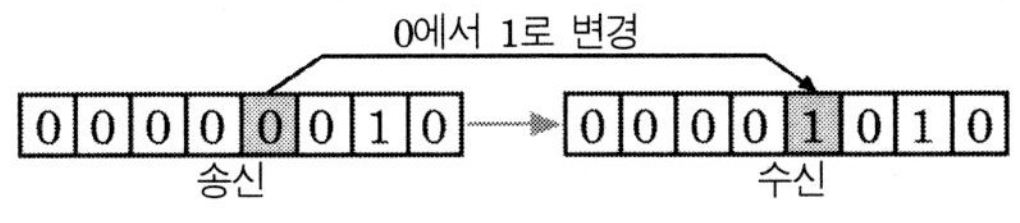

[그림 4-1] 단일비트 오류

병렬전송으로 데이터를 보낸다면 단일비트 오류가 발생할 가능성이 있는데, 한 바이트의 8비트를 동시에 보내기 위해서 8개의 회선을 사용해야 하는데 그 회선들 중 하나가 잡음이 크다면 1바이트를 보낼 때 1비트가 변경될 수 있다.

폭주오류(burst error)

폭주오류는 데이터 단위에서 두 개 이상의 연속적인 비트들이 변경되는 오류이며, 그림 4-2는 폭주오류의 예인데, 이 경우 0100010001000011을 보냈지만 0101101101000011이 수신되었다. 이와 같이 폭주오류는 반드시 연속된 비트들에서 발생하는 것이 아니라 그 사이의 일부 비트는 변경되지 않을 수 있다.

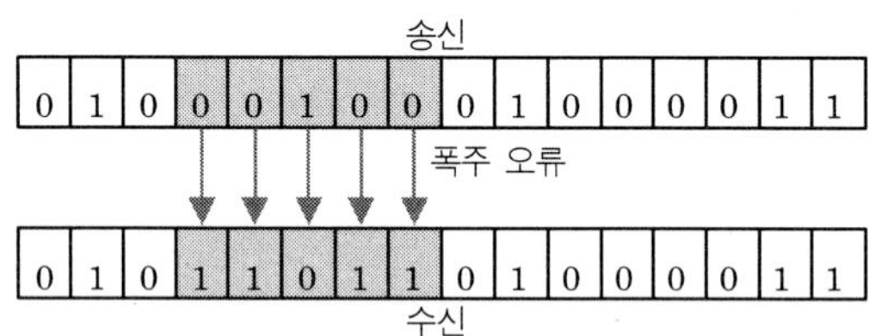

[그림 4-2] 폭주 길이 5인 폭주오류

폭주오류는 직렬전송에서 많이 발생하는데 10Mbps로 데이터를 전송할 때 1μs 동안의 잡음은 100개 비트를 변경시킬 수 있다.

4.1.2 검출

오류가 발생했을 때 만약 비교할 전송 데이터의 복사본이 있다면 검출할 수 있다. 우리는 수신되는 데이터가 전송중의 잡음으로 변경되었는지, 어느 부분에서 오류가 발생했는지를 알아야 한다.

이러한 오류검출 요구를 만족시키려고 데이터 단위를 두 번 보내면 수신 장치는 두 데이터를 비교하여 불일치할 경우는 오류로 판단할 수 있다. 비교할 목적으로 전송 데이터에 그 데이터 복사본을 포함하는 것보다는 짧은 비트 그룹을 각 데이터 단위의 끝에 추가하는 방법도 있다. 추가되는 비트들은 정보에 비해 군더더기이므로 이 기법은 중복(redundancy)이라 부르며, 이 비트들은 데이터 오류 여부를 파악한 후에는 버린다.

그림 4-3은 한 데이터 단위를 검사하기 위해 중복비트를 이용하는 처리과정을 보여준다. 데이터 열이 만들어지면, 그것을 적절히 부호화된 중복검사를 추가하는 장치를 통과시킨다. 그러면 그 데이터 단위는 그림에서와 같이 원래의 데이터에 7개의 비트를 추가한 후 링크를 통해 수신측으로 전송된다. 수신측은 수신된 전체 비트열을 검사함수로

검사하여 기준을 만족하면 그 데이터 단위의 데이터 부분은 받아들이고 중복 비트들은 버린다.

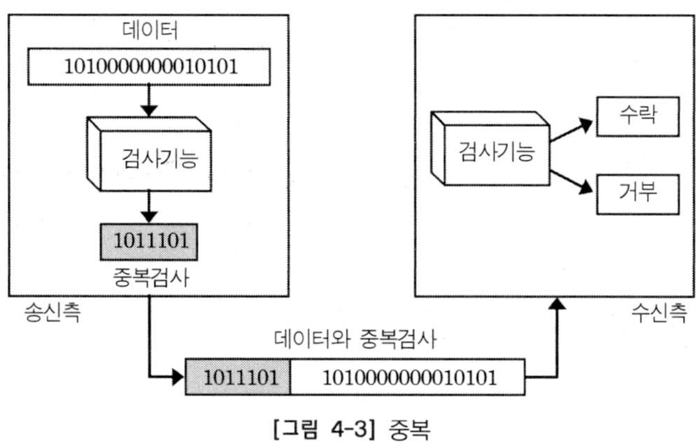

[그림 4-3] 중복

4.1.3 수직중복검사(VRC; vertical redundancy check)

수직중복검사는 보통 패리티 검사라 부르기도 하며, 패리티 비트라 불리는 중복비트는 각 데이터 단위에 덧붙여져서, 패리티 비트를 포함한 데이터 단위 내의 1의 전체 개수가 짝수가 되도록 한다.

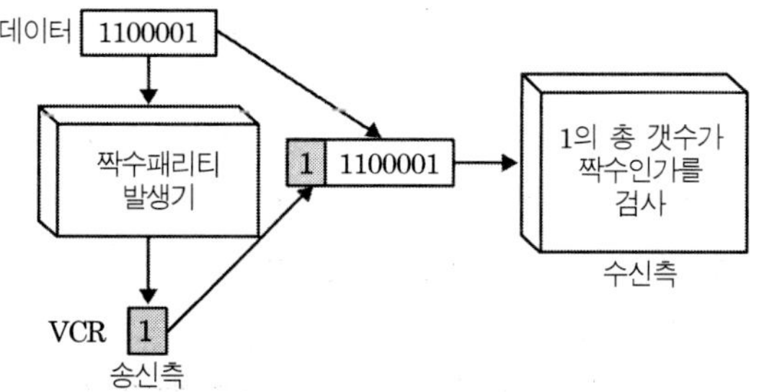

[그림 4-4] 수직 중복 검사

ASCII 코드로 "a"를 2진 데이터 단위 "1100001"로 전송하려면, 이 데이터는 1의 개수가 3인 홀수이다. 전송 전에 이 데이터 단위를 패리티 발생기에 통과시키는데, 이 패리티 발생기는 1의 개수를 세고 패리티 비트 1을 뒤에 덧붙인다. 그러므로 1의 전체 개수가 4개인 짝수가 되며, 패리티를 추가한 확장된 단위를 전송한다.

수신측은 8개의 비트를 짝수 패리티(even parity) 검사함수로 검사하여 수신측이 11100001을 검사하면 1의 개수는 짝수이므로 데이터 단위는 통과된다. 만약 데이터 단위가 전송 중 손상되어 11100001대신 11100101을 검사한다면, 패리티 검사기는 1의 개수가 홀수인 5임을 알게 된다. 수신측은 어딘가에서 데이터에 오류가 발생했다는 것을 알게 되므로 데이터 단위를 받지는 않는다.

수직 중복 검사의 예

송신자가 "Korea"라는 단어를 보내고자 한다. ASCII를 사용하면 다섯 글자는 다음처럼 코드화된다.

```
← 1001011  1101111  1110010  1100101  1100001
     K        o        r        e        a
```

처음 네 글자 1의 개수가 짝수이므로 패리티 비트는 0이다. 그렇지만 마지막 글자 "a"는 1의 개수가 3개(홀수)이므로 전체 1의 개수를 짝수로 하기 위해 패리티 비트는 1이다.

다음은 실제 전송되는 비트를 보여주는데, 패리티 비트에는 밑줄이 붙였다.

← 1001011<u>0</u> 1101111<u>0</u> 1110010<u>0</u> 1100101<u>0</u> 1100001<u>1</u>

VRC는 모든 단일 비트 오류를 알 수 있으며, 변경된 비트의 전체 개수가 (1, 3, 5 등의) 홀수일 때 폭주오류도 검출한다. 패리티 비트를 포함하여 전체 1의 개수가 6: 1000111011인 짝수 패리티 데이터 단위를 생각해보자. 임의의 3비트의 값이 변경되면 결과적으로 1의 개수는 홀수가 되므로 오류는 검출될 것이다.

1111111011:9, 0110111011:7, 1100010011:5 등은 모두 1의 개수가 홀수이다. VRC 검사기는 1의 결과를 출력하고 그 데이터 단위를 거부한다. 이와 같은 논리는 홀수개의 오류에 대해 모두 적용되지만, 1110111011:8, 1100011011:6, 1000011010:4와 같이 데이터 단위 중 2개의 비트가 변경된 각각의 경우에는 데이터 단위 내 1의 개수는 여전히 짝수이다. 그러므로 데이터 단위 중 2개의 비트에 오류가 발생했지만 VRC 검사기는 1의 개수가 짝수이므로 거부하지 않아서, VRC 검사기는 변경된 비트의 개수가 짝수인 경우에는 오류를 검출할 수 없다.

4.1.4 수평중복검사(LRC; longitudinal redundancy check)

수평중복검사에서 비트의 블록은 행과 열의 테이블로 구성된다. 예를 들어, 32비트의 블록을 보내는 대신 그림 4-5에서 보이는 것처럼 4개의 행과 8개의 열로 구성된 표로 만든다. 그리고 각 열에 대해 패리티 비트를 계산하고 전체 블록에 대한 패리티 비트인

8비트의 새로운 행을 만든다. 다섯 번째 행의 첫 번째 패리티 비트는 모든 행의 첫 번째 비트를 기준으로 계산된 것이다. 두 번째 패리티 비트는 모든 행의 두 번째 비트를 기준으로 계산된 것이다. 다른 행도 마찬가지이다. 원래 데이터에서 8개의 패리티 비트를 더하여 수신자에게 보낸다.

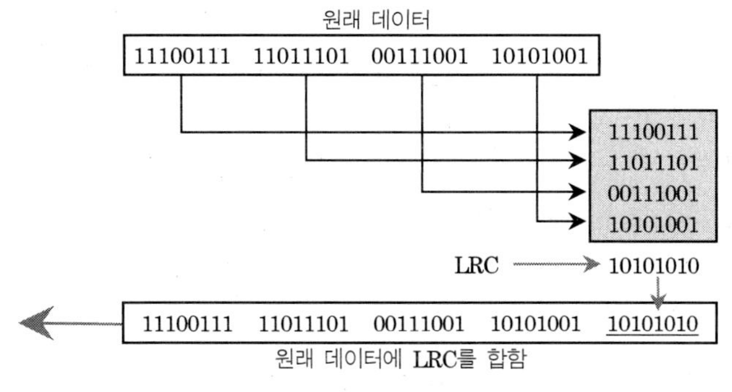

[그림 4-5] 수평 중복 검사

수평 검사의 예

다음의 블록을 보낸다고 가정하자.

← 10101001 00111001 11011101 11100111 10101010 (LRC)

그런데 폭주길이 8의 폭주잡음을 만나 일부 비트가 변경되었다.

← 10100011 10001001 11011101 11100111 10101010 (LRC)

수신자가 LRC를 검사할 때, 일부 비트가 짝수 패리티 규칙을 따르지 않고 전체 블록은 버려지는데, 변경된 비트들은 굵은 글씨로 표시하였다.

← 10100011 10001001 11011101 11100111 10101010

LRC 사용은 폭주오류의 검출가능이 높으며, 위의 예에서 보았듯이 n비트의 LRC는 n비트의 폭주오류를 쉽게 검출할 수 있다. n비트 이상의 폭주오류 또한 매우 높은 확률로 LRC에 의해 검출된다. 하나의 데이터 단위 내에서 2비트가 손상되고 다른 데이터 단위 내에서 정확히 같은 위치의 2비트가 손상되었을 때 LRC 검사기는 오류를 검출할 수 없다. 예를 들어 두 데이터 단위 11110000과 11000011을 고려해보자. 이들의 첫 번째와 마지막 비트가 변했다면 데이터 단위는 **01110001**과 **01000010**으로 되고 오류는 LRC로 검출할 수 없다.

4.1.5 순환중복검사(CRC; cyclic redundancy check)

순환중복검사는 중복검사기법 중 가장 강력하며 VRC나 LRC가 덧셈에 기초하는 것과는 달리 CRC는 2진 나눗셈을 기반으로 한다. 필요한 패리티를 얻기 위해 CRC 또는 CRC 나머지라 부르는 중복비트열이 데이터 단위의 끝에 덧붙여진다. 확장된 데이터 단위는 미리 정해진 2진수에 의해 정확히 나누어떨어지며, 목적지에서는 수신 데이터 단위를 같은 수로 나누어 나머지가 없다면 손상되지 않은 것으로 간주하고, 나머지가 남으면 전송 중에 손상되었다고 판단한다.

CRC에 의해 이용되는 중복비트들은 데이터 단위를 미리 정의된 제수(divisor)로 나눔으로써 얻어지고 나머지는 CRC가 된다. 제대로 만들어진 CRC는 제수보다 정확히 하나 적은 비트를 가져야 하고, 데이터열의 끝에 나머지를 추가하여 얻어진 비트열은 제수에 의해 나누어 떨어져야 한다.

CRC 오류검출의 이론과 응용은 간단하지만 CRC를 얻는 작업은 복잡하며, 그림 4-6은 세 가지 기본단계를 간단히 보여준다.

첫 단계에서, n개의 열이 데이터 단위의 끝에 덧붙여진다. 숫자 n은 $n+1$비트로 된 미리 정의된 제수의 비트수보다 하나 작은 값이다.

두 번째 단계에서, 연장된 데이터 단위를 2진 나눗셈이라 불리는 과정을 이용하여 제수로 나누어진다. 이 나눗셈으로부터 얻어지는 나머지가 CRC가 된다.

세 번째 단계에서, 단계 2에서 얻어진 n비트의 CRC는 데이터 단위의 끝에 덧붙여진 열을 대치한다. 데이터 단위 중 먼저 데이터가 수신측에 도착하고 CRC가 뒤를 따른다. 수신측은 하나의 단위로서 전체 열을 취급하여 이것을 CRC 나머지를 찾기 위해 사용했던 같은 제수로 나눈다.

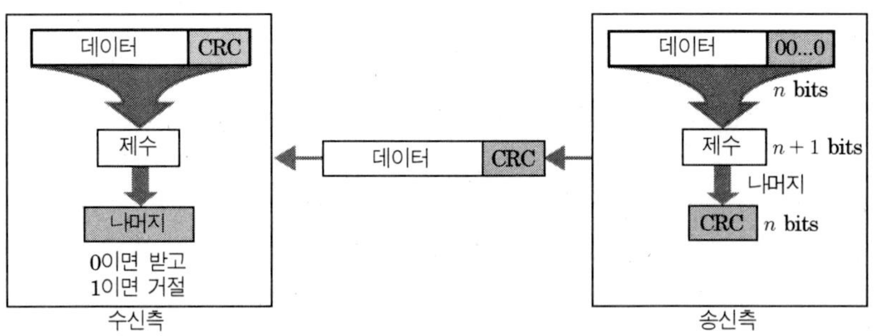

[그림 4-6] CRC 발생기와 검사기

데이터가 오류 없이 도착했다면 CRC 검사기에 나머지가 0이 나타나고, 데이터가 변경되었다면 0이 아닌 나머지가 나오므로 데이터 단위를 오류로 판정한다.

CRC 발생기

CRC 발생기는 모듈로-2(modulo-2) 나눗셈을 이용하며, 그림 4-7은 이 과정을 보여주고 있다. 첫 번째 단계에서는 피제수의 처음 4비트에서 4비트 제수를 뺀다. 제수의 각 비트는 옆의 더 높은 비트에 영향을 주는 바 없이 대응되는 피제수의 비트로부터 빼진다. 예제에서 피제수 1001의 처음 4비트로부터 제수 1101을 빼면 나머지로 100을 얻는데, 나머지 앞쪽의 0은 생략된다. 그다음 나머지의 비트수가 제수의 비트수와 같도록 하기 위해 피제수로부터 사용되지 않은 다음 비트를 내린다. 그러므로 다음 단계는 1000~1101이므로 101을 얻게 되고 이 과정이 계속된다.

이 과정에서 제수는 항상 1로 시작한다. 제수를 길이가 같은 이전의 피제수/나머지부분으로부터 뺀다. 제수는 최상위비트가 1인 피제수/나머지로부터만 뺄 수 있다. 처리과정 중 피제수/나머지의 최상위비트가 0이면 제수와 같은 길이의 0의 열이 제수를 대신한다. 예를 들어, 제수가 4비트라면 4개의 0에 의해 대치된다. 이러한 제한사항은 어느 단계에서든 최상위 뺄셈은 0~0또는 1~1이 되고 그 결과는 0임을 의미한다.

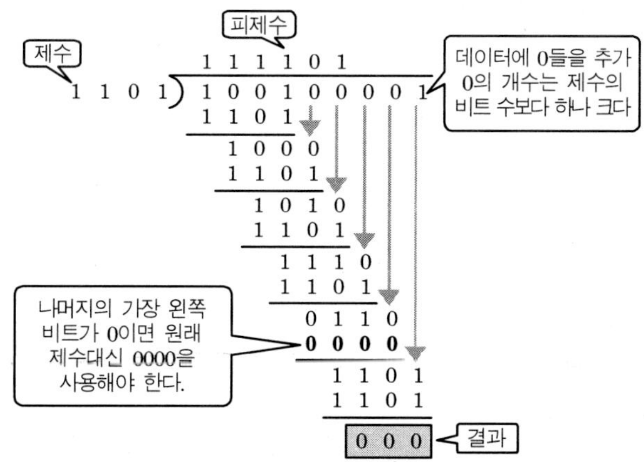

[그림 4-7] CRC 발생기에서의 2진 나눗셈

따라서 뺄셈 후 나머지의 최상위비트는 항상 0이므로 10진수의 나눗셈처럼 생략되고, 피제수의 사용되지 않은 다음 비트가 나머지의 자리를 채우기 위해 내려온다. 두 번째 비트도 0이라면 그것은 유지될 것이며, 다음 단계의 피제수/나머지는 0으로 시작할 것이다. 이 과정은 전체 피제수가 사용될 때까지 반복된다.

CRC 검사기

CRC 검사기 기능은 CRC 발생기와 동일하며, 그림 4-8처럼 CRC가 추가된 데이터를 받은 후, 그것을 모듈로 -2 나눗셈을 한다. 나머지가 0이면 CRC를 제거하고 데이터를 받아들이고 아니면 수신된 비트 스트림을 폐기한다.

다항식

CRC 발생기는 1이나 0의 열이 아니라 그림 4-9에서와 같은 대수다항식으로서 표현된다. 다항식(polynomial) 형태는 짧고 유용하며, 다항식과 이것에 대응하는 2진표현과의 관계는 그림 4-10에 나타나 있다.

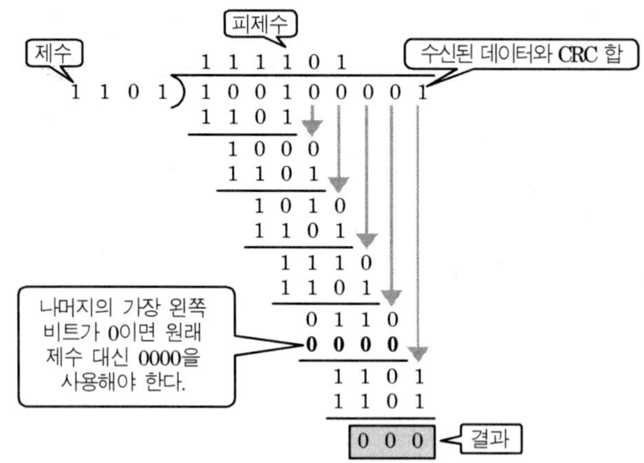

[그림 4-8] CRC 검사기에서의 2진 나눗셈

다항식은 x로 나눌 수 없으나 $(x+1)$로 나누어지는 특징을 갖는 것이 선택된다.

$$x^7+x^5+x^2+x+1$$

[그림 4-9] 제수를 표현하는 다항식

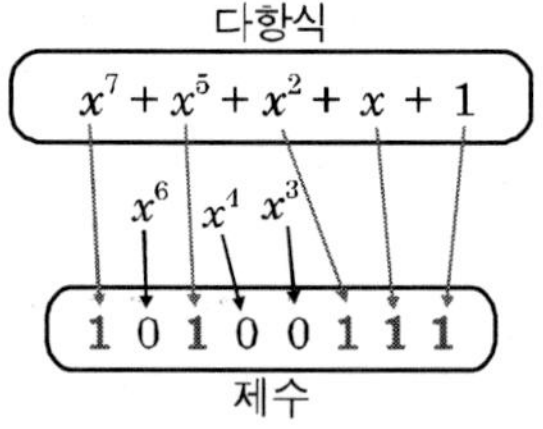

[그림 4-10] 다항식과 대응하는 2진표현과의 관계

첫 번째 조건은 다항식의 차수와 같은 길이의 모든 폭주오류가 검출되는 것을 보장한다. 2번째 조건은 홀수비트에 영향을 주는 모든 폭주오류가 검출되는 것을 보장한다.

표준다항식의 예

그림 4-11은 CRC 생성기를 사용되는 표준다항식을 보여주며, 12, 16, 32는 CRC 나머지의 크기를 나타내며 CRC 제수는 각각 13, 17, 33비트이다.

CRC-12	CRC-16	CRC-ITU-T
$x^{12}+x^{11}+x^3+x+1$	$x^{16}+x^{15}+x^2+1$	$x^{16}+x^{12}+x^5+1$

CRC-32
$x^{32}+x^{26}+x^{23}+x^{22}+x^{16}+x^{12}+x^{11}+x^{10}+x^8+x^7+x^5+x^4+x^2+x+1$

[그림 4-11] 표준다항식

CRC는 매우 효과적인 오류검출방법이며 CRC 제수가 앞에서 설명된 규칙에 따라 선택된다면 다음과 같다

- CRC는 홀수비트에 영향을 주는 모든 폭주오류를 검출할 수 있다.
- CRC는 다항식 차수 이하의 길이를 갖는 모든 폭주오류를 검출할 수 있다.
- CRC는 다항식 차수 이상의 길이를 갖는 매우 높은 확률의 폭주오류를 검출할 수 있다.

4.1.6 검사합(checksum)

상위계층 프로토콜에서 사용되는 오류검출 방법을 검사합이라 하며 VRC, LRC, CRC와 같이 검사합은 중복의 개념을 기반으로 한다.

검사합 발생기

송신측의 검사합 발생기는 데이터 단위를 n개의 비트로 이루어진 세그먼트들로 나눈다. 이 세그먼트들은 전체 길이 또한 n비트가 되도록 1의 보수연산을 이용하여 함께 더한다.

전체 합은 보수화되고 검사합 난이라 불리는 중복비트로 원래 데이터 단위의 끝에 덧붙여 확장된 데이터 단위를 전송한다.

그림 4-12와 그림 4-13에서와 같이 데이터 세그먼트의 합이 T라면 검사합은 −T가 될 것이다.

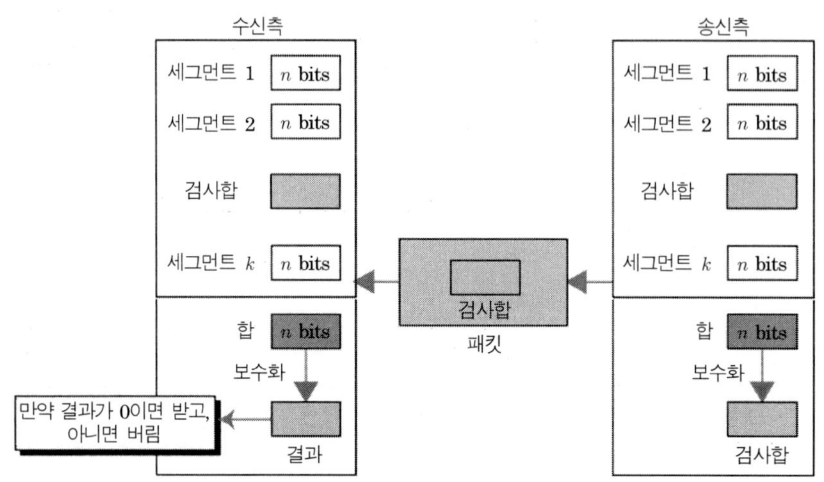

[그림 4-12] 검사합

송신측은 다음과 같이 처리하며

- 데이터 단위는 각각 n비트인 k개의 세그먼트로 분할한다.
- 모든 세그먼트는 합을 만들기 위해 1의 보수를 사용하여 서로 더해진다.
- 합은 보수화되고 검사합으로 된다.
- 검사합은 데이터와 함께 보내진다.

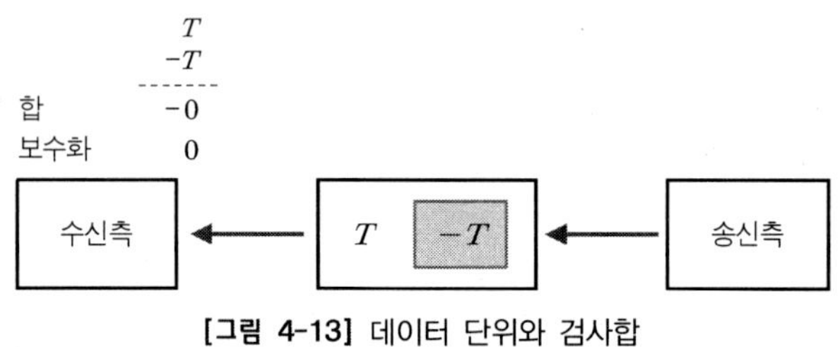

[그림 4-13] 데이터 단위와 검사합

수신측은 수신된 데이터를 다음과 같이 처리한다.

- 데이터 단위는 각각 n비트인 k개의 세그먼트로 분할한다.
- 모든 세그먼트는 합을 만들기 위해 1의 보수를 사용하여 서로 더해진다.
- 합은 보수화된다.
- 결과가 0이면 데이터는 받아들여지고, 그렇지 않으면 거부된다.

검사합 발생기

수신측은 데이터 단위를 나누고 모든 세그먼트들을 더하여 결과를 보수화한다. 확장된 데이터 단위가 손상되지 않았다면 데이터 세그먼트와 검사합 난을 더하여 얻는 전체 값은 0이어야 하는데, 결과가 0이 아니라면 패킷은 손상되었다.

원래 데이터와 검사합의 중복

"10101001 00111001"과 같은 16비트 블록이 8비트의 검사합을 사용하여 보낸다고 생각해보면, 먼저 이 데이터를 8비트의 2세그먼트로 나누어 더한 후 그 값의 1의 보수를 검사합으로 하여

	10101001
	00111001
세그먼트 합	11100010
검사합	00011101

이 비트 형식이 보내진다.

10101001 00111001 00011101 (검사합)

수신자가 위의 예에서 보낸 데이터 비트를 받았고 오류는 없다고 가정하면

10101001 00111001 00011101

수신자가 3개의 세그먼트를 모두 더한 후, 모든 비트들이 1인 결과를 얻을 것이나. 보수화 하면 모두 0이므로 오류가 없고 판단한다.

	10101001
	00111001
	00011101
합	11111111
1의 보수	00000000

이번에는 4비트에 영향을 주는 길이 5의 폭주오류가 있어 다음과 같은 데이터 비트들을 수신했다면

10101111 11111001 00011101

수신자가 3개의 섹션을 모두 더하면, 다음과 같은 결과를 얻는다.

		10101001
		00111001
		00011101
결과	1	11000101
Carry		1
합		11000110
1의 보수		00111001 결과가 0이 아니므로 이 데이터는 오류가 있다.

검사합은 대부분의 짝수개의 비트 오류뿐만 아니라 모든 홀수개의 비트 오류를 검출한다. 그러나 세그먼트의 1개 또는 그 이상의 비트가 손상되고 두 번째 세그먼트에 대응하는 비트들 또한 손상되었다면, 이들 열의 합은 변하지 않을 것이고 수신측은 오류를 검출할 수 없다.

4.1.7 오류정정

오류 정정은 수신측이 오류를 검출했을 때 전체 데이터 단위를 재전송하도록 하는 방법과 수신측이 자동으로 오류를 정정하는 오류정정 코드를 사용하는 방법 등 두 가지가 있다.

이론적으로는 모든 2진 코드의 오류는 자동으로 정정될 수 있으나 오류정정 코드는 오류검출 코드보다는 훨씬 복잡하고 더 많은 중복비트가 필요하다. 그러므로 대부분의 오류정정은 한 비트, 2비트 또는 3비트 오류로 제한된다.

(1) 단일비트 오류정정

단일비트 오류는 데이터 단위에 하나의 패리티 비트를 추가함으로써 검출할 수 있다. 그러나 단일비트 오류를 검출하여 정정하려면 두 가지 상태는 하나의 오류를 검출하기에는 충분하나 정정하기에는 충분하지 않다. 오류는 수신측이 1을 0으로 또는 0을 1로 읽을 때 발생하므로 오류 정정은 변경된 비트의 값을 단순히 반전하면 되지만 어느 비트에서 오류가 발생했는지 그 위치를 찾아야한다.

ASCII 문자의 단일비트 오류를 정정하려면 오류가 없는 경우부터 첫 번째 자리의 오류, 두 번째 자리의 오류, …, 일곱 번째 자리의 오류까지의 8개의 경우를 구별해야하므로 모두 8개의 상태를 나타내기에 충분한 중복비트들이 필요하다.

3비트로는 8개의 다른 상태를 나타낼 수 있지만, 오류가 중복비트 자체에 발생한다면 7비트의 데이터와 3개의 중복비트를 더하면 10비트가 된다. 그러나 3비트는 8가지의 가능성만을 나타내므로 추가되는 비트들은 모든 가능한 오류의 위치를 나타내야 한다.

중복비트

주어진 수 m의 데이터 비트를 정정하기 위해 필요한 중복비트의 수(r)를 계산하려면 m과 r의 관계를 알아야만 한다. 그림 4-14는 m개의 데이터 비트와 정정에 필요한 추가되는 r개의 중복비트를 나타내며. 결과적으로 얻어지는 코드의 길이는 $m+r$이다.

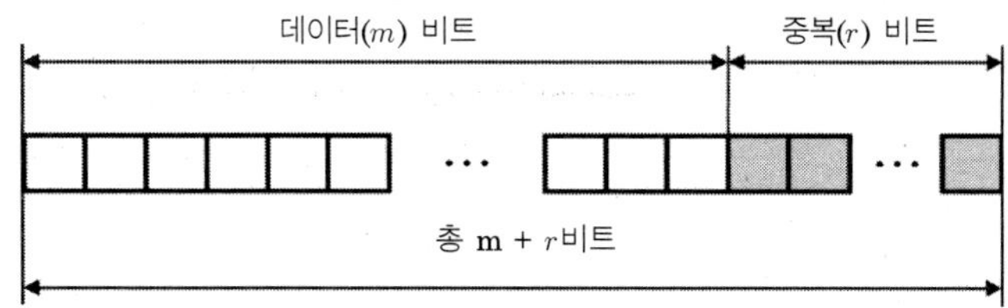

[그림 4-14] 데이터 비트와 중복 비트

전송하는 단위비트의 전체수가 $m+r$이라면 r은 적어도 $m+r+1$ 만큼의 상태를 나타낼 수 있어야 한다. 이들 중 하나의 상태는 오류가 없는 경우이고 $m+r$개의 상태는 $m+r$ 위치 중 각각에 해당하는 오류의 위치를 표시한다.

그러므로 $m+r+1$ 상태는 r개의 비트에 의해 발견될 수 있어야 하고 r비트는 2^r개의 다른 상태를 가리킬 수 있으므로 2^r은 $m+r+1$보다 크거나 같아야만 한다.

$$2^r \geq m+r+1$$

r의 값은 전송되는 데이터 단위의 원래 길이인 m의 값을 넣음으로써 결정될 수 있는데, m의 값이 1바이트 코드로 8비트라면 위 식을 만족시킬 수 있는 가장 작은 r의 값은 4이다.

$$2^4 \geq 8+4+1$$

표 4.1은 몇 가지 가능한 m의 값과 대응되는 중복 비트 r의 값을 보여준다.

표 4-1 데이터와 중복비트 간의 관계

데이터 비트의 수 (m)	중복 비트의 수 (r)	총 비트 수(m+r)
1	2	3
2	3	5
3	3	6
4	3	7
5	4	9
6	4	10
7	4	11

(2) 해밍 코드(Hamming code)

어떤 오류상태가 발생했는지 알려면 추가 비트들을 어떻게 만들어야 하는가는 어려운 문제이지만 R. W. 해밍이 개발한 기법으로 해결할 수 있다.

해밍코드는 어떤 길이의 데이터 단위에도 적용될 수 있으며, 데이터와 중복비트의 관계를 이용한다. 7비트 ASCII 코드는 데이터 단위의 끝과 원래의 데이터 비트들 사이에 배치되는 네 개의 중복비트들이 필요하다.

해밍코드를 비롯한 오류정정 코드들에 대한 세부적인 부분들은 좀 더 높은 수준에서 다루어야 할 내용이므로 이 책에서는 생략한다.

연/습/문/제 4.1

EXERCISE

01 폭주오류와 단일비트 오류의 차이점은?

02 중복에 의한 오류검사 방법 4가지를 제시하고 설명하시오.

03 홀수 패리티와 짝수 패리티는 무엇이 다른가?

04 VRC와 LRC의 차이점은 무엇인가?

05 CRC의 생성 방법은 무엇이며 데이터와 함께 전송되는 것은 무엇인가?

06 CRC가 LRC보다 나은 점은 무엇인가?

07 상위 계층에서 사용하는 오류검출 방법에는 어떤 종류들이 있는가?

08 검사합으로 검출하는 오류의 종류는 무엇인가?

09 오류정정을 위해서 필요한 비트수가 오류검출의 경우보다 많은 이유는?

4.2 데이터링크 제어(data link control)

단순히 신호를 회선으로 보내는 것만으로는 이 회선에 연결된 여러 장치 중 어느 장치가 신호를 받을지 제어할 방법이 없다. 그리고 신호를 받아야 할 수신측이 받을 준비가 되어 있는지도 알 수 없고, 회선상의 다른 장치가 동시에 전송하려는 것도 막을 수 없어 신호는 손상되고 말 것이다. 그러므로 효율적인 디지털 데이터통신을 위해서는 통신 대상들의 데이터 교환에 관련된 조정과 관리가 필요하다. 이 절에서는 데이터 통신 링크를 통한 데이터 전달에 초점을 맞추어 데이터 링크 계층 기능들을 살펴본다.

반이중 전송의 조정은 OSI 모델의 두 번째 계층인 데이터 링크층에 포함되는 기능인 회선규범이라 불리는 절차의 일부이다. 회선규범과 더불어 데이터 링크층에서 가장 중요한 기능은 흐름제어와 오류제어이며 이 기능들을 모두 포함하여 데이터 링크 제어라고 한다.

4.2.1 회선 규범(line discipline)

데이터 링크층의 회선규범 기능은 두 장치 간에 통신을 시작하기 전에 링크를 설정해주고 언제 어떤 장치가 전송해야 하는지를 조정한다.

회선규범은 조회/확인응답(enquiry/acknowledgement)과 폴/선택(poll/select)으로 수행하는데, 첫 번째 방법은 대등-대-대등(peer-to-peer) 통신에서 사용되고 두 번째 방법은 주-종(primary-secondary) 간 통신에서 적용된다.

(1) 조회와 확인응답(ENQ/ACK)

조회와 확인응답은 두 장치가 전용회선으로 연결되어 일대일로 통신하는 경우에 사용되므로, 부적절한 수신측이 전송 데이터를 받는 일이 발생하지 않는다.

ENQ/ACK는 어떤 장치가 전송을 시작하기 전에 수신측이 수신 가능한 상태인지를 조정한다. 반이중 전송과 전이중 전송에서 초기화를 시작하는 장치는 세션을 설정하며, 반이중 전송에서 상대 장치가 기다리는 동안 자신의 데이터를 보낸다. 전이중 전송에서는 일단 세션이 설정되면 두 장치가 동시에 전송할 수 있다.

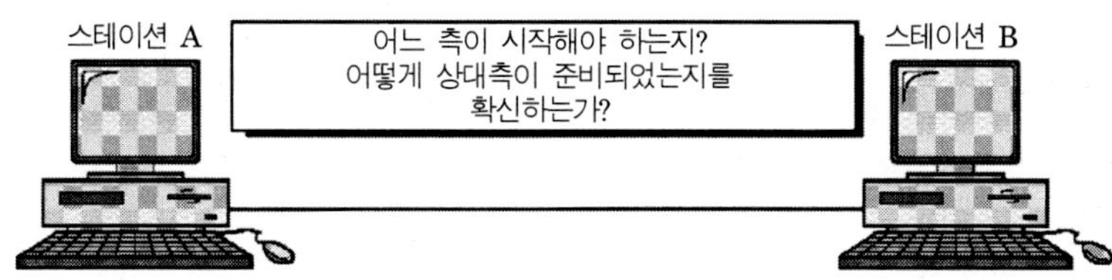

[그림 4-15] ENQ/ACK

통신을 처음 시작하는 장치는 수신측이 데이터를 받을 수 있는지를 묻는 조회(ENQ) 프레임을 보낸다. 수신측이 받을 준비가 되었다면 확인응답(ACK) 프레임으로 응답하고, 준비되지 않았다면 부정응답(NAK) 프레임으로 응답해야 한다.

특정 시간 내에 ACK나 NAK 중 어느 것도 받지 못했다면, 통신을 시작한 장치는 ENQ 프레임이 전송 중에 유실되었다고 가정하고 포기하기 전에 링크 설정 시도를 세 번 한다. 세 번의 ENQ에 대한 응답이 부정이면 초기화를 시작한 장치는 연결을 끊고 잠시 후 다시 이 과정을 시작한다. 그림 4-16처럼 응답이 긍정이면 시작한 장치가 데이터를 보낼 수 있다. 모든 데이터를 전송하면 송신시스템은 전송종료(EOT; end of transmission) 프레임을 보내 전송을 마친다.

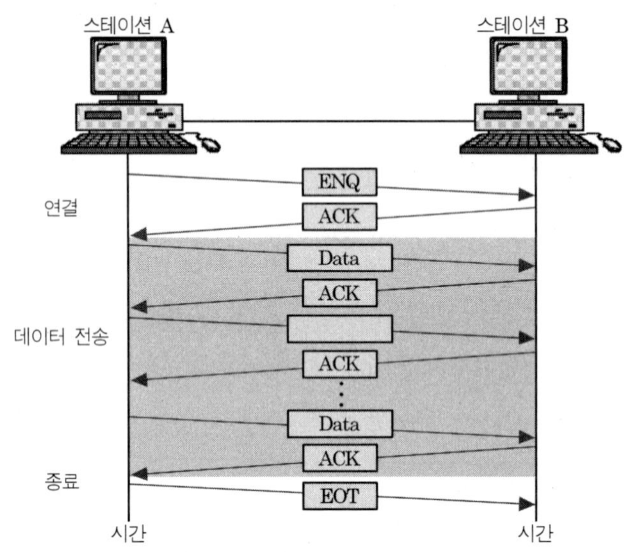

[그림 4-16] ENQ/ACK 회선규범

(2) 폴/선택(polling/selecting)

회선규범의 폴/선택 방법은 한 장치가 주 스테이션이고 다른 장치들은 종 스테이션으로 구성되는 접속 형태를 갖는다. 다중점 링크가 구성되면, 모든 교환은 주장치를 통해 이루어진다.

폴/선택 프로토콜은 회선의 특정장치로 프레임을 보내거나 특정 장치에서 오도록 해야 하므로, 각 장치는 자신의 주소를 헤더라고 하는 특정부분에 나타낸다. 주장치가 데이터를 전송하면 이 주소는 수신자를 나타내고, 종장치가 전송하는 경우 이 주소는 데이터를 보내는 종장치를 나타낸다.

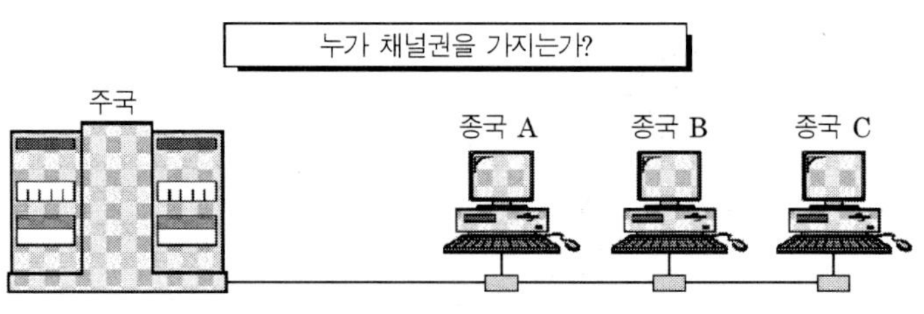

[그림 4-17] 폴/선택규범

선택은 주장치가 보내야 할 정보를 가지고 있을 때, 데이터를 보내기 전에 상대 종장치의 주소를 포함한 선택 프레임(SEL)을 전송한다. 이때 종장치가 동작하고 있다면 주장치에게 ACK 프레임을 보내며, 주장치는 각 프레임에 수신할 종장치 주소가 포함된 하나 이상의 프레임을 보낸다.

그림 4-18은 선택과 확인응답, 데이터 전송 과정을 보여주고 있다.

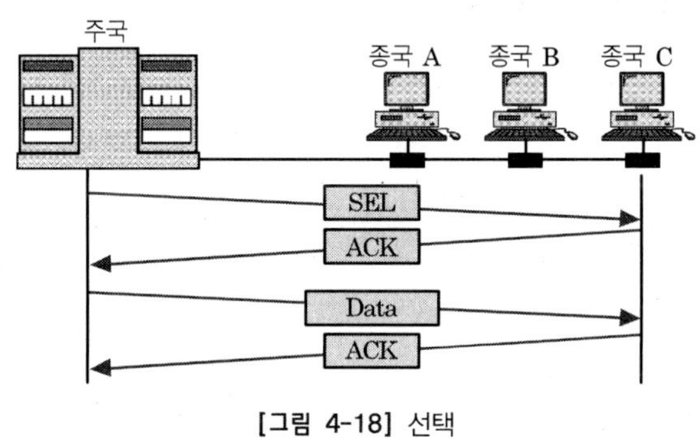

[그림 4-18] 선택

폴링은 주장치가 종장치에게 전송을 요청할 때 이용되며, 주장치가 데이터를 받을 준비가 되면 각 종장치에게 보낼 데이터가 있는지를 차례로 물어야 한다.

첫 번째 종장치로 폴을 보냈을 때 종장치가 보낼 데이터가 없으면 NAK로 응답하고, 보낼 데이터가 있으면 데이터 프레임으로 응답한다.

주장치가 NAK 프레임을 받으면 다음 종장치에게 같은 방식으로 폴링한다.

응답이 데이터 프레임이면 주장치는 프레임을 읽고, 그 프레임에 대한 ACK 프레임을 보낸다.

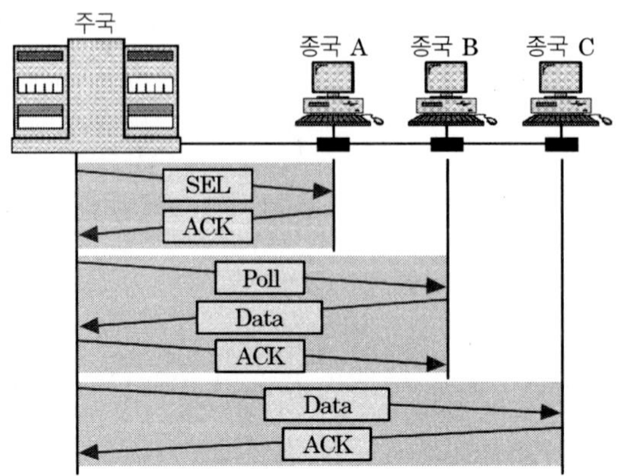

[그림 4-19] 폴과 종장치의 데이터 전송

4.2.2 흐름제어(Flow Control)

흐름제어란 너무 많은 데이터를 보내 수신측이 동작 불능 상태에 빠지지 않도록 송신측을 제어하는 기술로 수신측의 확인응답을 받기 전에 얼마나 많은 데이터를 전송할 수 있는지를 송신측에 알려주는 절차의 모임이다.

수신장치는 입력되는 데이터를 저장할 수 있는 제한된 크기의 버퍼를 가지며, 그 한계에 도달하기 전에 송신장치에게 알려 송신장치가 적은 수의 프레임을 보내게 하거나 일시적으로 전송을 멈추도록 요구할 수 있어야 한다. 정지-대기와 슬라이딩 윈도우라는 두 가지 방식이 통신 링크를 통한 데이터의 흐름을 제어하도록 개발되었다.

(1) 정지-대기(stop-and-wait) 흐름 제어

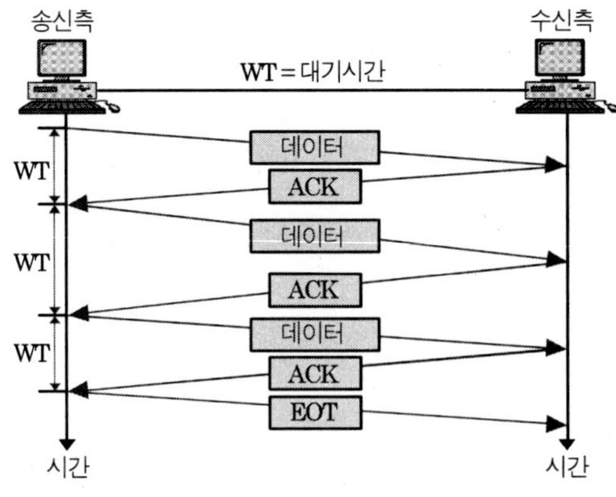

[그림 4-20] 정지대기

정지-대기 방식에서 송신측은 데이터 프레임을 보낸 후 확인응답을 기다리며, 확인응답을 받은 후에만 다음 프레임을 보낼 수 있다. 정지-대기 흐름제어 처리과정은 매우 간단하며 데이터 전송 속도가 느려 비효율적이다. 장치 사이의 거리가 멀면 각 프레임 사이에서 ACK를 기다리는 시간 때문에 전송시간이 증가한다.

(2) 슬라이딩 윈도우(sliding window) 흐름제어

슬라이딩 윈도우 방식에서는 확인응답을 받기 전에 여러 개의 프레임을 전송하여 회선의 용량을 효율적으로 이용할 수 있다. 수신측은 여러 개의 데이터 프레임을 받은 것에 대한 응답으로 하나의 ACK를 보내므로 몇 개의 프레임에 대해서만 확인응답을 한다.

슬라이딩 윈도우는 송신측과 수신측의 가상의 상자를 말하며, 확인응답을 받기 전에 전송할 수 있는 최대 프레임의 개수를 정해준다. 수신측은 프레임들이 윈도우에 가득 차지 않아도 어느 시점에서든 확인 응답할 수 있고, 송신측은 윈도우가 완전히 비워지지 않는 한 전송을 계속할 수 있다. 어느 프레임이 전송되고 수신되는지를 추적하기 위해 슬라이딩 윈도우는 윈도우 크기에 근거하여 프레임에 0에서 $n-1$까지의 모듈로 $-n$으로 번호를 붙인다. 만약 $n=8$이면 프레임에 0, 1, 2, 3, 4, 5, 6, 7, 0, 1, 2, 3, 4, 5, 6, 7, 0, 1,… 하는 번호를 붙인다. 윈도우의 크기는 $n-1$이므로 모듈 8보다 한 프레임 적은 7프레임을 저장할 수 있다.

수신측이 ACK를 보낼 때, ACK에 포함되는 번호는 현재 수신한 다음 프레임의 번호이다. 만약 프레임 5로 끝난 프레임열의 수신에 대한 확인응답은 번호 6을 포함하는 ACK를 보낸다. 송신측은 6이 포함된 ACK를 보고 5까지의 모든 프레임이 제대로 전달되었음을 알게 된다.

윈도우에는 $n-1$개의 프레임들 저장할 수 있으므로 확인응답을 받기 전에 최대 $n-1$개의 프레임을 보낼 수 있다. 그림 4-21에서는 윈도우와 송수신에 사용되는 버퍼와의 관계를 보여준다.

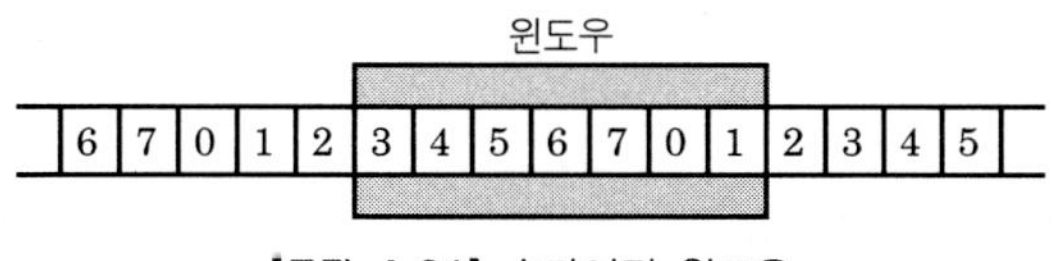

[그림 4-21] 슬라이딩 윈도우

송신측 윈도우의 변화

전송을 시작할 때, 송신측 윈도우는 $n-1$개의 프레임을 가지고 있으며, 프레임을 전송함에 따라 윈도우의 왼쪽 벽이 오른쪽으로 이동하여 윈도우의 크기가 줄어든다.

윈도우의 크기가 w로 주어지고 마지막 확인응답 이후 4개의 프레임이 전송되었다면 윈도우에 남아 있는 프레임의 수는 $w-4$이다. ACK를 받으면 윈도우는 확인 응답된 프레임들의 수만큼 새로운 프레임들을 윈도우에 넣기 위해 윈도우를 확장한다. 그림 4-22는 크기 7인 송신측의 슬라이딩 윈도우이다.

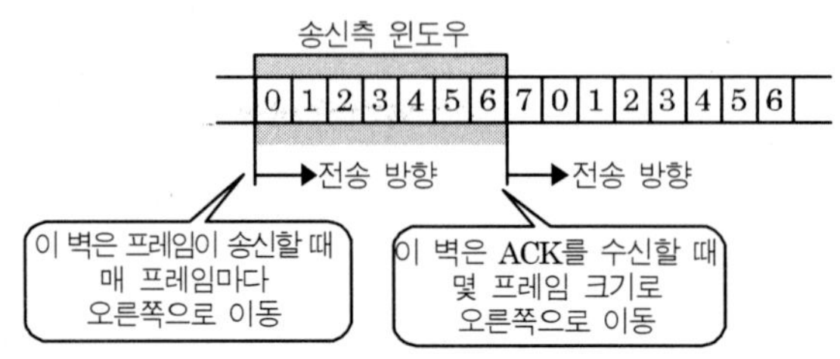

[그림 4-22] 송신측 슬라이딩 윈도우

크기 7의 윈도우이라면, 프레임 0에서 4까지 보냈는데 어떤 ACK도 받지 못했다면 송신 윈도우에는 번호 5와 6프레임만 들어있다. 만약 5의 번호를 포함한 ACK를 수신하면 0에서 4까지의 5개의 프레임이 잘 전달된 것으로 판단되며, 송신측 윈도우는 버퍼에 다음 5개의 프레임을 저장하기 위해 확장된다.

수신측 윈도우의 변화

전송이 시작될 때 수신측 윈도우는 수신될 프레임들을 받기 위한 $n-1$ 개의 공간을 가지고 있다. 프레임이 들어오면 수신측의 윈도우는 줄어들게 되므로 수신측의 윈도우는 수신된 프레임의 수가 아니라 ACK를 보내기 전에 받을 수 있는 프레임의 수를 나타낸다. 크기가 w인 윈도우이면, 확인응답을 보내지 않고 4개의 프레임을 받았다면 윈도우의 공간의 크기는 $w-4$이다. 확인응답을 보낸 후 수신측 윈도우는 확인 응답한 프레임의 수만큼의 프레임을 저장하도록 확장된다. 그림 4-23에서 윈도우는 7개의 프레임 공간을 가지고 있으므로 ACK를 보내기 전까지 7개의 프레임을 수신할 수 있다. 첫 번째 프레임을 받으면 수신측의 윈도우는 하나가 줄어 ACK를 보내기 전에 6개의 프레임을 더 받을 수 있다.

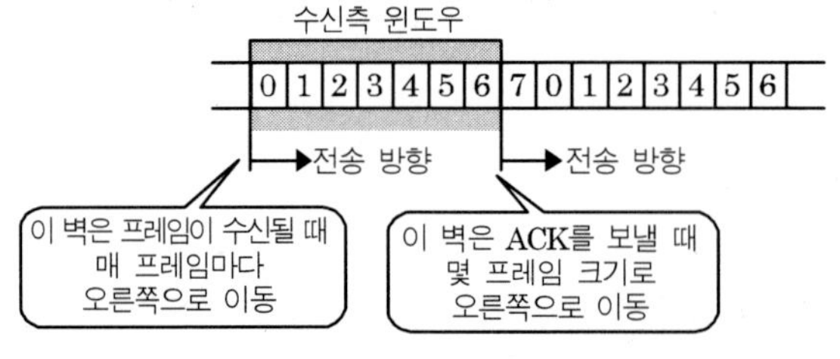

[그림 4-23] 수신측 슬라이딩 윈도우

윈도우는 가장 최근에 확인 응답된 프레임의 수에서 이전에 확인 응답된 프레임의 수를 뺀 것과 같은 수만큼 프레임 공간을 확보하기 위해 확장한다. 이전 ACK가 프레임 5를 위한 것이고 현 ACK가 프레임 2를 위한 것이라면 윈도우는 2+8−5=5까지 확장한다.

슬라이딩 윈도우의 예

그림 4-24는 7개의 프레임 윈도우를 가지는 슬라이딩 윈도우 흐름제어를 사용하는 전송을 보여주는데, 여기서는 모든 프레임들은 손상 없이 도착한다. 송신측과 수신측의 윈도우는 최대로 확장되어, 송신측 윈도우에는 전송 가능한 7개의 프레임이 있고 수신측 윈도우 안에는 7개의 프레임 공간이 존재한다. 윈도우 안의 프레임들은 0에서 7까지 번호가 붙어 있다.

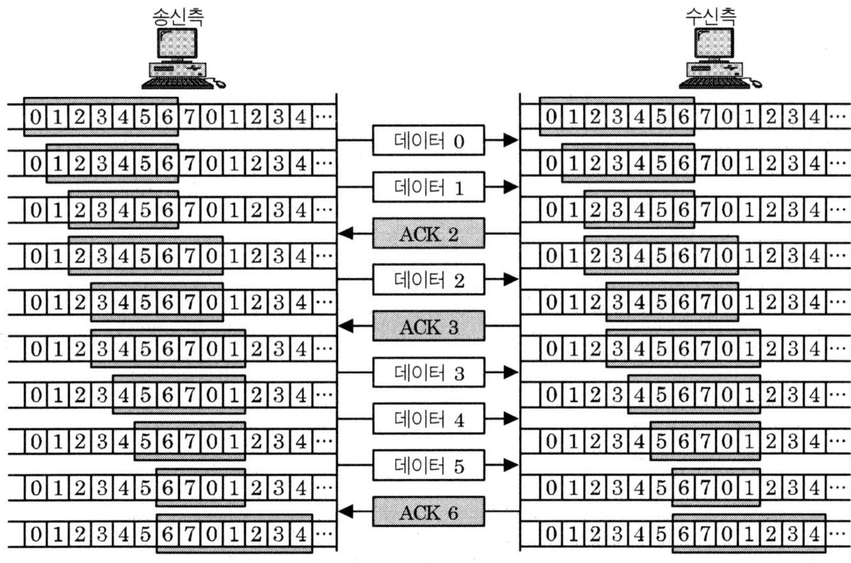

[그림 4-24] 슬라이딩 윈도우의 예

4.2.3 오류제어(Error Control)

프레임의 전송과정에서 생기는 오류를 검출하고 정정하는 기법으로, 데이터 링크층에서는 오류검출과 재전송을 말한다. 데이터 링크층에서 데이터 교환 중에 오류가 검출되면 부정응답이 되돌아오고 특정 프레임이 재전송된다.

ARQ 오류제어는 흐름제어의 일부로 데이터 링크층에서 구현되는데, 정지-대기 흐름제어는 정지-대기 ARQ로 구현되고, 슬라이딩 윈도우는 보통 슬라이딩 윈도우 ARQ의 두 가지 변형인 n프레임 후퇴나 선택적 거부 중 하나로 구현된다.

(1) 정지-대기 ARQ(Automatic Repeat reQuest)

정지-대기 ARQ는 손실 또는 손상된 프레임이 재전송되도록 보완된 정지-대기 흐름제어의 한 유형으로 재전송을 위해 네 가지 특성이 추가되었다.

- 송신장치는 최근에 전송한 프레임의 복사본을 확인응답을 받을 때까지 유지하여 손실되거나 손상된 프레임이 올바르게 수신되도록 재전송할 수 있다.
- 프레임 식별을 위해 데이터 프레임과 ACK에 교대로 0과 1의 번호가 붙는다.
- 데이터 프레임에서 오류가 발견되면 NAK 프레임으로 응답되는데, 번호가 없는 NAK는 송신측에게 마지막으로 보낸 프레임을 재전송하도록 한다.
- 정해진 시간 내에 확인응답을 못 받으면 마지막 데이터 프레임을 재전송한다.

데이터 프레임이 손상된 경우

오류 프레임을 수신측이 발견하면, NAK로 응답하고 송신측은 마지막 프레임을 재전송한다. 그림 4-25처럼 송신측은 데이터 0 프레임을 전송하여, 수신측에 데이터 0이 손상 없이 도착했고 ACK 1을 응답으로 보내면, 송신측은 다음 프레임인 데이터 1을 보낸다. 데이터 1이 손상 없이 도착하고 ACK 0으로 응답되면 송신측은 데이터 0을 보낸다. 이때 수신측이 데이터 0에서 오류를 발견하면 NAK를 보내며, 송신측이 NAK를 받으면 마지막에 보냈던 데이터 0을 재전송하고, 데이터 0이 손상 없이 도착했다고 판단하면 송신측으로 ACK 1을 보낸다.

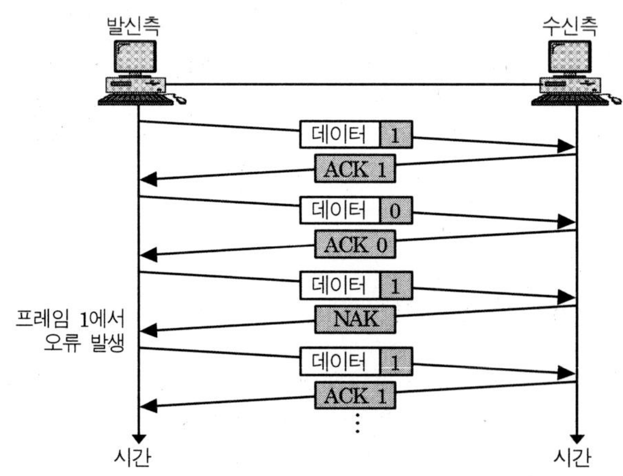

[그림 4-25] 정지-대기 ARQ, 손상된 프레임

데이터 프레임이 손실된 경우

만약 데이터 프레임이 수신측에 전달되지 못한다면 수신측은 응답할 수 없다. 송신측은 타이머의 시간이 모두 지날 때까지 NAK나 ACK를 기다렸다가 타임 아웃되면 데이터를 재전송하고 타이머를 다시 작동시키며 확인응답을 기다린다.

(2) 슬라이딩 윈도우 ARQ

연속적인 오류제어를 위해 가장 자주 이용되는 프로토콜은 n프레임 후퇴 ARQ와 선택적 거부 ARQ로, 손실 또는 손상된 프레임의 재전송을 포함하도록 슬라이딩 윈도우를 확장하기 위해 다음 3가지 특징이 흐름제어 기법에 추가된다.

- 송신측은 전송된 프레임들의 복사본을 확인 응답될 때까지 유지한다.
- 수신측은 손상된 데이터를 받았을 때는 송신측에게 데이터가 손상되었음을 알리기 위해 손상된 데이터 프레임의 번호를 붙인 NAK 프레임을 보낸다.
- $n-1$개의 프레임이 확인응답을 기다리면 송신측은 타이머를 동작시키고, 타임 아웃되면 모든 프레임 또는 하나의 프레임을 재전송한다.

n 프레임 후퇴 ARQ(Go-Back-n ARQ)

슬라이딩 윈도우 n프레임 후퇴 ARQ 방법에서, 하나의 프레임이 손실되거나 손상되면 확인 응답된 마지막 프레임 이후에 보낸 모든 프레임들을 재전송한다.

손상된 데이터 프레임이 수신된 경우

그림 4-26은 프레임 3에서 오류가 발견되었으나 송신측에 NAK 3이 도착하기 전에 6개의 프레임이 전송된 것을 보여준다.

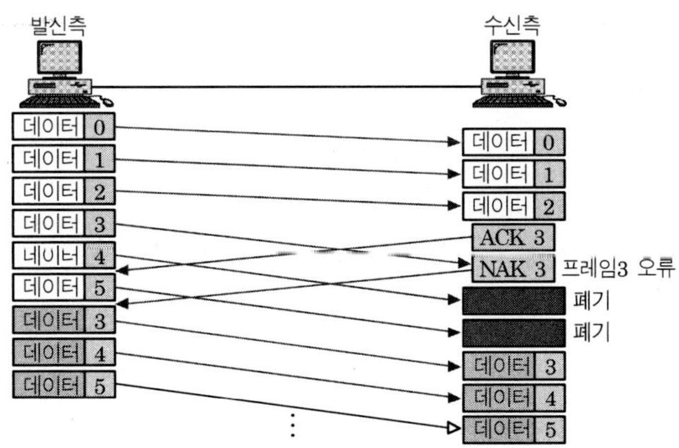

[그림 4-26] n 프레임 후퇴, 손상된 데이터 프레임

이 경우 ACK 3은 데이터 3이 도달하기 전에 이미 전송되었고, 데이터 3이 손상된 것을 발견하여 NAK 3을 즉시 보내고, 프레임 4와 5는 들어오는 대로 폐기한다. 송신측은 마지막 확인응답 이후로 보냈던 3, 4, 5, 3개의 프레임을 재전송하며 그 다음 이러한 과정은 계속된다. 수신측은 손상되지 않은 데이터 3을 받을 때까지 그 다음의 프레임들을 계속 폐기한다.

데이터 프레임이 손실되었을 경우

슬라이딩 윈도우 프로토콜은 데이터 프레임을 순차적으로 전송하지만, 하나 이상의 프레임이 손실되면 수신측에 전달된 다음 프레임은 순서가 어긋날 것이다.

송신측이 데이터 0, 1, 2, 3, 4를 전송했는데, 데이터 0과 데이터 1은 잘 전달되었으나 데이터 2가 손실되었다. 그 다음 수신측에 도착하는 프레임은 데이터 3인데, 수신측은 데이터 2를 기대하고 있으므로 데이터 3을 오류로 판단하여 폐기하고, 데이터 0과 1은 받았으나 데이터 2에 손실이 있다는 것을 의미하는 NAK 2를 보낸다. 송신측은 NAK 2를 받기 전에 이미 데이터 4를 전송했으므로 이것을 받는 수신측은 순서에 어긋나 폐기한다. 송신측이 NAK 2를 받으면 프레임 2, 3, 4 세 개의 프레임들을 재전송한다.

(3) 선택적 거부 ARQ(selective-reject ARQ)

손상되거나 손실된 프레임만이 재전송하는데, 프레임이 전송 중에 손상되었다면 NAK를 보내고 NAK에 표시된 번호의 프레임만 순서에 무관하게 재전송한다. 수신측은 받은 프레임들을 저장할 수 있고 프레임을 순서에 맞도록 적절한 위치에 삽입할 수 있어야 한다. 이 조건을 만족시키기 위해 선택적 거부 ARQ 시스템은 n프레임 후퇴 ARQ 시스템과는 다음 같은 차이점이 있다.

- 수신측은 순서에 어긋나게 수신된 프레임을 순서대로 재배열해야 하고, NAK를 보낸 후 받은 프레임들을 손상된 프레임이 재전송되어 올 때까지 저장한다.
- 송신측은 재전송이 요구된 프레임만 찾아 보낼 수 있는 탐색기능이 있다.
- 수신측은 재전송된 모든 프레임을 재배열하고 중복된 프레임을 찾아 폐기할 때까지 이전에 받은 모든 프레임들을 보관해야 한다.
- n프레임 후퇴 ARQ와는 다르게, NAK 번호와 마찬가지로 ACK 번호도 기대되는 다음 프레임 번호 대신 수신된 프레임의 번호를 붙인다.

손상된 데이터 프레임이 수신되었을 경우

그림 4-27에서 프레임 0과 1은 잘 수신되었지만, 다음 도착한 데이터 2는 오류가 발견되어 데이터 0과 데이터 1은 잘 받았으나 데이터 2는 재전송해야 함을 의미하는 NAK 2를 보낸다. 선택적 거부 ARQ의 수신측은 데이터가 재전송되어 올 때까지 새로운 프레임을 계속 받는다. 그림에서, 수신측은 데이터 2의 재전송을 기다리는 동안 데이터 3, 4, 5를 받으며, 재전송된 데이터 2가 도착하면 데이터 2와 이전에 수신한 프레임 3, 4, 5를 확인 응답하는 ACK 5를 보낼 수 있다.

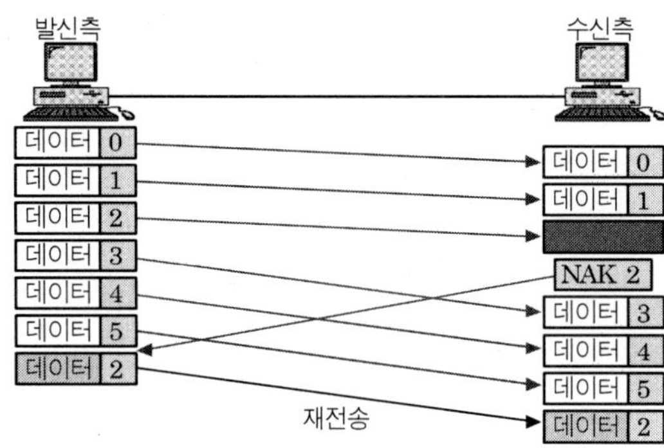

[그림 4-27] 선택적 거부, 손상된 데이터 프레임

n 프레임의 후퇴와 선택적 거부의 비교

손상 또는 손실된 프레임만 재전송하는 것이 손상되지 않은 프레임까지 모두 재전송하는 것보다 트래픽 량 측면에서는 효율적으로 볼 수 있다. 그러나 수신측에 요구되는 재배열 및 저장에 관련된 처리와 재전송을 위해 특정 프레임을 선택하기 위해 송신측에 요구되는 추가 처리 등은 상당한 소프트웨어 기능이 필요하여 선택적 거부 ARQ는 비용이 많이 들어 자주 사용되지 않는다. 즉, 선택적 거부 ARQ가 성능 면에서 좋지만 실제로는 구현이 쉬운 n프레임 후퇴방식이 많이 사용된다.

EXERCISE

연/습/문/제 4.2

01 데이터링크 계층의 주요 기능은 무엇인가?

02 회선규범을 사용해야 하는 이유는 무엇인가?

03 ENQ/ACK의 사용 목적은 무엇인가?

04 폴/선택을 사용하는 경우는 언제인가?

05 폴/선택에서 주소를 사용하는 목적은 무엇인가?

06 흐름제어가 필요한 이유는 무엇인가?

07 흐름제어의 2가지 방법은 무엇인가?

08 정지대기 흐름제어와 슬라이딩 윈도우 흐름제어 차이점은 무엇인가?

09 정지대기 ARQ 오류제어 방법을 간단히 설명하시오.

10 슬라이딩 윈도우 ARQ 2종류의 차이점은 무엇인가?

11 흐름제어에서 가장 중요하게 고려해야 될 점은 무엇인가?

12 n프레임 후퇴 ARQ 방식을 많이 사용하는 이유는?

4.3 데이터 링크 제어 프로토콜

데이터링크 제어는 전송회선을 통해 신뢰성 있는 데이터의 교환을 제공하는 기능을 담당한다. 이 목적으로 송/수신 스테이션 간에 링크를 설정하고 유지하며 오류제어와 흐름제어를 통해 신뢰성 있는 데이터 전달을 보장한다.

이와 같이 전송링크에서 데이터의 신뢰성을 보장하기 위한 제어 절차들을 링크제어 프로토콜이라 한다.

데이터 링크제어 프로토콜은 크게 비동기 프로토콜과 동기 프로토콜 두 가지 방식으로 나눌 수 있다. 비동기 프로토콜은 비트 스트림(bit stream) 내의 각 문자를 독립적으로 처리하며 동기 프로토콜은 전체 비트 스트림을 받아들여 동일한 크기의 문자들로 분할한다.

4.3.1 비동기 프로토콜

비트 스트림 내의 각 문자를 독립적으로 처리하는 비동기 전송은 비교적 쉽게 구현할 수 있어 여러 종류가 개발되어 왔다. 현재 이 방식은 데이터 프레임에 시작 비트와 종료 비트를 더하고, 프레임 사이의 간격이 넓기 때문에 전송속도가 느려 데이터 링크계층에서는 고속의 동기 전송방식이 주류를 이룬다.

비동기 전송은 타이밍을 고려하지 않고 데이터 단위를 전송하며, 비동기 전송 방식들 중에서 잘 알려진 몇 가지를 소개하면 다음과 같다.

XMODEM은 전화선을 이용하여 PC 간의 파일 전송 프로토콜로 설계되었는데, 그림 4-28은 XMODEM의 프레임 형태를 보여준다.

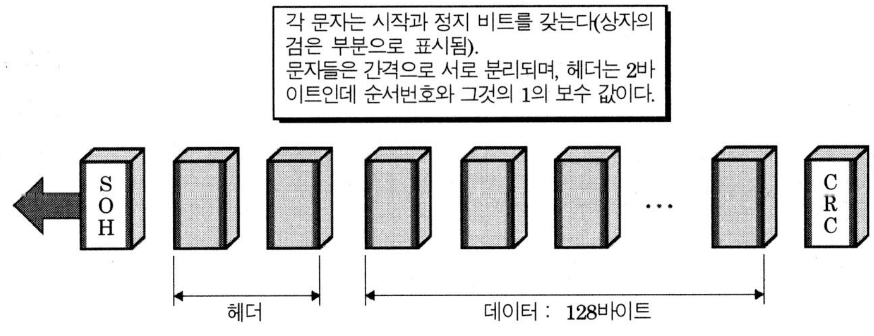

[그림 4-28] XMODEM 프레임

프레임의 첫 번째 필드는 1바이트의 헤더 시작(SOH) 필드이다. 두 번째 필드는 2바이트의 헤더로서, 이 중 첫 번째 바이트는 순서번호로 프레임 번호를 나타낸다. 두 번째 헤더 바이트는 그 순서번호의 오류를 검사하는데 사용된다.

고정된 길이의 데이터 필드는 128바이트의 2진, ASCII, 부울, 문서 데이터 등을 가지고, 마지막 필드는 CRC로서 데이터 필드의 오류 검사에 사용된다.

송신측은 한 프레임을 보낼 때마다 다음 프레임을 보내기 전에 ACK를 기다려야만 한다. 만약 수신측으로부터 NAK를 받으면 보냈던 프레임을 재전송하며, 송신측은 NAK나 ACK 외에도 전송을 중단하는 취소신호 CAN을 받을 수 있다.

BLAST(blocked asynchronous transmission)는 블록화된 비동기전송으로 XMODEM보다 성능이 좋고 슬라이딩 윈도우 흐름제어를 갖는 전이중 방식으로, 데이터와 2진 파일을 전송할 수 있다.

Kermit은 비동기 프로토콜로는 전송을 시작할 때 송신측이 NAK를 기다리는 동작은 XMODEM과 비슷하고 두 단계를 거쳐 문서 데이터의 형태로 제어문자들을 보낼 수 있다.

4.3.2 동기 프로토콜

LAN, MAN 그리고 WAN에서 동기전송은 비동기전송에 비해 속도 면에서 탁월하다. 동기전송을 제어하는 프로토콜은 문자중심 프로토콜과 비트중심 프로토콜의 두 종류로 크게 나눌 수 있다.

바이트중심 프로토콜(byte-oriented protocols)이라 부르기도 하는 문자중심 프로토콜은 하나의 전송 프레임이나 패킷을 보통 하나의 바이트로 구성되는 문자들의 연속된 열로 간주한다. 모든 제어정보는 ASCII 문자와 같은 기존의 문자부호화 시스템 유형을 사용한다.

비트중심 프로토콜(bit-oriented protocols)은 하나의 전송 프레임이나 패킷을 연속된 비트들의 열로서 간주하며, 이 비트들은 프레임에서의 위치와 다른 비트들과의 관계에 따라 의미가 부여된다. 비트중심 프로토콜 내 제어정보는 패턴에 포함된 정보에 따라 하나 또는 여러 개의 비트로 구성될 수 있다.

4.3.3 문자중심 프로토콜

데이터 링크 프로토콜에서, 제어정보는 별도의 제어 프레임 또는 데이터 프레임에 추가되는 형태로 데이터 스트림에 포함된다. 문자중심 프로토콜의 제어정보는 ASCII나 EBCDIC와 같은 문자집합으로 만드는 code word 유형을 사용하며, 이 비트 문자들은 회선규범, 흐름제어와 오류제어에 관한 정보를 나타낸다.

2진 동기 통신(BSC; binary synchronous communication)

2진 동기 통신은 점-대-점 구성과 다중점 구성 모두에 사용할 수 있으며, 정지-대기 ARQ 흐름제어와 오류정정을 사용하는 반이중 전송을 지원하지만, 전이중 전송이나 슬라이딩 윈도우 ARQ를 지원하지는 않는다.

BSC 프로토콜은 데이터나 제어정보를 프레임 단위로 나누어 전송하는데, 제어 목적으로만 사용하는 프레임을 제어 프레임이라 부른다. 데이터 프레임은 정보를 전송하는 데 사용되지만 정보에 관련된 제어 정보를 포함할 수도 있다.

그림 4-29는 일반적인 BSC 프레임으로 두 개 이상의 동기문자(SYN)로 시작되며, 이 문자는 수신 장치에게 새로운 프레임의 도착을 알리고, 송신장치와의 타이밍을 맞추기 위해 사용하는 비트 패턴을 제공한다.

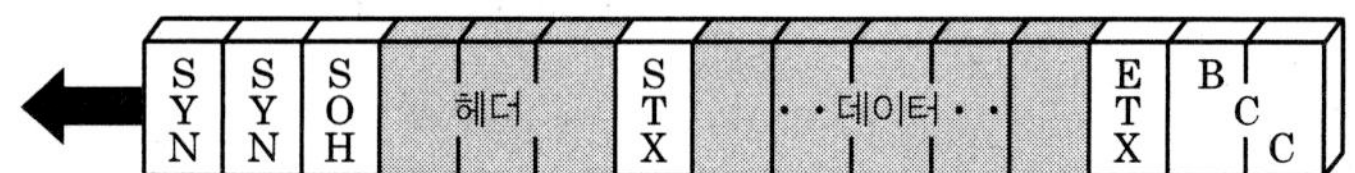

[그림 4-29] 헤더를 포함한 BSC 프레임

두 동기문자 뒤에는 헤더의 시작을 나타내는 SOH(start of header)가 오고, SOH와 STX 사이에 있는 모든 정보는 헤더 정보로 간주한다. 헤더는 수신 장치의 주소와 송신 장치의 주소, 정지-대기 ARQ를 위한 0 또는 1의 프레임의 식별번호 등을 포함한다.

헤더의 뒤에는 시작문자(STX; start of text)가 위치하며, 데이터가 끝나면 데이터나 문서의 끝을 나타내는 종료문자(ETX; end of text)가 필요하며, 문서가 끝나고 제어문자가 나타남을 알린다. 마지막으로 블록검사계수(BCC; block check count)라는 하나 또는 두 개의 문자가 오류 검출을 위해 포함된다.

한 메시지 내의 문서는 많은 경우 여러 블록으로 나눈다. 마지막 블록을 제외한 모든 블록은 STX 문자로 시작하여 ITB로 끝이 난다. 각 ITB나 ETX 바로 뒤에는 BCC 필드가 전송된다. 이러한 방법으로 수신측은 각 블록별로 오류검사를 할 수 있으며 오류검출의 가능성을 높일 수 있다.

그러나 만약 어떤 프레임에 오류가 있으면 전체 프레임이 재전송되어야 한다. ETX가 도착하고 마지막 BCC 검사가 끝난 후에 수신측은 전체 프레임에 대해 한 개의 응답을 보낸다.

그림 4-30에 다중블록 전송 구조를 나타내었다.

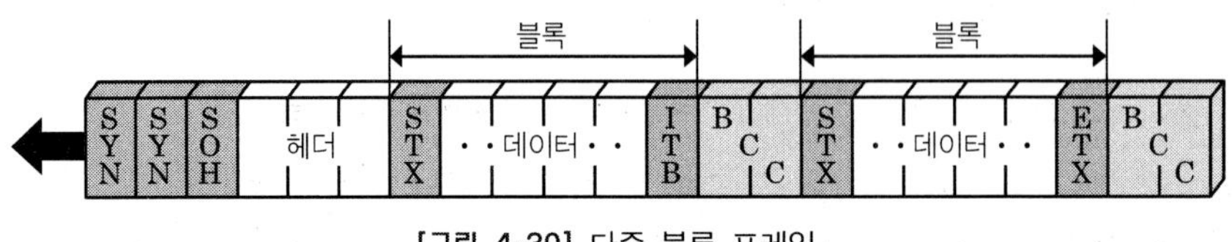

[그림 4-30] 다중 블록 프레임

만약 어떤 메시지가 단일 프레임에 넣기에는 너무 크다면 송신측은 그 메시지를 하나의 프레임 내 블록들뿐만 아니라 여러 프레임들에 나누어 전송할 수 있다.

그림 4-31과 같이 수신측에게 프레임의 끝이 메시지의 끝이 아니라는 것을 알리기 위해, 마지막 프레임을 제외하고 모든 프레임의 ETX 문자를 전송블록종단(ETB; end of transmission block)으로 대치한다.

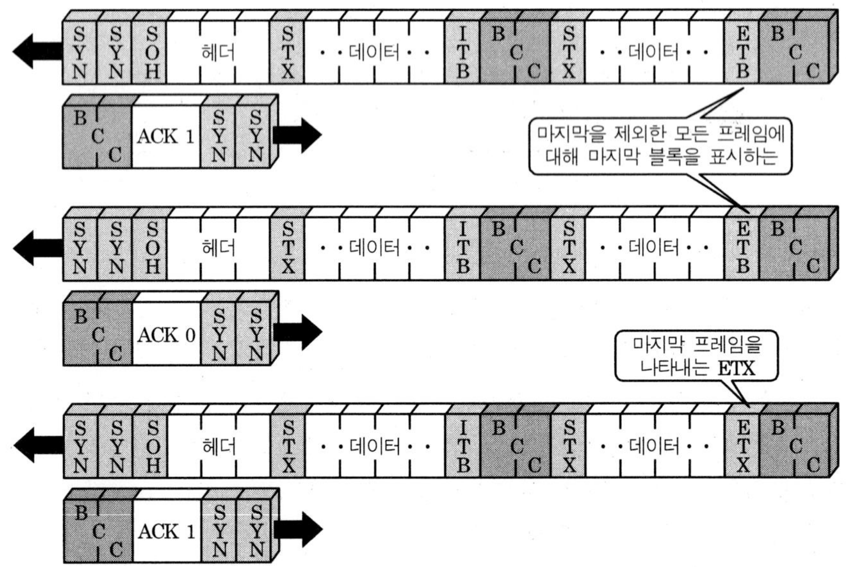

[그림 4-31] 다중 프레임 전송

제어프레임

명령들을 보내거나 정보를 요청할 때 사용하는 제어 프레임은 데이터 링크층 자체의 기능에 관련된 정보를 전달한다. 제어 프레임은 연결의 설정, 데이터 전송 시 흐름의 유지와 오류제어, 연결해제라는 세 가지 목적을 위해 사용한다.

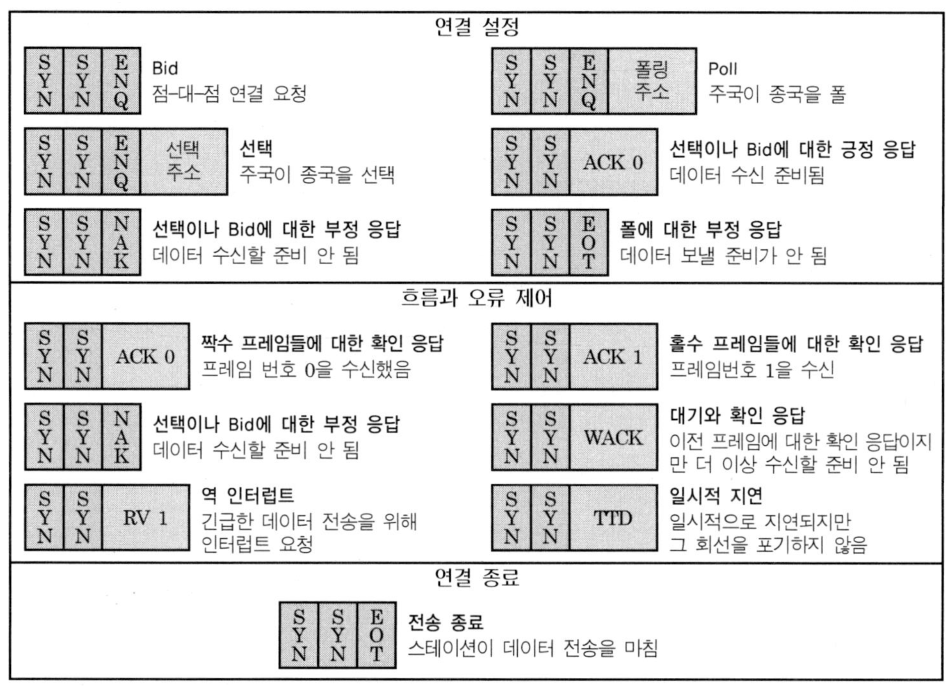

[그림 4-32] 제어 프레임

데이터 투명성

만약 전송되는 문서 필드가 BSC 제어문자처럼 보인 8비트를 포함하고 있으면, 수신측은 그것을 BSC 제어문자로서 인식하여 메시지의 본래 의미를 잘못 해석할 수 있다. 만약 수신측이 0000011의 비트 패턴을 받으면 ETX 로 판단하여, 다음 두 바이트를 BCC로 인식하여 오류검사를 한다. 그러나 비트 패턴 0000011은 제어정보가 아니라 데이터이다. 이와 같은 제어정보와 데이터 간의 혼동을 데이터 투명성 문제라고 한다.

BSC는 이 문제를 바이트 채우기(byte stuffing)라는 과정으로 해결하는데, 데이터 링크 에스케이프(DLE; data link escape) 문자를 이용하여 투명한 문서영역을 정의하고 투명한 영역 내에 나타나는 모든 DLE 문자 패턴 앞에 DLE 문자 하나를 추가하는 일을 포함한다.

투명한 영역을 정의하기 위하여 문서 필드 시작부분의 STX 문자 바로 앞에 DLE 문자 하나를 삽입하고, 문서 필드 끝부분의 ETX 또는 ITB, ETB 문자 바로 앞에 또 하나의 DLE 문자를 삽입한다.

첫 번째 DLE 문자는 수신측에게 문서가 제어문자들을 포함할 수 있으나 그것들을 무시하라고 알려주는 역할을 하며, 마지막 DLE 문자는 투명한 영역이 끝났다는 것을 수신측에게 알려준다. 그림 4-33에서 투명한 프레임의 예를 보여준다.

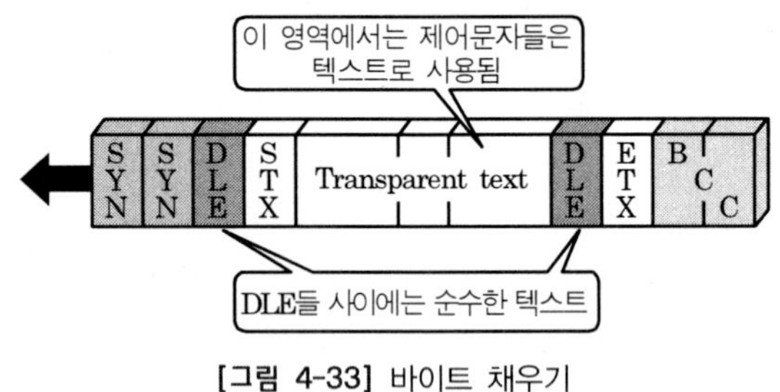

[그림 4-33] 바이트 채우기

4.3.4 비트중심 프로토콜

비트중심 프로토콜은 더 많은 정보를 보다 더 짧은 프레임에 넣을 수 있으며 문자중심 프로토콜의 투명성 문제에서 벗어날 수 있다. 이 프로토콜들 중 가장 중요한 링크제어 프로토콜은 HDLC(ISO 3009, ISO 4335)이며, 유사한 형식 및 기법을 사용하는 여러 가지 중요한 비트중심의 데이터 링크제어 프로토콜들이 HDLC를 모델로 개발되었다.

(1) HDLC(high-level data link control)

HDLC는 점-대-점과 다중점 링크에서 반이중통신과 전이중통신 모두 지원하도록 설계되었다. 다양한 응용들의 요구를 만족시키기 위해 HDLC는 세 종류의 스테이션, 두 개의 링크구성 방식, 세 개의 데이터 전달 모드를 정의한다.

스테이션의 형태: HDLC가 정의하는 세 가지 다른 형태의 스테이션들은 주 스테이션(primary station), 종 스테이션(second station)과 조합 스테이션(combined station)으로 구분한다.

주 스테이션은 흐름제어에서의 주 장치와 같이 점-대-점이나 다중점 회선구성에서 링크동작을 제어하고 종 스테이션과 조합 스테이션에게 명령을 보낸다.

종 스테이션은 주 스테이션의 제어에 따라 동작하며, 응답 프레임을 생성한다. 주 스테이션은 각각의 종 스테이션과 개별적인 논리링크를 유지한다.

조합 스테이션은 주 스테이션과 종 스테이션의 기능이 혼합된 것으로 명령과 응답을 모두 할 수 있으므로 조합스테이션은 서로 연결된 대등장치 중 하나이며, 전송의 성격과 방향에 따라 주 스테이션 또는 종 스테이션으로 역할을 한다.

구성: 링크상의 하드웨어 장치들 간의 관계인 HDLC 구성 방식은 불균형, 대칭, 균형의 세 가지 형태가 있으며, 모두 반이중 전송과 전이중 전송을 지원한다.

불균형구성[(unbalanced) 또는 주/종 구성(master/slave)]에서 주 스테이션이 링크제어를 주도하며 다른 모든 장치들은 종 스테이션들이다. 대부분 하나의 주 스테이션이 여러 개의 종 스테이션들을 제어하는 형태의 점-대-다중점 구성이다.

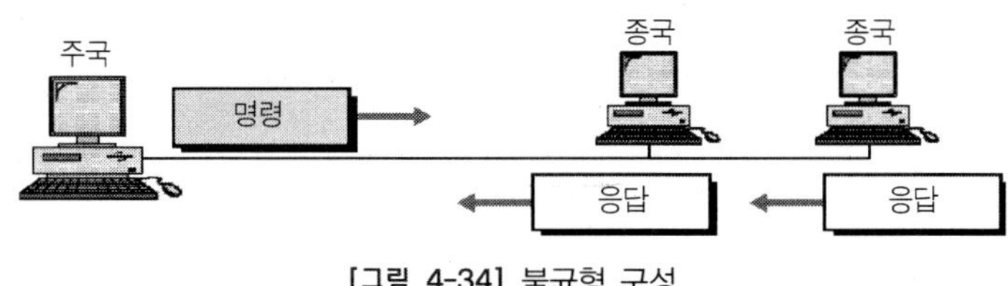

[그림 4-34] 불균형 구성

대칭구성(symmetrical)에서 하나의 링크의 물리 스테이션은 두 개의 논리 스테이션으로 이루어지며, 하나는 주 스테이션으로 동작하고 다른 하나는 종 스테이션으로 동작한다. 별도의 회선을 사용하여 어느 한 물리적 스테이션을 주 스테이션으로 삼고 다른 물리적 스테이션을 종 스테이션으로 하여 연결한다.

균형구성(Balanced)에서 점-대-점 접속 형태의 두 스테이션은 모두 조합 스테이션 형태로 두 스테이션은 하나의 회선으로 연결되며 이 회선은 두 스테이션 모두에 의해 제어될 수 있다. HDLC는 균형 다중점 방식을 지원하지 않으므로 LAN을 위한 별도의 매체 접근 프로토콜이 개발되었다.

통신모드

HDLC에서 모드는 정보교환을 하고 있는 두 장치 간의 관계를 나타내며 누가 링크를 제어하는가를 표시한다.

불균형구성에서 정보교환은 항상 정규응답모드(NRM; Normal response mode)로 수행된다. 대칭구성이나 균형구성에서는 명령을 전달하도록 설계된 프레임을 이용하여 특정한 모드로 정해질 수 있다.

HDLC는 스테이션 간에 정규응답모드, 비동기응답모드(ARM; asynchronous response mode) 및 비동기균형모드(ABM; asynchronous balanced mode) 등 세 가지의 통신모드를 지원한다.

정규응답모드(NRM)는 표준의 주 스테이션-종 스테이션 관계에 적용되며, 이 모드에서 종 스테이션은 전송 전에 반드시 주 스테이션으로부터 허락을 받아야 한다. 일단 허락을 받으면 종 스테이션은 데이터를 포함하는 하나 이상의 프레임의 응답전송을 시작할 수 있다.

비동기응답모드(ARM)에서는 채널이 사용되고 있지 않을 경우라면 언제든지 종 스테이션이 주 스테이션의 허락 없이 전송을 시작할 수 있지만, 주 스테이션-종 스테이션의 관계를 바꾸지 않는다. 종 스테이션에서 오는 모든 전송은 주 스테이션에게 보내져 여기서 최종 목적지로 중계된다.

비동기균형모드(ABM)에서 모든 스테이션은 동등하며 점 대 점으로 연결된 조합스테이션만 사용된다. 어느 조합스테이션이라도 허락 없이 다른 조합스테이션과의 전송을 시작할 수 있다.

표 4-2에 모드와 스테이션종류 간의 관계가 나타나 있다.

표 4-2 HDLC 모드

	NRM	ARM	ABM
스테이션 형태	주 스테이션과 종 스테이션	주 스테이션과 종 스테이션	조합 스테이션
주도자	주 스테이션	둘 중 하나	어느 스테이션이라도 가능

(2) HDLC의 프레임

통신 모드와 구성의 모든 가능한 선택사항을 지원하는 데 필요한 융통성을 제공하기 위해, HDLC는 I-프레임(information frames), S-프레임(supervisory frames) 및 무번호 프레임(unnumbered frames)의 세 종류 프레임을 정의한다.

I-프레임은 사용자 데이터와 사용자 데이터에 관련된 제어정보를 전송하고, S-프레임은 주로 데이터 링크층의 흐름제어와 오류제어에 사용되며, 무번호 프레임 정보는 링크 자체를 관리할 목적으로 쓰인다.

HDLC의 각 프레임은 시작 플래그 필드, 주소 필드, 데어 필드, 정보 필드, 프레임 검사 순서값(FCS) 필드, 종료 플래그 필드 등 6가지의 필드를 포함하며, 다중 프레임 전송에서 한 프레임의 종료 플래그는 다음 프레임의 시작 플래그를 겸한다.

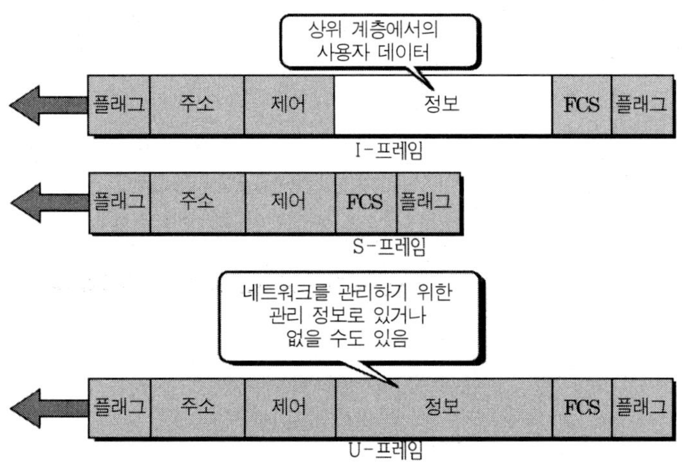

[그림 4-35] HDLC 프레임의 종류

플래그 필드: HDLC 프레임의 플래그 필드는 비트 패턴으로 01111110을 가지며, 프레임의 시작과 끝을 인식하고 수신측을 위한 동기화 패턴의 역할을 한다.

데이터 프레임을 수신할 때 스테이션이 플래그를 발견하면 프레임을 읽기 시작하는데, 제어정보나 데이터의 비트열에 프레임과 같은 패턴 01111110이 나타나면 프레임이 끝난 것으로 판단한다.

그러므로 프레임 내의 어디에서도 플래그와 같은 패턴이 나타나지 않도록 비트 채우기(bit stuffing)를 사용한다. 송신측이 연속된 5개 이상의 1을 전송하려면 그 때마다 다섯 번째의 1 다음에 하나의 0을 넣는다. 수신측에서는 삽입된 0을 제거하여 원래의 비트열을 복구한다. 그림 4-36은 송신측에서의 비트 채우기 과정과 이에 대응한 수신측에서의 비트 제거의 동작을 보여준다.

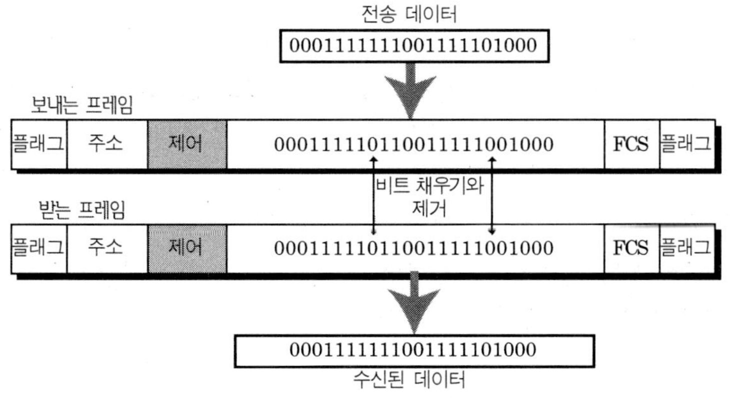

[그림 4-36] 비트 채우기와 제거

프레임을 수신했을 때 비트 채우기에 의해 삽입된 비트를 찾아 제거하려면 먼저, 수신측에서 들어오는 비트를 읽을 때 1의 수를 센다. 만약 0을 수신한 후에 5개의 1을 연속 수신하면 다음인 비트인 8번째 비트를 조사한다. 그 비트가 0이면 수신측은 삽입된 비트로 판단하여 0을 제거하고 1을 세는 것을 계속한다. 만약 7번째 비트가 1이면 수신측은 8번째 비트를 조사한다. 이 8번째 비트가 또 1이면 수신측은 계속 1의 수를 센다. 7개에서 14개까지의 1은 전송중지를 나타내며, 15개 이상의 1이 들어온다면 그 회선에 데이터가 없다는 것을 의미한다.

주소 필드: 두 번째 필드는 프레임의 발신지나 목적지 주소를 나타낸다. 주소 필드는 1바이트 또는 몇 바이트의 길이를 가질 수 있는데, 1비트는 주소 확장 용도로 사용하므로 1바이트 길이는 128스테이션까지 식별할 수 있다. 큰 네트워크는 다중바이트의 주소 필드가 필요하다. 만약 주소 필드가 1바이트이면 마지막 비트는 항상 1이며, 주소 필드가 1바이트 이상이면 마지막 바이트만 1로 끝나고 나머지 모든 바이트는 0으로 끝난다.

제어 필드: 제어 필드는 흐름 관리에 사용되고 1바이트 또는 2바이트의 세그먼트로 구성되며, 프레임의 종류에 따라 다르다. 제어 필드의 첫 번째 비트가 0이면 프레임은 I-프레임이다. 만약 첫 번째 비트가 1이고 두 번째 비트가 0이면 그 프레임은 S-프레임이며, 2비트가 모두 1이면 그 프레임은 U-프레임이다. 세 종류 프레임 모두 제어 필드에 폴/파이널(P/F; poll/final) 비트를 포함하고 있다.

I-프레임은 흐름제어와 오류제어를 위해 $N(S)$와 $N(R)$이라는 두 개의 3비트열을 가지고 있으며, 이 비트열들은 P/F 비트의 양 옆에 있다. $N(S)$는 보내는 프레임의 번호를 나타내고 $N(R)$은 양방향 통신에서 받기를 기대하는 프레임의 번호를 나타내므로 확인응답 필드이다. 만약 마지막 받은 프레임에 오류가 없으면 $N(R)$의 숫자는 다음에 받을 프레임의 번호이며, 받은 프레임에 오류가 있으면 $N(R)$은 재전송이 필요한 손상된 프레임 번호이다.

S-프레임의 제어 필드에는 $N(R)$만 있으며, 수신측이 보낼 데이터가 없을 때 $N(R)$을 돌려보내기 위해 사용한다. 수신측에서 보낼 데이터가 있을 경우에는 I-프레임의 제어 필드에 확인응답을 실어 보낸다. S-프레임의 P/F 비트 앞에 있는 2비트는 흐름과 오류 제어정보를 코드화해서 보내는 데 사용된다.

U-프레임은 하나는 2비트이고 다른 하나는 3비트인 코드 필드가 있는데, 이 코드들은 U-프레임의 종류나 정보교환의 모드 설정과 같은 U-프레임의 기능을 구별하는데 쓰인다. 세 종류의 프레임들의 제어필드는 그림 4-37에서와 같다.

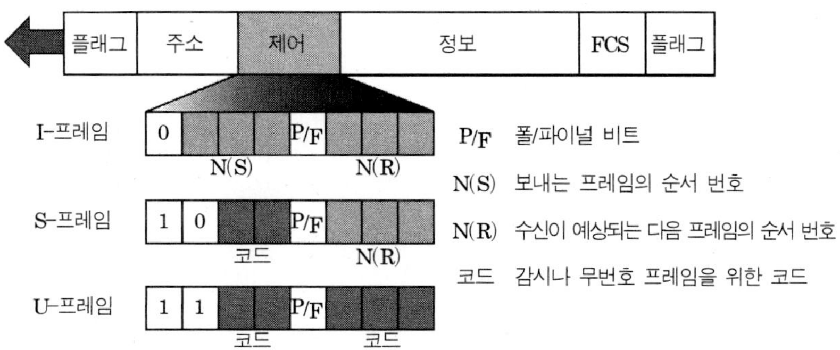

[그림 4-37] HDLC 제어 필드

확장모드인 경우에 I-프레임과 S-프레임의 제어 필드는 2바이트로 구성되며, 순서번호인 $N(S)$, $N(R)$에게 7비트를 할당하여 순서번호는 0에서 127의 범위를 가진다. 그렇지만 U-프레임에서의 제어 필드는 여전히 1바이트로 구성된다.

P/F필드: P/F 필드는 두 가지 목적으로 쓰이는 단일비트로 이 비트는 1로 설정되었을 때만 의미를 가지며 폴 또는 파이널을 의미한다.

이 비트는 주 스테이션이 프레임을 종 스테이션으로 보낼 때에는 폴을 의미하며, 종 스테이션이 프레임을 주 스테이션으로 보낼 때에는 파이널을 나타낸다.

정보필드: I-프레임의 정보 필드는 사용자 데이터이고, U-프레임의 정보 필드는 네트워크 관리정보를 포함하지만, S-프레임에는 정보 필드가 없다.

종종 I-프레임에 흐름제어, 오류제어 등의 제어정보를 포함시킬 수 있다. 전이중 통신에서, 스테이션 B는 스테이션 A로부터 받은 데이터에 대한 확인응답을 자신의 데이터 프레임의 제어 필드를 이용하여 보낼 수 있다. 이러한 방식으로 전송할 데이터와 제어정보를 조합하는 것을 피기백킹(piggybacking)이라 한다.

FCS 필드: 프레임 검사 순서값은 HDLC의 오류검출 필드로 이 필드는 2바이트나 4바이트의 CRC를 포함한다.

(3) HDLC의 감시와 관리 프레임

S-프레임과 U-프레임의 제어 필드는 여러 개의 서브필드로 구성되며, 이 서브필드들은 여러 종류의 정보를 나타내는 코드를 전송한다.

감시 프레임(S-frame): 확인응답 및 흐름제어와 오류제어를 위한 프레임을 보내야 하는데 피기백킹이 불가능하거나 스테이션이 송신할 데이터가 없을 때, S-프레임이 사용된다. S-프레임에는 정보 필드가 없으나 각 프레임이 메시지를 수신측으로 전달하며, 이 메시지들은 S-프레임의 종류와 전송환경에 따라 달라진다. S-프레임의 종류는 제어 필드의

P/F비트 바로 앞에 있는 2비트 코드에 의해 결정되는데 RR, RNR, REJ, SREJ 등 네 종류가 있다.

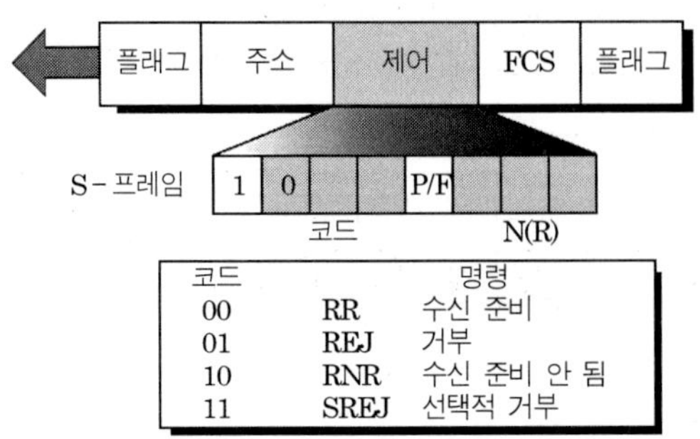

[그림 4-38] HDLC의 S-프레임 제어 필드

수신가능(RR; receive ready) 코드(00)를 가진 S-프레임은 다음과 같이 네 가지 목적으로 사용될 수 있으며 각기 다른 의미를 가지고 있다.

- **확인응답 역할**: 수신스테이션이 I-프레임의 수신에 대한 ACK 보내려고 하지만, 수신측에서 보낼 데이터가 없을 때 사용한다.
- **폴 역할**: 주 스테이션이 P/F비트[폴 또는 P 비트로 동작]을 1로 하여 S-프레임을 전송할 때, 종 스테이션에게 송신할 것이 있는가를 문의한다.
- **폴에 대한 부정응답**: P/F비트[F 비트로 기능]을 1로 하여 종 스테이션에 의해 보내질 때, 종 스테이션이 보낼 데이터가 없다는 것을 알리는 역할을 한다.
- **선택에 대한 긍정응답**: 종 스테이션이 주 스테이션으로부터 전송을 받을 수 있으면 P/F비트(F로 사용)를 1로 하여 RR 프레임을 주 스테이션에게 보낸다.

수신불가(RNR; receive not ready) 프레임은 다음 세 가지 목적으로 사용된다.

- **확인응답 역할**: 수신측에서 송신측으로 전달된 RNR은 지금까지 받은 모든 프레임에 대한 확인응답의 역할을 하며, RR 프레임을 보내기 전에 프레임을 더 이상 송신하지 않도록 요청하는 역할을 한다.
- **선택 역할**: 주 스테이션이 특정한 종 스테이션에 데이터를 전송하려 할 때, P/F비트(P로서 사용)를 1로 만든 RNR을 종 스테이션에 보내 알려준다.
- **선택에 대한 부정응답**: 선택된 종 스테이션이 데이터를 수신할 수 없을 때 종 스테이션은 P/F비트(F로 사용)를 1로 한 RNR을 주 스테이션으로 보낸다.

REJ(reject)는 n프레임 후퇴 ARQ 오류제어 시스템에서 수신측에서 보내는 부정응답으로, 수신측에 데이터가 없을 경우 사용된다.

SREJ(selective reject)는 선택적 거부 ARQ 시스템에서 사용되는 부정응답이다.

U-프레임

무번호 프레임은 서로 연결된 장치들 간에 세션 관리와 제어정보를 교환하며, 정보 필드는 시스템 관리를 위해 쓰인다. U-프레임도 제어 필드에 들어 있는 코드에 의해 많은 정보를 전달하는데, 코드는 P/F 비트 앞에 있는 2비트와 뒤에 있는 3비트의 두 부분이다. 이 5비트를 조합하여 총 32가지의 U-프레임을 만들어 사용할 수 있다.

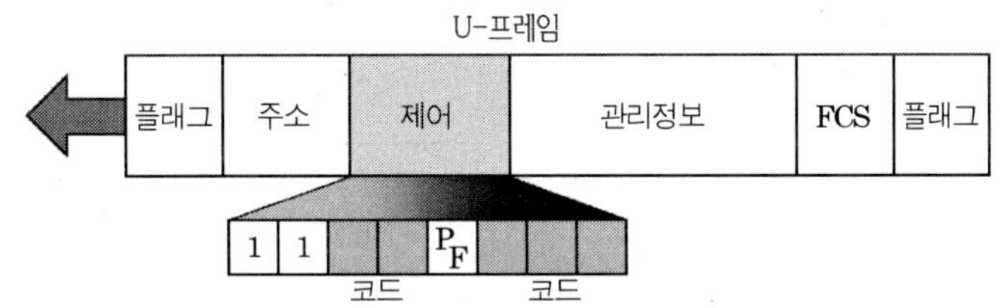

[그림 4-39] HDLC에서의 U-프레임 제어 필드

모드 설정: 모드 설정 명령은, 세션의 모드를 설정하기 위해 주 스테이션 또는 정보교환의 제어권을 갖고자 하는 조합스테이션에 의해 송신된다. 모드 설정 U-프레임은 전송이 어떤 형식을 취할 것인가를 수신스테이션에게 알려준다.

무번호교환: 코드는 장치 간에 특정한 데이터 링크 정보의 일부분을 보내거나 요청하는데 사용된다.

연결해제: 코드로는 세 가지가 있는데, 하나는 주 스테이션 역할을 하는 스테이션에서 나오는 명령이며, 다른 두 개는 수신스테이션에서 발생시키는 응답이다.

초기화 모드: 명령으로 사용되는 코드 10 000은 초기화 모드 설정(SIM; set initialization mode)을 의미한다. SIM은 주소 지정된 스테이션이 자체의 데이터 링크 제어기능을 초기화하도록 준비시킨다.

기타 명령 및 응답: 마지막 세 가지 명령 가운데 앞의 두 가지인 리셋(RSET. 11 001)과 교환 ID(XID. 11 101)는 시작한 시스템에서 주소 시성된 시스템으로 보내는 명령이다. 세 번째인 프레임 거부(FRMR. 10 001)는 주소 지정된 시스템에서 시작한 시스템에게 보내는 응답이다.

연/습/문/제 4.3

EXERCISE

01 데이터링크 프로토콜 중 동기와 비동기 프로토콜의 차이점은 무엇인가?

02 2진 동기통신(BSC)에 대해 간단히 설명하시오.

03 BSC 제어 프레임의 기능은 무엇인가?

04 BSC에서 데이터 투명성은 어떻게 확보하는가?

05 HDLC 방식에서 스테이션들의 종류와 역할은 무엇인가?

06 HDLC 방식에서 스테이션들의 구성방식 세 가지를 설명하시오.

07 HDLC 방식에서 세 가지 모드들을 설명하시오.

08 HDLC 방식의 세 종류의 프레임들의 사용 목적은 무엇인가?

09 HDLC 방식에서 데이터 투명성은 어떻게 이루어지는가?

10 피기백킹의 개념을 설명하시오.

11 HDLC 방식에서 S-프레임의 네 가지 종류에 대해 설명하시오.

CHAPTER 5 LAN과 네트워크 연결

5.1 LAN

일반적으로 근거리 통신망은 빌딩이나 대학과 같이 지역적으로 한정된 곳의 컴퓨터들 사이의 통신을 위한 컴퓨터 네트워크라 할 수 있다.

1970년대부터 LAN에 관련된 여러 가지 기술들이 개발되어 왔지만, 지금은 이더넷이 가장 널리 사용되고 있다. 이 절에서는 먼저 LAN과 LAN 사이의 연결과 규격을 규정하기 위해 IEEE가 수행한 표준화 프로젝트인 802에 대해 간단히 살펴보고, 여러 종류의 이더넷 LAN들을 소개한다.

5.1.1 LAN의 IEEE 표준화

1985년 IEEE 컴퓨터 분과에서는 여러 제조업체들의 장치 사이에 상호 연결이 가능하도록 LAN에 관한 표준을 위한 **프로젝트 802**라고 부르는 작업을 수행하였다.

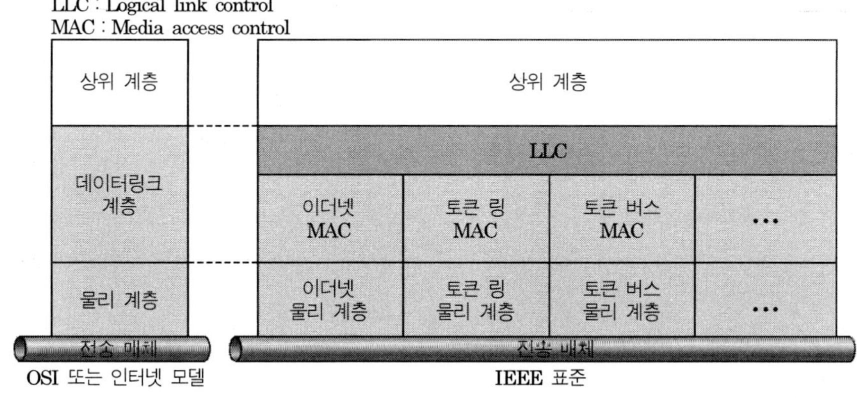

[그림 5-1] LAN을 위한 IEEE 표준

프로젝트 802는 OSI나 인터넷 모델의 어떤 부분을 대치하려는 것이 아니라, 주요한 LAN 프로토콜의 물리층과 데이터링크층의 기능을 정의하였다.

802 표준과 전통적인 OSI 모델 사이의 관계는 그림 5-1에 나타내었다. IEEE는 데이터링크층을 논리적 연결 제어(LLC)와 매체 접속 제어(MAC)의 두 개의 부계층으로 나누었고, 서로 다른 매체를 수용하기 위해 여러 종류의 물리층 표준도 마련하였다.

(1) 데이터링크층

IEEE표준의 데이터링크층은 논리적 연결 제어를 담당하는 LLC와 매체의 종류에 달라지는 매체 액세스 제어 기능을 수행하는 MAC 부계층으로 나눈다.

LLC(Logical Link Control): IEEE 802에서는, 흐름 제어, 오류 제어와 프레임 생성 일부분에 대한 역할을 논리적 연결 제어라는 부계층에서 수행하도록 한다. 즉, 프레임 생성은 LLC 부계층과 MAC 부계층 양쪽에서 모두 관여한다.

LLC는 모든 IEEE LAN들을 위해 하나의 데이터링크 제어 프로토콜을 제공하지만, MAC 부계층은 서로 다른 LAN을 위해 다른 프로토콜을 제공한다. LLC가 MAC 부계층을 투명하게 만들기 때문에 하나의 LLC 프로토콜로 서로 다른 LAN들 사이에 연결을 제공할 수 있다.

LLC 프레임: LLC는 HDLC와 비슷한 프로토콜 데이터 단위(PDU)를 정의하는데 헤더에는 HDLC와 같은 제어 필드가 있고, 이 필드는 흐름과 오류 제어를 위해 사용된다. 헤더의 다른 필드는 LLC를 사용하는 발신지와 목적지의 상위계층 프로토콜을 나타낸다. 이 필드들은 DSAP(destination service access point)와 SSAP(source point access point)라고 한다. HDLC에서 정의된 프레임이 그림 5-2에서와 같이 LLC 부계층의 PDU와 MAC 부계층 프레임으로 나누어진다.

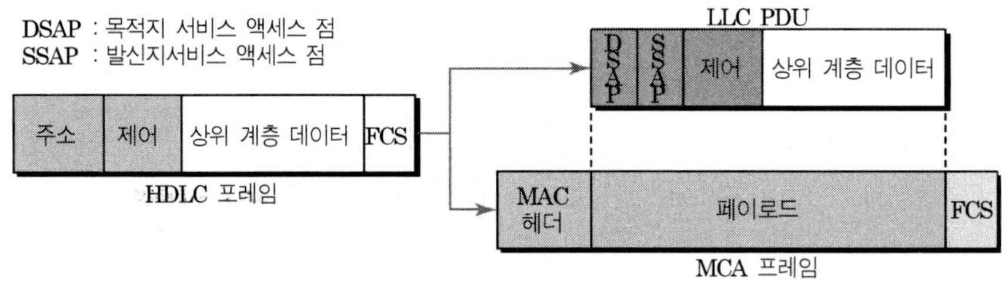

[그림 5-2] HDLC 프레임의 LLC와 MAC 프레임과의 비교

LLC의 기능: LLC는 실제로 서비스를 요구하는 상위 층 프로토콜의 흐름 제어와 오류 제어를 목적으로 한다. 만약 LAN이나 여러 LAN들이 독립된 시스템에서 사용된다면, LLC는 응용층 프로토콜을 위해 흐름 및 오류를 제어한다. 그러나 IP와 같은 상위 층 프로토콜들은 LLC 서비스를 사용하지 않는다.

MAC(Media Access Control) : IEEE 프로젝트 802는 매체들을 위해 매체 액세스 제어라 하는 부계층을 만들었는데, 이더넷은 CSMA/CD을 정의하였고, 토큰링이나 토큰버스 LAN을 위해 토큰 전달방식을 정의하였다. 프레임을 만드는 기능의 일부는 MAC층에서 다루며, MAC 부계층은 여러 개로 구분되는 모듈을 갖는데, 액세스 방식과 LAN 프로토콜에 대응하는 프레임 생성 형식을 정의한다.

(2) 물리층

물리층은 사용된 물리적 매체의 구현 방법과 형태에 의존한다. IEEE는 각 LAN 구현에 대한 자세한 명세서를 정의했다. 예를 들어 표준 이더넷을 위한 오직 하나의 MAC 부계층이 있더라도, 거기에는 나중에 보게 될 각 이더넷 구현 형태를 위한 서로 다른 물리층 명세서가 있다.

5.1.2 LAN 토폴로지와 전송매체

LAN을 구성하는 요소는 토폴로지와 전송매체, 배선, 매체 액세스 제어 등이다.

(1) LAN 토폴로지(topology)

네트워크에서 토폴로지는 네트워크에 연결된 단말이나 스테이션이 서로 접속되는 방법을 나타내며, LAN에서 일반적인 토폴로지는 버스와 트리, 링, 성형이 있다.

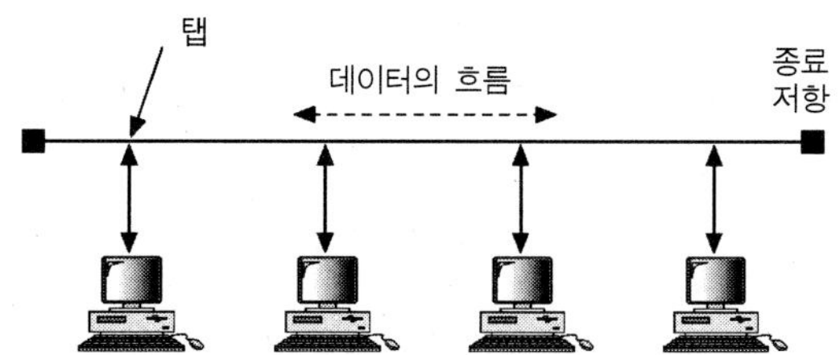

[그림 5-3] 버스(Bus) 토폴로지

버스와 트리 토폴로지는 다중점 매체를 사용하며, 버스에서는 모든 스테이션을 텝(tap)이라는 하드웨어를 통해 선형 매체인 버스에 직접 부착된다. 탭을 통해 데이터를 버스로 보내거나 데이터를 받을 수 있으며, 스테이션에서 보낸 데이터 신호는 양방향으로 전파된다. 버스의 양쪽 끝에는 신호의 반사를 없애기 위해 종료기(terminator)가 설치되어 신호를 흡수한다.

트리 토폴로지는 버스를 일반화한 것으로, 전송매체는 닫힌 루프가 없는 분기되는 케이블을 사용한다. 트리의 배선은 헤드엔드(headend)라고 하는 점에서 시작한다. 하나 이상의 케이블이 헤드엔드에서 시작되어 다시 분기되는 가지를 가질 수 있다. 가지는 다시 다른 가지를 가질 수 있으므로 복잡한 배선이 구성된다.

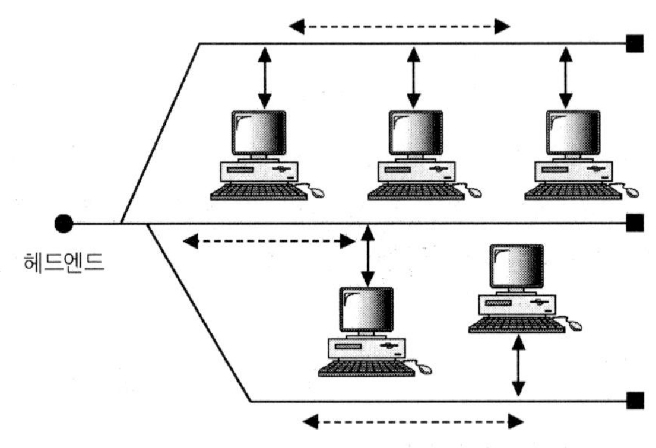

[그림 5-4] 트리(tree) 토폴로지

이 구성에는 두 가지 문제가 있는데, 첫째는 한 스테이션이 보내는 데이터를 다른 스테이션들이 모두 받을 수 있어 어느 스테이션에게 보내는 것인지를 알려야 하고, 둘째는 두 개의 스테이션이 동시에 데이터를 전송하는 경우, 신호들이 충돌하게 되므로 전송 제어 기법이 필요하다. 이 문제를 해결하기 위해 스테이션은 프레임이라고 부르는 작은 데이터 단위로 전송하며, 프레임은 보내려는 데이터의 일부와 제어 관련 정보, 목적지 스테이션의 주소를 포함한 헤더로 구성된다.

그림 5-5에서 스테이션 C는 데이터 프레임을 A에게 전송하려고 한다.

헤더에 A의 주소가 있는 프레임은 버스를 따라 전파되며 스테이션 B를 지나간다. B는 프레임의 목적지 주소가 자신이 아니므로 무시하고, A는 그 프레임을 복사한다.

그러므로 첫 번째 문제는 데이터를 수신할 스테이션은 주소로 알려주어 해결하고, 두 번째 문제의 해결은 액세스 제어로 스테이션들이 협력하여 프레임을 전송할 순서를 정한다.

버스나 트리에서는 매체의 양쪽 끝에 신호를 흡수하는 종료기가 있으므로, 매체로부터 프레임을 제거하는 특별한 조치를 취할 필요가 없다.

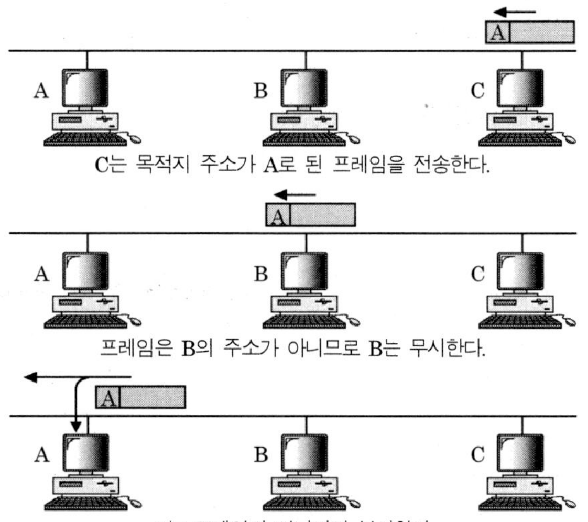

[그림 5-5] 버스 LAN에서의 프레임 전송

링 토폴로지에서 네트워크는 점-대-점 링크로 그림 5-6과 같이 리피터들의 집합으로 구성된다. 리피터는 한쪽 링크에서 신호를 받아 다른 링크로 한 비트씩 전송하며, 한쪽 방향으로만 신호를 보내므로 데이터는 링을 순환한다.

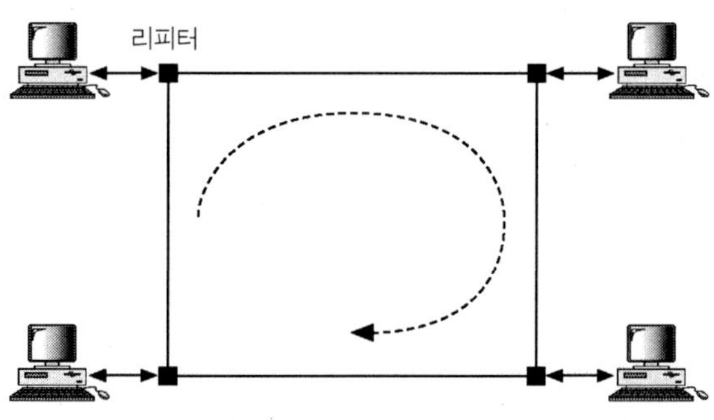

[그림 5-6] 링(Ring) 토폴로지

각 스테이션은 리피터와 연결되고 이를 통해 네트워크로 데이터를 전송하며, 버스나 트리처럼 데이터는 프레임 단위로 전송된다. 프레임은 모든 스테이션을 거처 순환하여 전송 스테이션으로 들어오면 데이터를 제거한다.

성형 토폴로지에서는 일반적으로 각 스테이션은 송신용과 수신용인 두 개의 점-대-점 링크를 통해 하나의 공통된 중앙 노드에 직접 연결된다.

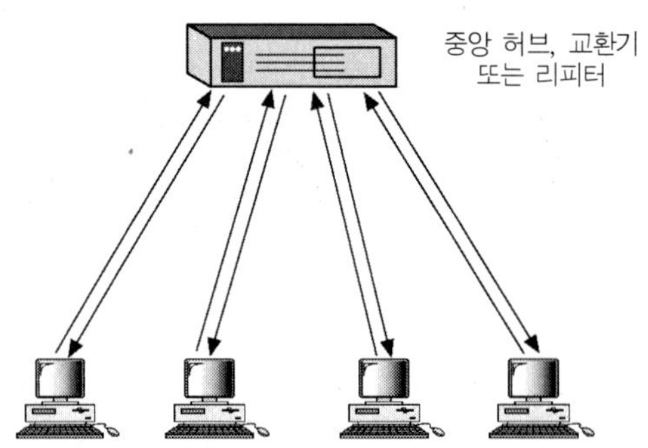

[그림 5-7] 성(Star)형 토폴로지

(2) 토폴로지와 전송매체 선택

토폴로지 선택은 신뢰성과 확장성 및 성능을 포함하는 다양한 요인을 고려해야 한다. 토폴로지의 선택은 LAN의 설계 작업으로 매체의 선정과 배선, 매체 액세스 제어 기법과 무관하게 독립적으로 이루어질 수 있다.

버스 토폴로지, 특히 이더넷 시스템에서 기저대역 동축케이블이 널리 사용되고 있다. LAN의 길이가 길어지면 링 토폴로지로 구성하는 것이 유리한데, 그 이유는 링형에 사용되는 리피터가 신호의 감쇠를 막아주기 때문이다. 성형 토폴로지는 건물 내의 자연스러운 배선을 이용하며, 짧은 거리의 호스트들을 수용하는데 적합하고 고속의 데이터률로 적은 장치를 수용할 수 있다.

전송매체의 선택은 많은 요소에 의해 결정되는데, 그중에 LAN 토폴로지에 많은 제약을 받으며, 다음에 제시하는 요소들에 의해서도 영향을 받는다.

- 용량: 예상되는 네트워크 트래픽을 지원하는 정도를 말한다.
- 신뢰성: LAN을 사용하는 가용성의 요구 사항을 만족시킨다.
- 지원하는 데이터의 종류: 응용에 따라 맞추어 준다.
- 환경 범위: 요구되는 다양한 환경에서 서비스를 제공한다.

전송매체 선택은 전반적인 LAN 설계 작업의 일부로 관련된 몇 가지 사항들을 살펴본다. 전화용 UTP 꼬임선은 비용이 싼 매체로 3장의 유도매체에서 설명한 범주 3 UTP이다. 일반적으로 사무실 건물은 전화 수요를 예측하여 넉넉하게 케이블을 설치하므로, 범주 3 UTP를 사용하면 별도의 케이블 설치가 필요 없다.

차폐된 꼬임선과 기저대역 동축케이블은 범주 3 UTP보다 비용이 많이 들지만, 용량이 크고 광대역 동축케이블은 더 비싸지만 훨씬 큰 용량을 제공한다. 그러나 현재는 고성능 UTP, 특히 범주 5 UTP를 사용하는 경우들이 많아지고 있다.

광섬유는 전자파를 차단할 수 있고 대용량을 제공하고, 시스템 크기가 작은 점 등 많은 장점을 가지고 있어, 광섬유 LAN 사용이 증가하고 있다.

5.1.3 LAN의 매체 액세스 프로토콜

LAN과 같이 많은 호스트들이 하나의 회선을 동시에 액세스하면 신호가 중첩되어 신호가 손상되거나 신호 자체가 손실될 수 있다. 각 호스트가 동시에 자주 네트워크를 액세스할수록 또는 전송할 데이터가 많을수록 신호의 중첩이 자주 발생하며, 충돌을 피하면서 많은 데이터를 전송하려면 매체 액세스 메커니즘이 필요하다.

(1) CSMA/CD

초기의 CSMA는 호스트가 채널의 상태를 감시하여 충돌을 피하려는 매체 액세스 방식으로, 호스트가 전송하기 전에 매체에 신호가 있는지를 검사하여 사용 중이 아니라면 전송을 시작한다. 그러나 CSMA는 전송 후에 발생하는 충돌에 대한 대응 기능이 없으므로, 충돌을 검출하고 그에 따른 처리를 보완한 CSMA/CD 방식이 개발되었다.

CDMA/CD 방식에서 호스트는 데이터를 전송하기 전에 회선이 사용 중인지를 검사하여, 사용 중이면 임의의 시간을 기다린 후 다시 회선의 사용 유무를 조사한다. 만약 사용 중이 아니라면, 데이터를 전송한다. 전송 도중에 충돌을 검출하면, 데이터 전송을 중단하고 모든 호스트들에게 잼(jam) 신호를 보내 충돌 사실을 알린다. 그 후에는 임의의 시간 동안 기다린 후 다시 데이터 전송을 시도한다.

최소 전송시간: 가장 멀리 떨어져 있는 두 호스트 사이의 데이터 신호 전달시간을 T_p라고 한다면, 어떤 특정 시각에 하나의 호스트 A가 데이터를 전송하는 경우 가장 먼 거리에 있는 다른 호스트 B가 신호를 수신하기 바로 전에 전송을 시작했다면 B는 짧은 시간 후 충돌을 검출하고 다른 호스트들에게 잼 신호를 보내게 된다. 그러나 A는 거의 $2T_p$ 시간이 지난 후에야 충돌 사실은 알 수 있다.

그러므로 CSMA/CD에서는 최소 길이의 프레임을 전송하는 시간 T_{fr}은 그 프레임의 첫 비트가 LAN 전체에 전파되는 시간의 2배인 $2T_p$ 이상이 되어야 한다.

재전송 알고리즘: 프레임 전송 중 충돌이 생기면 전송을 중단하고 임의의 시간 후 재전송을 시도하는데, 최대 재전송 횟수 이내에서 시도되어야 한다. 충돌이 반복하여 발생하면 트래픽 많다는 것을 뜻하므로, 최소 전송시간의 임의의 정수배 이상 대기한 후 재전송하는 2진 지수 백오프(Binary exponential backoff) 알고리즘을 이용하여 재전송 대

기 시간을 늘리는 방법으로 트래픽을 조절한다. 만약 i번의 충돌이 발생했다면, 0과 2^i-1 사이의 임의의 수를 선택하여 그 만큼의 최소 전송시간 이상을 기다린다.

대기시간은 충돌 검출이 가능한 최대 지연시간으로 다음과 같이 나타낼 수 있다.

$$\text{대기시간} = 2 \times \text{전달지연시간}(T_p) + \text{여유마진}$$

전송 권한 획득 방법 : 하나의 호스트가 프레임을 전송한 직후 다른 호스트가 전송할 프레임이 있으면 전송을 위해 매체를 검사하여 전송이 가능한지를 판단하는데, 전송 권한을 획득하는 방법에는 그림 5-8과 같이 Non-persistent 방식, 1-persistent 방식, P-persistent 방식이 있다.

- **Non-persistent 방식** : 전송할 데이터 프레임이 있는 호스트는 전송하기 전에 매체를 검사한다. 만약 매체가 사용 중이 아니면 프레임을 전송한다. 그러나 매체가 사용 중이면, 임의의 시간이 지난 후 다시 매체의 사용 유무를 검사한다.
- **1-persistent 방식** :호스트가 전송할 프레임 있으면 다른 호스트가 매체를 사용하는지를 검사한다. 만약 매체가 사용 중이면 사용할 수 있을 때까지 기다려 매체 사용이 가능하면 즉시 프레임을 전송한다. 충돌이 검출되면 임의의 시간 동안 기다린 후 다시 매체를 검사하며, 현재 대부분의 이더넷에서 이 방식을 사용한다.
- **P-persistent 방식** : 이 방식은 매체 사용 시간을 시간 슬롯(time slot)으로 나누어 사용한다. 호스트가 전송할 프레임이 있으면 매체의 상태를 검사하여 매체가 사용 가능하면 p의 확률을 가지고 전송을 시작하며, 확률 $q=1-p$를 가지고 다음 슬롯까지 기다린다. 만약 기다린 후의 매체 상태가 사용 가능하면 p의 확률로 전송하거나 q의 확률로 기다린다. 이 과정은 프레임의 전송이 완료되거나 다른 호스트가 전송을 시작할 때까지 반복된다.

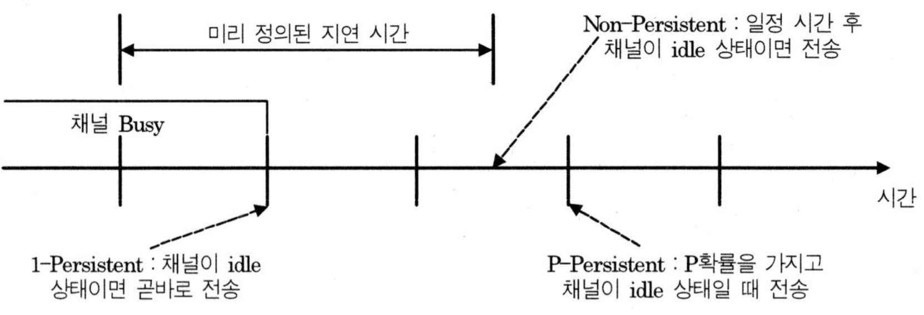

[그림 5-8] CSMA/CD의 전송 권한 획득 방식

(2) 토큰 링(Token Ring)

토큰링 방식은 전송할 호스트가 토큰을 가졌을 때만 전송하도록 하여 충돌을 방지하며 IEEE 802.5로 표준화되었다. 토큰링은 링형의 네트워크를 구성하고, 토큰 전달 방법(token passing)으로 매체를 액세스한다. 전송 권한을 뜻하는 토큰은 짧은 길이의 프레임으로 링을 따라 순환하며, 전송할 프레임이 있는 호스트는 지나가는 토큰을 확보한 후 전송을 시작할 수 있다.

토큰 전달: 토큰 전달이란 네트워크에서 전송 권한을 조정하는 메커니즘으로 그림 5-9에서처럼 동작한다. 토큰은 전송할 프레임이 있는 호스트가 잡을 때까지 링을 순환한다. 보낼 프레임이 있는 호스트에 토큰이 도착하면 토큰을 잡고 이것을 기억하기 위해 NIC 내의 한 비트를 설정한 후 데이터 프레임을 전송한다.

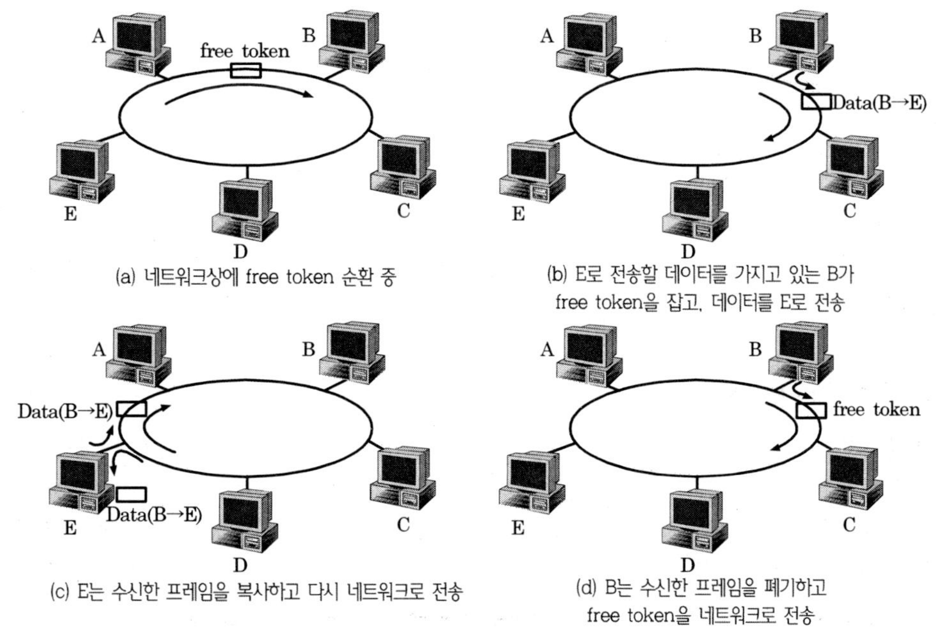

[그림 5-9] 토큰 전달과 데이터 프레임 전송

이 프레임은 중간의 호스트들에서 주소가 검사되어 목적지가 다른 호스트이면 재생되면서 링을 순환한다. 목적지로 지정된 호스트는 자신의 주소를 확인하고, 프레임을 복사한 후 복사했다는 표시로 프레임의 마지막 바이트의 4비트를 변경하여 다시 다음 호스트로 전송한다. 이 프레임은 링을 따라 계속 순환하여 송신한 호스트에 도착하면, 그 프레임의 발신지 주소가 자신임을 확인하고 주소확인 비트들을 조사하여 그 비트가 설정되어 있으면, 폐기한 후 토큰을 링에 내놓는다.

우선순위와 예약: 일반적으로 토큰이 링을 순환하면 프레임 전송을 원하는 다음 호스트가 전송 권한을 갖지만, IEEE 802.5에서는 다른 선택이 가능하다.

링에서 호스트의 위치가 어디 있더라도 전송하려는 호스트는 다른 호스트가 사용 중인 토큰을 예약할 수 있다. 각 호스트는 우선순위 코드를 가지며 프레임이 지나갈 때 토큰이나 데이터 프레임의 액세스 제어 필드에 자신의 코드를 기록하여 토큰을 예약하는데, 우선순위가 높은 호스트는 미리 예약된 낮은 우선순위를 자신의 코드로 바꿀 수 있다. 우선순위가 같으면 먼저 예약한 호스트에게 권한을 준다.

시간제한: 하나의 호스트가 링을 독점하는 것을 방지하기 위해 호스트의 전송시간을 제한한다. 토큰이나 데이터 프레임의 첫 번째 필드의 시작 지시기는 보통 10ms의 정해진 시간 내에 각 호스트에 반드시 도착해야 한다.

모니터 호스트(monitor host): 토큰을 사용하는 링 네트워크에서 어떤 호스트가 토큰을 내어 놓지 않거나 잡음으로 토큰이 손실되면 링에 토큰이 없으므로 모든 호스트들의 전송이 불가능해 진다. 그리고 전송된 데이터 프레임이 링을 한 바퀴 순환했는데도 제거되지 않아 계속 순환하는 경우도 있을 수 있다.

그러므로 링 네트워크의 한 호스트를 모니터로 지정하여, 토큰이 지날 때마다 타이머를 설정하여 토큰이 정해진 시간 내에 들어오지 않으면 손실된 것으로 판단하여 새로운 토큰을 링에 넣는다. 그리고 모니터는 데이터 프레임의 액세스 제어 필드에 한 비트를 설정하여 데이터 프레임의 계속 순환을 막는다.

(3) 토큰 버스(Token Bus)

IEEE 802.4인 토큰 버스는 이더넷과 토큰링의 특징을 결합한 것으로 물리적으로는 버스 토폴로지이지만 논리적으로는 토큰 전달 방식을 사용하는 매체 액세스 제어 방식이다. 만약 하나의 호스트가 데이터 프레임의 전송을 원한다면, 토큰을 확보한 후 이더넷과 같이 공통 버스를 통해 전송한다. 토큰 버스 방식은 실시간 순서적 처리가 필요한 공장의 조립 라인과 같은 자동화에 사용된다.

토큰 버스 네트워크에서 토큰은 공통 버스를 통해 논리적 링을 따라 호스트에서 다음 호스트로 전달되므로 각 호스트는 다음 호스트를 기억해야 하며, 만약 호스트가 토큰을 받지 못하면 이전 호스트는 적절한 복구 절차로 토큰의 다음 수신 호스트를 찾는다.

5.1.4 표준 이더넷

표준 이더넷은 1976년 Xerox의 팔로알토 연구소(PARC)에서 만들어져, 그 이후 표준 이더넷(10Mbps), 고속 이더넷(100Mbps), 기가비트 이더넷(1Gbps), 10기가비트 이더넷(10Gbps) 순으로 발전하였다.

(1) MAC 부계층

표준 이더넷에서, 접속방식의 동작을 관리하는 MAC 부계층은 상위 계층으로부터 받는 데이터를 프레임화 하여 하위 계층인 물리층으로 보낸다.

이더넷 프레임 형식은 그림 5-10과 같이 프리앰블, SFD, DA, SA, PDU의 길이/종류, 상위층의 데이터와 CRC 등 7개의 필드로 이루어지며, 이더넷은 확인응답 절차가 없으므로 신뢰성이 없는 매체로 간주되고 확인응답은 상위 층이 구현한다.

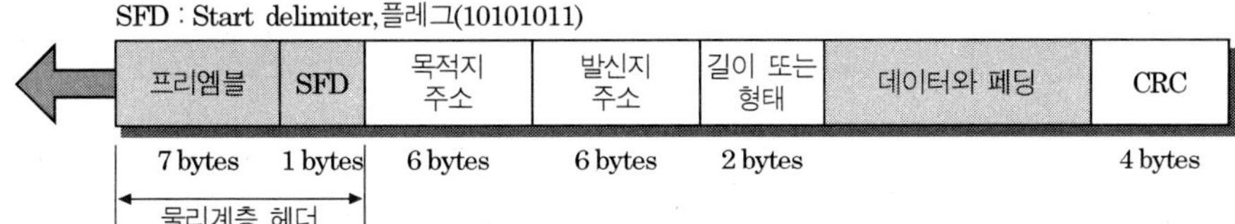

[그림 5-10] 802.3 MAC 프레임

- **프리앰블(preamble)**은 프레임의 첫 번째 필드로 0과 1이 반복되는 7바이트로 수신 시스템에게 프레임의 도착을 알리고 동기화될 수 있도록 한다.
- **시작 프레임 지시기(SFD)**는 두 번째 필드로 1바이트로 10101011과 같은 비트 패턴을 가지며 프레임의 시작을 알린다.
- **목적지 주소(DA)** 필드는 6바이트이고 목적지 스테이션이나 패킷을 수신하는 스테이션들의 물리주소를 나타낸다.
- **발신지 주소(SA)** 필드는 패킷을 보내는 송신자의 물리 주소를 나타낸다.
- **길이/종류** 필드는 길이필드 또는 종류 필드로 정의되며, IEEE 표준에서는 데이터 필드에 있는 바이트 수를 정의하기 위한 길이 필드로 사용한다.
- **데이터** 필드는 상위층의 프로토콜로부터 캡슐화 된 데이터를 운반하는데 사용되며, 최소 46에서 최대 1500바이트의 크기를 가지고 있다.
- **CRC**는 마지막 필드로 CRC-32 형태의 오류 검출 정보가 들어있다.

프레임 길이: 이더넷은 그림 5-11과 같이 프레임의 최소와 최대 길이가 제한되어 있는데, 최소값 제한은 CSMA/CD의 정확한 동작을 위해 필요하다.

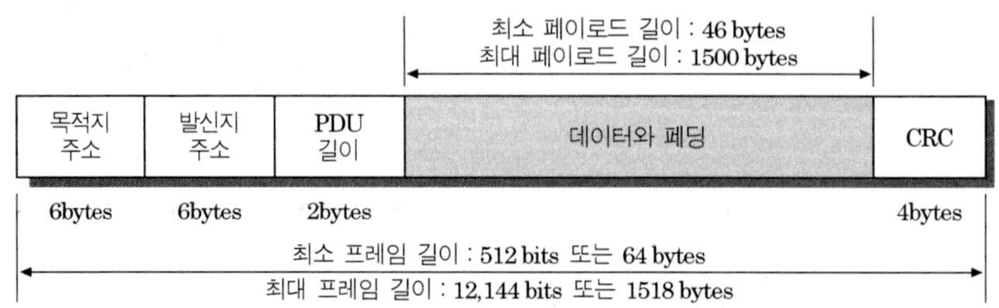

[그림 5-11] 프레임의 최소와 최대 길이

이더넷 프레임은 512비트 즉, 64바이트의 최소 길이를 가져야 하며 여기에 헤더와 트레일러가 포함된다. 헤더와 트레일러는 6바이트의 발신지 주소, 6바이트의 목적지 주소, 2바이트의 길이/종류, 그리고 4바이트의 CRC로 이루어져 18바이트가 되므로, 상위층에서 전달되는 데이터의 최소 길이는 64–18=46바이트가 된다. 상위층의 패킷의 크기가 46바이트보다 작으면 채워 넣기를 하여 최소값에 맞춘다.

표준에서는 프리앰블이나 SFD 필드 제외하고 프레임의 최대 길이를 1,518바이트로 정의한다. 만약 18바이트의 헤더와 트레일러를 제외한다면 페이로드의 최대 길이는 1,500바이트이다.

주소 지정: 이더넷에 연결되는 PC나 워크스테이션 같은 스테이션은 자신의 네트워크 인터페이스 카드(NIC)를 가지고 있다. 각 NIC는 스테이션 내부에 설치되어 있고 6바이트의 물리적 주소를 스테이션에게 제공한다. 이더넷 주소는 6바이트이며, 각 바이트를 콜론으로 분리한 16진법 표기법으로 그림 5-12와 같이 쓰인다.

06 : 01 : 02 : 01 : 2C : 4B

6 bytes = 12 hex digits = 48 bits

[그림 5-12] 16진법 표기법에 의한 이더넷 주소의 예

유니캐스트, 멀티캐스트, 브로드캐스트 주소: 발신지 주소는 항상 유니캐스트 주소이며 이것은 프레임이 오직 하나의 스테이션에서부터 송신됨을 의미한다. 그러나 목적지 주소는 유니캐스트, 멀티캐스트, 브로드캐스트가 될 수 있다. 그림 5-13은 어떻게 멀티캐스트 주소에서 유니캐스트 주소를 구분하는지를 나타낸다. 만약 목적지 주소에 있는 첫 번째 바이트의 마지막 비트가 0이면 유니캐스트 주소를 나타내고 1이면 멀티캐스트 주소를 말한다.

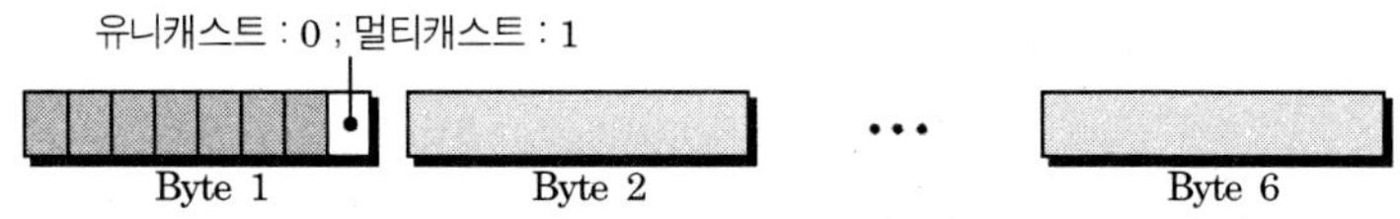

[그림 5-13] 유니캐스트와 멀티캐스트 주소

유니캐스트 목적지 주소는 오직 하나의 수신자를 정의하므로 송신자와 수신자 사이의 관계는 일 대 일이다. 멀티캐스트 목적지 주소는 그룹 주소를 정의하므로 송신자와 수신자 사이의 관계는 일 대 다수가 된다.

브로드캐스트 주소는 멀티캐스트의 특별한 경우로 수신자는 네트워크에 있는 모든 스테이션들이며 목적지 브로드캐스트 주소는 48비트 모두 1의 값이다.

표준 이더넷은 매체접근 방법으로 1-persistent CSMA/CD를 사용한다. 이더넷에서, 슬롯시간은 하나의 프레임이 네트워크의 한 종단에서 다른 종단까지 전송하기 위해 필요한 왕복 시간과 잼 신호를 보내는 데 필요한 시간을 합한 값이다.

슬롯시간 = 왕복시간 + 잼 신호를 보내는 데 요구되는 시간

이 시간은 비트들의 개수로 나타낼 수 있는데 이것은 스테이션에서 512비트를 전송하는 데 필요한 시간으로, 실제로 슬롯시간이 데이터율과 관련이 있다는 것을 의미하며 전통적인 10Mbps 이더넷에서는 51.2μs이다.

512비트의 슬롯시간을 택한 것은 이것이 CSMA/CD의 기능이 적절하게 동작될 수 있는 시간이기 때문이다.

슬롯시간과 최대 네트워크 길이 사이의 관계는 특정 매체에서의 신호 전달속도에 좌우된다. 대부분의 전송매체에서 신호는 2×10^8m/s의 속도로 전송된다. 전통적 이더넷에 적용해 보면 다음과 같이 계산할 수 있다.

$$최대길이 = 전달속도 \times 슬롯시간/2$$
$$최대길이 = (2\times10^8)\times(51.2\times10^{-6}/2) = 5,120\text{m}$$

물론, 우리는 중계기와 인터페이스에서 지연시간을 고려해야 하고, 잼 신호를 보내는 시간도 필요하다. 그러므로 전통적 이더넷에서의 최대길이는 이론적인 계산의 48%인 2,500m로 줄게 된디.

(2) 물리층

표준 이더넷은 여러 종류의 물리층 구현이 정의되어 있는데, 그 중 일반적인 4개의 구현은 10Base5, 10Base2, 10Base-T, 10Base-F이다.

부호화와 복호화 : 모든 표준 이더넷에서는 10Mbps의 기저대역 디지털 신호를 천이를 사용하여 자기 동기를 제공하는 맨체스터 방식의 신호를 송수신한다.

10Base5 : 첫 번째로 구현된 이더넷은 10Base5로 굵은 이더넷이라 부른다. 이것은 케이블의 직경이 수도 호스정도로 굵어서 너무 딱딱하기 때문이다. 10Base5는 탭을 통해 굵은 동축 케이블에 연결된 외부 송수신기를 가진 버스 접속 형태로 사용하며 그림 5-14와 같이 연결된다.

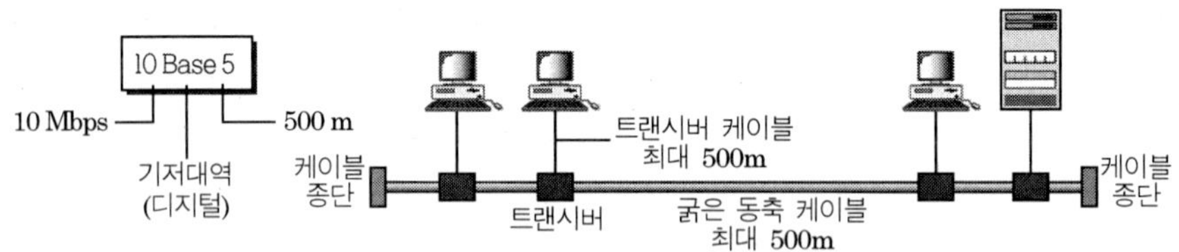

[그림 5-14] 10Base5 구현

송수신기(transceiver)는 송신과 수신 및 충돌감지를 책임지는데, 전송과 수신을 위해 분리된 경로의 송수신 케이블을 통해 스테이션과 연결된다. 이것은 동축케이블에서만 충돌이 발생할 수 있다는 것을 뜻한다. 동축케이블의 최대 길이는 500m로 이것보다 길어지면 신호의 감쇠가 너무 크게 되므로, 더 긴 LAN이 필요하면 리피터를 사용하여 연결해야 한다.

10Base2 : 얇은 이더넷 또는 값싼 이더넷이라 부르며 버스 토폴로지를 이용하지만 케이블은 훨씬 더 얇고 더 유연하다. 이 경우 송수신기는 일반적으로 스테이션 내부에 설치되어 있는 네트워크 인터페이스 카드(NIC)에 포함된다. 그림 5-15는 10Base2 구현을 그림 형태로 보여주고 있다.

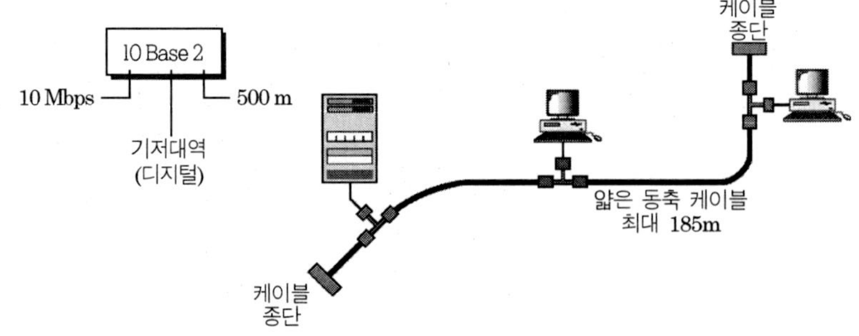

[그림 5-15] 10Base2 구현

T 자형 연결을 이용하는 얇은 동축케이블은 탭 연결을 사용하는 굵은 동축케이블보다 저렴하고, 케이블이 유연하므로 설치하기도 쉽다. 그러나 얇은 동축케이블은 감쇠가 크므로 각 세그먼트의 길이는 185m를 초과할 수 없다.

10Base-T: 꼬임선 이더넷이라 부르며 물리적으로 스타 형 접속 형태를 가지며, 각 스테이션들은 그림 5-16과 같이 두 쌍의 꼬임 선을 통해 허브와 연결되어 있다. 두 쌍의 꼬임 선은 스테이션과 허브 사이에 송신용과 수신용 두 개의 경로를 만들기 때문에 충돌은 허브 내부에서만 발생한다. 꼬임선 케이블의 최대길이는 케이블에서의 신호 왜곡을 최소화하기 위해 100m정도로 제한 한다.

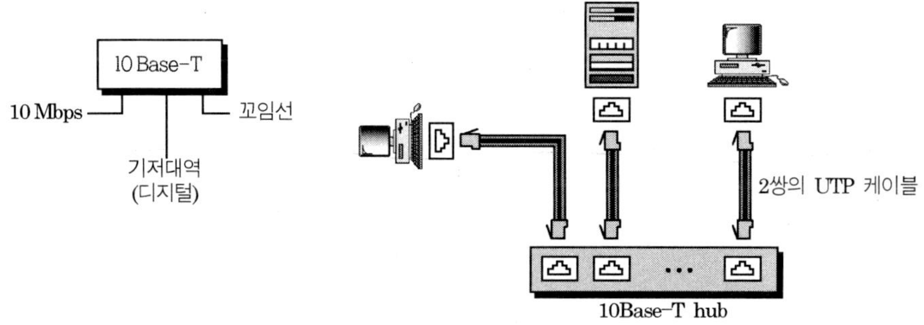

[그림 5-16] 10Base-T의 구현

10Base-F: 10Mbps 광 이더넷의 가장 일반적인 것이 10Base-F이며, 스테이션들을 허브에 연결하는 성형 접속 형태를 사용한다. 스테이션들은 그림 5-17에서와 같이 두 개의 광섬유 케이블을 사용하여 허브에 연결된다.

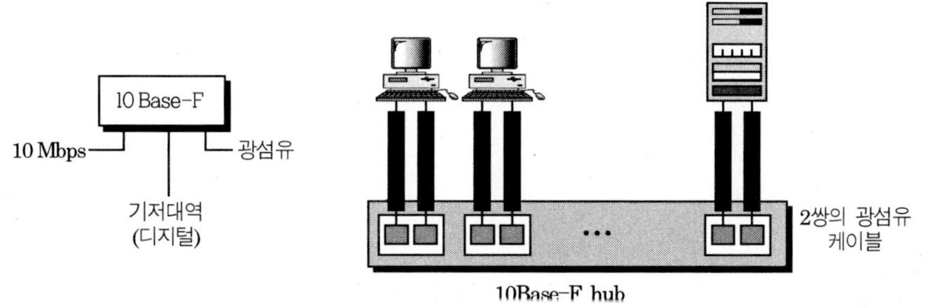

[그림 5-17] 10Base-F의 구현

지금까지 설명했던 이더넷 구현들을 요약해면 표 5-1과 같다.

표 5-1 표준 이더넷 구현들의 요약

특성	10Base5	10Base2	10Base-T	10Base-F
매체	굵은 동축케이블	얇은 동축 케이블	2 UTP	2 광섬유
최대 길이	500m	185m	100m	2000m
회선 부호화 방식	맨체스터	맨체스터	맨체스터	맨체스터

5.1.5 이더넷 표준의 보완

10Mbps 표준 이더넷은 여러 가지 보완을 거쳐 전송률이 더 높아졌다. 이러한 변화는 실제로 높은 데이터율의 다른 LAN과 호환되도록 이더넷이 급격히 발전하였기 때문이다.

(1) 브리지형 이더넷

브리지들을 사용하여 LAN을 분할하면 대역폭이 증가하고 충돌영역을 분리하는 두 가지 효과가 있다.

대역폭의 증가: 이더넷에서는 LAN의 용량을 송신하는 모든 스테이션들이 공유하지만, 하나의 스테이션만이 프레임을 송신하면 용량을 모두 사용할 수 있다. 브리지는 네트워크를 여러 개로 나눌 수 있어 나누어진 각 세그먼트는 대역폭 면에서는 서로 독립적이다. 만약 16개의 스테이션을 갖는 하나의 네트워크를 각각 8개의 스테이션을 가지도록 나누면, 각 세그먼트는 10Mbps의 용량을 가진다. 그러므로 각 세그먼트의 10Mbps용량은 브리지도 각 세그먼트에서 스테이션으로 동작하므로 9개의 스테이션들이 서로 공유한다.

충돌영역 분산: 세그먼트 당 수용하는 스테이션들의 개수가 적어지므로 충돌영역이 작아지고 충돌확률도 줄어든다. 만약 16개의 스테이션들이 접속된 LAN을 각각 4개의 스테이션들을 갖는 4개의 세그먼트로 나누어 하나의 브리지를 사용하여 연결한다면, 4개의 스테이션들이 매체에 접속하려고 경쟁한다.

(2) 교환형 이더넷

교환형 이더넷은 여러 개의 세그먼트를 갖는 대신 LAN에 *N*개의 스테이션들은 연결하는 *N*개의 포트 교환기를 사용할 수 있다. 이 방법은 대역폭을 하나의 스테이션과 교환기 사이에만 공유한다.

이러한 교환 층은 패킷을 좀 더 빠르게 교환하도록 하는 *N*-포트 브리지로 생각할 수 있으며 그림 5-18에서 보여주는 교환형 이더넷은 교환형 LAN 뿐만 아니라 더 빠른 이더넷으로 발전할 수 있다.

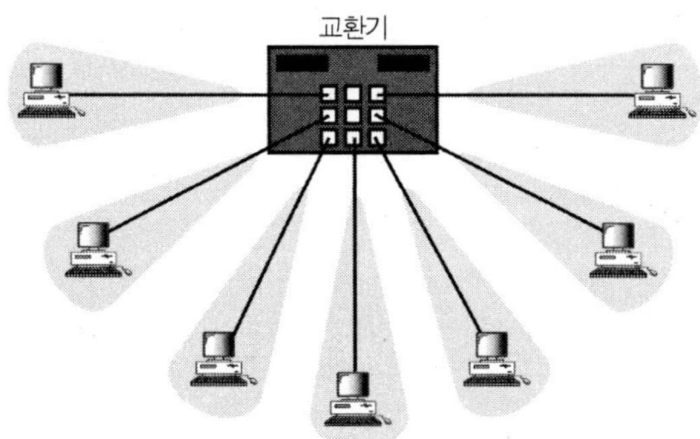

[그림 5-18] 교환형 이더넷

(3) 전이중 교환형 이더넷

전이중 교환형 이더넷은 교환형 이더넷의 반이중 방식을 전이중 모드로 통신할 수 있게 만든 것으로 용량이 10Mbps에서 20Mbps로 증가된다. 스테이션과 교환기 사이에 하나의 링크 대신에, 두 개의 링크를 사용하여 송수신이 분리된다.

전이중 교환형 이더넷의 각 스테이션은 두 개의 분리된 링크를 통해 스위치에 연결되어 있으므로 CSMA/CD가 필요 없으며, MAC 부계층은 반송파를 감지하거나 충돌을 탐지할 필요가 없다.

전이중 교환형 이더넷에서 오류 제어와 흐름 제어를 제공하기 위하여, MAC 제어라 부르는 새로운 부계층이 MAC 부계층과 LLC 부계층 사이에 추가되었다.

5.1.6 고속 이더넷

IEEE 802.3u는 FDDI나 광섬유채널과 같은 LAN 프로토콜과의 호환을 위해 표준화 되었다. 10배나 빠른 100Mbps의 데이터 율을 갖는 고속 이더넷은 일반 이더넷과 하위 레벨은 호환이 가능하며, 48-비트 주소 체계를 유지하고, 프레임 형식과 최소 프레임 길이 및 최대 프레임 길이는 동일하게 유지한다.

(1) MAC 부계층

100Mbps 고속 이더넷의 발전에서 고려해야 할 중요사항은 MAC 부계층을 그대로 유지하는 것이지만 버스형은 사용되지 않고 성형만 남았다. 성형에는 반이중과 전이중 두 가지 전송방식이 있는데, 반이중 방식에서 스테이션은 허브를 통해 연결되고 전이중에서는 각각의 포트가 버퍼를 가진 스위치를 통해 연결된다.

반이중 방식에서의 액세스 방식은 CSMA/CD로 동일하지만 전이중 고속 이더넷에서는 CSMA/CD가 필요 없으나 표준 이더넷과의 하위 레벨 호환성을 위해 CSMA/CD를 유지하였다. 고속 이더넷에서는 자동협상이라는 기능이 추가되었는데, 이 기능은 스테이션 또는 허브에게 어느 정도의 융통성을 제공한다. 이는 두 개의 장치들이 동작 모드 또는 데이터 율을 어떻게 할 것인지를 협상하도록 하여, 100Mbps의 최대 전송용량의 장치와 10Mbps의 장치와 같이 전송용량이 서로 다른 비호환 장치들 간의 통신이 가능하도록 해 준다.

(2) 물리층

고속 이더넷은 두 개 이상의 스테이션들이 함께 연결되어 구성되는데, 만약 두 개의 스테이션만 있다면 점-대-점으로 연결되고, 세 개 이상의 스테이션은 허브나 스위치를 통한 성형 접속 형태로 연결되어야 한다.

고속 이더넷은 UTP(100Base-TX)나 광섬유케이블(100Base-FX)인 2선식과 범주 3 UTP(100Base-T4)만으로 설계된 4선식으로 나눌 수 있다.

100Base-TX는 범주 5 UTP나 STP인 2쌍의 꼬임선 케이블을 사용한다. 이를 위해 대역 성능이 좋은 MLT-3 방식을 선택하였는데, MLT-3 방식은 자기 동기 라인 코딩 방식이 아니므로 0이나 1들의 긴 열(stream)이 발생하는 것을 방지하기 위해 4B /5B 블록 부호화를 사용한다.

100Base-FX는 물리적 성형 접속 형태에서 두 쌍의 광섬유 케이블을 사용하며, 부호화 방식으로는 NRZ-I을 채택하였다. 그러나 NRZ-I도 긴 열에 대해서 비트 동기 문제가 있으므로 이를 해결하기 위해 4B/5B 블록 부호화를 사용한다.

새로운 표준인 100Base-T4는 범주 3이나 그 이상의 UTP를 사용하도록 설계되었는데, 100Mbps 전송을 위하여 4쌍의 UTP를 사용하며 100Base-T4는 범주 3 UTP를 사용하므로, 100Mbps를 75Mbaud 신호로 바뀌는 부호화 방식의 사용이 필요하므로, 8B/6T 부호화기법을 사용한다.

표 5-2 고속 이더넷 구현 요약

특성	100Base-TX	100Base-FX	100Base-T4
매체	범주 5 UTP or STP	Fiber	Cat 4 UTP
회선 수	2	2	4
최대 길이	100m	100m	100m
블록 부호화	4B/5B	4B/5B	
회선 부호화	MLT-3	NRZ-I	8B/6T

5.1.7 기가비트 이더넷

동화상 회의 서비스나 IPTV와 같은 높은 데이터율의 요구하는 통신시장의 요구에 부응하여 전송률이 1000Mbps인 기가비트 이더넷 프로토콜이 등장하였다.

IEEE 802.3z로 표준화 된 기가비트 이더넷은 다음과 같은 목표로 설계되었다.

- 1Gbps 이상의 데이터 전송률
- 표준 또는 고속 이더넷과의 호환성 구축
- 동일한 48bit 주소 사용
- 프레임 형식 사용
- 동일한 최소와 최대 프레임 길이 유지
- 고속 이더넷에서 정의된 것과 같은 자동협상의 지원

(1) MAC 부계층

전이중 방식은 중앙의 교환기에 모든 컴퓨터나 다른 교환기들이 연결되는데, 각 교환기는 출력포트로 전송할 때까지 데이터를 저장하는 버퍼를 가지며, 충돌감지 절차가 필요없어 케이블의 최대 길이는 신호 감쇠로만 결정된다. 반이중방식을 기가비트 이더넷에서 사용할 경우 교환기 대신에 허브가 사용되므로 공유 케이블에서 충돌이 발생할 수 있으므로 CSMA/CD를 사용한다.

(2) 물리층

셋 이상의 스테이션들은 중앙의 허브나 교환기에 연결하는 성형 접속형태가 될 것이다. 또 다른 가능한 구성은 그림 5-19와 같이 여러 개의 성형 접속 형태로 연결하거나 다른 접속형태의 부분으로서 성형 접속형태 역할을 한다.

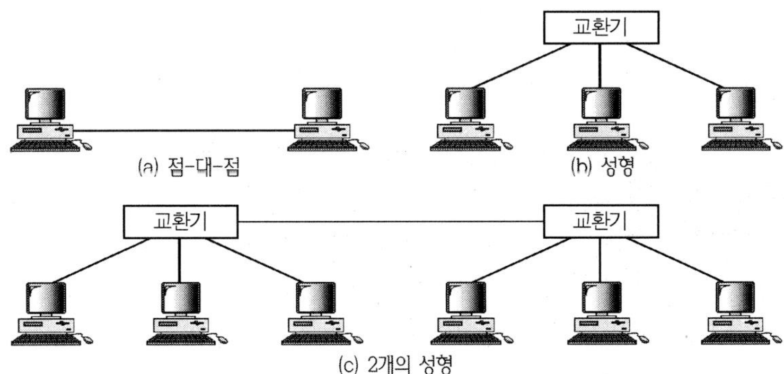

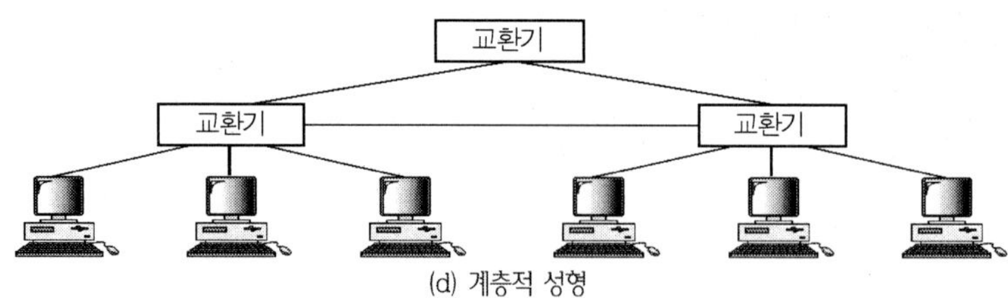

(d) 계층적 성형

[그림 5-19] 기가비트 이더넷의 접속형태

기가비트 이더넷은 2선식과 4선식으로 분류하는데, 2선식은 단파장 광섬유인 1000 Base-SX 또는 장파장 광섬유인 1000Base-LX를 사용하거나 STP를 사용하는 1000Base-CX가 있다. 4선식은 범주 5 꼬임선을 사용하는 1000Base-T가 있는데, 이미 배선된 기존 회선을 이용하려는 사용자들을 위해 설계되었다.

기가비트 이더넷은 2GBaud의 매우 높은 대역폭이 필요하므로 맨체스터 부호 기술을 사용할 수 없다. 꼬임선을 사용하는 기가비트 이더넷은 NRZ 부호를 사용하지만 NRZ는 자체 동기를 충분히 제공하지 않기 때문에 높은 데이터율의 비트 동기화를 위해 8B/10B 블록 부호화를 사용한다.

기가비트 이더넷에서 광섬유나 STP에서 하나의 선은 송신용으로 다른 하나는 수신용으로 사용한다. 4선 형식에서 입력을 위해 2선을, 출력을 위해 2선을 사용하려면 각 선들은 500Mbps를 송신해야 하므로 범주 5 UTP의 능력을 초과한다.

그러므로 이를 해결하기 위해 4D-PAM5 부호화가 사용된다. 따라서 모든 4선 형식은 입출력 모두를 담당하며 각 선은 범주 5 UTP 케이블의 최대 송신능력보다 낮은 250Mbps를 송신한다. 기가비트 이더넷 형식의 요약은 표 5-3과 같다.

표 5-3 기가비트 이더넷 형식 요약

특성	1000Base-5X	1000Base-LX	1000Base-CX	1000Base-T
매체	단파장 광섬유	장파장 광섬유	STP	범주 5 UTP
회선 수	2	2	2	4
최대 길이	550m	5000m	25m	100m
블록 부호화	8B/10B	8B/10B	8B/10B	
회선 부호화	NRZ	NRZ	NRZ	4D-PAM5

(3) 10기가비트 이더넷

고속 IP 전송에 대한 사용자의 요구가 높아지면서 10기가비트 이더넷은 IEEE 802. 3ae로 표준화 되었으며, 다음과 같은 목표로 설계하였다.

- 데이터 전송률을 10Gbps로 높임
- 기본, 고속 및 기가비트 이더넷과의 호환 가능
- 48bit 주소 사용, 동일한 프레임 형식과 동일한 프레임 길이 유지
- MAN이나 WAN으로부터 LAN으로의 내부연결 허용
- 프레임 중계와 ATM과 같은 기술과 호환 가능

10기가비트 이더넷은 전이중 모드로 동작하고, 물리층은 10GBase-S, 10GBase-L, 10GBase-E 세 가지 형식의 장거리 광섬유 케이블을 사용하도록 설계되었다.

표 5-4 10기가비트 이더넷 형식의 요약

특성	10GBase-S	10GBase-L	10GBase-E
매체	단파장 850-nm 다중 모드	장파장 1310-nm 단일 모드	확장 1550-mm 단일 모드
최대 길이	300m	10km	40km

EXERCISE

연/습/문/제 5.1

01 LAN 토폴로지의 4종류를 들고 간단히 설명하시오.

02 LAN에 사용되는 전송매체들에는 어떤 것들이 있는가?

03 LAN에 사용되는 전송매체들을 선택하는 요소들은 무엇인가?

04 이더넷의 CSMA/CD의 재전송 알고리즘을 설명하시오.

05 토큰링 방식에서 모니터 호스트를 지정하는 이유는 무엇인가?

06 토큰 버스 방식에서 토큰이 논리적 순서로 전달되려면 무엇이 필요한가?

07 프리엠블 필드와 SFD를 구별하는 방법은 무엇인가?

08 NIC는 네트워크에서 무슨 용도로 사용되는가?

09 브리지를 사용하여 이더넷을 분할하는 장점은 무엇인가?

10 교환기와 브리지는 어떤 관계인가?

11 전이중 이더넷에서 CSMA/CD가 필요하지 않은 까닭은?

12 10Mbps 이더넷들의 형식들의 종류와 차이점은 무엇인가?

13 고속 이더넷에서 자동협상의 기능은 무엇인가?

14 기가비트 이더넷 형식들의 종류별 특성을 설명하시오.

15 10-기가비트 이더넷 형식 3종류 별 특성을 설명하시오.

5.2 LAN 연결과 백본망

보통 LAN 세그먼트를 연결하여 LAN을 확장하거나 MAN 또는 인터넷에 접속할 때 연결 장치를 사용하는데, 이 장치들은 인터넷 모델의 여러 계층에서 동작할 수 있다.

5.2.1 연결 장치

연결 장치는 그림 5-20처럼 네트워크 어느 계층에서 동작하느냐에 따라 다섯 종류로 분류할 수 있는데, 이 연결 장치는 다음과 같은 것들을 포함하고 있다.

- 수동허브와 같이 물리층 이하에서 동작하는 장치
- 리피터나 능동허브처럼 물리층에서 동작하는 장치
- 브리지나 2계층 교환기처럼 물리층과 데이터링크층에서 동작하는 장치
- 라우터나 3계층 교환기처럼 물리, 데이터링크, 네트워크층에서 동작하는 장치
- 게이트웨이처럼 5계층 모두에서 동작하는 장치

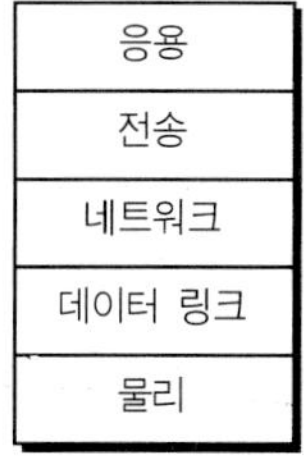

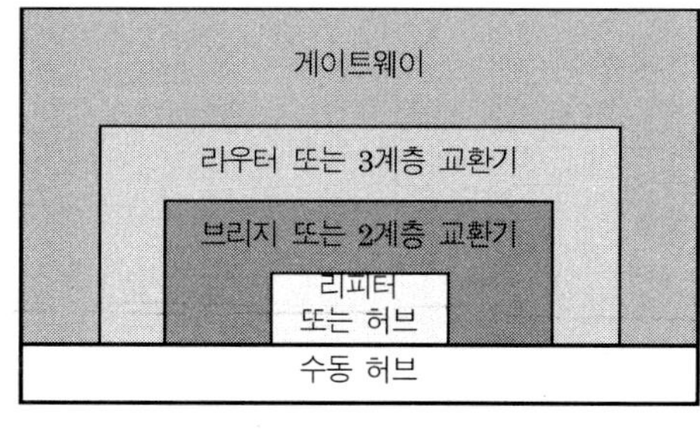

[그림 5-20] LAN 연결 장치

(1) 수동허브

수동허브는 서로 다른 지점의 선을 단순히 연결하는데, 성형 이더넷 LAN에서 수동허브는 매체의 일부이다.

(2) 리피터(repeater)

물리층에서만 동작하는 리피터는 신호를 수신하여 원래의 비트형태로 재생하므로, 그림 5-21에서와 같이 LAN의 물리적인 길이를 확장할 수 있다.

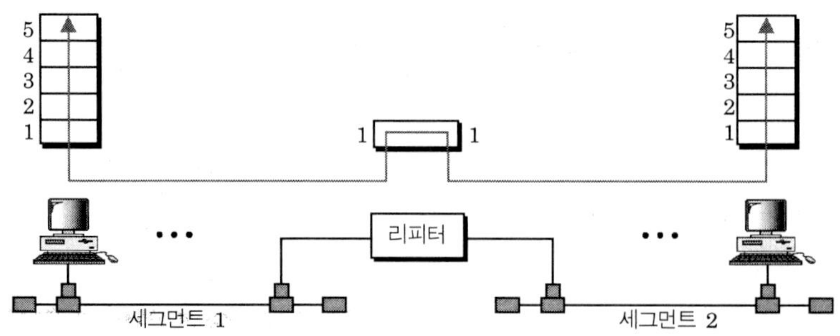

[그림 5-21] LAN 세그먼트를 연결하는 리피터

리피터는 같은 LAN의 분할된 세그먼트들을 연결하므로, 케이블의 길이가 500m로 제한되는 10Base5 이더넷의 문제를 해결할 수 있다.

리피터는 잡음이 비트들을 변형시키기 전에 신호를 재생해야 하므로, 링크에서 리피터의 위치는 중요하다. 변형된 신호가 먼 거리를 이동하면 누적되는 잡음으로 비트의 의미가 달라질 수 있다. 그러면 원래 신호 모양을 복구할 수 없으므로 오류 정정이 필요하다. 신호로 비트 해석이 가능한 곳에 설치된 리피터는 신호를 수신하여 비트 정보를 잘 판단하여 원래 형태로 재생할 수 있다.

(3) 능동 허브(active hub)

능동 허브는 수동 허브와 같이 다중포트 리피터로 보통 물리적으로 성형 토폴로지에서 단말기들을 연결한다. 10Base-T와 같은 여러 이더넷들에서 허브를 사용하는 것과 같이 허브는 다단 계층의 연결을 만드는데 사용될 수도 있으며, 허브를 계층적으로 사용한다면 10Base-T의 200m 길이 제한을 해결할 수 있다.

(4) 브리지(bridge)

브리지는 물리층과 데이터링크층에서 동작하는데, 물리층 기능으로는 수신하는 신호를 재생하고, 데이터링크층 기능은 프레임의 발신지와 목적지의 MAC 주소를 검사할 수 있다. 그러나 프레임의 MAC주소를 변경하지는 않는다.

브리지는 프레임의 목적지 MAC 주소를 검사할 수 있으므로 그 프레임의 계속 전달 여부를 결정하는 필터링 기능을 가진다.

투명 부리지는 LAN에 연결된 단말기가 브리지의 존재를 모르게 만드는 것으로, 시스템에 브리지가 하나 추가되거나 제거더라도 단말기들을 재구성할 필요가 없다. IEEE 802.1d 표준에 의하면 투명 브리지를 설치한 시스템은 반드시 다음 세 가지 조건을 갖추어야 한다.

- 모든 프레임은 한 단말기에서 다른 단말기로 보내져야 한다.
- 전달 테이블은 네트워크에서 프레임 이동을 학습함으로써 만들어진다.
- 시스템 내 루프는 반드시 방지되어야 한다.

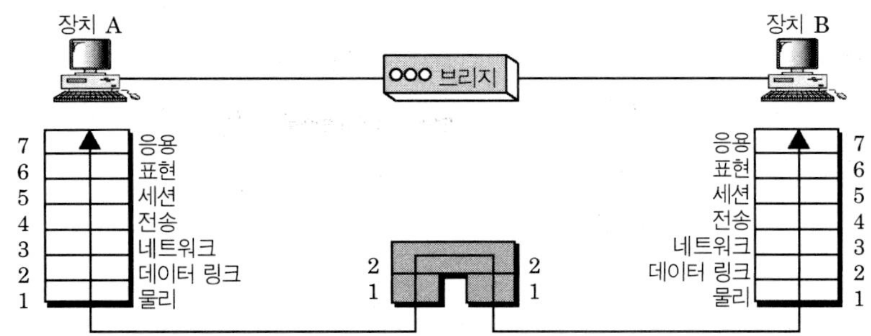

[그림 5-22] 두 LAN을 연결하는 브리지

시스템 관리자들은 시스템의 신뢰도를 높이려고 한 쌍의 LAN에 하나 이상의 브리지를 중복으로 설치하여 하나의 브리지가 고장 나면 수리 하거나 교체할 때까지 중복 설치된 다른 브리지가 시스템을 담당하도록 한다. 이러한 중복 설치로 인해 바람직하지 못한 루프를 형성할 수 있다. 이 문제 해결을 위해 IEEE 표준에서는 스패닝 트리 알고리즘을 사용하여 루프가 없는 토폴로지를 만들게 한다.

동적 알고리즘 : 각 브리지는 이 과정을 동적으로 수행하는 소프트웨어 패키지를 가지고 있어, 이들은 BPDU(bridge protocol data unit)로 부르는 특별한 메시지를 스패닝 트리의 갱신을 위해 상호 교환한다. 시스템 내에서 브리지의 고장, 브리지의 추가/삭제할 때 스패닝 트리가 갱신된다.

발신지 라우팅 브리지 : 중복 브리지가 포함된 시스템에서 루프를 방지하는 또 다른 방법은 발신지 라우팅 브리지를 사용하는 것이다. 발신지 라우팅 브리지를 가진 시스템에서 프레임 필터링, 전송과 블로킹을 포함한 투명브리지의 임무들은 발신지 스테이션과 일부 목적지 스테이션에서 수행된다.

발신지 라우팅에서 송신스테이션은 프레임이 반드시 거쳐야 할 브리지들을 정해 주어야 하므로, 이들의 주소가 프레임에 포함된다. 그러므로 프레임은 발신지와 목적지 주소뿐만 아니라 거쳐 가는 모든 브리지의 주소를 포함한다. 발신지에서 데이터 프레임을 전송하기 전에 목적지와 특별한 프레임들을 교환하여 이 주소들을 얻는다.

다른 종류의 LAN을 연결하는 브리지 : 이론적으로는 브리지가 서로 다른 프로토콜을 사용하는 LAN들을 연결할 수 있어야하지만, 데이터링크층에서 표준 이더넷과 무선 LAN을 연결하는 경우처럼 고려해야 할 사항들이 많다.

- 종류가 다른 LAN은 이더넷 프레임과 무선 LAN 프레임처럼 자체적인 프레임 형식을 갖는다.
- 데이터링크층의 어떤 프로토콜도 프레임의 분할과 재조립을 허용하지 않으므로, 수신되는 프레임이 목적지 LAN에서 너무 크다면 이를 폐기해야 한다.
- 각 LAN들의 전송률 차이를 브리지는 버퍼를 이용하여 조절해야 한다.
- 어떤 종류의 LAN들은 비트들을 전송하는 고유한 방식을 가지고 있다.
- 무선 LAN은 표준 이더넷에는 없는 데이터링크층에서 보안 방법을 실행하는 경우가 있어 무선 LAN에서 프레임을 수신하면 복호화를 해야 한다.
- 일부 LAN은 멀티미디어와 서비스 품질을 요구하는 통신을 지원한다.

(5) 2계층 교환기

2계층 교환기는 보다 빠른 전송률로 여러 개의 포트를 갖도록 설계한 브리지로 각 스테이션 별로 별도의 포트를 할당할 수 있다. 2계층 교환기는 수신된 프레임의 MAC 주소를 근거로 하여 필터링이 가능하고, 프레임을 보관할 수 있는 버퍼를 가질 수 있다. 아울러 프레임을 빠르게 전송하는 스위칭 요소도 가질 수 있어 컷-스루(cut-through)교환기라고 하는 새로운 2계층 교환기는 프레임의 헤더에 있는 MAC 주소를 검사하는 즉시 전송할 수 있다.

(6) 라우터

3계층 교환기 기능을 갖는 라우터는 논리주소로 패킷을 목적지로 보내는 라우팅을 수행한다. 보통 라우터는 인터넷에서 LAN과 WAN을 연결하고 라우팅 테이블의 정보를 사용하여 라우팅 경로를 결정한다.

그림 5-23은 인터넷에서 LAN과 WAN을 연결하기 위하여 라우터를 사용하는 것을 보여준다.

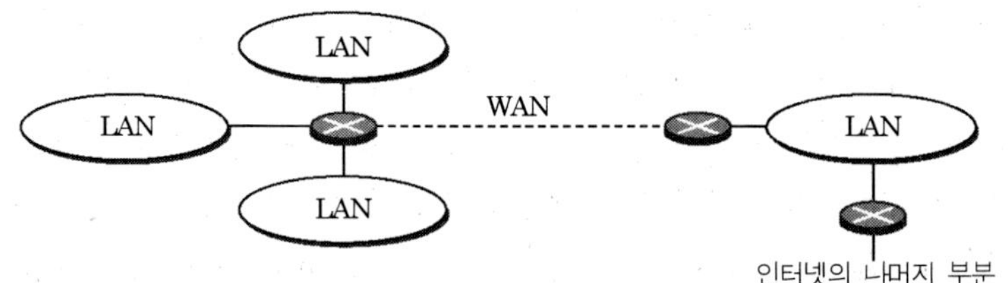

[그림 5-23] LAN과 WAN을 연결하는 라우터

(7) 3계층 교환기

3계층 교환기는 라우터의 일종이지만 스위칭 구조 때문에 테이블 검색과 전송 처리가 빠르지만 좀 더 복잡하다.

(8) 게이트웨이

게이트웨이는 인터넷 프로토콜 5계층 전체와 OSI 모델의 7계층 모두에서 동작하는 시스템으로 응용메시지를 받아서 읽고, 해석하므로 게이트웨이는 서로 다른 프로토콜을 사용하는 두 개의 인터넷 장치 사이를 연결할 수 있다. OSI 모델에 근거하여 설계된 네트워크를 인터넷 모델로 설계한 다른 네트워크와 연결할 때 이들을 연결하는 게이트웨이는 첫 번째 네트워크에서 들어온 프레임을 다음 네트워크에서 사용하는 프레임으로 변환하여 전달한다. 뿐만 아니라 게이트웨이는 원하지 않는 응용층 메시지를 걸러내는 등으로 보안 기능도 제공할 수 있다.

5.2.2 백본 네트워크(Backbone Network)

넓은 지역을 연결하는 큰 규모의 네트워크의 중심을 구성하는 중추적인 고속의 네트워크를 백본이라 부르는데, 다음에 소개하는 연결 장치들의 일부는 백본 네트워크에서 LAN들을 연결하는 데 사용할 수 있다. 백본 네트워크는 여러 LAN이 서로 연결되도록 허용하지만 스테이션을 직접 백본에 연결하지 않는다. 백본 자체가 이더넷과 같은 LAN 프로토콜을 사용하는 하나의 LAN이며, 백본에 연결된 것은 그 자체가 별도의 LAN이다. 백본의 형태는 여러 가지이지만 가장 많이 사용되는 것은 버스와 성형 구조이다.

(1) 버스 백본

버스 백본은 한 기관이 여러 건물에 나누어져 있을 경우 건물들을 연결하기 위한 분산 백본으로 사용한다. 캠퍼스 내의 단층이나 다층 건물을 연결하는 것이 버스 백본의 좋은 예이다.

버스 백본은 이런 LAN들과 백본들을 연결할 수 있고, 그림 5-24는 네 개의 LAN을 브리지로 연결한 예를 보여준다.

그림에서 만약 어느 한 LAN의 스테이션이 같은 LAN의 스테이션에게 프레임을 보내고자 하면, 해당 브리지가 프레임을 막아 이 프레임은 백본에 전달되지 않는다. 그러나 다른 LAN의 스테이션으로 프레임을 보낸다면, 해당 브리지는 이 프레임을 백본으로 통과시키고 적절한 브리지가 백본에서 프레임을 수신하여 목적지로 전달한다.

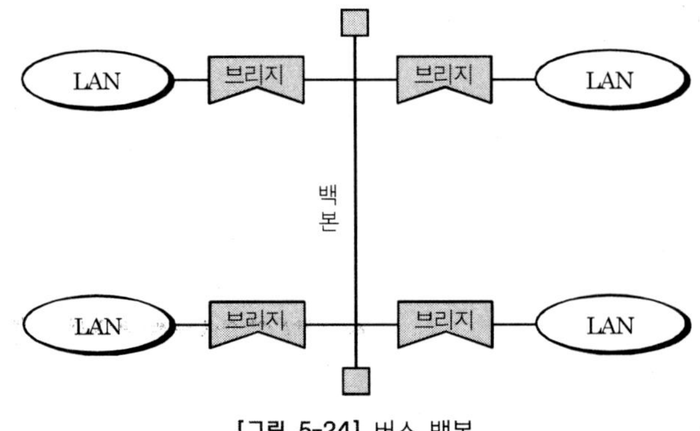

[그림 5-24] 버스 백본

백본에 연결된 각 브리지는 스테이션들이 브리지의 어느 쪽 LAN에 있는지를 나타내는 테이블을 가지고 있다.

(2) 성형 백본

성형 백본은 교환기형 백본이라고 부르며 백본의 토폴로지는 성형이고 LAN들을 연결하는 백본은 하나의 교환기이다. 그림 5-25는 성형 백본을 보여주는데, 이 구성에서 교환기가 백본의 역할과 동시에 LAN들을 연결한다.

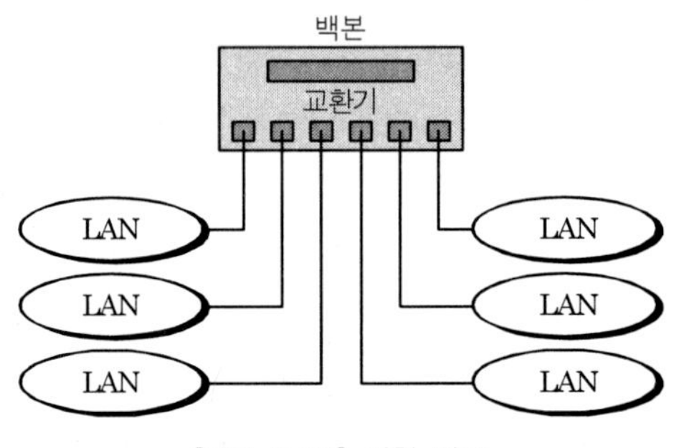

[그림 5-25] 성형 백본

성형 백본은 대부분 건물 내의 분산 백본으로서 사용되며, 여러 층 건물에서는 각 층을 담당하는 하나의 LAN이 있는데 성형 백본은 이 LAN들을 연결한다.

(3) 원격 LAN 연결

백본 네트워크의 또 다른 응용은 멀리 떨어져 있는 LAN들을 연결하는 것으로 이 백본 네트워크는 한 회사가 여러 지역에 별도의 LAN을 가진 사무실들이 있을 때 이 LAN들을 원격 브리지로 연결할 수 있다. 이 브리지는 LAN과 전용전화선이나 ADSL과 같은 점-대-점 네트워크를 연결하는 연결 장치로서 역할을 한다. 그림 5-26에 원격 LAN들을 연결하는 백본을 보여준다.

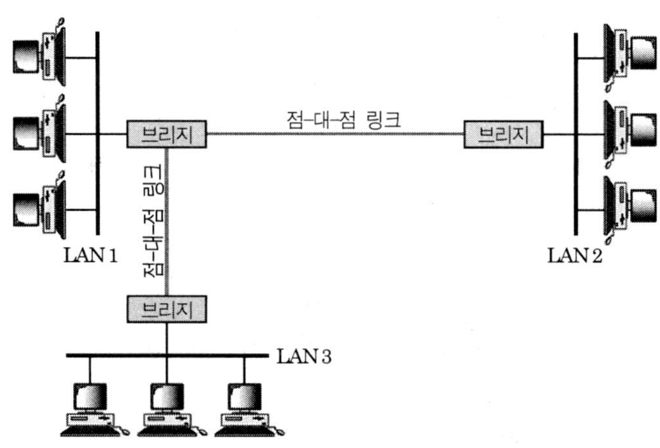

[그림 5-26] 브리지를 이용한 원격 LAN의 연결

5.2.3 가상 랜(Virtual Local Area Network)

일반적으로 하나의 스테이션이 물리적으로 어떤 LAN에 연결되어 있으면 그 스테이션은 그 LAN의 일부로 생각한다. 그러나 가상 LAN은 물리적이 아니라 소프트웨어에 의해 구성되는 LAN으로 정의할 수 있다.

이 개념을 이해하기 위해 그림 5-27과 같이 10개의 스테이션이 하나의 교환기로 연결된 3개의 LAN으로 그룹화 된 어떤 회사의 교환기 LAN을 살펴보자. 처음에 첫 번째 그룹 소속으로 4명의 직원이 함께 일을 하고, 다음 두 번째 그룹은 3명의 직원이 함께 일하고, 마지막 세 번째 그룹에는 3명의 직원이 소속되어 함께 일한다. 최초의 LAN은 이런 조직의 형태에 맞추어 그림과 같이 구성되었다.

그 후 첫 번째 그룹에서 소속 2명의 직원을 세 번째 그룹으로 이동시켜 그 그룹의 일을 빨리 진행시키려 한다면 직원들의 재배치에 따라 LAN 구성을 바꾸어야 한다. 다음에 그 일이 끝나 2명의 직원이 원래 소속으로 복귀할 때는 최초의 LAN 구성으로 되돌아가야 한다.

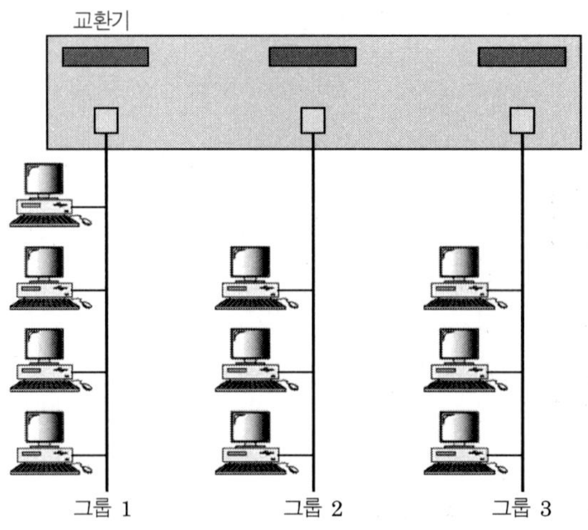

[그림 5-27] 세 개의 LAN을 연결하는 교환기

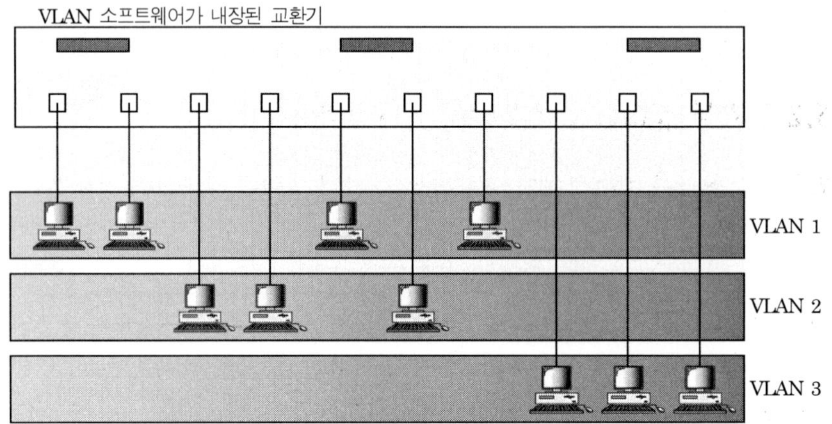

[그림 5-28] VLAN 소프트웨어를 사용하는 교환기

VLAN의 개념

VLAN 기술의 개념은 LAN을 물리적인 세그먼트가 아닌 논리적인 세그먼트로 분할하는 것을 말하는데, 그림 5-27은 하나의 교환기 LAN을 세 개의 VLAN으로 분할한 것을 보여준다. 각 VLAN은 조직 내의 작은 그룹을 수용하는 LAN으로, 한 사람이 어느 그룹에서 다른 그룹으로 이동하더라도 물리적 구성을 바꾸지 않는다. VLAN에 수용하는 소속원 자격은 하드웨어가 아닌 소프트웨어로 정의하므로 어떤 스테이션이라도 다른 VLAN으로 논리적으로 이동시킬 수 있다. 하나의 VLAN에 속하는 모든 소속원은 그 VLAN으로 수신되는 브로드캐스트 메시지를 수신할 수 있다.

VLAN의 장점

다른 세그먼트나 교환기로 하나의 스테이션을 재배치하는 물리적인 재구성은 시간과 비용이 많이 들지만 소프트웨어를 이용하여 이동시키면 훨씬 쉽고 빠르다. 이렇게 VLAN은 한 그룹에서 다른 그룹으로 이동하는 경비를 줄일 수 있다.

예를 들어 대덕연구단지와 같이 연구소들이 모여 있는 환경에서 동일한 프로젝트에 참여하는 연구원들이 물리적으로 떨어진 다른 연구소에 소속되더라도 VLAN을 활용하면 서로 브로드캐스트 메시지를 주고받을 수 있다.

VLAN은 같은 그룹에 속하는 사람들은 다른 그룹의 메시지를 수신할 수 없도록 특별한 보안을 제공하므로, 확실한 보장 하에 브로드캐스트 메시지를 송신할 수 있다.

5.2 연/습/문/제

EXERCISE

01 증폭기와 리피터의 차이점은 무엇인가?

02 두 네트워크를 연결하는 브리지에 필터링 기능이 있는 이유는 무엇인가?

03 투명한 브리지란 무엇을 뜻하는가?

04 LAN의 길이를 확장하는 방법에는 무엇이 있는가?

05 허브와 리피터는 어떤 관련이 있는지 설명하시오.

06 스패닝 트리 알고리즘이란 무엇인가?

07 백본 LAN을 구성하는 목적은 무엇인가?

08 VLAN으로 기업 자체 네트워크를 구성하면 장점은 무엇인가?

09 브리지와 라우터 중 오버헤드가 큰 것은 무엇이며, 그 이유는?

5.3 SONET/SDH

이 절에서는 장거리 네트워크들 사이에서 다량의 데이터를 전송하는 전달 망으로 사용되는 장거리 네트워크 SONET/SDH를 다룬다.

광섬유는 대역폭이 넓어 현재 사용자들의 요구가 높아지는 동영상과 같은 높은 데이터율이 필요한 것과 낮은 데이터 율의 정보를 다량으로 전송하는데 적합하다. 그러므로 높은 데이터율과 넓은 대역폭을 필요로 하는 IPTV나 3DTV 등의 기술 발전에 따라 광섬유 통신은 더 각광을 받고 있다.

대표적인 통신 관련 표준화 기관인 ITU-T와 미국의 ANSI 등에서 각각 독립적으로 표준화를 진행했지만 기본적으로 유사하며 상호 호환이 가능하다.

ITU-T에서 만든 표준은 동기 디지털 계층구조(SDH; Synchronous Digital Hierarchy)로 부르고, ANSI의 표준은 동기식 광통신망(SONET; Synchronous Optical Network)라고 한다. SONET/SDH는 동기적 TDM 다중화를 사용하는 네트워크이므로 이 시스템에서 모든 클록들은 마스터 클록에 동기화 되어야한다.

5.3.1 구조

먼저 신호, 장치와 연결을 포함한 SONET시스템의 구조를 소개하면 다음과 같다.

(1) 신호

SONET은 동기전송신호(STS)라고 부르는 전기적 신호방식 수준의 계위를 정의하는데, 각 STS수준들은 표 5-5에서 보듯이 초당 메가비트로 표시되는 특정한 데이터 율을 지원한다.

데이터를 실어 나르는 광 신호를 광 반송자(OC; optical carrier)라 하며, SDH는 동기전송모듈(STM; synchronous transport module)이라고 하는 유사 시스템을 정의한다. STM은 현재 사용되는 E회선과 같은 유럽식 계층구조와 북미식 STS 레벨이 호환 가능하도록, 가장 낮은 STM 레벨인 STM-1을 STS-3와 정확히 일치하도록 155.520Mbps로 정의하였다.

표 5-5를 살펴보면 여기서 가장 낮은 레벨인 STS-1의 데이터 율은 51.840Mbps로 DS-3 서비스의 데이터율 44.736Mbps보다 훨씬 크지만, 실제로는 STS-1은 DS-3과 동등한 데이터 율을 제공하기 위해 설계된 것이다. 이들 간의 용량 차이는 광 시스템의 오버헤드 때문이다.

표 5-5 SONET/SDH 계위별 데이터율

STS	광반송자	데이터률(Mbps)	STM
STS-1	OC-1	51.840	
STS-3	OC-3	155.520	STM-1
STS-9	OC-9	466.560	STM-3
STS-12	OC-12	622.080	STM-4
STS-18	OC-18	933.120	STM-6
STS-24	OC-24	1244.160	STM-8
STS-36	OC-36	1866.230	STM-12
STS-48	OC-48	2488.320	STM-16
STS-96	OC-96	4976.640	STM-32
STS-192	OC-192	9953.280	STM-64

STS-3의 데이터 율은 정확히 STS-1의 3배이고, STS-18의 데이터율은 STS-9 데이터율의 두 배이므로, 18개의 STS-1 채널들을 하나의 STS-18로 다중화할 수 있고, 6개의 STS-3채널들을 하나의 STS-18 채널로 다중화할 수 있다.

(2) SONET 장치

그림 5-29는 SONET 장치들을 사용한 간단한 링크인데, 기본 장치인 STS 다중화기/역다중화기, 리피터, 추가/삭제 다중화기와 단말이 SONET 전송을 수행한다.

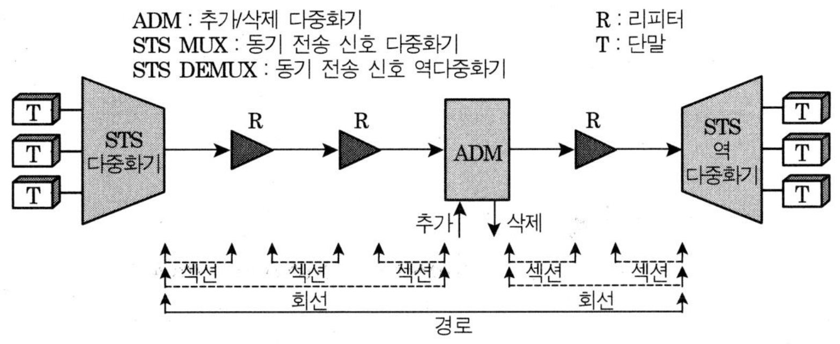

[그림 5-29] SONET 장치를 사용한 간단한 네트워크

SONET 링크의 시작과 끝에서 위치하는 STS 다중화기/역다중화기는 전기적 네트워크와 광 네트워크 사이의 인터페이스를 제공한다. STS 다중화기는 여러 개의 전기적 송신장치에서 오는 신호들을 다중화 하여 광 신호를 만들며 STS 역다중화기는 광 신호를 해당되는 여러 개의 전기 신호들로 만든다.

리피터는 일종의 중계기로 링크의 길이를 확장시켜 주는 것으로, 수신된 광신호를 받아서 전기 신호로 재생한 후 이 신호를 해당 광신호로 다시 변조한다. SONET 리피터는 데이터의 오버헤드 정보 일부를 변경하는 기능도 있다.

추가/삭제 다중화기(ADM)는 신호의 삽입과 추출이 가능한데, 다른 발신지에서 온 STS들을 주어진 경로에 추가하거나 한 경로에서 필요한 신호를 제거하여 전체 신호를 다중화하지 않고도 재설정할 수 있다. 이 다중화기는 각 스트림들을 구별하기 위해 주소와 포인터와 같은 헤더 정보를 사용한다.

그림 5-29에 보인 간단한 구성처럼, 여러 개의 전기신호들이 STS 다중화기로 입력되어 하나의 광신호로 결합되고, 이 광신호는 리피터로 보내지며 리피터는 전송 도중에 발생한 잡음을 제거하여 원래 신호를 재생한다. 그 다음, 여러 발신 장치들에서 오는 재생된 신호들은 추가/삭제다중화기로 입력되며, 추가/삭제 다중화기는 이 신호들을 식별하여 데이터 프레임의 정보에서 지시한 대로 송신한다.

SONET 네트워크의 서비스를 사용하는 장치를 단말기라고 하며, 인터넷의 백본 역할을 하는 SONET 네트워크에 연결되는 라우터들도 단말기가 될 수 있다.

(3) SONET 장치들 간의 연결

SONET 장치들은 섹션(section), 회선(line)과 경로(path)로 연결되는데, 섹션은 다중화기에서 다중화기, 다중화기에서 리피터, 또는 리피터에서 리피터와 같이 2개의 이웃한 장치를 연결하는 광 링크를 말한다. 회선은 STS 다중화기에서 추가/삭제 다중화기, 두 개의 추가/삭제 다중화기, 또는 두 개의 STS 다중화기와 같이 두 개의 다중화기 사이를 연결하는 네트워크 부분이다. 경로는 두개의 STS 다중화기 사이의 종단-대-종단 네트워크 부분이다.

5.3.2 SONET/SDH 계층

SONET 표준은 광학계층과 섹션계층, 회선계층, 경로계층의 4가지 기능적인 계층을 포함하며 이 층들은 물리 계층과 데이터링크 계층에 해당한다.

경로계층은 발신지에서 목적지까지 광신호를 이동시켜주는데, 발신지에서 전기신호는 광신호 형태로 변환되어 다른 신호들과 다중화 되고 하나의 프레임으로 캡슐화 된다. 목적지에서 수신된 프레임은 역다중화되어 전기신호로 변환된다. 이 계층에서 경로층 헤드를 추가하고, STS 다중화기는 위 기능을 처리한다.

OSI 7 계층	SONET 계층
데이터 링크 계층	경로 계층
	회선 계층
	섹션 계층
물리 계층	광 계층

[그림 5-30] OSI 또는 인터넷 계층과 비교된 SONET 계층

회선계층은 물리적인 회선을 건너 신호를 전달하는 것을 책임지고, 회선층 헤드를 추가하며 STS 다중화기와 추가/삭제 다중화기가 이 기능을 수행한다.

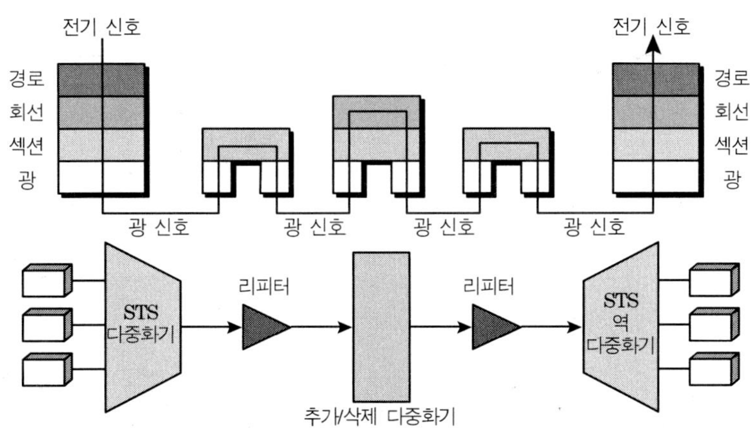

[그림 5-31] SONET에서의 장치와 계층 사이의 관계

물리층에 대응되는 광학계층은 광섬유 채널의 사양, 수신기의 감도, 다중화 기능 등을 포함하며, NRZ 부호화를 사용하여 빛이 전송되는 경우는 1이고, 빛이 없는 경우는 0이다.

그림 5-31은 SONET 전송에 사용되는 장치와 표준의 4계층 사이의 관계를 나타내는데, STS 다중화기는 4계층장치이고, 추가/삭제 다중화기는 3계층장치이며 리피터는 2계층장치이다.

5.3.3 SONET 프레임

SONET에서 각 동기전송신호 STS-n은 8,000 프레임으로 구성되며, 각 프레임은 9행과 90×n열을 갖는 이차원적인 바이트의 행렬이다. 그림 5-32는 STS-1과 STS-n의 일반적인 형식을 보여주고 있다.

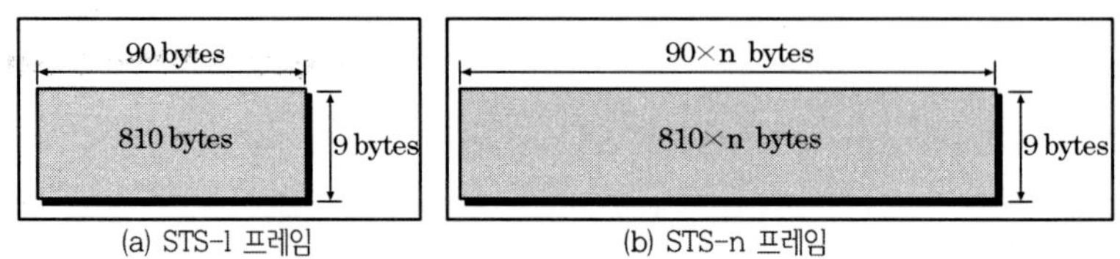

[그림 5-32] STS-1과 STS-n 프레임

(1) 프레임, 바이트와 비트의 전송

SONET에서는 각각의 STS-n 신호가 초당 8000프레임의 고정된 비율로 전송되는데, 이것은 음성을 디지털화하는 비율과 같다. 각 프레임의 바이트들은 그림 5-33처럼 왼쪽에서 오른쪽으로, 맨 위쪽에서 맨 아래쪽 방향으로 전송된다.

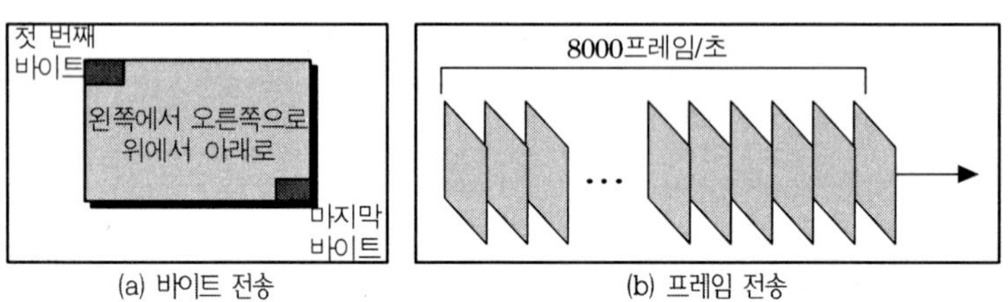

[그림 5-33] 전송중인 STS-1 프레임

각각의 STS-n 신호가 음성을 디지털화하는 비율과 같아 SONET 프레임의 각 바이트는 디지털화된 음성 채널에서 오는 정보를 운반할 수 있다. STS-1신호 하나는 동시에 810에서 오버헤드 바이트를 제외하고 774음성채널을 전달할 수 있다.

SONET에서는 초당 8,000 프레임이 송신되므로 STS-1, STS-3이나 STS-n 프레임의 지속길이는 동일하며 1/8000초 또는 125μs이다.

(2) STS-1 프레임 형식

STS-1 프레임의 기본 형식은 그림 5-34와 같으며, SONET 프레임은 90 옥텟짜리가 9행으로 된 행렬로 총 810바이트이다. 프레임의 첫 3열은 섹션과 회선 헤드인데, 첫 3열의 윗부분 3행은 섹션 오버헤드이고 아래의 6행은 회선오버헤드로 사용된다. 프레임의 마지막 부분은 SPE(synchronous payload envelope)라 하며 사용자 데이터 레벨에서 필요한 경로 오버헤드를 포함한다.

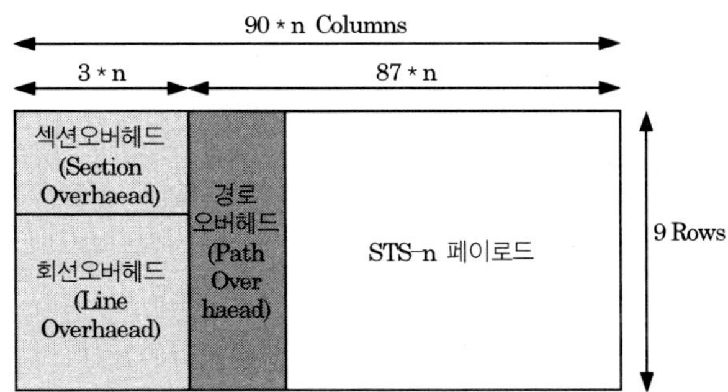

[그림 5-34] STS-1 프레임 오버헤드

섹션 오버헤드는 그림 5-35에서 보는 것과 같이 9옥텟으로 이루어지며, 이 옥텟들의 이름과 기능들을 다음과 같다.

- **정렬 바이트(A1과 A2)**는 프레임이 도착하고 있다는 것을 수신기에게 알리고 동기를 맞추도록 미리 결정된 비트 패턴을 수신기에 제공한다. A1은 "1110110", A2는 "00101000"의 값을 갖는다.
- **섹션 페리티 바이트(B1)**는 리피터 구간 오류 감시 기능을 위한 비트 교직 패리티(BIP-8, bit interleaved parity) 바이트로 이전 프레임의 모든 바이트에 대해 계산된 값이다.
- **식별 바이트(C1)**는 STS-1 프레임이 더 높은 전송률을 내기 위해 다중화 될 때 프레임을 식별하기 위해 사용하는 식별 바이트이다.
- **관리 바이트(D1, D2와 D3)**는 데이터통신 채널이라고 불리는 192-bps 채널(3×8000×8)을 함께 구성한다.
- **오더와이어 바이트(E1)**는 타합선 리피터 상호간 또는 리피터와 단말기간의 음성 타합에 사용되며, 연속 프레임에서는 64kbps 채널을 형성한다.

- **사용자 바이트(F1)**는 연속 프레임의 F1바이트로 섹션 레벨에서 사용자의 필요를 위해 마련된 64kbps의 채널을 형성한다.

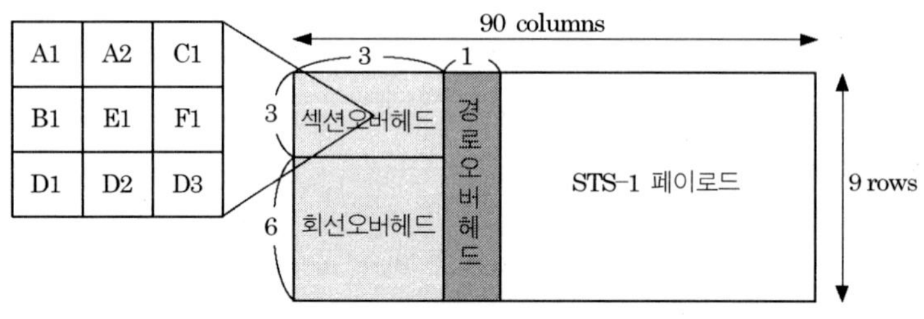

[그림 5-35] 섹션 오버헤드

회선 오버헤드는 다중화기 에서 확인되는 오버헤더로 리피터들을 투명하게 통과한다. 이 바이트들의 이름, 기능과 구성을 그림 5-36에서 보여주고 있다.

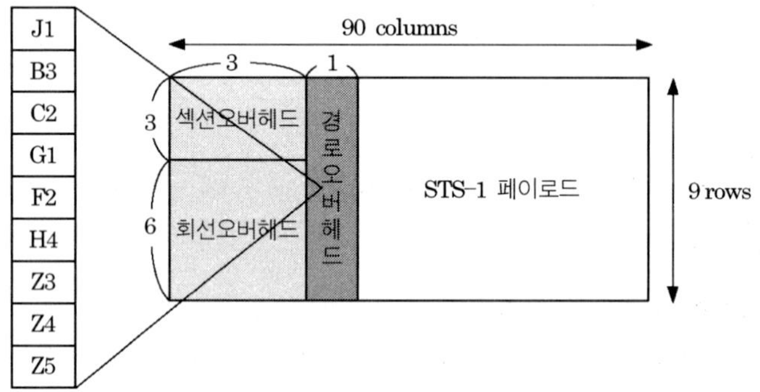

[그림 5-36] 회선 오버헤드

- **회선 패리티 바이트(B2)**는 B1과 같이 비트교직 패리티 기능을 수행하지만 섹션 오버헤드를 검사하는 것이 아니라 회선 오버헤드를 검사한다.
- **데이터 통신 채널 바이트(D4에서 D12까지)**는 연속 프레임에서 576kbps 채널을 제공하며, D1, D2, D3과 같은 기능을 제공하지만 섹션 구간에서보다는 오히려 회선 수준에서 서비스를 제공한다.
- **오더와이어 바이트(E2)**는 연속 프레임에서 64kbps 채널을 제공하며 회선부분에서 E1 오더와이어 바이트와 같은 기능을 제공한다.
- **포인터 바이트(H1, H2와 H3)** 의 처음 두 바이트는 프레임 내의 SPE의 오프셋을 나타내기 위해 사용되며 세 번째는 자리맞춤용이다.

- **자동 보호 교환 바이트(K1과 K2)**는 연속프레임에서 회선종료 장치 내에서 문제의 자동적인 검출을 위해 사용되며 128kbps 채널을 형성한다.
- **성장 바이트(Z1과 Z2)**는 앞으로의 사용을 위한 예비용이다.

경로 오버헤드는 그림 5-37에서 보듯이 페이로드 내에 있으며 SONET 종단 간의 페이로드 전송을 지원한다. 바이트들의 이름, 기능, 구성을 소개하면다음과 같다.

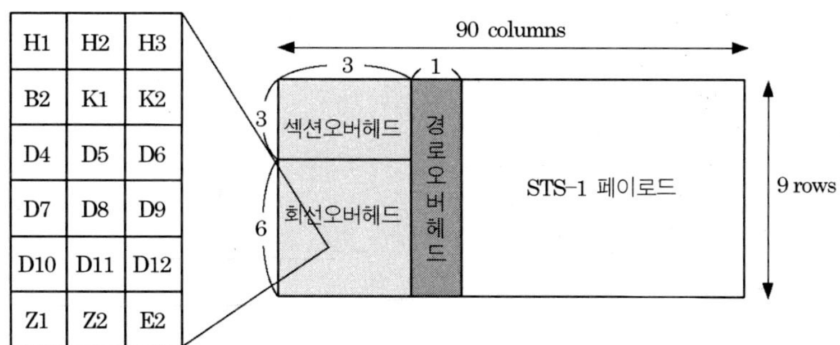

[그림 5-37] 경로 오버헤드

- **경로 패리티 바이트(B3)**는 바이트 B1과 B2와 같이 비트 교직 패리티를 위한 것이며 실제로는 스트림에서 이전 SPE에 대해 계산된다.
- **경로신호 표지 바이트(C2)**는 경로 식별 바이트로 SPE로 운반되는 데이터를 제공하는 서로 다른 IP 또는 ATM과 같은 상위 레벨 프로토콜을 식별한다.
- **경로 사용자 채널 바이트(F2)**는 F1바이트처럼 경로 레벨에서의 사용자 요구를 위해 예비된 64kbps채널을 형성한다.
- **경로 상태 바이트(G1)**는 송신기로 자신의 상태를 전달하기 위해 수신기가 보내는데, 통신이 양방향일 때 역방향 채널로 보내진다.
- **다중프레임 지시자(H4)**는 다중프레임 지시자로 한 프레임 안에 수용될 수 없는 페이로드를 표시한다.
- **경로 추적 바이트(J1)**는 경로를 추적에 사용되는 64kbps 채널을 형성하며 연결을 입증하려고 연속적인 64바이드 스트림을 전송한다. 수신기는 경로 레벨에서 통신에 이상이 없음을 보장하기 위해 패턴을 이전 패턴과 비교한다.
- **성장 바이트(Z3, Z4와 Z5)**는 앞으로 사용하기 위한 예비용이다.

표 5-6 ET 오버헤드 요약

바이트 기능	섹션	회선	경로
정렬	A1, A2		
패리티	B1	B2	B3
식별자	C1		C2
OA&M	D1-D3	D4-D12	
오더와이어	E1		
사용자	F1		F2
상태			G1
포인터		H1-H3	H4
경로 추적			J1
고장 감내		K1, K2	
성장 바이트(예비)		Z1, Z2	Z3-Z5

(3) 캡슐화

SPE는 STS-1 프레임에 캡슐화 되어야 하는데, 이러한 캡슐화는 두 가지 문제를 발생시킬 수 있는데 H1에서 H3까지의 포인터를 사용하는 SONET에 의해 무난하게 처리된다. 여기서는 이 바이트들의 용도를 소개한다.

- **오프셋 설정(Offsetting)** : SONET에서는 하나의 SPE가 일부는 첫 프레임에 실리고 나머지 부분은 두 번째 프레임에 넣도록 하는 것이 가능하다. 이것은 캡슐화 될 SPE가 현재 지나가고 있는 동기화된 프레임과 시간적으로 정렬이 되지 않았을 경우이다. 첫 바이트 집합은 첫 프레임에 캡슐화 되고 두 번째 집합은 두 번째 프레임에 캡슐화 된다. 포인터 H1과 H2는 SONET 다중화기에게 프레임에서 SPE가 시작되는 지점을 알려주기 위해 사용한다.
- **자리맞춤(Justification)** : 페이로드의 전송률이 SONET의 전송률보다 조금 높을 경우는 SONET이 별도의 바이트가 H3 바이트에 삽입되는 것을 허용한다. 그리고 페이로드의 전송률이 조금 낮은 경우는 프레임에 한 바이트가 빈 채로 남겨질 필요가 있는데, SONET은 이 바이트를 H3바이트의 다음 바이트가 되도록 한다.

5.3.4 STS 다중화

SONET에서 STS-1과 같은 낮은 전송률의 프레임들을 보다 높은 전송률의 프레임으로 시분할 다중화 할 수 있다. 세 개의 STS-1 채널들은 하나의 STS-3 채널로 결합될 수 있고, 네 개의 STS-3은 하나의 STS-12로 다중화 될 수 있다.

(1) 바이트 인터리빙

SONET에서는 바이트 인터리빙을 사용하여 동기 TDM 다중화를 수행하는데, 세 개의 STS-1 신호를 하나의 STS-3 신호로 다중화 할 때, STS-3 신호의 각 3바이트는 3개의 STS-1 신호에서 오는 1바이트들을 결합한 것이다.

STS-1 프레임의 바이트는 행의 위치를 유지하나 다른 열로 이동하며, STS-n 프레임의 열의 수는 STS-1 프레임의 열의 수의 n배이다. 그러므로 STS-n 행 하나는 STS-1 프레임의 n개 행을 모두 수용할 수 있다.

또한 바이트 인터리빙은 대응하는 섹션과 회선 오버헤드를 유지하며 세 개의 STS-1 프레임에서 온 섹션 오버헤드들은 하나의 STS-3 프레임의 섹션 오버헤드를 만들기 위해 함께 인터리빙 된다. 회선 오버헤드도 같은 방식을 사용지만 각 채널은 제어하는 데 사용된 해당 바이트를 유지한다.

역다중화기는 기능이 아닌 바이트의 위치만으로 역다중화를 수행함으로 통계적 TDM에서 보다 쉽다. 바이트의 기능에 대한 고려 없이 첫 A1을 떼어내어 첫 번째 STS-1에 할당하고, 두 번째 A1을 떼어내어 두 번째 STS-1에 할당하며, 세 번째 A1을 떼어내어 세 번째 STS-1에 할당한다.

높은 데이터율의 신호들을 다중화 할 때 바이트 인터리빙 처리과정은 조금 더 복잡한데, 네 개의 STS-3 신호를 하나의 STS-12 신호로 다중화 할 경우, 두 단계로 이루어질 수 있다. 먼저 STS-3 신호들을 12개의 STS-1 신호로 역다중화한 후 이 12개의 STS-1 신호들을 STS-12 신호로 다중화 한다.

(2) 연결 신호(Concatenated Signal)

SONET는 일반적으로는 n개의 STS-1 신호로 STS n 신호를 만든다. 그러나 n개의 STS-1이 운반할 수 있는 것보다 높은 데이터율을 갖는 STS-n 신호를 만들 수도 있다. 이 신호는 n개의 STS-1 신호들로 역다중화 할 수 없는 하나의 STS-n 신호이므로, 역다중화 될 수 없다는 것을 나타내기 위하여 연결을 표시하는 첨자 c를 신호의 이름에 붙인다.

STS-3*c*는 3개의 STS-1 신호로 역다중화 될 수 없는 신호이므로, STS-3*c* 신호 내의 전체 페이로드는 하나의 SPE이며 이것은 경로 오버헤드가 단지 하나의 열인 9바이트만 가진다는 것을 의미한다.

ATM 셀을 운반하는 연결신호: ATM 망은 각 셀이 53바이트의 고정 크기를 가진 셀 네트워크이므로, STS-3*c* 신호의 SPE는 ATM 셀들의 운반할 수 있다. STS-3*c*의 SPE는 9×260=2340바이트를 운반할 수 있으므로 각 53바이트인 ATM 셀을 대략 44개 수용할 수 있다.

(3) 추가/삭제 다중화기(Add/Drop Multiplxer)

STS 다중화기는 여러 개의 STS-1 신호를 STS-*n* 신호로 다중화 하고 역다중화기는 STS-*n* 신호를 *n*개의 STS-1 성분으로 역다중화 한다. 그러나 그 사이에서 SONET는 하나의 신호를 다른 신호로 대치할 수 있는 추가/삭제 다중화기를 사용하는데, 추가/삭제 다중화기는 섹션 층에서 동작하며 추가/삭제 다중화기는 섹션, 회선이나 경로 오버헤드를 만들지 않는다. 교환기와 유사한 동작을 하며 STS-1 신호 하나를 제거하고 다른 신호를 추가한다. 추가/삭제 다중화기의 입력과 출력에서의 신호 종류는 동일하며, 추가/삭제 다중화기(ADM)는 섹션과 회선 오버헤드에 있는 바이트들 포함하여 단지 해당 바이트들을 제거하고 새 바이트들로 대치한다.

5.3.5 SONET 망

SONET 장치들을 사용하여 SONET 망을 만들 수 있는데, 이 망은 ATM이나 IP와 같은 다른 망으로부터 오는 데이터를 운반하는 고속의 백본으로 활용할 수 있다. 이 SONET 망은 선형망, 링망과 그물망의 세 종류로 나눌 수 있다.

(1) 선형망

선형 SONET 망은 다음과 같이 점-대-점이나 다중점 형태가 될 수 있다.

점-대-점 망: 그림 5-38에서 보듯이 점-대-점 망은 하나의 STS 다중화기와 하나의 STS 역다중화기로 만들어진다. 리피터는 없어도 되지만 있을 수도 있고 추가/삭제 다중화기는 없어도 된다. 신호 흐름은 단방향 또는 양방향이 될 수 있다.

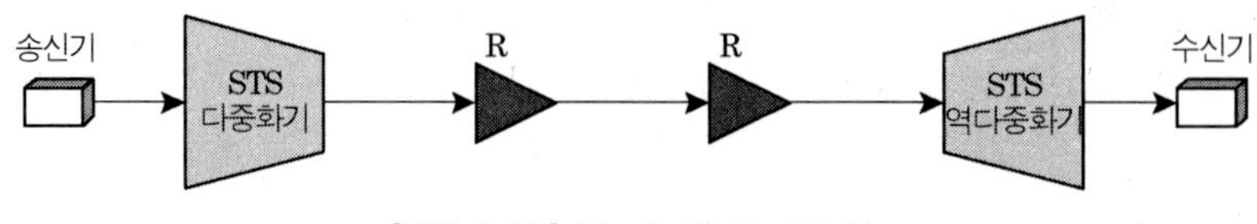

[그림 5-38] 점-대-점 SONET 망

다중점 망은 여러 개의 단말들 사이에서 통신이 가능하도록 ADM을 사용하는데, ADM은 연결된 단말에 속하는 신호를 제거하고 다른 단말에서 전송된 신호를 추가한다. 각 단말기는 그림과 같이 하나 이상의 단말로 데이터를 보낼 수 있다.

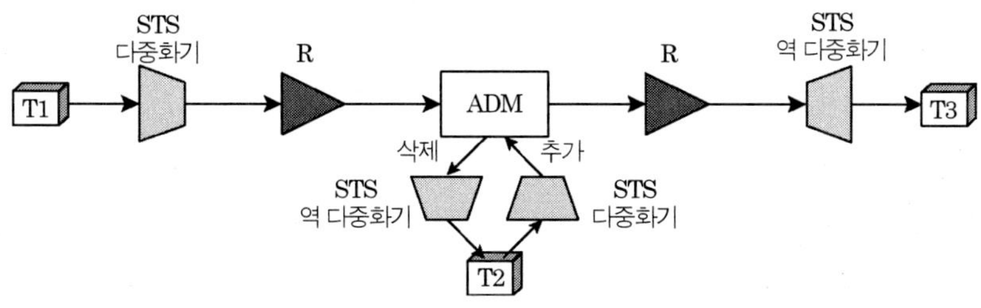

[그림 5-39] 다중점 SONET 망

자동 보호 교환: SONET 선형망은 고장에 대비하여 회선 층에서 자동 보호 교환(**APS**; automatic protection switching)을 정의한다.

두 개의 ADM 또는 한 쌍의 STS 다중화기/역다중화기 사이의 보호를 고려하여, 광섬유를 주회선과 중복회선으로 구성하여 주 회선이 고장 나는 경우에 보호회선을 사용한다. 선형망에서는 보호를 위해 일-더하기-일, 일-대-일, 일-대-다 세 가지 방안이 있다.

(2) 링형 망

SONET 링은 단방향이나 양방향 구성을 사용할 수 있는데, ADM들로 구성이 가능하며, 자체 복구(self-healing)를 위해 별도의 링을 추가할 수 있다.

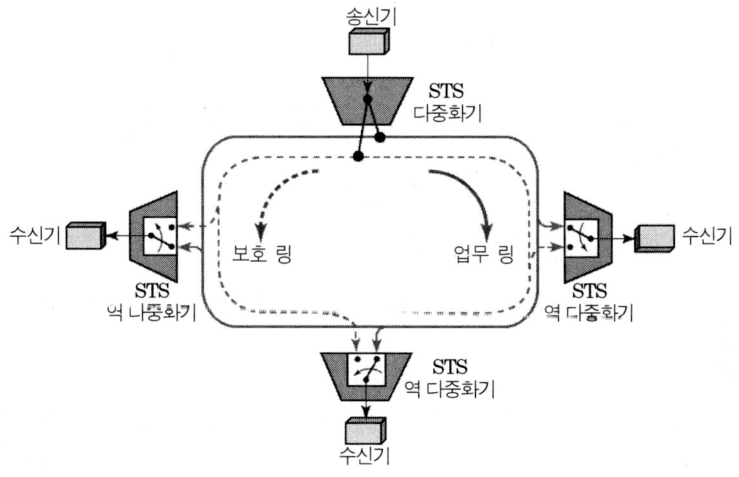

[그림 5-40] 단방향 경로 교환 링

단방향 경로 교환 링(**UPSR**; unidirectional path switching ring)은 2개의 링을 가진 단방향 네트워크로, 하나는 업무 링으로 다른 것은 보호 링으로 사용한다. 동일한 신호가 두 링에 흐르는데, 하나는 시계방향이고 다른 것은 반시계 방향이다. 노드는 경로 층에서 전기적인 신호의 두 복사본을 서로 비교하여 더 좋은 것을 선택한다. 두 개의 ADM 사이의 링 하나가 고장 나더라도 다른 링이 데이터 흐름의 연속성을 보장한다. 일-더하기-일 방안과 마찬가지로 UPSR은 신속하게 고장을 회복하지만 두 개의 링이 필요하므로 비경제적이다. 대역폭의 절반이 낭비된다. 그림 5-40은 UPSR 망을 보여주고 있다.

양방향 회선 교환 링(**BLSR**; bidirectional line switching ring)은 SONET 링 네트워크의 다른 대안인데, 업무회선으로 두 개의 링이 있고, 보호회선도 두 개의 링이 필요하다. 한 방향의 업무회선이 고장이 나면, 수신 노드는 고장 난 방향에 있는 노드에게 보호 링을 사용할 것을 알리기 위해 역방향 링을 사용한다.

링의 조합(Combination of Rings): SONET 망은 넓은 지역에 서비스를 제공하기 위해 그림 5-41과 같이 연결된 링들의 조합을 사용하는데, 하나의 지역 링과 여러 개의 로컬 링과 사이트 링들로 하나의 SONET 망을 만들며, 이런 링들은 UPSR, BLSR, 또는 이 두 가지의 조합이 될 수 있다.

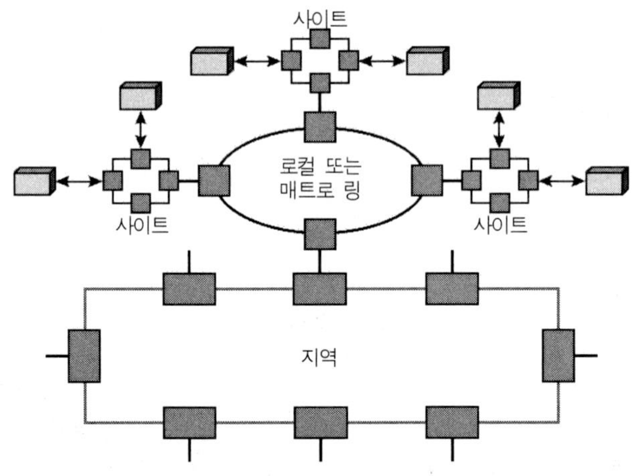

[그림 5-41] SONET 망에서의 링들의 조합

(3) 그물형 망

링형 망은 확장이 어려운데, 트래픽이 늘어날 때는 회선뿐만 아니라 ADM들도 갱신해야 하기 때문이다. 이 상황에서 그림 5-42와 같이 교차연결(cross-connect)이라고 부르는 교환기를 가진 그물망은 링형 망보다 성능이 더 좋다.

교차연결은 입력과 출력 포트가 있어, 입력포트에서 교환기는 OC-n 신호를 받아들여서 STS-n 신호로 바꾸고, 대응하는 STS-1 신호로 역다중화 하여 각각의 STS-1 신호를 적절한 출력 포트로 보낸다. 출력 포트는 서로 다른 입력 포트에서 온 STS-1 신호들을 받아 하나의 STS-n 신호로 다중화하여, OC-n 신호를 만든다.

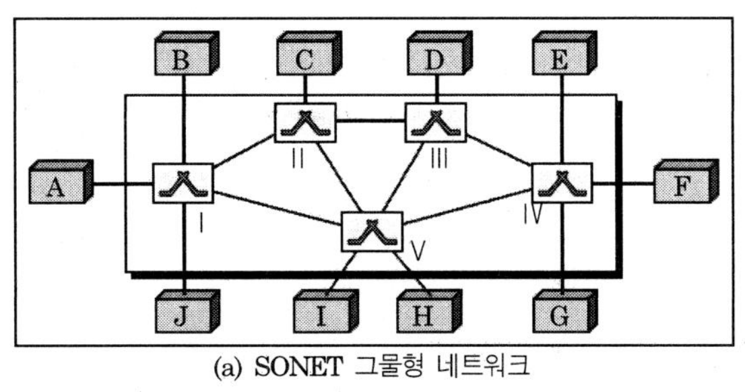

(a) SONET 그물형 네트워크

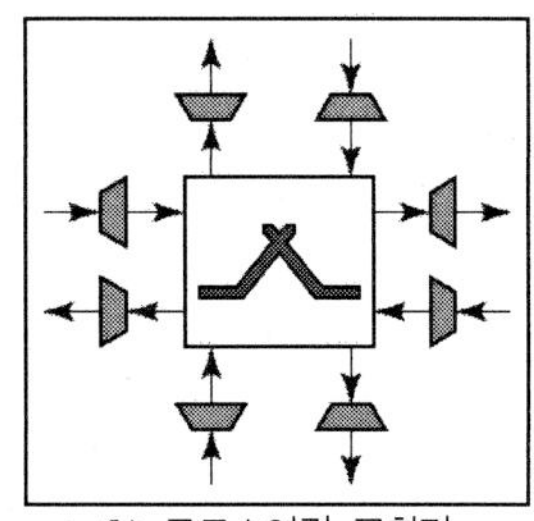
(b) 크로스연결 교환기

[그림 5-42] 그물형 SONET 망

5.3.6 가상종속

SONET은 광대역 페이로드를 전송하도록 설계되었으나, 디지털 계층구조의 DS-1에서 DS-3까지의 데이터 율은 STS-1보다 낮다. SONET를 이러한 디지털 계층구조와 SONET를 호환 가능하도록 만들기 위해, 프레임 설계에 가상종속(VT; virtual tributaries) 시스템을 포함한다. 가상종속은 STS-1에 삽입될 수도 있고 프레임을 채우기 위해 다른 부분 페이로드와 결합될 수도 있는 부분 페이로드이다. 한 발신지에서 오는 데이터를 하나의 STS-1 프레임의 86개 페이로드 열 전부를 사용하는 대신에 SPE(synchronous payload envelope)로 세분할 수 있는데 그 각각을 VT라 한다.

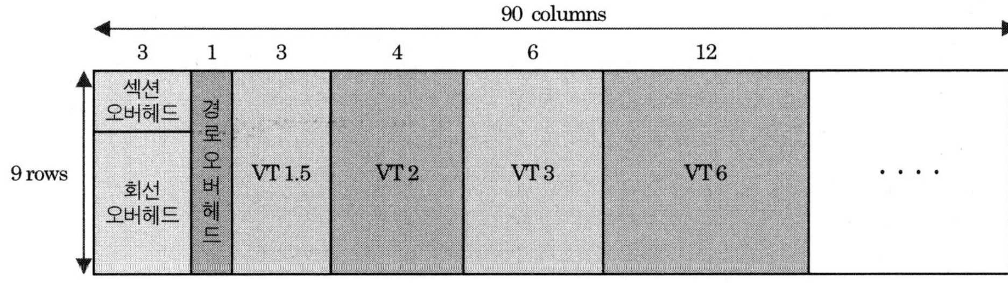

[그림 5-43] 가상 종속

VT의 종류

그림 5-44와 같은 디지털 계층구조를 수용하기 위해 네 종류의 VT가 설계되었는데, 각 종류의 VT에 허용된 열의 수는 종류 식별번호의 두 배로 결정된다.

- **VT1.5**는 1.544Mbps인 북미식 DS-1 서비스를 수용한다.
- **VT2**는 2.048Mbps인 유럽식 CEPT-1 서비스를 수용한다.
- **VT3**은 3.152MbpsDS-1C 서비스(단편의 DS-1)를 수용한다.
- **VT6**은 2Mbps인 DS-2 서비스를 수용한다.

둘 또는 그 이상의 가상종속을 하나의 STS-1 프레임에 포함시킬 때 열 단위로 끼워 넣는데, SONET은 각 VT를 식별하고 전체 열을 역다중화 하지 않고도 분리할 수 있는 기법을 제공한다.

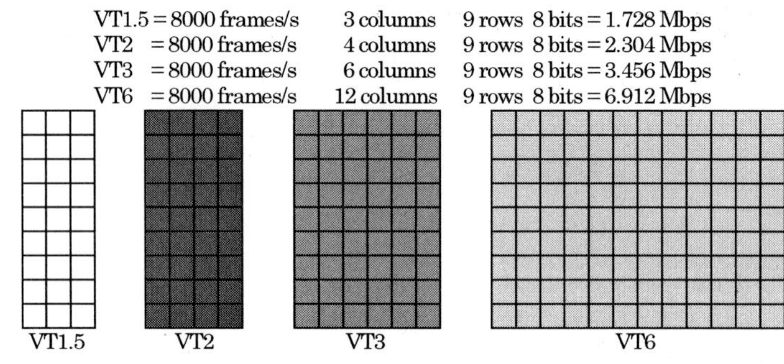

[그림 5-44] 가상종속 종류

연/습/문/제 5.3

EXERCISE

01 SONET과 SDH의 차이점은 무엇인가?

02 STS와 STM은 어떤 관련이 있는가?

03 STS 다중화기와 추가/삭제 다중화기의 차이점은 무엇인가?

04 회선 오버헤드의 지시자는 무슨 역할을 하는가?

05 SONET을 동기식 네트워크로 분류하는 이유는 무엇인가?

06 선형 SONET 망의 형태는 무엇인가?

07 SONET 리피터의 기능은 무엇인가?

08 4개의 SONET 계층별 기능들을 설명하시오.

09 가상종속이란 무엇인가?

5.4 ATM(Asynchronous Transfer Mode)

ATM은 기존의 회선모드 서비스와 패킷모드 서비스를 함께 수용할 수 있도록 BISDN의 표준화 과정에서 나온 새로운 방식의 전달 모드이다. 기존의 디지털 전송이 시분할 다중화에 의한 회선전송 방식이었던 것에 비해, ATM은 비동기식 시분할 다중화(ATDM; Asynchronous TDM)에 의한 패킷 전달 방식으로 BISDN 전송의 기반을 이룬다.

ATM은 ATM포럼에 의해 설계된 중계 프로토콜이며 ITU-T에 의해 채택되었다. ATM과 SONET의 조합으로 전 세계의 네트워크를 초고속으로 상호 연결할 수 있을 것이므로 전망되므로, 사실상 ATM은 정보의 고속도로로 생각할 수 있다.

5.4.1 ATM 설계에서 고려한 사항들

- 고속의 광섬유와 같이 매체를 최대로 사용할 수 있는 전송 방식이 필요하다.
- 기존의 시스템들과 상호 연동할 수 있어, 그들을 교체하지 않으면서 장거리 전송에 사용할 수 있어야 한다.
- ATM이 국제통신의 백본이 되려면 경제적으로 구현할 수 있고, 저렴하게 사용할 수 있도록 해야만 한다.
- ATM 시스템은기존의 가입자망, 지역 서비스 제공자, 장거리 망 사용자 등과 협력하고 이들을 지원해야 한다.
- ATM 시스템은 정확하고 예측 가능한 전달을 위해 연결 지향적이어야 한다.
- 하드웨어에가 많은 기능을 담당해 오버헤드를 줄여 전송 속도를 높여야 한다.

5.4.2 기존 시스템들의 문제점

ATM 설계에 요구된 사항들을 어떻게 수용하는가를 설명하기 전에 기존 시스템들의 문제점을 살펴보는 것이 중요하다.

(1) 프레임 네트워크

기존의 데이터 통신은 프레임 교환과 프레임 네트워크에 기반을 두어, 프로토콜들은 저마다 크기와 형태가 다른 프레임을 사용하고 있다. 여러 네트워크들이 통합되어 인터넷과 같은 망이 구성되어 프레임 헤더에 실리는 정보량은 더욱 커졌다.

(2) 다양한 네트워크 트래픽

여러 크기의 프레임들이 네트워크에서 혼용되면 트래픽을 예측하기 어려워, 네트워크 장비들은 그 프레임들을 관리할 수 있는 기능이 있어야 한다.

만약 큰 프레임을 사용하는 회선과 비디오 정보와 같이 매우 작은 패킷을 사용하는 회선을 다중화 할 때 큰 프레임이 작은 패킷들보다 더 먼저 도착하면, 다중화기는 큰 프레임을 먼저 전송한다. 작은 패킷 프레임들은 큰 프레임이 모두 전송될 때까지 기다려야 하므로, 작은 프레임들은 불공평하게 지연된다.

(3) 셀 네트워크

위의 문제들을 해결하기 위해 53바이트 데이터 단위인 셀 개념을 도입하였다. 셀 네트워크에서는 교환의 기본 단위로 셀을 이용하므로 데이터를 공평하게 전송하도록 같은 크기의 셀에 싣는다. 이 셀들을 다른 셀들과 다중화 되어 경로를 지정한 후 네트워크를 통해 전송된다. 셀들은 모두 크기가 같으므로, 다른 크기의 패킷들을 다중화 할 때와 같은 문제는 없다. 그림 5-45는 셀 전송을 보여준다.

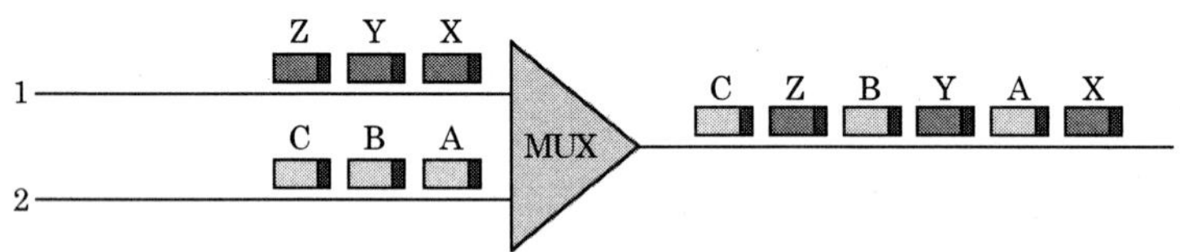

[그림 5-45] 셀을 이용한 다중화

셀 다중화는 작은 크기의 셀들을 끼워 넣지만 각 회선에서 온 셀들이 거의 연속적인 스트림으로 원하는 목적지에 도달할 수 있어 전송속도가 빠르다. 그러므로 셀 네트워크는 사용자들이 분할이나 다중화를 알 수 없게 하면서 음성 신호나 동영상을 실시간으로 전송할 수 있다.

5.4.3 비동기 TDM

채널에서 들어오는 셀들을 비동기 시분할 다중화 하므로 ATM이라고 한다. ATM은 정해진 크기의 셀을 이용하며, ATM 다중화기는 입력 채널에서 오는 셀로 슬롯을 채운다. 어떤 채널에서도 셀이 들어오지 않는다면, 슬롯은 빈 상태로 남으며, 그림 5-46은 3개의 입력 채널에서 오는 셀들이 다중화 되는 것을 나타낸다.

[그림 5-46] ATM 다중화

첫 번째 다중화 때 채널2의 셀이 없으므로, 다중화기는 세 번째 채널의 셀로 슬롯을 채우며, 더 이상 들어오는 셀들이 없으면 출력채널은 빈 상태가 된다.

5.4.4 구조

사용자 접속장치는 UNI(user-to-network interface)를 통해 ATM교환기에 연결되고, 교환기들은 NNI(network-to-network interface)를 통해 서로 연결된다.

그림 5-47은 ATM네트워크의 구조를 나타낸다.

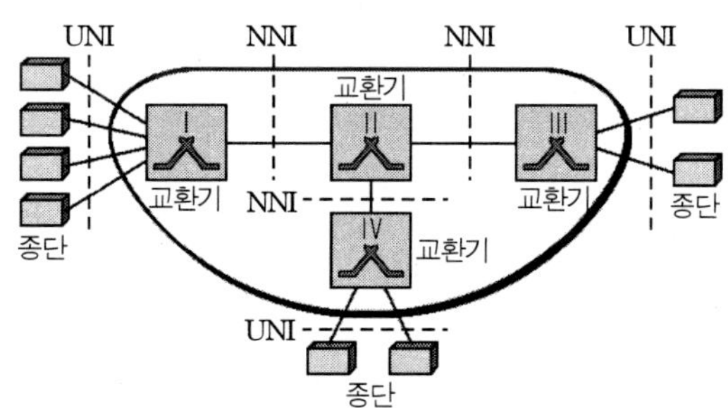

[그림 5-47] ATM 네트워크의 구조

(1) 가상 연결

ATM 네트워크에서 두 종단 간의 연결은 전송경로(TP), 가상경로(VP)와 가상채널(VC)을 통해 이루어지는데, 전송경로는 종단과 교환기 또는 두 교환기 사이를 연결하는 전선이나 케이블, 위성 등 물리적 연결을 말한다. 전송경로는 여러 개의 가상경루루 나눌 수 있는데, 가상경로는 두 교환기 사이에 하나의 연결이나 연결들의 집합을 말한다. 가상회선을 기반으로 하는 셀 네트워크는 하나의 메시지를 구성하는 모든 셀들은 동일한 가상회선을 따라 이동하고 그들이 목적지에 도달할 때까지 순서는 그대로 유지된다.

[그림 5-48] TP, VP 및 VC

그림 5-49에서 8개의 종단이 4개의 VC를 이용하여 서로 통신하는 것을 보여주며, 여기서 오른쪽과 왼쪽을 연결하는 2개의 VC는 교환기 I에서 교환기 III까지 같은 가상경로를 공유하는 것처럼 보인다. 그러므로 2개의 VC를 하나의 VP를 이루도록 묶는 것이 좋고, 다른 2개의 VC는 교환기 I에서 교환기 IV까지 동일한 경로를 공유하므로 이 2개의 VC들도 하나의 VP로 묶는다.

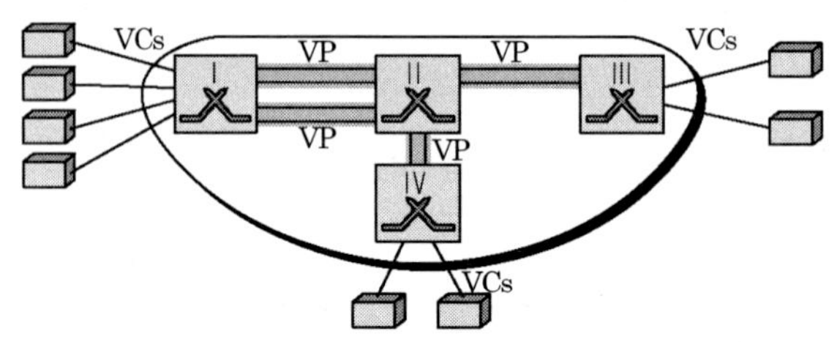

[그림 5-49] VP와 VC의 예

가상회선 네트워크에서는 하나의 종단에서 다른 종단으로 데이터를 전송하려면 종단 간의 가상연결을 구별해야 한다. 이 목적으로 ATM에서는 가상경로 식별자(VPI; virtual path identifier)와 가상회선 식별자(VCI; virtual channel identifier)라는 계층적인 식별자를 만들었다. VPI는 특정한 VP를 나타내고 VCI는 VP내 특정한 VC를 가리킨다. VPI는 하나의 VP로 묶여 있는 모든 가상회선에 대해 동일하며, 그림 5-50은 전송경로의 VPI와 VCI를 보여주고 있다.

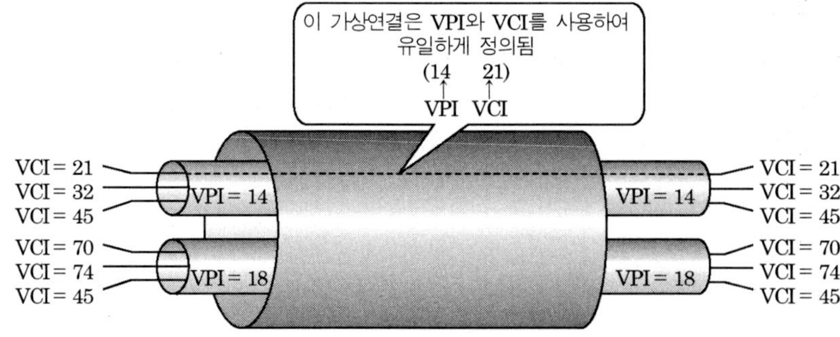

[그림 5-50] 연결 식별자

VPI의 길이는 UNI 인터페이스에서 8비트이고, NNI에서 VPI는 12비트이다. 그러나 VCI의 길이는 두 인터페이스에서 모두 16비트로 같다. 그러므로 가상회선은 UNI인터페이스에서는 24비트로 NNI 인터페이스에서는 28비트로 식별한다.

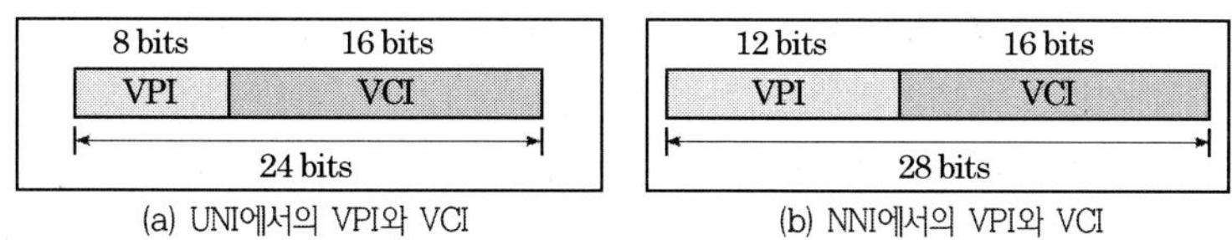

[그림 5-51] UNI와 NNI에서 가상연결 식별자

가상회선 식별자를 VPI와 VCI으로 나눈 이유는 계층적인 경로지정을 허용하기 위해서이다. 일반적인 ATM 망에서 대부분의 교환기는 VPI를 이용해서 라우팅을 하지만 종단 장치를 직접 수용하는 교환기들은 VPI와 VCI를 모두 사용한다.

(2) ATM 셀

ATM에서 기본적인 데이터 단위는 셀로, 53바이트 중 5바이트는 헤더이고 나머지 48바이트는 페이로드이며 그림 5-52는 셀의 구조를 나타낸다.

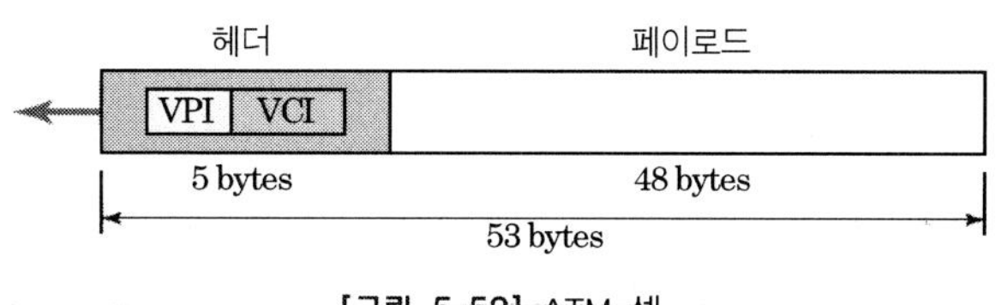

[그림 5-52] ATM 셀

(3) 연결 설정과 해제

프레임 중계와 마찬가지로 ATM은 PVC와 SVC를 이용하여 연결을 설정한다. PVC는 영구 가상연결로 네트워크 제공자에 의해 두 종단에서 설정되며, VPI와 VCI는 영구연결을 위해 정의되고 그 값은 각 교환기의 테이블에 수동으로 입력된다. SVC는 교환 가상연결로 하나의 종단이 다른 종단과 연결을 원할 때 마다 새로운 가상회선을 설정해야 한다.

5.4.5 교환

ATM 교환기는 VPI와 VCI를 모두 사용하여 그림 5-54처럼 경로를 지정하여 셀을 경로에 따라 전송한다. 153번 VPI와 67번 VCI를 가진 셀이 교환기의 포트1에 도착하면, 각 행에 도착 포트 번호와 입력 VPI, 입력 VCI 그리고 해당되는 출력 포트번호, 그 포트의 VPI와 VCI의 6가지 정보를 포함하는 테이블을 조사한다. 교환기는 포트 1, VPI 153과 VCI 67이라는 항목을 테이블에서 찾고, 이에 해당되는 출력 포트 3과 VPI 140과 VP 92를 찾아낸다. 셀 헤더의 VPI와 VCI를 140과 92로 바꾼 후 포트 3을 통해 셀을 보낸다.

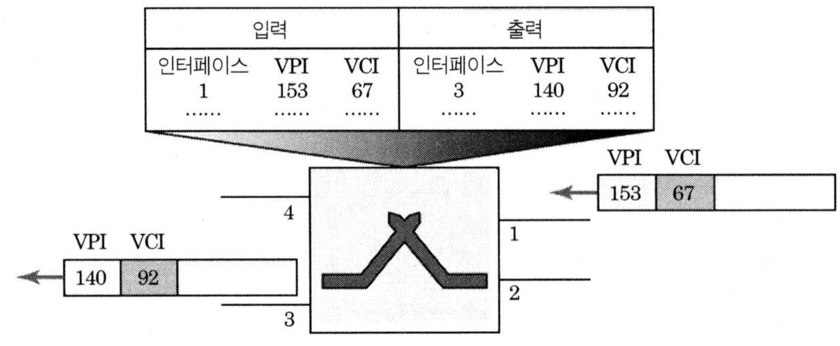

[그림 5-53] 교환기에서의 경로의 지정

5.4.6 ATM 계층 모델

ATM의 계층 모델은 다음 표 5-7과 같이 물리 매체를 통한 전송을 담당하는 물리 계층과 셀 다중화와 교환 및 제어기능을 담당하는 ATM 계층, 그리고 ATM 계층과 상위 사용자 서비스계층 사이에서 ATM 계층이 제공하는 서비스와 사용자가 요구하는 서비스의 차이를 중재하는 ATM 적응계층으로 분류된다.

표 5-7 ATM 계층별 구조와 기능

계층	부계층	기능
상위계층		상위 계층 기능
ATM 적응계층(AAL)	수렴(CS)	수렴기능
	분할 및 재조립 (SAR)	분할 기능 및 재조립 기능
ATM 계층		일반 호흡 제어 기능 셀 헤더 발생 및 추출 기능 셀 VPI/VCI 번역 기능 셀 다중화 및 역다중화 기능

물리 계층	전송 수렴 (TC)	셀 율 분리 기능 HEC 신호 발생 및 확인기능 셀 경계 식별 기능 전송 프레임 발생 및 복원기능
	물리 매체 (PM)	비트 시간 정보 기능 물리 매체 관련 기능

(1) 물리 계층

물리 계층은 ATM 셀을 물리 매체를 통해 전송하며, PMD(Physical Midium Dependent) 부계층과 TC(Transmission Convergence) 부계층으로 나눈다.

PMD 부계층은 ATM을 위한 물리적 인터페이스로 물리 매체를 통한 비트의 전송을 담당한다. TC 부계층은 물리 매체에서 오는 비트들과 ATM 셀들 간의 변환을 담당하며, HEC를 통한 오류 검사와, 셀 율 분리, 셀 경계 식별 기능도 포함한다.

(2) ATM 계층

ATM 계층은 48바이트 세그먼트를 받아 5바이트 헤더를 추가하여 53바이트 ATM 셀을 구성하고 물리 계층으로 전달하며, ATM 계층의 기능은 다음과 같다.

- 셀 구성 기능
- 셀 다중화 및 역 다중화 기능
- 셀 VPI/VCI 번역 기능
- 셀 헤더 발생 및 추출 기능
- 셀 포기 우선순위 처리 기능
- GFC(Generic Flow Control)
- EFCI(Explicit Forward Congestion Indication)
- UPC(Usage Parameter Control)
- 연결 할당 및 해제 기능

ATM은 UNI와 NNI에 대해 각각 다른 2개의 헤더 형식을 사용하는데, 그림 5-55는 이러한 헤더들을 바이트 단위 형식으로 보여준다.

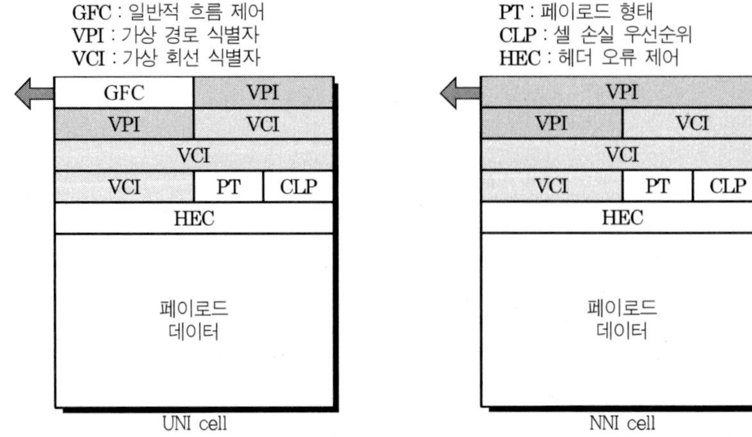

[그림 5-54] ATM 헤더 형식

- **GFC 필드**는 UNI 레벨에서 흐름 제어를 제공하지만, NNI 레벨에서는 필요 없어 이 비트들은 VPI 필드에 포함하므로 NNI에서는 길어진 VPI를 사용하여 가상경로를 더 많이 만들 수 있다.
- **VPI**는 UNI 셀에서는 8비트 필드이고 NNI 셀에서는 12비트 필드이다.
- **VCI**는 두 프레임에서 모두 16비트이다.
- **PT**는 3비트의 PT 필드에서, 첫 필드는 사용자 데이터의 페이로드인지 관리자정보의 페이로드인지를 정의하며, 나머지 두 비트의 의미는 첫 비트에 따라 다르다.
- **CLP**는 1비트로 셀 손실 우선순위를 나타내며 혼잡 제어를 위해 사용되는데, CLP 비트가 1인 셀은 0인 셀보다 우선순위가 높다.
- **HEC**는 헤더의 처음 4바이트에 대해 계산된 코드로 단일 비트 오류의 정정과 다중비트 오류의 검출에 사용되는 CRC로 x^8+x^2+x+1을 제수로 사용한다.

(3) 응용 적응 계층(AAL; application adaptation layer)

AAL은 ATM 계층이 제공하는 서비스와 사용자가 요구하는 서비스의 차이를 조정하려고 사용자 서비스 정보와 ATM 셀 포맷을 정합시키고, 전송 오류 처리, 손실 또는 삽입된 셀의 처리, 오류 셀의 처리 등을 하며, 서비스 품질을 만족시키기 위해 흐름제어를 수행한다.

ATM은 여러 종류의 페이로드를 수용해야 하므로, 연속되는 비트 스트림을 받아 ATM계층에서 셀로 만들도록 분할해야 한다. AAL은 이를 수행하기 위해 분할 및 재조립(SAR; segmentation and reassembly) 부계층과 수렴 부계층을 정의한다.

ATM은 상위 계층이 요구하는 서비스들을 지원하기 위해 AAL1, AAL2, AAL3/4 및 AAL5로 네 가지가 정의되었다.

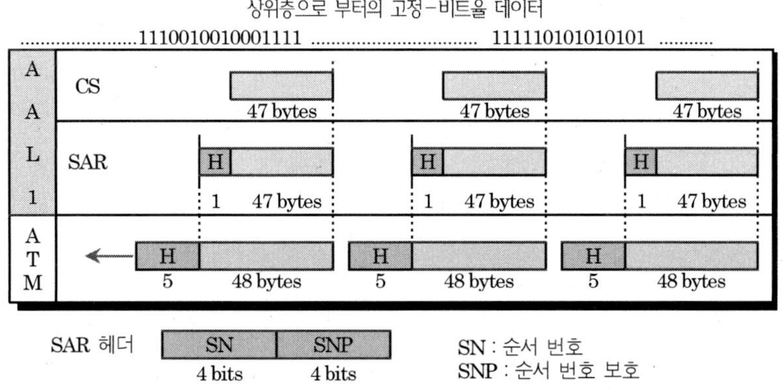

[그림 5-55] AAL 1

AAL1은 고정 비트율의 비디오와 음성 같은 정보를 전달하려는 응용을 지원하여 ATM이 기존의 음성채널과 *T*회선 같은 전화망과 연결되도록 한다. 그림 5-55는 데이터 비트열이 47바이트 조각들로 분할되어 셀로 만들어지는 것을 보여준다.

수렴 부계층은 비트열을 47바이트로 나눈 후 헤더를 붙이지 않고 그것을 SAR 부계층으로 내려 보낸다. SAR 부계층은 다음과 같은 2개 필드로 이루어진 1바이트 헤더를 붙여 48바이트 조각으로 ATM 계층으로 보낸다.

- **순서 번호(SN)** 필드는 비트들을 정렬하기 위한 순서 번호를 정의한다. 첫 번째 비트는 때로는 타이밍에 사용되고, 나머지 3비트는 순서를 위해 사용된다.
- **순서 번호 보호(SNP)** 필드의 첫 3비트는 SN필드를 자동적으로 고치고, 마지막 비트는 전체 8비트의 오류를 검출하는 패리티 비트이다.

AAL2는 가변 비트율 스트림을 지원할 목적이었지만 재설계되어, 압축 또는 압축되지 않은 오디오나 비디오, 팩스와 같은 낮은 비트율의 트래픽과 짧은 프레임을 갖는 트래픽을 지원한다.

수렴 부계층 헤드는 다음과 같은 5개의필드로 이루진다.

- **채널 식별자(CID)** 필드는 짧은 패킷의 채널을 정의한다.
- **길이 지시자(LI)** 필드는 최종 패킷의 데이터의 크기를 정의한다.
- **패킷 페이로드 유형(PPT)** 필드는 패킷의 유형을 정의 한다.

- **사용자 대 사용자 지시자(UUI)** 필드는 종단 간 사용자들에 의해 사용될 수 있다.
- **헤더 오류 제거(HEC)** 필드는 헤더의 오류를 정정하기 위해 사용된다.

SAR 부계층에서 추가되는 유일한 헤드는 패킷의 시작부분으로부터 얼마나 떨어져 있는가를 나타내는 오프셋(offset)을 정의하는 시작 필드(ST; start field)이다.

ATM을 처음 설계할 때 AAL3는 연결 중심 데이터 서비스를 지원하고, AAL4는 비연결형 서비스를 지원할 목적이었으나, 설계를 진행하면서 두 프로토콜의 기본적인 기능이 같다고 판단하여, AAL3/4로 통합하였다.

AAL3/4의 수렴 부계층 헤더와 트레일러는 6종류의 필드로 구성되어 있다.

- **공통부분 식별자(CPI)**는 다음 필드의 해석을 정의하며, 값은 0이다.
- **시작태그(B tag)** 필드는 동일한 패킷에서 만들어진 모든 셀들을 나타내기 위해 각 셀에서 반복 사용된다.
- **버퍼 할당크기(BA size; buffer allocation size)** 필드는 수신기에서 들어올 데이터를 위해 얼마만큼의 버퍼 크기가 필요한지를 알린다.
- **정렬(AL; alignment)** 필드는 트레일러의 나머지를 만들기 위해 사용된다.
- **종료 태크(E tag; ending tag)** 필드는 끝을 알리는 플래그와 같은 기능을 하며 이 값은 시작태그와 같다.
- **길이(L; length)** 필드는 데이터 단위의 길이를 알려준다.

SAR 헤더와 트레일러는 각각 2바이트로 다음과 같은 5개의 필드로 구성된다.

- **세그먼트 유형(ST; segment type)**은 분할된 세그먼트가 메시지의 처음(00), 중간(01), 끝(11)중 어디에 속하는 것인가를 나타낸다.
- **순서 번호(SN; sequence number)** 필드는 이전과 동일하다.
- **다중화 식별(MID; Multiplexing Identification)** 필드는 다른 데이터 흐름으로부터 가상 연결로 다중화 된 셀들을 식별한다.
- **길이 지시자(LI)**는 패킷에서 순수 데이터가 얼마인지를 알려준다.
- **순환중복검사(CRC)는** 전체 데이터 단위 전체를 위한 CRC로 사용된다.

AAL-5는 좀 더 효율적인 SAR을 수행하기 위해 정의하였다. AAL-5는 하나의 메시지에 속하는 모든 셀이 순서대로 전송되며, 이를 제어 하는 기능들은 응용의 상위 계층이 갖는다고 가정한다.

AAL-5는 주로 데이터 응용에 이용되며 SSCS에서 서로 다른 AAL 접속의 다중화가 가능하다.

AAL-5 수렴 부계층에는 다음과 같이 4개의 트레일러 필드가 있다.

- **사용자 대 사용자(UU)**는 앞서 설명한 것과 같이 종단 사용자에 의해 사용된다.
- **공통부분 식별자(CPI)**는 앞서 설명한 것과 같다.
- **길이(L)** 필드는 본래 데이터의 크기를 나타낸다.
- **순환중복검사(CRC)**는 전체 데이터 단위에 대한 오류 제어를 위해 사용된다.

5.4.7 ATM LAN

ATM 네트워크는 병렬의 경로접속이 가능하므로 LAN으로 네트워크를 구축할 때 문제가 되는 전송대역폭 확보가 쉽고, 전용경로가 설정되므로 보안에 유리하다.

ATM은 대부분 WAN에서 사용되지만, 155Mbps와 622Mbps의 고속의 데이터 전송률을 가지므로 LAN에 적용하면 LAN의 확장이 쉽고, 고속교환이 가능해지며, 멀티미디어에 대한 대응이 가능하고 LAN과 WAN 사이의 접속이 가능해진다.

(1) ATM LAN 구조

LAN 구성에 ATM을 적용하는 방법으로 순수 ATM LAN과 레거시 ATM LAN이 있다. 순수 ATM LAN에서는 그림 5-56에서 보듯이 스테이션들을 이더넷 교환기로 연결한다. 이 방식에서 스테이션들은 155Mbps와 622Mbps 중 하나로 데이터 교환할 수 있으며, 발신지와 목적지 주소 대신에 VPI와 VCI를 사용한다.

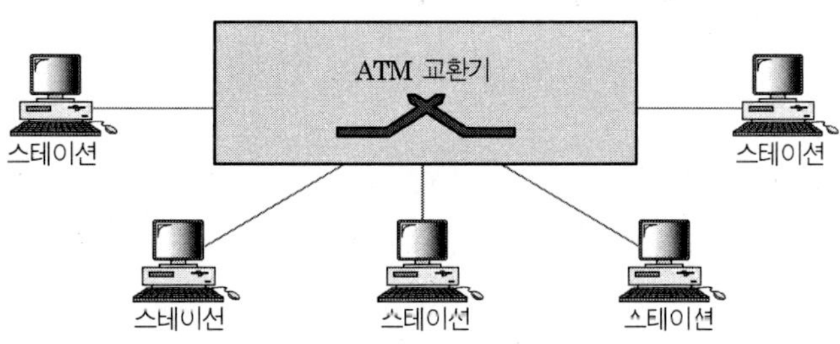

[그림 5-56] 순수 ATM LAN

ATM 기술을 사용하는 두 번째 방법은 그림 5-57처럼 기존의 LAN에 연결하기위한 백본으로 ATM 기술을 사용한다. 이 방법은 ATM 교환기를 통해 각 LAN들이 고속으로 다른 LAN으로 데이터를 보낼 수 있다.

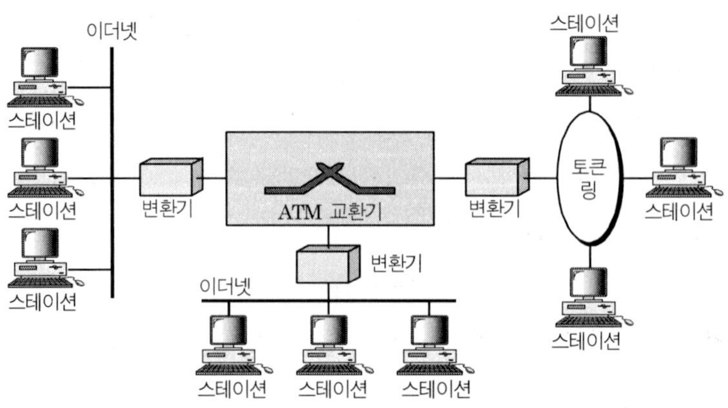

[그림 5-57] 레거시 ATM LAN

ATM을 이용한 LAN 구성의 가장 좋은 방법은 위의 두 구조를 혼합한 것으로, 혼합형 LAN 구조는 그림 5-58처럼 교환기에 직접 연결되는 스테이션들을 추가함으로써 레거시 ATM을 점차 ATM LAN 형태로 전환할 수 있다.

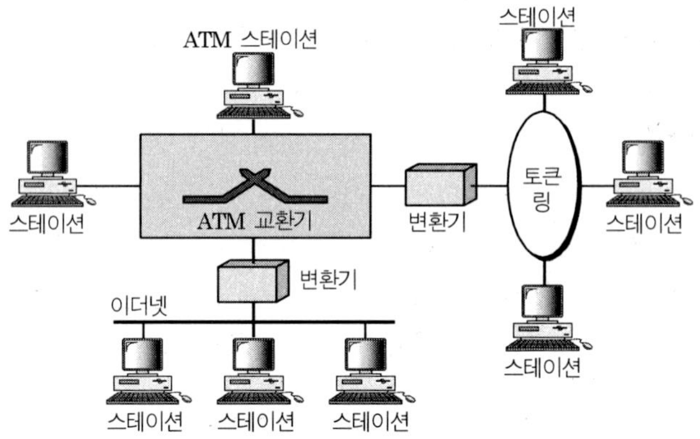

[그림 5-58] 혼합형 ATM LAN구조

특정 LAN에 연결된 스테이션들은 그 LAN의 전송률과 형식으로 통신할 수 있고, ATM교환기에 직접 연결된 스테이션들은 ATM 프레임을 사용해야 한다.

(2) LAN 에뮬레이션(Local Area Network Emulation)

LAN에 ATM 전송을 사용하려면 다음과 같은 문제들이 있다.

- ATM은 셀을 전송하려면 먼저 연결을 설정한다.
- ATM은 가상연결 식별자 VPI와 VCI를 통해 셀의 경로를 지정한다.

- ATM 네트워크에서는 멀티캐스트나 브로드캐스트를 할 수 없다.
- 혼합형 구조에서 레거시 LAN에 연결된 스테이션은 ATM 교환기에 직접 연결된 스테이션과 통신이 가능해야 한다.

LAN 에뮬레이션은 이 문제들을 해결하고, 혼합형 구조에서 스테이션이 다른 스테이션과 통신이 가능하도록 해준다. 에뮬레이션을 사용함으로써 스테이션은 연결·중심 서비스를 에뮬레이트한 비연결형 서비스로 이용할 수 있다. 그리고 스테이션은 초기 설정을 위해 발신지 또는 목적지 주소를 사용한 후, VPI와 VCI 주소 지정 방식을 사용한다. 이렇게 함으로써 스테이션이 유니캐스트, 멀티캐스트 그리고 브로드캐스트 주소 지정 방식을 사용하는 것이 가능하다.

(3) 클라이언트/서버 모델

LANE는 위 문제점을 해결하기 위해 클라이언트/서버 모델 형태로 설계되었는데, 이 프로토콜은 그림 5-59처럼 하나의 클라이언트와 3개의 서버를 이용한다.

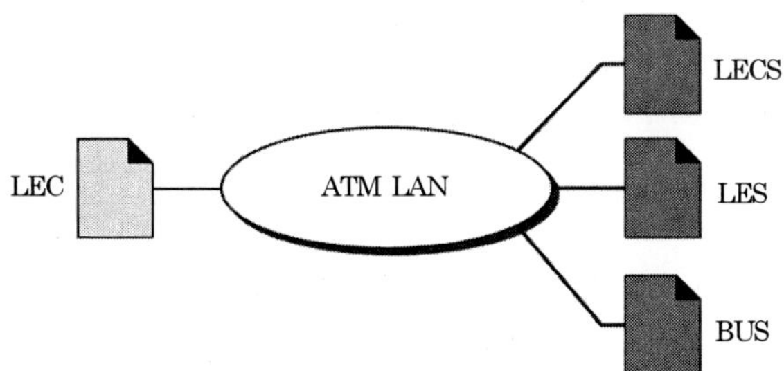

[그림 5-59] LANE 의 클라이언트와 서버

- **LAN 에뮬레이션 클라이언트** : 모든 ATM 스테이션은 3개의 ATM 프로토콜의 제일 상위층에 설치된 LAN 에뮬레이션 클라이언트(LEC; LAN emulation client)를 가지고 있다. 상위 계층 프로토콜은 ATM 기술을 알지 못하므로, 비연결형 전송과 같이 LAN 서비스를 LEC에게 요청하지만 LEC는 그것을 해석하고 서버로 그 결과를 넘겨준다.
- **LAN 에뮬레이션 설정서버** : LAN 에뮬레이션 설정서버는 클라이언트와 LANE 사이에서 초기연결을 위하여 사용되는데, 항상 초기 접촉 수신을 기다린다. 시스템에는 모든 클라이언트에게 잘 알려진 ATM 주소를 가지고 있다.

- **LAN 에뮬레이션 서버**: 스테이션이 물리주소를 이용하여 다른 스테이션에서 오는 프레임을 받을 때, LAN 에뮬레이션 서버(LES; LAN emulation server)는 LEC에게 특정 프레임을 전송한다. 서버는 발신지와 목적지 스테이션 사이에 가상회선을 구성하며, 발신지 스테이션은 프레임들을 목적지로 전송하기 위해 이 가상회선을 사용한다.
- **브로드캐스팅/알려지지 않은 서버**: 멀티캐스팅과 브로드캐스팅은 브로드캐스트/알려지지 않은 서버(BUS; broadcast/unknown server)라는 또 다른 서버를 사용할 필요가 있다. 이 서버는 모든 스테이션에 대해 영구 가상연결을 가지며, 수신된 프레임의 복사본을 만들고, 멀티캐스팅이나 브로드캐스팅 과정을 모의 실험하여 스테이션 그룹 또는 모든 스테이션으로 그 복사본 프레임들을 유니캐스트 방식으로 전송한다.

연/습/문/제 5.4

EXERCISE

01 ATM에서 가상 연결을 식별하는 것은 무엇인가?

02 ATM의 3가지 계층 별 기능을 간단히 설명하시오.

03 UNI와 NNI는 무엇이 다른가?

04 TP와 VP, VC는 어떤 관계가 있는가?

05 UNI와 NNI 인터페이스 내에 만들 수 있는 가상연결은 얼마나 되는가?

06 ATM에서 가상 연결을 식별하는 것은 무엇인가?

07 순수 ATM LAN은 어떻게 구성되는가?

08 레거시 ATM LAN은 어떤 목적으로 구성하는가?

09 ATM 에뮬레이션은 어떻게 구성되는가?

CHAPTER 6 네트워크 계층 기능

네트워크 계층은 여러 네트워크를 거쳐 패킷을 발신지에서 목적지로 전달하는 책임을 지며, 상위 계층에서 오는 PDU에 발신지와 수신지의 논리 주소를 포함하는 헤더를 추가한다. 인터넷에서 패킷을 목적까지 전달하려면 발신지와 목적지를 구별하는 주소가 필요하며, 인터네트워크 구성을 위해 개별 네트워크나 링크들이 함께 연결되는 경우 라우터나 교환기는 최종 목적지로 가는 경로로 패킷을 보낸다.

이와 같은 라우팅 기능은 네트워크 계층의 중요 기능이므로 6장에서 라우팅에 관련된 IP 주소와 IP 프로토콜, 네트워크 계층에서 정의된 몇 가지 부가적인 프로토콜 및 전달과 라우팅 절차 등을 소개한다.

6.1 네트워크 주소

현재 대부분의 컴퓨터 통신이 인터넷을 통하여 통신이 이루며, 발신지에서 보내진 패킷이 목적지에 도달하려면 여러 개의 라우터를 거쳐 LAN과 WAN을 지난다.

이러한 통신을 위해서는 각 컴퓨터에게 논리적 주소를 부여할 필요가 있다. 우리가 사용하는 IP 주소는 TCP/IP 프로토콜 그룹의 네트워크층에서 논리적인 주소지정을 의미한다.

현재 인터넷주소는 32비트 길이의 IPv4주소를 말하며, 최대 2^{32}개의 주소를 제공한다. 인터넷 사용이 증가하면서 더 많은 주소가 필요해지고 컴퓨터 통신에 고속의 데이터 전송과 실시간 통신 및 보안 등에 관심이 높아지면서 IPv6라 불리는 새로운 버전이 개발되었다. 이 버전은 인터넷 주소의 고갈을 해결하기 위해 128비트의 주소를 사용함으로써 충분한 주소를 제공한다.

6.1.1 IPv4 주소

IPv4 주소는 인터넷에서 컴퓨터나 라우터와 같은 장치들을 유일하게 구별하도록 정의하는 32비트 정보이며, IP 주소는 유일하므로, 인터넷에 있는 2개의 장치는 같은 시간에 동일한 주소를 가질 수 없다. 그러나 라우터처럼 하나의 장치가 n개의 네트워크에 연결되어 있다면 n개의 주소가 필요하다.

(1) IPv4의 주소 공간

IPv4는 32비트의 주소를 사용하므로, 주소 공간은 이론적으로는 40억 개 이상이지만, 실제로는 등급을 두는 등의 제약이 있으므로 그보다 훨씬 적다.

(2) IPv4의 표기법

IPv4 주소는 2진 표기법과 점 10진 표기법의 2가지 방식을 사용한다. 2진 표기법은 주소를 32비트 이진수로 표기하며, 바이트는 8비트이므로 IPv4 주소를 32비트 주소 또는 4바이트 주소라고 하며 다음은 그 예이다.

01110111 10011101 00000110 00000110

점 10진 표기법은 IPv4 주소를 더 간결하고 쉽게 읽기 위해 인터넷 주소를 바이트를 나누는 10진점을 가진 10진수 형식으로 표기하며 다음은 그 예이다.

119.157.31.6

그림 6-1은 IPv4 주소의 2진 표기법과 점으로 점 10진 표기법을 보여주고 있다. 각 바이트는 8비트이므로, 점 10진 표기법의 범위는 0에서 255사이에 있다.

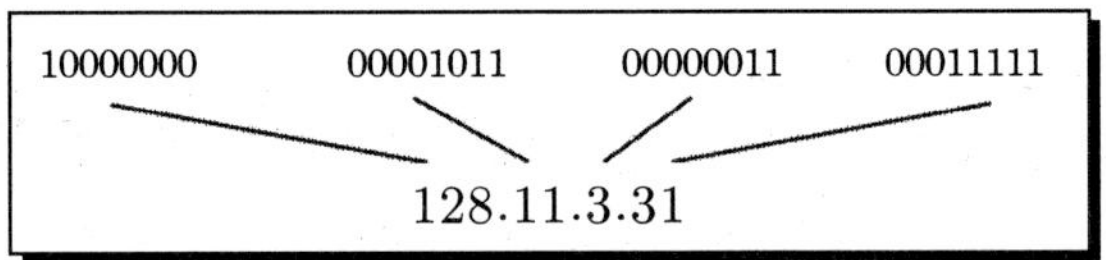

[그림 6-1] IPv4 주소를 위한 점 10진 표기법과 2진표기법

(3) 등급(Class)형 주소지정

IPv4 주소를 처음 설계할 때는 IP 주소를 사용하는 조직의 특성을 고려하여 등급의 개념을 사용하여 주소를 할당하였다. 이 구조를 등급형 주소 지정이라 하며, IP 주소 공간은 A, B, C, D, E 5개의 등급(Class)으로 나눈다.

주소가 점 10진 표기법으로 주어지면, 즉시 주소의 등급을 찾을 수 없으나 2진 표기법으로 주소가 주어지면, 처음 몇 비트들로 주소의 등급을 알 수 있다.

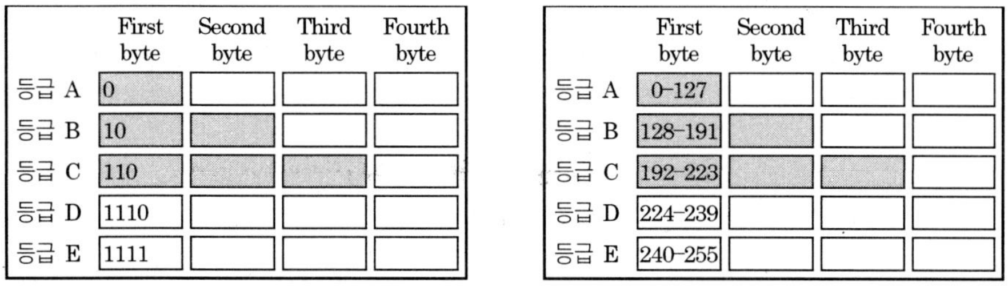

	First byte	Second byte	Third byte	Fourth byte
등급 A	0			
등급 B	10			
등급 C	110			
등급 D	1110			
등급 E	1111			

(a) 2진 표기법

	First byte	Second byte	Third byte	Fourth byte
등급 A	0-127			
등급 B	128-191			
등급 C	192-223			
등급 D	224-239			
등급 E	240-255			

(b) 점 10진 표기법

[그림 6-2] IPv4 주소 형식

주소로 등급을 찾는 예

- 2진수 표기법의 경우

  00000001 00001011 00001011 11101111 → 왼쪽 첫 비트가 0이므로 등급 A

  11000001100000011000110111111111 → 왼쪽 첫 2비트가 11이므로 등급 C

- 점 10진 표기법의 경우

  118.23.120.8 → 왼쪽 첫 바이트의 값 118은 0~127 사이의 값이므로 등급 A

  245.5.15.111 → 왼쪽 첫 바이트의 값 245는 240~255 사이의 값이므로 등급 E

등급과 블록: 등급형 주소지정은 각 등급이 고정된 수의 블록으로 나눠고 각 블록은 표 6-1에서 보이는 것과 같이 고정길이를 갖는다.

표 6-1 등급형 주소지정에서 블록의 개수와 블록의 크기

등급	블록들의 개수	블록 크기	적용 분야
A	128	16,777,216	유니캐스트
B	16,384	65,536	유니캐스트
C	2,097,152	256	유니캐스트
D	1	268,435,456	멀티캐스트
E	1	268,435,456	예약

IPv4 주소가 사용되던 초기에는 한 기관이 주소 블록을 요구했을 때 A, B 또는 C 등급 중 하나를 승인하였다. A 등급의 주소는 많은 호스트와 라우터들이 연결된 큰 기관을 위해서, B 등급의 주소는 수 만개의 호스트와 라우터들이 연결된 중간 크기의 기관을

위해서, C 등급의 주소는 적은 개수의 호스트와 라우터로 연결된 작은 기관을 위해서 만들어 졌다.

네트워크 ID와 호스트 ID

등급 A, B, C의 IP 주소는 네트워크 ID와 호스트 ID로 나누어지며, 각 부분의 길이는 주소 등급에 따라 다르다.

마스크 : 등급형 주소지정에서 네트워크 ID와 호스트 ID가 미리 정해져 있어도 연속되는 0뒤에 나오는 연속되는 1로 이루어진 32비트의 숫자로 구성되는 마스크를 사용 할 수 있다. A, B, C 등급의 마스크는 표 6-2에 보는 것과 같고, D, E 등급에서는 적용하지 않는다.

표 6-2 등급형 주소지정을 위한 기본 마스크

등급	2진수	분리된 10진수	CIDR
A	11111111 00000000 00000000 00000000	255.0.0.0	/8
B	11111111 11111111 00000000 00000000	255.255.0.0	/16
C	11111111 11111111 11111111 00000000	255.255.255.0	/24

A등급의 마스크는 1이 8 개이므로, A등급의 어떤 주소든지 처음 8비트는 네트워크를 나타내고, 나머지 24비트는 호스트 ID를 정의한다.

표 6-2의 마지막 열은 마스크를 '/n' 형식을 보여주는데, 등급형 주소지정에서 n은 8, 16, 24가 될 수 있다. 이것을 CIRD(등급형 인터도메인 라우팅) 표기법이라 하며 비등급형 주소지정에서 사용되지만 등급형 주소지정에도 적용될 수 있다.

서브네팅 : 만약에 한 기관이 A, B 등급의 큰 블록의 사용을 승인 받아 그것을 몇 개의 연속되는 그룹으로 주소를 분할하여 서브넷이라 부르는 네트워크로 각 그룹을 할당할 수 있다.

슈퍼네팅 : 인터넷 사용의 증가로 등급A와 B의 주소가 고갈되었고, 등급 C 블록은 대부분 기관의 요구를 만족시킬 수 없으므로, 슈퍼넷 지정 개념이 도입되었다. 슈퍼넷 지정에서 하나의 기관은 주소의 범위를 넓히려고 몇 개의 C등급의 블록을 합쳐서 슈퍼넷을 만든다.

주소 부족 : 인터넷 사용의 증가로 사용 가능한 주소의 고갈 현상이 나타나므로, 이 문제를 완화시키기 위해 비등급형 주소지정을 사용한다.

(4) 비등급형 주소지정

주소 부족의 현상을 해결하고 더 많은 기관에게 주소를 부여하려고 비등급형 주소지정이 마련되었는데, 이 방법에서 등급 없이 주소를 블록단위로 부여한다.

주소 블록: 기관이 인터넷 주소를 요구할 때는 비등급형 주소지정에서는 주소를 블록으로 승인하며, 블록의 크기는 기관의 성격과 규모에 따라 다르다.

비등급형 주소지정에서는 주소 조정을 단순하게 하려고 인터넷 관리 기관은 비등급형 주소 블록에 세 가지 제한을 둔다.

- 블록 안의 주소들은 반드시 연속되어야 하고
- 블록 안의 주소 개수는 반드시 2의 배수이고
- 첫 번째 주소는 반드시 주소의 개수로 동일하게 나누어진다.

마스크: 등급형 주소의 마스크는 왼쪽부터 n개의 비트는 1이고 오른쪽부터 $32-n$개의 비트는 0인 32비트 값이다. 그러나 비등급형 주소지정의 마스크는 0에서 32까지 어떤 값이든 될 수 있으므로, "/" 앞에 n의 값을 정하기 매우 편하다.

네트워크 주소 ID: 주소 블록을 기관에 부여하면 그 기관은 인터넷에 연결되는 장치들의 주소 할당을 자유롭게 할 수 있지만, 등급의 첫 주소는 네트워크 주소라 부르며 기관의 네트워크 ID를 나타낸다. 이것은 세계에서 자신의 기관을 나타내는 유일한 주소이다. 그림 6-3은 16개 주소블록이 승인된 기관을 보여준다.

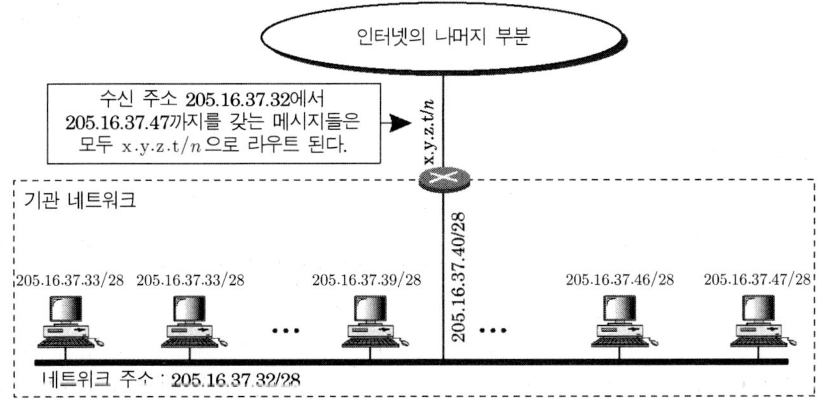

[그림 6-3] 블록 205.16.37.32/28을 사용하는 네트워크 구성

기관의 네트워크는 라우터를 통해 인터넷에 연결되므로, 라우터는 2개의 주소를 갖는다. 하나는 승인된 블록에 속하는 주소이며 다른 하나는 라우터에 연결되는 반대편 네

트워크에 속하는 주소이다. 반대편에 연결된 네트워크에 대하여 알지 못하므로 일단, 2번째 주소를 $x.y.z.t/n$이라 하면, 기관 블록인 205.16.37.32~205.16.37.47 내에서 주소가 정해진 모든 메시지들은 직접 또는 간접적으로 $x.y.z.t/n$으로 보내진다.

현재 우리가 사용하는 IP 주소는 계층적 구조를 가지고 있다.

- **2단계 계층** : IP 주소는 서브네팅을 하지 않을 경우 단지 2단계 계층으로 정의 할 수 있는데, 주소 $x.y.z.t/n$의 왼쪽부터 n비트는 기관의 네트워크를 정의하고 나머지 $32-n$ 비트는 그 네트워크의 특정 호스트를 나타낸다. 이 두 부분을 prefix와 suffix라고 하며, 주소는 prefix인 네트워크 부분과 suffix인 호스트 부분으로 나눈다. 그림 6-4는 IPv4주소의 계층구조를 보여주고 있다.

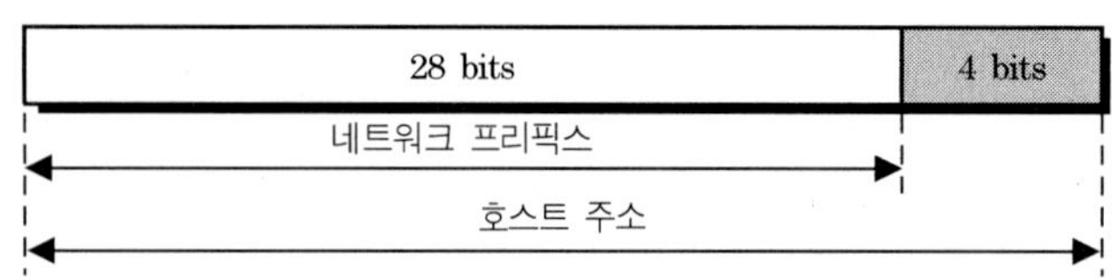

[그림 6-4] IPv4에서 2단계 계층

3단계 계층 : 큰 블록의 주소를 부여받은 기관은 서브넷 별로 또는 서로 다른 네트워크들에 주소들을 나누어 할당한다. 모든 메시지는 인터넷의 다른 기관으로 보내기 위해 라우터 주소로 보낸다. 그러나 기관은 그들이 부여받은 주소를 더 작은 서브블록으로 만들어 각각을 특정한 서브넷에 할당하므로, 기관은 각각 서브넷에 대해 고유한 마스크를 갖는다. 서브네팅을 통해서 3단계의 계층을 가질 수 있으며, 서브넷 프리픽스의 길이는 서브넷에 따라 다르다.

(5) 네트워크 주소 변환

ISP는 사용자에게 동적으로 주소를 부여할 수 있는데, 사용자가 요구하면 주소를 부여한다. 많은 사용자가 몇 개의 호스트로 구성된 네트워크를 만들어 각 호스트에 IP 주소 부여를 요구하지만 IPv4주소의 부족으로 어렵다.

이를 해결하는 방법으로 NAT (Network Address Translation)가 있는데, 내부 트래픽은 큰 집합의 주소를 사용하고, 외부 트래픽은 작은 주소 집합을 사용하도록 해준다.

가정이나 사업체 내에서 사용하는 주소와 인터넷에서 사용하는 주소를 구분하기위해, IANA는 표 6-3과 같이 사설 주소로 3개의 주소 집합을 정의하였다.

표 6-3 사설 네트워크를 위한 주소들

범위	총 개수
10.0.0.0에서 10.255.255.255까지	2^{24}
172.16.0.0에서 172.31.255.255까지	2^{20}
192.168.0.0에서 192.168.255.255까지	2^{16}

이 집합의 주소는 IANA의 허락 없이 사용할 수 있으며, 어떤 라우터도 이 사설 주소를 목적지 주소로 하여 외부 네트워크로 패킷을 전송하지 않는다. 그러므로 하나의 사이트는 주소변환 기능을 갖는 라우터를 통해 인터넷에 연결되어야 하며, 그림 6-5는 간단한 NAT 구현의 예이다.

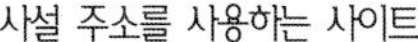

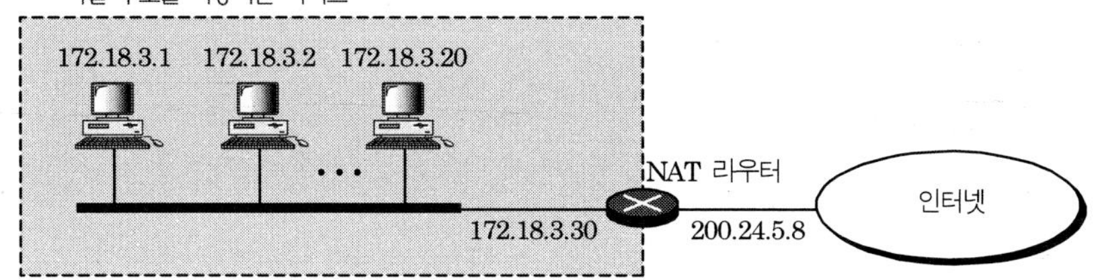

[그림 6-5] NAT의 구현

사설 네트워크는 사설 주소를 사용하지만, 인터넷에 이 네트워크를 연결하는 라우터는 하나의 사설 주소와 하나의 글로벌 주소를 사용한다. 그러므로 외부 네트워크에서는 주소가 200.24.5.8인 NAT 라우터만을 상대한다.

주소 변환: 외부로 나가는 모든 패킷은 NAT 라우터를 통하므로 라우터는 패킷의 발신지 주소를 글로벌 NAT 주소로 바꾼다. 사설 네트워크로 들어오는 모든 패킷은 라우터가 패킷에 들어있는 목적지주소를 해당되는 사설 주소로 대치한다.

변환 테이블: 그림 6-6에서 보듯이 외부로 나가는 패킷의 발신지 주소 변환은 매우 단순하지만 사설 네트워크에 여러 개의 호스트가 있다면 인터넷에서 들어오는 패킷의 목적지 주소를 알기 위해 NAT 라우터는 주소 변환 테이블을 갖는다.

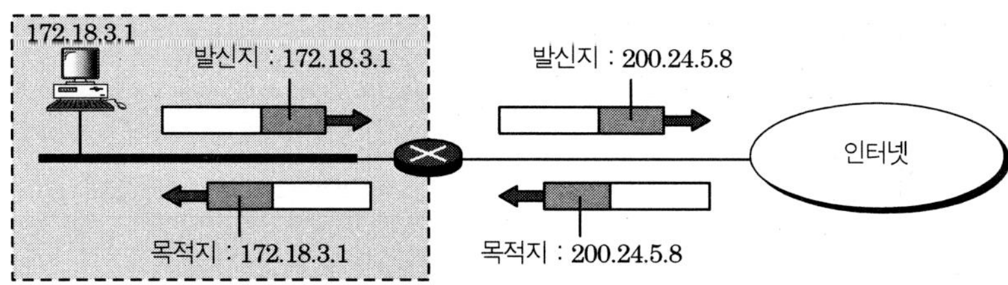

[그림 6-6] NAT 주소 변환

표 6-4 5행 변환 테이블

사설 주소	사설 포트	외부 주소	외부 포트	전송 프로토콜
184.22.5.3	2301	29.9.5.3	75	TCP
184.22.5.4	2302	29.9.5.3	75	TCP
…	…	…	…	…

6.1.2 IPv6 주소

여러 가지 방법으로 주소 부족을 해소하려 하지만 IPv4 주소로는 역부족이며, IP 주소 부족과 실시간 음성과 영상 전송을 위한 기능의 필요, 응용프로그램을 위한 데이터의 암호화와 인증 같은 요구들이 증가하면서 IPv6가 설계되었다.

(1) IPv6 주소의 구조

IPv6 주소는 128 비트로 구성되며 노드의 개별 인터페이스에 부여된다. 쉽게 읽을 수 있도록 16진수 콜론 표기법을 정의하는데, 128비트를 2바이트 길이씩 8부분으로 나눈다. 16진수 표기에서 2바이트는 4개의 16진수로 표기되므로 주소는 그림 6-7처럼 콜론으로 매 4개의 숫자마다 분리한 32개의 16진수로 구성된다.

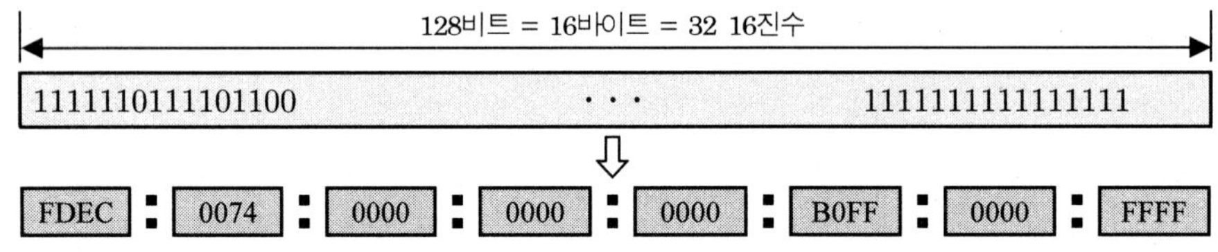

[그림 6-7] 이진법과 16진수 콜론 표기법에 의한 IPv6의 주소

주소 생략법: 16진수 형식으로 표현된 IPv6 주소는 길이가 길고, 0을 많이 포함하는 경우는 주소를 간단히 생략할 수 있다. 그림 6-8처럼 두 개의 콜론 사이에 있는 4개의 숫자의 앞의 0들은 생략할 수 있으나 뒤의 0들은 생략할 수 없다.

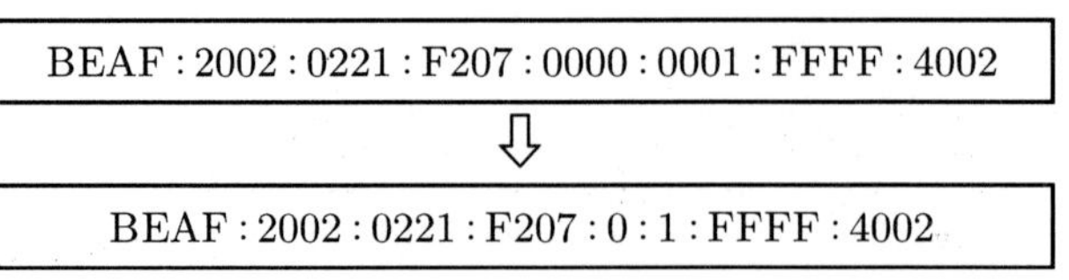

[그림 6-8] 선행된 0의 생략

0으로 나타나는 연속된 필드는 그림 6-9처럼 0을 모두 삭제하고 2개의 콜론만으로 나타내는데, "::"기호를 사용하는 경우 주소에 한번만 사용해야 한다.

[그림 6-9] 연속된 0의 생략

(2) IPv6 주소의 유형

IPv6 주소 뒤에 "/" 표기하고 프리픽스의 길이를 나타내는 10진수가 있는데, 이것을 유형 프리픽스(type prefix)라고 하며, 주소 범주를 정의한다. 유형 프리픽스의 길이는 다양하지만 다른 코드의 첫 부분과 같은 코드가 없도록 설계되었다. 주소가 주어지면 유형 프리픽스를 쉽게 결정할 수 있다.

유니캐스트 주소: 유니캐스트 주소는 1대 1 통신에서 서로 간의 인터페이스를 식별하는 주소로, IPv6는 지리적-기반과 제공자-기반의 두 종류를 정의한다. 제공자-기반의 주소는 유니캐스트 주소를 위해 일반적인 호스트에서 사용하며, 그림 6-10에서 주소의 형식을 보여주며 주소 필드는 다음과 같다.

- **형식 식별자**는 제공자-기반 주소를 정의한다.
- **등록 식별자**는 등록된 주소 기관을 나타내는데, 북미를 위한 센터 INTERNIC(코드 11000)과 유럽 지역을 위한 센터 RIPNIC(코드 01000), 아시아 태평양 국가를 위한 센터 APNIC(코드 10100) 등 현재 3개의 등록 센터가 있다.
- **제공자 식별자**는 ISP와 같은 인터넷 접속 제공자를 나타낸다.

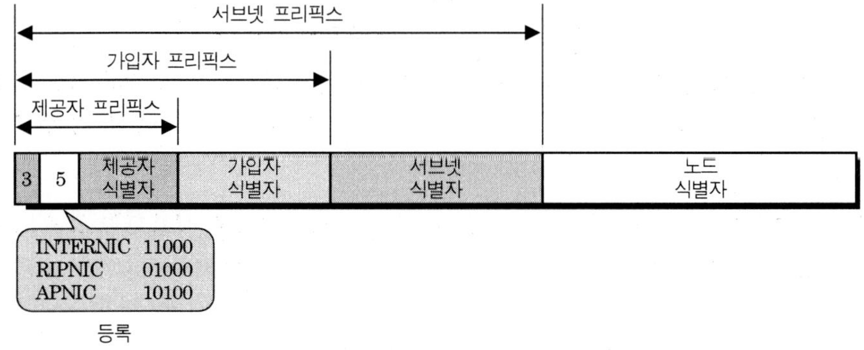

[그림 6-10] 제공자-기반의 유니캐스트를 위한 프리픽스

- **가입자 식별자**는 제공자를 통해 인터넷에 가입했을 때, 가입자를 증명한다.
- **서브넷 식별자**는 가입자의 범위 내의 각 서브네트워크를 구분한다.
- **노드 식별자**는 서브넷에 연결되는 노드를 정의하는 프리픽스의 마지막 필드이다. 이더넷의 48비트 물리 주소와 호환 되도록 이 필드의 길이는 48비트 인데, 미래의 연결 주소는 노드의 물리 주소와 같아질 것으로 예상된다.

멀티캐스트 주소: 멀티캐스트 주소는 인터페이스 그룹을 정의하는 주소로 그림 6-11에서 멀티캐스트 주소의 형식을 보여준다.

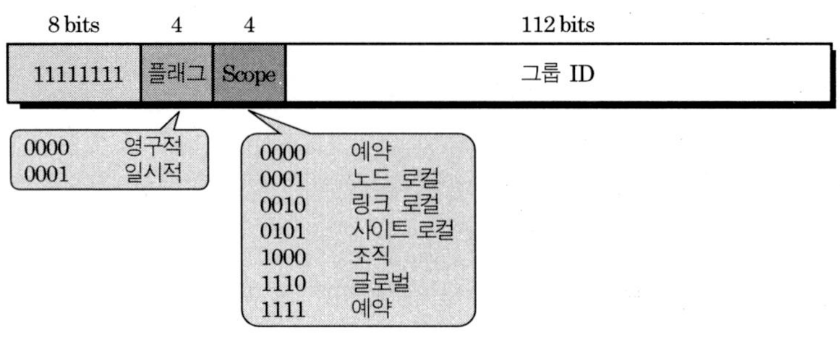

[그림 6-11] IPv6의 멀티캐스트 주소

애니캐스트 주소: 애니캐스트 주소는 멀티캐스트 주소와 비슷하게 여러 개의 인터페이스 그룹을 정의하지만, 멀티캐스트와는 달리 패킷을 전송할 때 해당 그룹에 속하는 모든 인터페이스들에게 전달하는 것이 아니라, 그 그룹의 인터페이스 중 가장 가까운 거리에 있는 인터페이스에게만 전달한다.

예약된 주소: 예약 주소는 주소의 또 다른 유형으로, 8개의 0으로 시작되며, 다음같이 정의한다.

- 호스트가 자신의 주소를 몰라서 주소를 요청할 때 불특정 주소를 사용한다.
- 루프백 주소는 호스트가 스스로 테스트하기 위해 사용하고,
- 호환 주소는 IPv6 주소를 사용하는 호스트가 또 다른 IPv6를 사용하는 호스트로 메시지를 보내려 할 때, 그 메시지가 IPv4 네트워크 부분을 통과해야 할 경우에 사용된다.
- 연결된 주소는 IPv6 주소를 사용하는 호스트가 IPv4 주소를 사용하는 호스트로 패킷을 보낼 때 사용한다.

로컬 주소: 로컬 주소들은 기관이 인터넷에 접속하지 않고 그 기관 내부에서 IPv6 프로토콜을 사용할 때 쓰이는데, 사설 네트워크를 위한 주소이다. 로컬 주소의 2가지 종류는 그림 6-12에서 보는 것처럼 이러한 목적으로 정의한다. 링크 로컬 주소는 독립된 서브넷에 사용하고, 사이트 로컬 주소는 몇 개의 서브넷을 가진 독립된 사이트에서 사용한다.

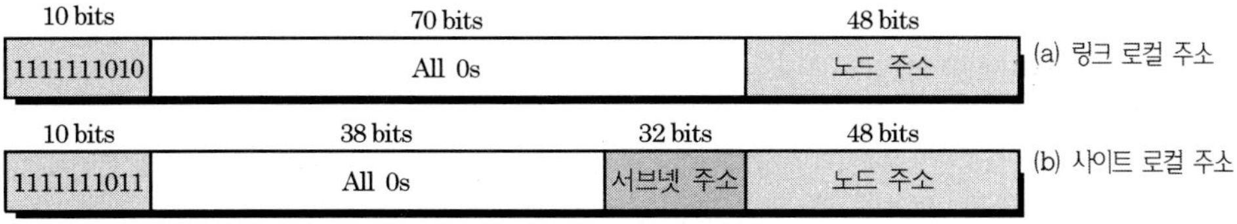

(a) 링크 로컬 주소

10 bits	70 bits	48 bits
1111111010	All 0s	노드 주소

(b) 사이트 로컬 주소

10 bits	38 bits	32 bits	48 bits
1111111011	All 0s	서브넷 주소	노드 주소

[그림 6-12] IPv6의 로컬주소

6.1 연/습/문/제

EXERCISE

01 IPv4 주소의 네 개 등급에 대해 설명하시오.

02 IPv4 주소는 몇 비트이고 IPv6 주소는 몇 비트를 사용하는가?

03 IPv4 주소 지정에서 점 10진 표기법이란 무엇이고, IPv6 주소의 16진 표기법은 무엇인가?

04 IPv4에서 비등급형 주소 지정이란 무엇인가가?

05 IPv4 주소 지정에서 마스크의 용도는 무엇인가?

06 서브네팅과 슈퍼네팅이 필요한 이유는 무엇인가?

07 NAT는 왜 필요하며, 어떻게 주소 부족을 해결하는가?

08 주소할당을 위한 국제기관은 무엇이며 무슨 역할을 수행하는가?

6.2 인터넷 프로토콜

인터넷 프로토콜은 OSI 참조모델의 네트워크층에 해당하고 전송 경로의 설정과 네트워크 주소와 호스트 주소에 의한 네트워크의 논리적인 관리를 담당한다.

6.2.1 인터네트워킹

로컬로 동작하는 네트워크의 물리층과 데이터링크층은 그림 6-13과 같이 네트워크의 한 노드에서 다음 노드까지 데이터 전달을 함께 책임진다.

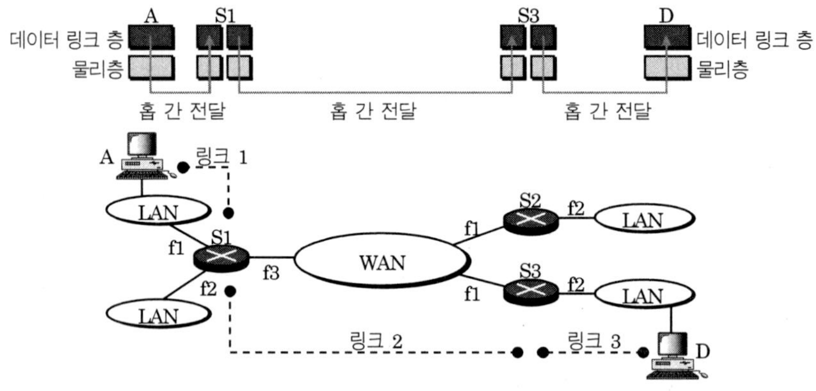

[그림 6-13] 두 호스트 간의 링크

호스트 A가 호스트 D에게 데이터 패킷을 보내면, 이 패킷은 A에서 S1을 거쳐, S1에서 WAN을 지나 마지막으로 S3에서 호스트 D로 보내진다. 이 경우 데이터 패킷이 3개의 링크를 통과하는데, 각 링크에서 2개의 물리층과 2개의 데이터링크층이 관여한다.

(1) 네트워크층의 기능

그러나 데이터가 S1의 인터페이스 f1에 도착할 때 프레임은 발신지 주소로 A의 MAC 주소와 목적지로서의 S1의 MAC 주소만 가지고 있으므로 S1은 인터페이스 f3가 출력 인터페이스라는 것을 알 수 없다. 네트워크층은 호스트-호스트 사이의 패킷 전달과 라우터와 교환기들을 지나가는 패킷의 경로를 지정하며, 그림 6-14에서 네트워크층이 추가된 인터넷을 보여준다.

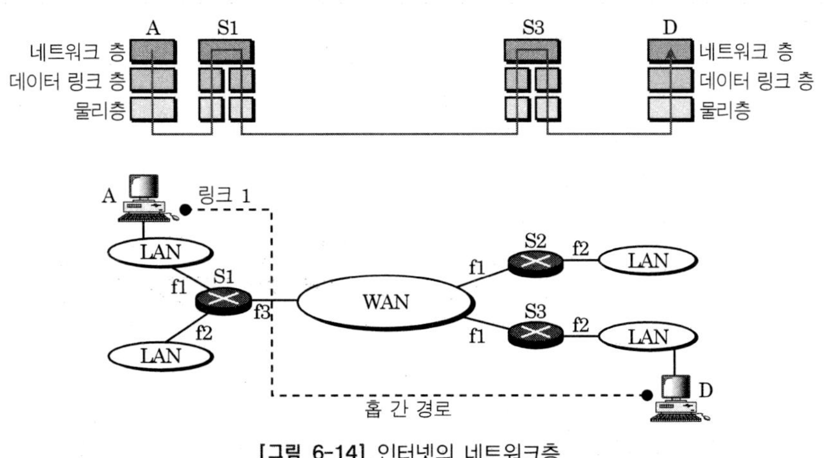

[그림 6-14] 인터넷의 네트워크층

발신지의 네트워크층은 상위층의 데이터로 패킷을 만들며 패킷 헤더에는 발신지와 목적지의 논리적인 주소를 포함하며, 경로지정을 위해 테이블을 조사한다.

교환기나 라우터의 네트워크층은 패킷의 경로지정을 위해, 패킷이 도착하면 경로지정 테이블을 참조하여 출력되어야 할 인터페이스를 찾는다.

네트워크층은 패킷에 있는 목적지 주소가 호스트의 주소와 같은가를 확인하며, 이 패킷이 분할되었다면 모든 단편들이 도착하면 재조립해 전송층으로 보낸다.

(2) 네트워크층에서의 교환

네트워크층 입장에서 보면 인터넷은 패킷교환 네트워크이며, 인터넷은 데이터그램을 네트워크층의 교환 방식으로 채택하였으므로, 패킷을 발신지에서 목적지까지 경로를 따라 보내기 위하여 네트워크층에서 정의한 주소를 사용한다.

(3) 비연결형 네트워크인 인터넷

네트워크층 프로토콜은 비연결형 서비스로 각 패킷이 다른 패킷들과 관련이 없다고 생각하여 패킷을 독립적으로 처리하므로, 하나의 메시지가 분할된 패킷들도 목적지까지 같은 경로를 거치지 않을 수도 있다. 이 서비스는 데이터그램 방식의 패킷교환에서 사용되며, 인터넷은 네트워크층에서 이 서비스를 사용한다.

6.2.2 IPv4

IPv4는 TCP/IP 계층에서 사용되는 전달방식이며, 그림 6-15는 TCP/IP 계층 집합 내에서 IPv4의 위치를 보여주고 있다.

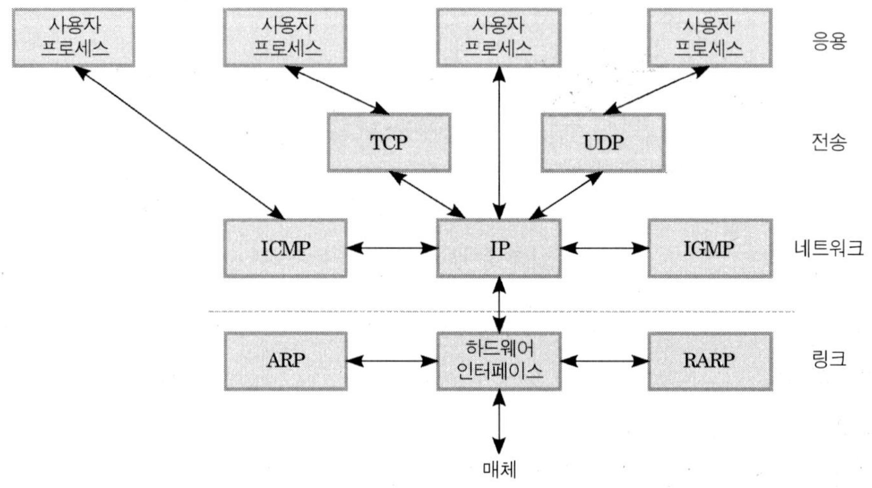

[그림 6-15] TCP/IP 계층 내에서 IPv4의 위치

IPv4는 신뢰성이 없는 비연결형 데이터그램 프로토콜로 오류 제어나 흐름 제어를 제공하지 않는 최선의 전달(best-effort delivery) 서비스이다. 그러므로 같은 발신지에서 목적지로 보내진 데이터그램이라도 순서가 어긋날 수 있다.

(1) 데이터그램

IPv4 계층의 패킷을 **데이터그램**이라고 하며 그림 6-16과 같은 형식을 가지며, 헤더와 데이터 두 부분으로 구성된다. 헤더는 20에서 60바이트 길이이며 경로지정과 전달에 필요한 정보를 포함하며, 각 필드는 다음과 같다.

- **버전(VER)** 필드는 4비트로 IP 프로토콜의 버전을 정의하는데, 현재의 버전은 4이지만 앞으로는 버전 6이 버전 4를 대치할 것이다.
- **헤더길이(HLEN)** 필드는 4바이트 워드 단위로 데이터그램 헤더의 전체 길이를 나타내는데, 헤더의 길이가 20에서 60바이트 사이로 가변적이다.
- **서비스** 필드는 전에는 서비스 유형라고 부르던 이 필드를 IETF가 차별서비스(differentiated service)라고 변경하였다.

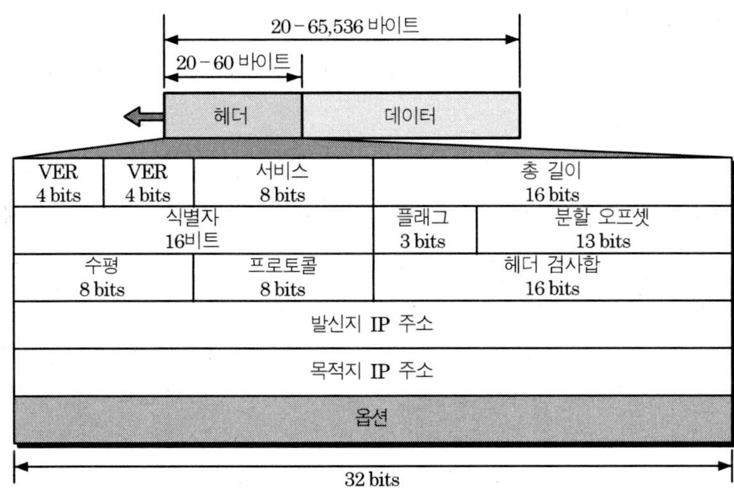

[그림 6-16] IPv4 데이터그램 형식

(2) 단편화

프레임의 형식과 크기는 프레임이 거치는 물리 망의 프로토콜에 따라 다르므로, 네트워크의 최대 전송 단위에 맞도록 단편화 되어야 한다.

최대 전송 단위(MTU) : MTU는 프레임 형식에서 정의되는 필드 중의 하나로 데이터 필드의 최대크기이다. MTU의 값은 물리적인 네트워크 프로토콜에 따라 다르며 표 6-5에 몇 가지 프로토콜의 값들을 보여준다.

표 6-5 여러 종류의 네트워크의 MTU 값

프로토콜	최대전송단위
Hyperchannel	65,535
토큰 링 (16Mbps)	17,914
토큰 링 (4Mbps)	4,464
FDDI	4,352
이더넷	1,500
X.25	576
PPP	296

보통 발신지에서는 IPv4 패킷을 분할하지 않고, 전송계층이 IPv4와 사용 중인 데이터링크에서 수용될 수 있는 크기로 데이터를 분할한다. 데이터그램이 분할될 때 각 단편은 대부분의 필드가 같으며 일부만 다른 각자의 헤더를 갖는다. 단편화된 데이터그램이 더 작은 MTU를 가진 네트워크를 만나면 다시 분할될 수 있다.

단편화와 관련된 필드

IPv4 데이터그램의 단편화와 재조립에 관련된 필드는 다음과 같이 식별자, 플래그와 단편화 오프셋 필드이다.

- **식별자** 필드는 발신지 호스트에서 송신된 데이터그램을 식별하며, 식별자와 발신지 IPv4 주소의 조합은 발신지 호스트에서 송신되는 데이터그램을 유일하게 정의한다. 데이터그램이 단편화될 때 식별자 필드에 있는 값이 모든 단편에 복사되므로, 모든 단편은 원래 데이터그램과 같은 식별번호를 갖는다.
- **플래그** 필드의 첫 비트는 예비이며 2번째 비트는 단편화 금지 비트로 1이면 통신장치는 그 데이터그램을 단편화하지 않으며, 0이면 필요만큼 단편화 할 수 있다. 3번째 비트는 단편추가 비트로, 이 값이 1이면, 이 데이터그램이 마지막 단편이 아니라 이 뒤에 단편이 더 있다는 것을 의미한다.
- **단편화오프셋** 필드는 전체 데이터그램에 대한 단편의 상대적 위치이다.

(3) 헤더 검사합

IPv4 데이터그램에 캡슐화되는 모든 상위계층 프로토콜은 전체 패킷에 대한 검사합을 이미 가지고 있으며, IPv4 패킷의 헤더가 통과하는 각 라우터에서 변경되기 때문에 IPv4에서 검사합은 헤더에 대해서만 만들어진다.

(4) 선택사항

IPv4 데이터그램의 헤더는 고정 부분과 가변 부분으로 구성되며, 가변 부분은 최대 40 바이트까지인 선택사항으로 이루어진다. 선택사항은 네트워크 검사와 디버깅을 위해 사용한다.

6.2.3 IPv6

IPv4는 주소 부족 문제뿐만 아니라 다양한 서비스 제공, 보안과 암호화 및 인증기술, 인터넷을 통한 실시간 음성 및 동영상 서비스 등을 수용할 수 없다.

이 문제의 해결을 위해 IETF는 차세대 IP 규격(**IPng**; Internetworking Protocol, next generation)을 검토하여 IPv6로 표준화하였다. IP 주소의 형식과 길이가 패킷 형식과 더불어 변경되었고, ICMP와 같은 프로토콜 또한 변경되었다. ARP, RARP와 IGMP와 같은 네트워크 층의 프로토콜들은 없어지거나 ICMPv6에 포함되었으며, RIP와 OSPF와 같은 프로토콜도 약간 변경되었다.

IPv4 주소의 부족이 비등급 주소지정과 NAT와 같은 방법으로 해결되어 왔기 때문에 IPv6의 적용은 IPv6 표준화 초기의 전망보다 늦게 진행되고 있다. 그러나 인터넷의 사용의 급격한 확산과, 이동 IP, IP전화와 실시간 고품질 영상 서비스 등 새로운 서비스들의 수요 증가로 IPv6가 대세를 이룰 것이다.

(1) IPv6의 장점

IPv6는 IPv4와 비교해 보면 다음과 같은 몇 가지 장점들을 갖는다.

- IPv6 주소는 128비트 길이로 주소 공간이 큰 폭으로 증가된다.
- IPv6는 오버헤드의 최소화를 위해 IPv4에 비해 단순하게 구성하였다.
- IPv6는 추가 기능을 쉽게 수용하도록 새로운 선택사항을 가지고 있다.
- IPv6는 새로운 기술이나 응용에서 요구한다면 프로토콜 확장이 가능하다.
- IPv6에서 서비스 유형 필드는 제외되었으나 발신지가 패킷의 특별한 처리를 요청할 수 있도록 만드는 플로우 레이블(flow label) 방식이 추가되었다.
- IPv6의 암호화와 인증 선택사항은 패킷의 기밀성과 무결성을 제공한다.
- IPv6는 LAN의 MAC 주소와 프리픽스를 결합하여 로컬 IP 주소를 생성한다.

(2) 패킷 형식

IPv6 패킷 형식은 그림 6-17처럼 필수적인 기본 헤드와 페이로드로 구성되며, 페이로드는 선택사항인 확장 헤더와 상위 계층의 데이터 2부분으로 구성된다.

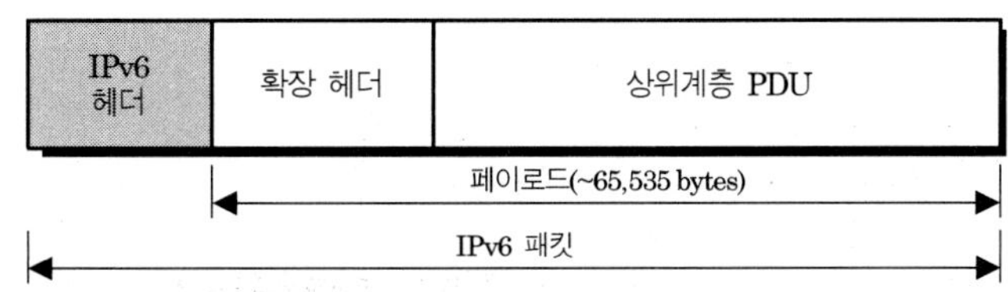

[그림 6-17] IPv6 패킷 형식

기본 헤더는 40바이트를 차지하며 확장 헤더와 상위 계층 데이터는 65,535바이트까지 정보를 포함한다.

기본 헤더

그림 6-18은 8개의 필드를 가진 기본 헤더를 보여주며 각 필드들은 다음과 같다.

[그림 6-18] IPv6 기본 헤더의 구조

- **버전** 필드는 4비트로 IP의 버전 번호를 정의하며 IPv6에서는 값이 6이다.
- **트래픽 등급** 필드는 4비트로 트래픽 혼잡에 대한 패킷의 등급을 정의한다.
- **플로우 레이블**(Flow Label) 필드는 데이터의 특정한 흐름을 위한 특별한 처리를 제공하기 위해 설계되었다.
- **페이로드 길이** 필드는 기본 헤더를 제외한 IP 데이터그램의 길이를 정의한다.
- **다음 헤더** 필드는 데이터그램의 기본 헤더를 뒤따르는 헤더를 정의한다. 각 확장 헤더도 이 필드를 포함한다. 표 6-6에 다음 헤더의 값들을 나타내었다.

표 6-6 IPv6의 다음 헤더 코드

코드	다음 헤더
0	Hop-by-hop 선택 사항
2	ICMP
6	TCP
17	UDP
43	발신지 라우팅
44	단편화
50	암호화된 보안 페이로드
51	인증
59	Null (다음 헤더 없음)
60	목적지 선택 사항 헤더

- **홉 제한** 필드는 8-비트로 IPv4의 TTL 필드와 같은 목적으로 사용된다.
- **발신지 주소** 필드는 데이터그램의 발신지를 식별하는 인터넷 주소이다.
- **목적지 주소** 필드는 데이터그램의 최종 목적지를 식별하기 위한 인터넷 주소인데, 발신지 경로지정이 사용되면 이 필드는 다음 라우터의 주소를 포함한다.

(3) 트래픽 등급

네트워크에 트래픽이 많아 혼잡할 때 패킷의 트래픽 등급 필드는 폐기해야 될 패킷을 판단하는데 도움이 된다.

혼잡 제어 트래픽(congestion-controlled traffic): 네트워크가 혼잡할 때 만약 발신자가 자체적으로 트래픽을 낮추는 경우 이 트래픽은 혼잡 제어 트래픽이라고 간주된다. 혼잡-제어 데이터는 표 6-7에 보듯이 등급 0에서 7까지 부여된다.

표 6-7 혼잡-제어 트래픽의 등급

트래픽 등급	정의
0	특정 트래픽 없음
1	백그라운드 데이터
2	비대기 트래픽 데이터
3	예약
4	대기 벌크 데이터
5	예약
6	대화형 데이터
7	제어 트래픽

- 트래픽 등급 0은 발신자가 트래픽 등급을 정의하지 않는 경우이다.
- 트래픽 등급 1은 대부분 백그라운드로 전달되는 데이터를 정의한다.
- 전자우편을 받는 수신자는 메시지가 언제 도착할 지 알 수 없으므로 대기하지 않는다. 이와 같은 경우 트래픽 등급 3이 부여된다.
- 트래픽 등급 4는 사용자가 수신을 대기하고 있는 경우 이 데이터를 전송하는 프로토콜에 주어지며 FTP와 HTTP 같은 서비스가 여기에 해당된다.
- 트래픽 등급 6은 사용자와 대화형 통신이 필요한 서비스의 경우이다.
- 트래픽 등급 7은 OSPF나 RIP와 같은 경로 지정 프로토콜과 SNMP와 같은 관리 프로토콜이 사용하는 제어 트래픽에 부여된다.

비혼잡 제어 트래픽 : 트래픽 등급 번호 8에서 15는 **비혼잡 제어 트래픽**에 부여되는데, 패킷의 폐기가 수신되는 데이터의 품질이 얼마나 영향을 주느냐에 좌우된다.

표 6-8과 같이 정밀도가 낮은 오디오나 비디오와 같이 중복 정도가 낮은 경우에는 더 높은 트래픽 등급(15)이 부여되고, 높은 정밀도의 오디오나 비디오 같이 높은 중복 정도를 가진 데이터에는 낮은 트래픽 등급(8)이 주어질 수 있다.

표 6-8 비혼잡-제어 트래픽을 위한 트래픽 등급

트래픽 등급	정의
8	가장 큰 중복을 갖는 데이터
...	...
15	가장 적은 중복을 갖는 데이터

(4) 플로우 레이블(Flow Label)

흐름을 특정한 발신지에서 정해진 목적지로 전송할 때, 발신지가 경로 중간의 라우터들에게 특별한 처리를 요청한 연속되는 패킷들로 정의한다. 이 흐름은 발신지의 주소와 목적지의 주소 및 20비트의 플로우 레이블의 조합으로 식별하며, 같은 흐름에 속하는 모든 패킷에게는 발신자가 같은 플로우 레이블을 부여한다.

라우터의 입장에서 보면 흐름은 같은 속성의 연속되는 패킷이며, 속성에는 경로, 자원할당, 폐기조건, 보안과 관련된 사항들이 포함된다. 플로우 레이블을 지원하는 라우터는 플로우 레이블 표를 가지며, 활성화된 플로우 레이블마다 하나의 항목을 가지며 해당 플로우 레이블이 필요로 하는 서비스를 정의한다. 라우터가 패킷을 수신하면 패킷의 플로우 레이블 값에 해당하는 항목을 찾아 나타난 서비스를 패킷에 제공한다.

플로우 레이블표가 없다면 라우터가 패킷을 수신하면 경로지정 테이블을 참조하고 다음 홉을 찾기 위해 경로지정 알고리즘을 거치지만, 플로우 레이블 표를 사용하면 표에서 다음 홉을 쉽게 찾을 수 있다.

실시간 오디오와 비디오 전송을 지원하는데 플로우 레이블을 사용할 수 있는데, 넓은 대역폭과 대용량 버퍼 등의 자원이 필요하며 처리시간도 길다.

지금까지 살펴본 IPv6 패킷 헤더를 IPv4와 비교해 보면 다음과 같다.

- IPv6에서는 헤더가 고정된 길이를 가지므로 헤더 길이 필드가 없다.
- IPv6에서는 우선순위와 플로우 레이블 필드가 서비스 유형 필드를 대신한다.
- IPv6에서는 총 길이 필드가 없고 페이로드 길이로 대치되었다.

- IPv6에서는 식별, 플래그, 오프셋 필드들을 분할 확장 헤더에 포함한다.
- IPv6에서는 TTL 필드를 홉 제한으로 부른다.
- 프로토콜 필드는 다음 헤더로 대치된다.
- 상위 계층들은 자신들의 검사합이 있으므로 헤더 검사합은 필요 없다.

(5) 확장 헤더

기본 헤더는 40바이트로 고정이지만, IP 데이터그램에 보다 많은 기능을 제공하려고 기본 헤더 다음에 그림 6-19에 보듯이 6종류의 확장헤더가 정의되어 있다.

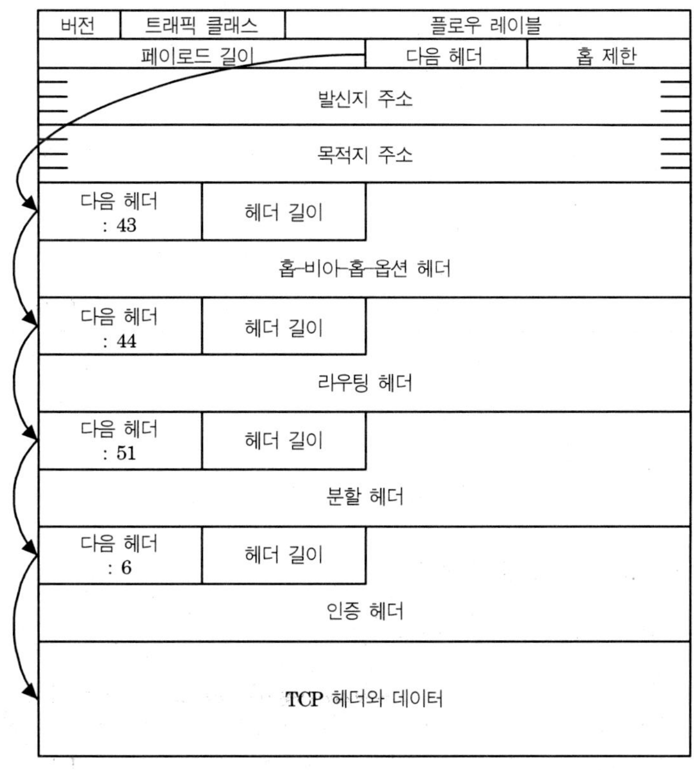

[그림 6-19] 확장 헤더 유형

매홉(hop-by-hop) 선택사항: 데이터그램이 거치는 모든 라우터에게 발신자가 정보를 전달하려 할 때 매 홉 선택사항을 사용한다. 패드 1, 패드 *N*과 점보 페이로드 단 세 가지만 정의하였는데, 패드 1 선택사항은 1바이트 길이이고 정렬 목적으로 설계하였다. 패드 *N*은 패드1과 비슷한데, 정렬 목적으로 2바이트 이상이 필요할 때 패드 *N*을 사용한다. 점보 페이로드 선택사항은 65,535바이트 보다 긴 페이로드를 정의할 때 사용한다.

발신지 라우팅 : IPv6에서는 송신측에서 발신지 라우팅 헤더 선택사항을 이용하여 전송하는 라우팅 경로에 대한 제어를 할 수 있다.

단편화 : 데이터그램이 이동하는 네트워크의 MTU보다 더 크다면 IPv4에서는 발신지나 라우터가 단편화 할 수 있지만, IPv6에서는 발신지만이 단편화 할 수 있다.

인증 : 인증 확장 헤더는 메시지 송신하는 발신자를 증명하고 전송된 패킷이 도중에 변경되거나 변조되지 않았는지를 확인하는 2가지 목적을 가지고 있다.

암호화된 보안 페이로드(ESP; encrypted security payload) : 암호화된 보안 페이로드는 기밀성과 도청 방지를 제공하는 확장 헤더이다.

목적지 선택사항 : 목적지 선택사항은 발신자가 정보를 목적지에만 전달할 필요가 있을 때 사용하며, 경로 도중의 라우터는 이 정보에 접근할 수 없다.

IPv4 선택사항과 IPv6 확장헤더의 비교

- IPv4의 비-동작과 선택사항의 종료는 IPv6의 패드 1과 패드 N으로 대치된다.
- IPv6에서는 기록 루우트 선택사항이 필요 없어 실현되지 않았다.
- 시간 스탬프 선택사항은 사용되지 않으므로 실현되지 않는다.
- 발신지 루우트 선택사항은 IPv6에서는 발신 라우팅 확장 헤더로 부른다.
- IPv4의 기본 헤더의 분할 필드는 IPv6에서는 분할 확장 헤더로 이동되었다
- 인증 확장 헤더는 IPv6에 추가되었다.
- 암호화된 보안 페이로드 확장 헤드는 IPv6에 추가되었다.

6.2.4 IPv4에서 IPv6로의 전환

IPv6가 등장했지만, 인터넷의 장치들은 대부분 IPv4 기반이므로, IPv4 장치들을 한 순간에 IPv6 장치들로 교체하는 것은 불가능하다. 그러므로 일정기간 동안 IPv4와 IPv6 네트워크가 공존할 것을 예상된다. 이들이 공존하려면 다른 프로토콜을 사용하는 네트워크들 간의 연동 방법이 필요한데, 이들 간의 연동방법으로 IETF는 이중스택(Dual Stack), 터널링(Tunneling), IPv4/IPv6 변환을 제시하였다.

(1) 이중 스택

IETF는 모든 호스트들이 완전히 IPv6로 바뀌기 전에는 IPv4와 IPv6를 모두 사용할 수 있도록 이중 스택 프로토콜을 갖도록 권고하였다.

이중 스택이란 그림 6-20과 같이 IP 계층에 2가지 프로토콜 기능이 모두 들어있어 상대방에 따라 해당 IP를 선택하는 방법이다.

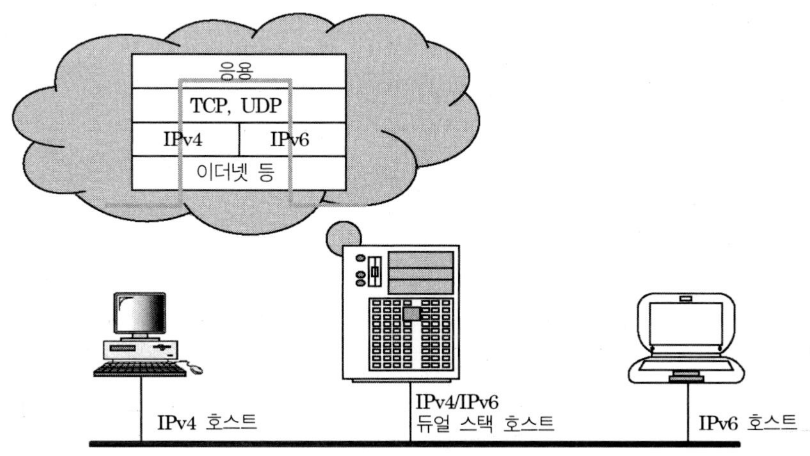

[그림 6-20] 이중 스택

- 이중 스택은 IPv4와 IPv6 주소 모두 설정 가능해야 하며, IPv4 주소인 경우는 DHCP를 이용하여 얻고, IPv6 주소는 비상태형 주소 자동 설정을 사용한다.
- IPv4와 IPv6가 모두 DNS를 사용하므로 2가지 유형을 모두 지원해야 한다.

(2) 터널링

터널링이란 어떤 프로토콜의 패킷을 다른 프로토콜의 패킷 안에 캡슐화 하여 통신하는 것을 말하며, IPv6를 사용하는 두 컴퓨터가 서로 통신하기를 원할 때, 그 패킷이 IPv4 네트워크를 통과해야만 할 때의 방안이다. 이 지역을 통과하려면 패킷은 IPv4 주소를 가져야 하므로 그림 6-21과 같이 IPv6 패킷이 이 지역으로 들어갈 때 IPv4 패킷으로 캡슐화 되고, 벗어날 때 캡슐을 풀어 버린다.

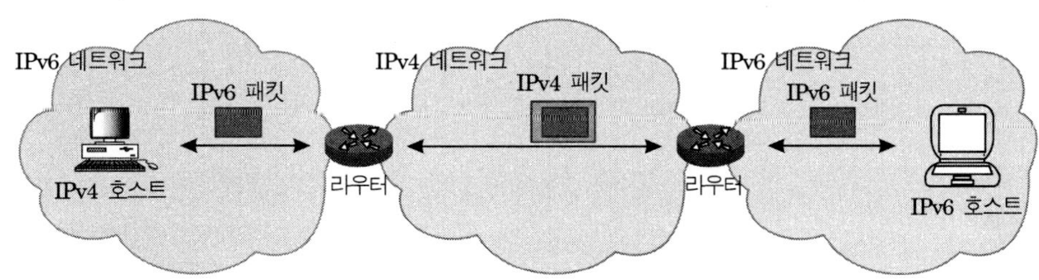

[그림 6-21] 터널링 방식의 구조

터널링 방식에는 설정 터널링과 자동 터널링 2가지가 있다.

설정 터널링은 발신지와 목적지의 호스트가 IPv6 호환주소를 인식하지 못할 때 적용하며, 캡슐화가 이루어지는 두 장치 간에 IPv4 주소를 기반으로 정적으로 터널을 설정하고 6Bone에서 사용된다. 자동 터널링은 IPv4 장치가 사용되는 지역을 거쳐 목적지에 도착해야할 경우 매뉴얼을 통한 설정 없이 IPv4 호환 주소를 이용하는 방식으로 최근에는 이를 개선한 6to4 터널링이나 ISATAP 방식이 사용된다.

(3) 헤더 변환 방식

IPv6 환경이 성숙되어 대부분의 인터넷이 IPv6로 전환되고 일부만 아직 IPv4를 사용할 때 헤더 변환 방식이 필요하다. 발신자가 IPv6 프로토콜을 사용하길 원하지만 수신자는 IPv6를 이해하지 못하는 경우, 패킷은 수신자가 받을 수 있는 IPv4 형식을 가져야 하므로 터널링으로는 해결할 수 없다. 그러므로 헤더 형식이 게이트웨이와 같은 시스템을 통해 헤더가 완전히 바뀌어야 한다.

헤더 변환은 IPv6 주소를 IPv4 주소로 변환하기 위해 연결된 주소(mapped address)를 사용하며, IPv6 패킷 헤더를 IPv4 패킷 헤더로 변환하는 데 사용되는 몇 가지 절차들을 정리하면 다음과 같다.

- 연결될 IPv6 주소는 가장 오른쪽 32비트를 추출하여 IPv4 주소 바뀐다.
- IPv6의 우선순위 필드 값은 버린다.
- IPv4의 서비스 필드의 유형은 0으로 채운다.
- IPv4를 위한 검사합은 계산하여 대응되는 필드에 넣는다.
- IPv6의 플로우 레이블은 무시한다.
- 적절한 확장 헤더들은 선택사항으로 변환하여 IPv4 헤더에 넣는다.
- IPv4 헤더의 길이는 계산하여 대응되는 필드에 넣는다.
- IPv4의 총 길이는 계산하여 대응되는 필드에 넣는다.

6.2 연/습/문/제

EXERCISE

01 데이터링크층의 프레임 전달과 네트워크층의 패킷전달의 차이점은 무엇인가?

02 비연결형과 연결중심 서비스의 차이점은 무엇인가?

03 단편화란 무엇이며, 단편화에서 IPv4와 IPv6의 차이점은 무엇인가?

04 IPv4에서 선택사항의 필요성은 무엇이고, 선택사항들을 간단히 설명하시오.

05 IPv4와 IPv6의 헤더의 필드들의 차이점을 설명하시오.

06 IPv4와 IPv6에서 우선순위를 가진 패킷들을 어떻게 처리하는가?

07 Pv6에서 검사함이 필요 없는 이유는?

08 IPv6의 확장헤더의 종류와 그들의 역할은 무엇인가?

09 IPv4에서 IPv6로 전환하는 3가지 방안들을 간단히 설명하시오.

6.3 주소 연결과 메시지 프로토콜

패킷들은 노드 대 노드와 같이 물리 주소를 필요로 하는 프레임으로 캡슐화 되어야 하기 때문에 물리 주소와 논리적 주소 사이에는 연결하는 프로토콜이 필요하다. 이 목적으로 만든 프로토콜이 ARP(Address Resolution Protocol)이다. 그러나 디스크 없이 네트워크를 통해 부팅하거나, 호스트에서 IP 주소를 임대하는 경우는 물리 주소에서 논리적 주소로의 연결도 필요하다. 이 목적으로 RARP, BOOTP, DHCP의 3개의 프로토콜들이 설계되었다.

IP는 흐름과 오류 제어에 대한 기능 부족하므로 네트워크 또는 목적지 호스트에게 혼잡과 여러 유형의 오류에 대한 보고를 제공하는 ICMP라는 프로토콜을 별도로 만들었다.

IP는 원래 유니캐스트 전송을 위해 설계되었지만, 인터넷의 발전에 따라 하나의 발신지에서 여러 개의 목적지로 메시지를 전송하는 멀티캐스트에 대한 요구가 커지면서, IGMP가 개발되어 멀티캐스트 전송이 가능해 졌다.

6.3.1 주소 연결

인터네트워킹 장치들에 의해 여러 종류의 네트워크들이 물리적으로 연결하여 인터넷이 이루므로, 패킷은 호스트와 라우터에 도달하기 위해서 물리적 네트워크를 통과한다. 호스트와 라우터는 그들의 물리 주소를 통해 인지하며, **물리 주소**는 로컬 주소로 로컬 네트워크가 관리한다. 이 주소는 하드웨어에 의해 주어지므로 물리 주소라 부르며, 이더넷의 48 bit MAC 주소가 그 예이며, 호스트나 라우터의 NIC에 저장되어 있다.

MAC 주소와 IP 주소는 각각 다른 식별자이지만, 물리적 네트워크가 IP와 같은 네트워크층의 프로토콜을 동시에 사용할 수 있기 때문에 2가지 모두 필요하다. 그러므로 논리적 주소와 연관되는 물리 주소를 연결시킬 필요가 있으며 그 반대의 경우도 필요하여 정적 연결이나 동적 연결을 사용한다.

정적 연결(static mapping)은 논리적 주소와 물리 주소를 연결시키는 테이블을 수동으로 만들며, 이 테이블은 네트워크에 연결된 장치들에 저장된다. 다른 장치의 IP 주소는 알지만 물리 주소를 모르는 각 장치들이 이 테이블을 참조한다. 물리 주소는 시스템이 NIC를 바꾸거나, 네트워크의 다른 부분으로 이동할 때 변경될 수 있으므로 정적 연결은 주기적으로 갱신해야 한다.

동적 연결(dynamic mapping)에서는 장치가 논리와 물리 2가지 주소 중 하나를 언제나 알고 있어 프로토콜을 이용하여 다른 하나의 주소를 찾을 수 있다.

(1) IP 주소에서 물리 주소로 연결

IP 주소는 송신자가 호스트이면 DNS로부터 얻고, 송신자가 라우터이면 라우팅 테이블에 의해 구한다. 그러나 IP 데이터그램은 물리적 네트워크를 통과할 수 있도록 프레임으로 캡슐화 되어 있는데, 이것은 송신자가 수신자의 물리 주소를 알 필요가 있다는 것을 뜻한다. 송신자가 수신자의 물리 주소를 알기 위해 ARP 질의를 그림 6-22와 같이 네트워크 전체로 브로드캐스팅 한다.

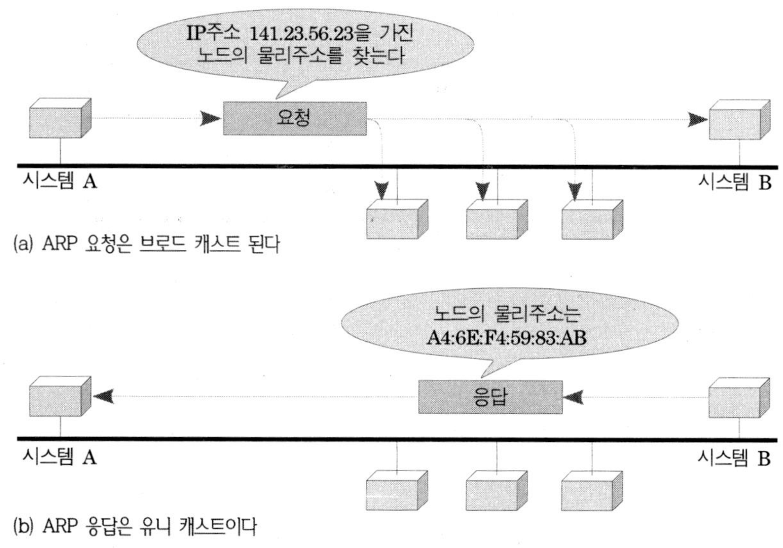

[그림 6-22] 물리 주소 질의와 응답 과정

ARP 질의 패킷을 받는 해당되는 수신자만이 그 IP를 인식하고, ARP 응답을 되돌려 보낸다. 여기에는 수신자의 IP와 물리 주소가 들어 있으며 질의 패킷을 보냈던 장치의 물리 주소로 직접 유니캐스트 한다.

그림 6-22(a)에서 왼쪽의 시스템 A는 IP 주소: 141.23.56.23인 시스템 B로 보낼 패킷을 가지고 있으며 패킷의 실질적인 전달을 위해 데이터링크층으로 보내야 하지만, 수신자의 물리 주소는 모른다. IP 주소가 141.23.56.23인 장치의 물리 주소를 알기 위해 브로드캐스트 ARP 요구 패킷을 전송한다.

그림 6-22(b)에서 보듯이 시스템 B만 응답하며, 시스템 B로부터 응답 패킷을 받으면 시스템 A는 수신한 물리 주소로 패킷을 전송할 수 있다.

만약 ARP 응답 정보를 일정 기간 캐시에 저장한다면 수신자의 물리 주소를 알기위해 자신의 캐시를 점검한다면 효율적이다. ARP 응답을 수신한 시스템은 캐시 메모리에 그 정보를 저장하고 캐시 영역을 모두 사용할 때까지 20~30분 유지한다.

패킷형식: 그림 6-23에는 ARP 패킷의 형식을 보여주며 각 필드는 다음과 같다.

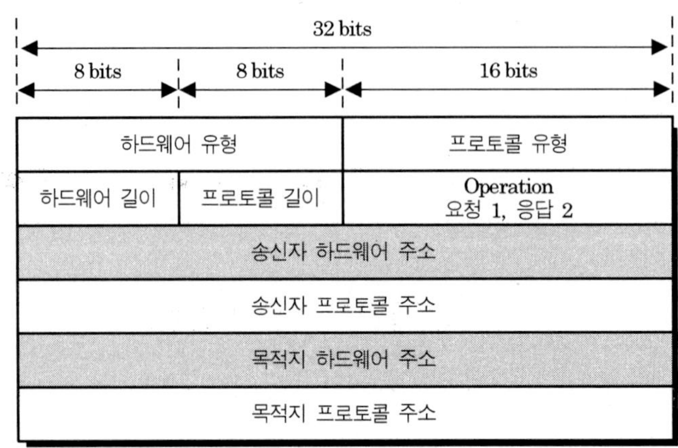

[그림 6-23] ARP 패킷의 형식

- **하드웨어 유형**은 ARP가 동작하고 있는 네트워크의 종류를 정의한다.
- **프로토콜 유형**은 ARP를 사용하는 프로토콜을 정의하는 16비트 필드이다.
- **하드웨어 길이**는 8비트 필드로 물리 주소의 길이를 바이트 단위로 정의한다.
- **프로토콜 길이**는 8비트 필드로 IP 주소의 길이를 바이트 단위로 표현한다.
- **동작**은 패킷의 종류를 정의하며, ARP 요청과 ARP응답이 2 종류가 있다.
- **송신자 하드웨어 주소**는 가변길이의 필드로 송신자의 물리 주소를 나타내며, 이더넷의 경우에는 6바이트 길이다.
- **송신자 프로토콜 주소**는 가변길이의 필드로 송신자의 논리 주소를 나타낸다.
- **목적지 하드웨어 주소**는 가변길이의 필드로 목적지의 물리 주소를 정의한다.
- **목적지 프로토콜 주소**는 목적지의 논리적인 주소를 나타낸다.

캡슐화: ARP 패킷은 데이터링크 프레임에 직접 캡슐화 되는데, 그림 6-24에서와 같이 이더넷 프레임으로 캡슐화 된다.

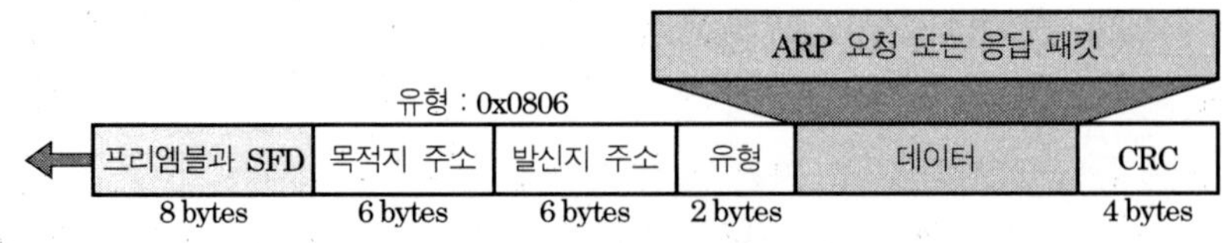

[그림 6-24] ARP 패킷의 캡슐화

ARP의 동작: 인터넷에서 다음과 같은 ARP의 동작 절차들을 살펴보면 IP 주소만 알면 물리 주소를 얻는 과정을 쉽게 이해할 수 있다.

- IP는 ARP에게 송신자의 물리 주소와 IP 주소, 수신자의 IP 주소 정보가 있는 ARP 요청 메시지를 만들게 하는데, 수신자의 물리 주소 필드는 0으로 채운다.
- ARP 요청 메시지는 발신지 주소로는 송신자의 물리 주소가 사용되며, 수신자의 주소로는 물리적 브로드캐스트 주소가 사용된다.
- 모든 장치가 ARP 요청을 받지만 목적지가 아니면 수신한 패킷을 버린다.
- 목적지 장치는 자신의 물리 주소가 포함된 응답을 요청한 장치로 보낸다.
- 송신자가 응답 메시지를 받으면 목적지 장치의 물리 주소를 알게 된다.
- 목적지로 전송될 IP 데이터그램은 목적지로 유니캐스트 된다.

프록시 ARP: 프록시 ARP는 여러 호스트들을 대신해서 동작하는데, 라우터가 프록시 ARP 역할을 할 때마다 그 호스트들 중 하나의 IP 주소를 찾는 ARP 요청을 받으면 라우터는 그 자신의 물리 주소를 알리는 ARP 응답을 보낸다. 그 후 실제 IP 패킷을 수신하면, 라우터는 적절한 호스트나 라우터로 그 패킷을 보내준다.

(2) 물리 주소에서 논리적 주소로 연결

디스크가 없는 스테이션이 부팅한다면, 자신의 인터페이스를 조사하여 물리 주소는 알 수 있지만 IP 주소는 모른다. 어떤 기관이 각 스테이션마다 할당해줄 IP 주소가 충분하지 않다면, 도메인의 IP 주소를 할당해야 한다. 이 두 가지 경우와 같이 호스트가 물리 주소를 알지만, 논리적 주소를 모를 때 RARP를 사용한다.

RARP(Reverse Address Resolution Protocol)

호스트나 라우터는 IP 데이터그램을 만들기 위해 자신의 IP 주소들을 알아야 하는데, 장치의 IP 주소는 보통 디스크의 구성 파일로부터 읽을 수 있다.

디스크가 없는 장치는 네트워크와 연결된 NIC를 읽어 자신의 물리 주소를 얻고, 그 다음 RARP 프로토콜을 사용하여 물리 주소로부터 논리 주소를 얻을 수 있다. RARP 요청은 로컬 네트워크에서 만들어져 브로드캐스트 되고, 모든 IP 주소를 알고 있는 로컬 네트워크의 다른 장치가 RARP 응답을 보낸다.

BOOTP(Bootstrap Protocol)

BOOTP는 물리 주소와 논리 주소의 연결을 제공하는 클라이언트/서버 프로토콜로 설계된 응용층 프로토콜이다. 관리자는 그림 6-25처럼 동일한 네트워크 또는 서로 다른 네트워크에 클라이언트와 서버를 설치할 수 있다. BOOTP 메시지는 UDP 패킷에 캡슐화 되고, UDP 패킷은 IP 패킷에 캡슐화 된다.

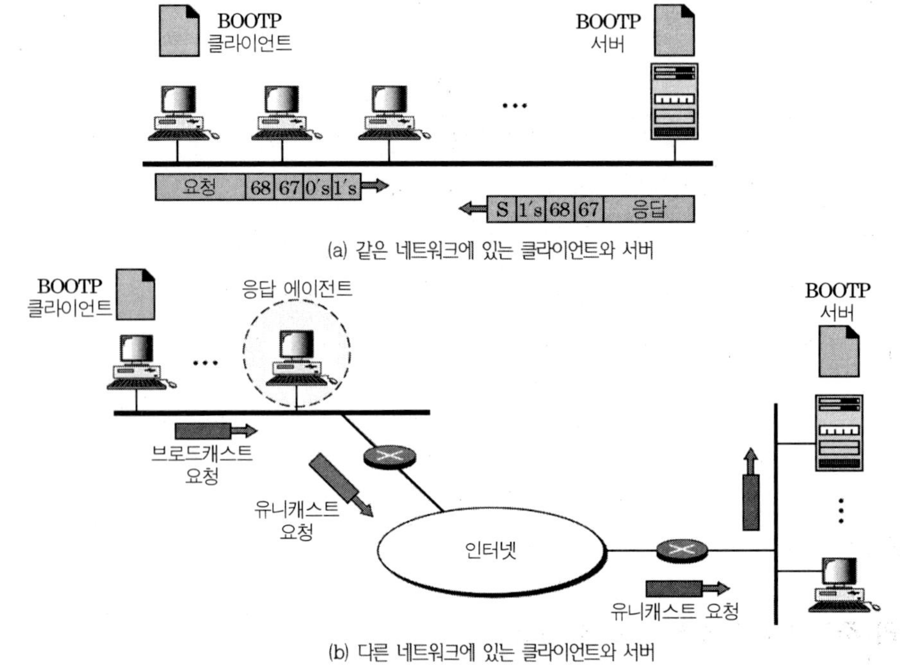

(a) 같은 네트워크에 있는 클라이언트와 서버

(b) 다른 네트워크에 있는 클라이언트와 서버

[그림 6-25] BOOTP 클라이언트와 서버

BOOTP 요청은 클라이언트가 서버의 IP 주소를 모르기 때문에 브로드캐스팅을 하는데, 브로드캐스트 IP 데이터그램은 라우터를 통과할 수 없으므로 설정된 라우터가 중계기로 사용될 수 있다. 이 중계기는 BOOTP 서버의 유니캐스트 주소를 알고 있으며, BOOTP 요청 패킷을 받으면 메시지를 유니캐스트 데이터그램에 캡슐화하여 BOOTP 서버에게 요청을 보낸다. BOOTP 서버는 중계기로 응답을 보내며, 응답을 받은 중계기는 그것을 BOOTP 클라이언트에게 보낸다.

DHCP(Dynamic Host Configuration Protocol)

클라이언트가 그들의 IP 주소를 요구할 때, BOOTP 서버는 클라이언트의 IP 주소와 물리 주소가 적절하게 연결된 테이블에서 미리 정해진 클라이언트의 IP 주소를 찾으므로, BOOTP는 동적 구성 프로토콜이 아니라 정적이다.

그러므로 호스트가 물리적 위치를 이동한다거나, 임시 IP 주소를 원한다면, BOOTP는 물리 주소와 IP 주소사이의 연결 정보를 관리자가 변경해 주기 전까지는 테이블 값이 바뀌지 않으므로 이러한 상황에 대처할 수 없다.

DHCP는 수동이나 자동으로 가능한 정적 주소 할당과 동적 주소 할당 기능을 모두 제공하기 위해 설계되었으며, 그 주소 할당 방법은 다음과 같다.

정적 주소 할당: DHCP 서버는 물리 주소와 IP 주소의 고정적인 연결에 대한 데이터베이스를 가지고 있으므로, 클라이언트 프로그램이 운용중인 호스트는 정적 주소를 DHCP 서버에게 요구할 수 있다.

동적 주소 할당: DHCP는 사용가능한 IP 주소의 풀(pool)을 가진 별도의 데이터베이스를 가지고 있으므로, 동적인 주소 할당이 가능하다.

DHCP 클라이언트가 서버에게 IP 주소를 요청하면, 고정 데이터베이스를 검사하여, 요구한 클라이언트의 물리 주소 목록이 있으면, 클라이언트의 고정 IP 주소를 알려준다. 그러나 목록이 없다면, 서버는 풀에서 사용 가능한 IP 주소를 선택하여 클라이언트에게 그 주소를 할당하고 동적 데이터베이스의 목록에 추가한다.

호스트가 네트워크에서 네트워크로 이동할 때, 또는 서비스 가입자처럼 네트워크에 연결하거나 연결을 끊을 때 DHCP의 이러한 동적 기능이 필요하다.

풀에서 찾아 할당된 주소는 임시 주소로 일정 시간이 지나면 클라이언트는 IP 주소의 사용을 중지하거나 다시 임대해야 한다. 서버는 주소 갱신에 대한 동의 권한이 있어 만약 서버가 동의하지 않으면, 클라이언트는 주소를 사용할 수 없다.

6.3.2 ICMP(Internet Control Message Protocol)

IP는 비연결성 데이터그램의 전달을 제공하지만 오류 보고와 오류 정정 방법이 없고 발신지 호스트에게 오류 발생을 통보할 수 없다. 뿐만 아니라 호스트는 라우터나 다른 호스트의 동작 여부를 알아야 하고, 네트워크 관리자는 호스트나 라우터의 정보가 필요하다. ICMP는 IP의 단점을 보완하기 위해 마련된 IP의 보조 성격의 프로토콜이다.

(1) ICMP 메시지 유형

ICMP 메시지는 오류 보고 메시지와 질의 메시지로 크게 나누며, 오류 보고 메시지는 IP 패킷을 처리할 때 라우터나 목적지 호스트가 처한 문제를 보고한다.

한 쌍의 질의 메시지는 호스트나 네트워크 관리자가 라우터나 다른 호스트로부터 특별한 정보를 얻을 수 있도록 돕는다. 질의 메시지를 통해 노드는 주위의 다른 노드들을 알게 되고, 호스트는 네트워크에서 라우터의 존재를 알게 되며, 라우터는 노드가 메시지의 방향을 바꿀 수 있도록 도울 수 있다.

(2) ICMP 메시지 형식

ICMP 메시지는 8바이트의 헤더와 가변 크기의 데이터 필드로 구성되며, 헤더의 형식은 메시지 유형이 달라도, 첫 번째 4바이트는 공통이다. 그림 6-26에서 보듯이 첫 번째 필드는 메시지의 형식을 정의하고, 코드 필드는 특별한 메시지 형식을 정의하며, 공통 필드의 세 번째는 검사합이다.

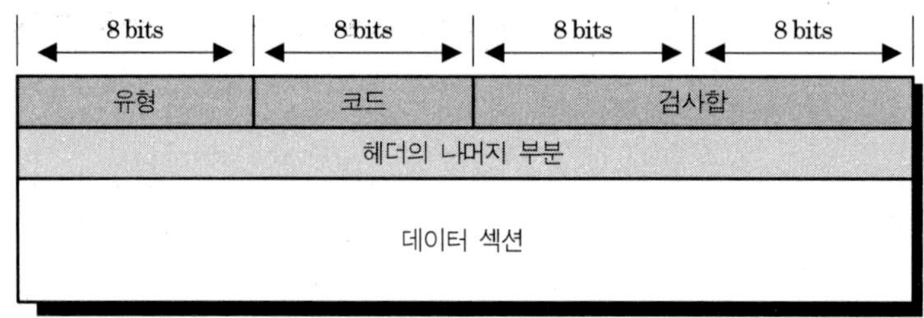

[그림 6-26] ICMP 메시지의 일반 형식

오류 메시지의 데이터 필드는 오류가 발생한 원래의 패킷을 찾는 정보가 있으며, 질의 메시지의, 데이터 필드는 질의의 유형에 근거한 여분의 정보를 포함한다.

(3) ICMP의 오류 보고

ICMP는 오류를 보고만 하고 오류 수정은 상위 프로토콜이 판단한다. 오류 보고 메시지는 항상 최초의 발신지로 보내진다. 모든 오류 메시지는 원래 데이터그램의 IP 헤더에 오류 메시지를 받을 발신지에 정보를 제공하기 위해 8바이트 데이터를 추가한다. 이 오류 메시지의 추가되는 8바이트의 데이터는 UDP와 TCP 프로토콜에 관련된 정보로 그 첫 번째 8바이트에 UDP와 TCP의 포트로 오류에 관해 알려줄 수 있게 한다. 그림 6-27에서 보듯이 ICMP가 오류 패킷을 만든 후 그 패킷은 IP 패킷으로 캡슐화 된다.

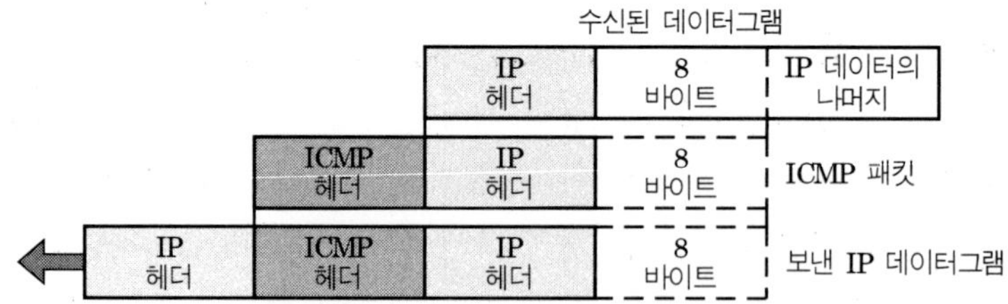

[그림 6-27] 오류 메시지의 데이터 필드 내용

목적지 도달 불가(destination unreachable) : 라우터가 패킷을 경로로 보낼 수 없거나 호스트가 패킷을 수신할 수 없을 때 패킷은 폐기되고, 라우터나 호스트는 그 패킷을 전송한

발신지로 이 메시지를 전송한다.

발신지 억제(source quench) : 목적지 호스트나 라우터가 너무 많은 패킷을 수신하여 처리가 불가능하면 라우터나 목적지 호스트의 제한된 크기의 큐가 넘치게 되어 혼잡이 발생한다. 라우터나 호스트가 혼잡으로 패킷을 버릴 때, 그 발신지로 발신지 억제 메시지를 보낸다.

시간초과(time exceed) : 패킷에는 생존시간(time to live)이라는 필드가 있어, 패킷이 라우터를 거칠 때마다 이 필드의 값이 1씩 감소된다. 그 값이 0이 될 때, 라우터는 패킷을 폐기하고 시간 초과 메시지를 발신지로 보낸다. 그리고 메시지를 구성하는 모든 단편화된 조각들이 정해진 시간 내에 목적지에 도착하지 못하였을 경우 목적지 호스트가 시간 초과 메시지를 발신지로 보낸다.

매개 변수 문제(parameter problem) : 라우터나 목적지 호스트가 수신한 패킷의 어떤 필드의 값이 모호하거나 누락된 것을 발견하게 되면 그 패킷을 폐기하고 발신지로 매개 변수 문제 메시지를 보낸다.

경로 재지정(redirection) : 호스트는 제한된 라우팅 테이블 항목을 갖는데, 보통 하나의 라우터 즉, 디폴트 라우터의 IP 주소만 알게 된다. 그러므로 호스트가 다른 네트워크로 패킷 전송할 때 잘못된 라우터에게 송신할 수도 있다. 이 경우 그 라우터는 패킷을 올바른 라우터로 보내지만, 호스트의 잘못된 정보를 수정하기 위해 호스트에게 경로 재지정 메시지를 보낸다.

(4) ICMP의 질의

ICMP는 오류 보고 외에도 4쌍의 메시지 그룹의 질의 메시지를 통해 간단한 네트워크의 문제를 진단할 수 있다. 노드는 이 유형의 ICMP 메시지로 질의 메시지를 보내고, 목적지 노드로부터 특정한 형식의 응답 메시지를 수신한다.

에코 요청 및 응답(echo-request and echo-reply) : 에코 요청과 에코 응답 메시지는 네트워크 관리자와 사용자들이 호스트와 라우터들이 상호 통신이 가능한가를 판단하는데 사용한다. 현재 대부분의 시스템은 통계적인 정보를 제공하도록 연속적인 에코 요청과 에코 응답을 만들 수 있는 핑(ping) 명령어 형식을 제공한다.

타임스탬프 요청과 응답(time stamp request and reply) : 호스트와 라우터는 두 시스템 간에 IP 패킷의 왕복 시간을 결정하는데 타임스탬프 요청과 타임스탬프 응답 메시지를 이용하며, 두 장치 간의 동기를 조정하는데 사용할 수도 있다.

주소 마스크 요청 및 응답(address mask request message) : **주소** 마스크를 알기 위해 호스트는 이 요청 메시지를 라우터에게 보낸다. 주소 마스크 요청 메시지를 수신한 라우터는 호스트에게 마스크 응답 메시지를 보낸다.

라우터 간청 및 광고 메시지(router solicitation and advertisement) : 호스트가 자기 네트워크에 연결되어 있는 라우터 주소와 그 라우터가 정상적인 동작을 하는지 알기 위해 라우터 간청 메시지를 브로드캐스트 또는 멀티캐스트 한다. 이 메시지를 수신한 라우터는 라우터 광고 메시지로 자신의 라우팅 정보를 브로드캐스트 한다. 그리고 라우터는 주기적으로 그 라우터의 존재와 그가 알고 있는 모든 라우터의 존재도 함께 알리는 라우터 광고 메시지를 전송할 수 있다.

검사합 : ICMP에서 검사합은 전체 메시지의 검사에 사용된다.

(5) 오류 검출 도구(debugging tools)

인터넷에는 오류 검출을 위해 사용될 수 있는 여러 도구들이 있어 호스트나 라우터의 생존 여부를 파악할 수 있고, 패킷의 경로를 추적할 수 있는데, 여기에서는 오류 검출을 위해 ICMP를 사용하는 ping과 traceroute, 2개의 도구를 소개한다.

핑(ping) : 핑 프로그램은 호스트가 동작하고 반응하는지 알아보기 위해 사용되는 프로그램이다. 발신지 호스트는 "형식 : 8", "코드 :0"인 ICMP 에코 요청 메시지를 보내면, 동작하는 목적지에서는 ICMP 에코 응답 메시지로 대답한다. 핑 프로그램은 에코 요청과 에코 응답 메시지에 식별 필드를 설정하고 0에서부터 순서번호를 시작한다. 이 번호는 새로운 메시지가 보내질 때마다 1씩 증가한다. 핑은 왕복시간을 계산할 수 있도록, 메시지의 데이터 필드에 송신 시간을 넣는다. 패킷이 도착했을 때, 송신시간에서 도착시간을 빼면 왕복시간(RTT)를 얻을 수 있다.

Traceroute : 유닉스의 traceroute나 윈도우의 tracert 프로그램은 발신지에서 목적지까지 패킷의 경로를 추적하는데 사용될 수 있다.

6.3.3 IGMP(Internet Group Management Protocol)

IP 프로토콜로는 유니캐스팅과 멀티캐스팅의 2가지 종류의 통신이 가능한데, 어떤 경우에는 동일한 메시지를 여러 수신자에게 동시에 보내는 멀티캐스팅이라 부르는 일-대-다 통신이 필요하다. 멀티캐스팅의 예로는 한 회사의 CEO가 그의 직원들에게 전달할 지시 사항들을 동시를 보낼 수 있으며, 인터넷을 통한 교육 등도 가능하다. 인터넷 그룹 관리 프로토콜(IGMP)은 멀티캐스팅과 관련되어 필요한 프로토콜 중의 하나로 IP를 보조한다.

(1) 그룹 관리

IGMP는 멀티캐스팅 기능을 수행하는 라우팅 프로토콜이 아니라, 그룹 멤버십을 관리하는 프로토콜이다. IGMP는 멀티캐스트 라우터에게 네트워크에 연결된 호스트나 라우터의 멤버십들의 상태 정보를 제공한다.

멀티캐스트 라우터는 수천 개의 멀티캐스트 패킷을 수신할 수도 있는데, 라우터에 호스트들의 멤버십 상태 정보가 없다면, 이 모든 패킷들을 브로드캐스트 해야 한다. 그러므로 하나 이상의 멤버십이 있는 그룹들의 목록을 유지해야 하고, IGMP는 멀티캐스트 라우터가 이 목록을 생성하고 갱신하도록 돕는다.

(2) IGMP 메시지

현재 버전인 IGMPv2는 질의 메시지, 멤버십 보고 및 탈퇴 보고 3가지 종류의 메시지가 있으며, 질의 메시지에는 일반적인 것과 특별한 것 2가지 유형이 있다

(3) IGMP 메시지 형식

그림 6-28에서 보듯이 IGMPv2의 메시지의 형식은 4개의 필드로 구성되었다.

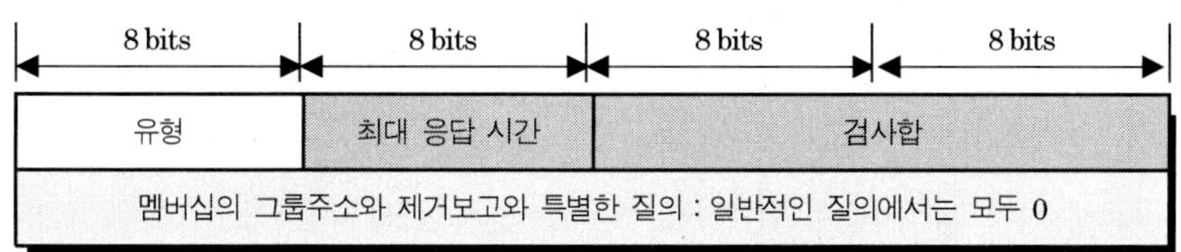

[그림 6-28] IGMP 메시지 형식

- **유형** 필드는 8비트로 메시지의 종류를 정의하며, 이 유형의 값은 16진수와 2진수 표기법 2가지로 나타낸다.
- **최대응답 시간** 필드는 8비트로 질의에 대해 응답해야 하는 시간을 정의하며, 그 값은 10분의 1초 단위이다.
- **검사합** 필드는 검사합을 나타내며, 이것은 8바이트 메시지에 대해서 계산된다.
- **그룹주소** 필드의 값은 일반 질의 메시지에 대해서는 '0'이며, 이 값은 특별 실의 메시지, 멤버십 보고 메시지와 탈퇴 보고 메시지의 그룹 멀티캐스팅 주소를 정의한다.

(4) IGMP의 동작

IGMP는 로컬로 동작하며, 네트워크에 연결된 멀티캐스트 라우터는 그 네트워크에 최소한 하나 이상의 충실한 멤버십을 갖는 그룹에게 패킷을 분배하기 위해 그룹들의 멀티캐스트 주소 목록을 가지고 있다.

호스트나 멀티캐스트 라우터는 그룹의 멤버십 자격을 가질 수 있는데, 호스트가 멤버십을 갖는 경우는 호스트 프로세스 중 하나가 그룹으로부터 멀티캐스트 패킷을 수신한다는 것이다. 그리고 라우터가 멤버십을 갖는 것은 라우터 인터페이스 중 하나에 연결된 네트워크가 멀티캐스트 패킷을 수신한다는 것을 뜻한다.

- **그룹 참여** : 호스트나 라우터는 그룹에 참여할 수 있고, 호스트는 그룹의 멤버십 자격을 갖는 프로세스의 목록을 유지한다. 프로세스가 새로운 그룹에 참여하려고 호스트에게 요구하면 호스트는 프로세스의 이름과 요청한 그룹의 이름을 목록에 추가한다. 이것이 만약 이 특정한 그룹에 대한 첫 번째 항목이라면, 호스트는 멤버십 보고를 한다. 첫 번째 항목이 아니면, 호스트는 이미 그룹 멤버이므로 멤버십 보고를 보낼 필요가 없다.
- **그룹 탈퇴** : 호스트가 특정한 그룹에 관심을 보이는 프로세스가 없다는 것을 알면, 호스트는 탈퇴 보고한다. 라우터도 자기 인터페이스에 연결된 네트워크의 어느 것도 특정한 그룹에 관심이 없다는 것을 알면, 그 그룹에 대한 탈퇴를 보고한다.
- **멤버십 감시** : 단지 하나의 호스트만이 그룹에 관심이 있고 이 호스트가 동작하지 않거나 시스템에서 제거된 상황이라면, 멀티캐스트 라우터는 탈퇴 보고를 받을 수 없다. 이 문제는 해결하려고 멀티캐스트 라우터는 그룹의 호스트 또는 라우터들이 멤버십을 계속 원하는지 알아보기 위해 125초마다 일반 질의 메시지를 전송한 후 10초의 최대 응답 시간을 기다리며 감시한다.
- **지연 응답** : IGMP는 지연 응답 전략을 사용하여 필요 없는 트래픽을 방지하는데, 호스트 또는 라우터는 질의 메시지를 받을 때 응답을 늦춘다.
- **질의 라우터** : 질의 메시지로 많은 응답들이 만들어 질 수도 있으므로 불필요한 트래픽을 막기 위해 IGMP는 각 네트워크에 질의 라우터를 하나 지정하여, 이 라우터만 질의 메시지를 보내고 다른 라우터들은 응답만 수신하고 목록을 갱신한다.

6.3.4 ICMPv6

ICMPv6도 IPv4와 유사한 전략과 목적을 갖지만 IPv6에 더 알맞게 수정되었고, 독립적인 몇몇 프로토콜들이 ICMPv6에 포함되었다.

버전4의 ARP와 IGMP 프로토콜은 ICMPv6에 포함하였지만, RARP 프로토콜은 거의 사용되지 않고 BOOTP와 기능이 같으므로 ICMPv6에 포함하지 않았다.

ICMPv6에서 ICMP 메시지는 두 개의 범주로 나누며, 이전보다 많은 종류의 메시지를 갖는다.

(1) 오류 보고

ICMP의 주된 기능 중 하나는 오류 보고로, 목적지 미도착, 너무 큰 패킷, 시간 초과, 매개변수 문제, 경로 재지정의 5가지 오류를 처리하며, 오류보고는 패킷의 원래 발신지로 보내진다.

ICMPv4와 ICMPv6의 오류 보고 메시지를 표 6-9에 비교하였다. 버전 6에는 발신지 억제 메시지에 트래픽 등급과 플로우 레이블이 없고, IPv6에서 단편화는 송신자의 책임이므로 너무 큰 패킷 메시지가 추가되었다.

표 6-9 ICMPv4와 ICMPv6 오류 보고 메시지 비교

메시지 유형	버전 4	버전 6
목적지 도달 불가	실현	실현
발신지 억제	실현	미실현
너무 큰 패킷	미실현	실현
시간 초과	실현	실현
매개변수 문제	실현	실현
경로 재지정	실현	실현

목적지 도달 불가 메시지의 개념은 ICMP 버전4과 동일하다.

라우터가 그 네트워크의 MTU보다 큰 패킷을 받으면 패킷을 폐기하고 버전 6에서 추가된 너무 큰 패킷 메시지를 발신지로 보낸다.

- **시간초과**: 이 메시지는 버전 4에 기술된 것과 유사하다.
- **매개변수 문제**: 이 메시지는 버전 4에 기술된 것과 유사하다.
- **경로 재지정**: 이 메시지의 목적은 버전 4에 기술된 것과 유사하다.

(2) 질의

타임스탬프 요청과 응답 메시지는 다른 프로토콜에서 구현되었고 드물게 사용되므로 삭제되었고, 주소-마스크 요청과 응답 메시지는 IPv6에서는 $2^{32}-1$개의 서브넷이 가입자에게 주어지기 때문에 필요 없다.

에코의 요청과 응답 메시지의 생각과 형식은 버전4와 같다.

라우터의 유도와 광고 메시지의 기본 생각은 버전4와 같다.

버전4에서 네트워크 계층은 주소 ARP라는 독립적인 프로토콜을 포함했지만, 버전6에서는 이 기능이 ICMPv6에 포함되었다.

버전4에서는 네트워크 계층에 IGMP라는 독립적인 프로토콜이 포함되었으나, 버전6에서 이 기능이 ICMPv6에 포함되었다.

연/습/문/제 6.3

EXERCISE

01 ARP의 역할은 무엇이며, 이더넷에서 IPv4 프로토콜이 사용될 때 ARP 패킷의 크기는 얼마인가?

02 RARP의 목적은 무엇인가?

03 ICMP에서 사용하는 질의 메시지의 종류와 기능은 무엇인가?

04 ping의 사용 용도는 무엇인가?

05 ICMP 오류 보고 패킷들의 종류와 사용 목적은 무엇인가?

06 IGMP의 역할은 무엇이며, 사용하는 메시지에는 어떤 것들이 있는가?

07 ICMPv6와 ICMPv4의 질의 메시지들을 비교하여 설명하시오.

6.4 전달과 라우팅 프로토콜

전달이란 인터넷에서 네트워크층 기능들이 패킷을 처리하는 방식을 말하며, 포워딩은 데이터그램이 다음 스테이션으로 전달되는 방식이며, 라우팅은 포워딩을 돕기 위한 라우팅 테이블을 만드는 것을 말한다. 라우팅 프로토콜은 포워딩과 라우팅을 위해 필요한 라우팅 테이블을 지속적으로 갱신해준다.

6.4.1 전달

네트워크층에서 최종 목적지까지 패킷을 전달하는 방법에는 그림 6-29와 같이 직접 전달과 간접 전달 2가지 전달 방법이 있다.

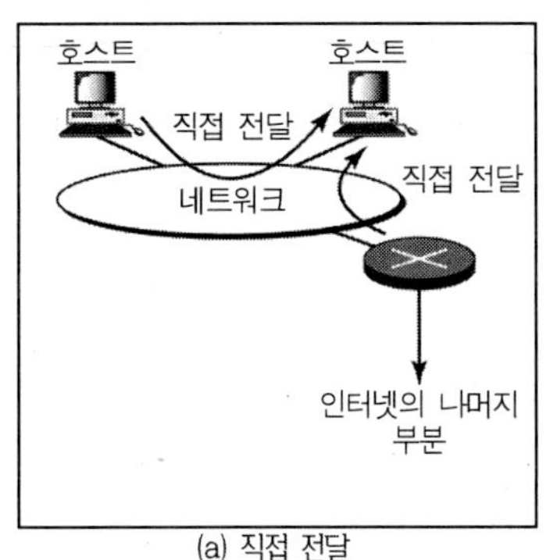

(a) 직접 전달

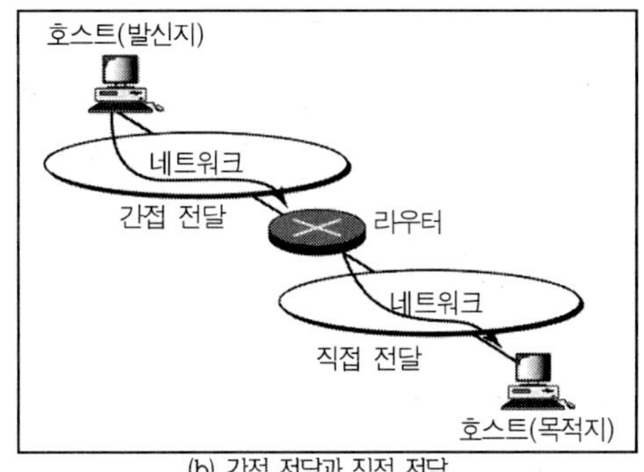

(b) 간접 전달과 직접 전달

[그림 6-29] 직접과 간접 전달

- **직접 전달(direct delivery)** : 패킷의 최종 목적지가 발신자와 동일한 물리 네트워크에 연결된 호스트인 경우는 라우터를 거치지 않고 직접 전달할 수 있다.
- **간접 전달(indirect delivery)** : 목적지 호스트가 발신자와 같은 네트워크에 있지 않다면, 패킷은 도착할 때까지 여러 개의 라우터들을 거쳐야 한다.

6.4.2 포워딩(forwarding)

포워딩은 패킷을 목적지로 가는 경로에 위치시키는 것을 뜻하며, 호스트가 보낼 패킷을 가지고 있거나 라우터가 전달해야 하는 패킷을 수신하면, 최종 목적지에 대한 경로를 찾기 위해 라우팅 테이블을 조사한다.

(1) 포워딩 기술

라우팅 테이블을 줄이고, 보안 문제를 해결할 수 있는 다음 기술이 개발되었다.

다음-홉 방법과 경로 방법(next-hop method and route method)

다음-홉 방법은 완전한 경로에 대한 정보를 유지하는 경로 방법과는 다르게, 라우팅 테이블의 내용을 줄이기 위해 다음 홉의 주소만을 유지한다.

네트워크지정 방법과 호스트지정 방법

호스트지정은 동일한 물리 네트워크에 연결된 모든 목적지 호스트에 하나씩의 항목을 갖지만, 네트워크지정은 목적지 네트워크의 주소를 정의하는 항목 하나만 가지므로 라우팅 테이블을 줄이고 검색 과정을 간략하게 할 수 있다.

기본 방법(default method)

라우팅을 간략하게 하기 위한 방법으로 만약 호스트가 2개의 라우터와 연결된 네트워크에 속해 있다면. 호스트는 전체 인터넷의 모든 네트워크 정보 대신에 네트워크 주소 "0.0.0.0"라고 하는 하나의 항목만 갖는 방법이다.

(2) 포워딩 과정

패킷에 있는 목적지 주소에는 네트워크 주소에 대한 정보가 없으므로, 테이블에 마스크 ($/n$) 정보를 포함해야 한다. 해당되는 블록에 대한 마스크를 포함하기 위해서 추가적인 열이 필요하다.

그림 6-30에서는 비등급형 주소지정에 대한 간단한 포워딩 모듈을 보여주는데, 이 라우팅 테이블은 최소 4개의 열이 필요하다.

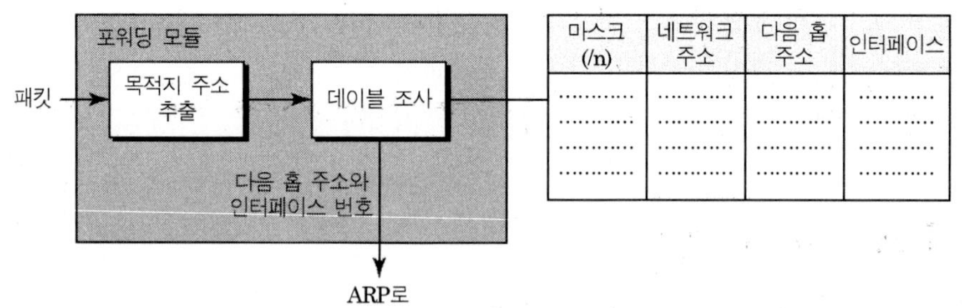

[그림 6-30] 비등급형 주소의 간단한 포워딩 모듈

계층적 라우팅

인터넷은 국제와 국내 ISP로 나눌 수 있고, 국내 ISP는 광역 ISP로 나누고, 광역 ISP는 로컬 ISP로 나눈다. 이와 같이 라우팅 테이블을 계층적 구조를 갖도록 하면 라우팅 테이블의 크기를 줄일 수 있다.

로컬 ISP의 블록을 서로 다른 크기의 작은 블록으로 나누어 개인 사용자나 기관에 할당할 수 있다. 이 블록의 주소들 중 하나를 목적지로 하는 모든 패킷은 로컬 ISP로 경로 지정되므로, 그 로컬 ISP의 모든 고객에 대해 모든 라우터들의 테이블에 하나의 항목만 존재한다.

지리적 라우팅(geographical routing)

라우팅 테이블의 획기적으로 줄이려면, 지리적 라우팅을 포함하는 계층적 라우팅으로 확장해야 한다. 전체 주소 공간을 몇 개의 커다란 지리적인 블록으로 나누어, 북미에 한 개, 유럽에 한 개, 아시아에 한 개, 아프리카에 한 개씩 할당한다. 유럽 지역 외의 ISP에 포함된 라우터의 라우팅 테이블에는 유럽 지역으로 보내는 모든 패킷에 대해 하나의 항목만 갖는다.

(3) 라우팅 테이블

호스트나 라우터에는 IP 패킷의 경로 지정을 위해 목적지나 목적지 조합에 대한 정보를 갖고 있는 정적 또는 동적인 라우팅 테이블이 있다.

정적 라우팅 테이블

관리자가 수동으로 입력하는 정적 라우팅 테이블은 테이블이 생성되면, 인터넷의 상황이 바뀌더라도 수동으로 변경되어야 하므로 자동으로 갱신할 수 없다.

동적 라우팅 테이블

동적 라우팅 테이블은 RIP, OSPF 또는 BGP와 같은 동적 라우팅 프로토콜 중 하나를 사용하여 주기적으로 갱신되므로, 라우터의 고장 또는 링크의 절단과 같은 변화가 발생할 때마다 라우터와 호스트까지의 테이블을 자동으로 갱신한다.

형식

비등급형 주소지정에 대한 라우팅 테이블은 최소 4개의 열을 갖는데, 그림 6-31은 현재 라우터에서 사용하는 일반적인 필드를 보여주고 있다.

마스크	네트워크 주소	다음 홉 주소	인터페이스	플래그	참조 횟수	사용
....	....	....	....	....	....	....

[그림 6-31] 라우팅 테이블의 일반적인 필드

- **마스크(Mask)** 필드는 항목에 적용된 마스크를 정의한다.
- **네트워크 주소** 필드는 패킷이 최종적으로 전달될 네트워크 주소를 정의한다. 호스트 지정 라우팅의 경우 이 필드는 목적지 호스트의 주소를 나타낸다.
- **다음-홉 주소** 필드는 패킷이 전달될 다음 홉 라우터의 주소를 정의한다.
- **인터페이스** 필드는 인터페이스의 이름을 나타낸다.
- **플래그** 필드는 5개의 플래그를 정의하며, 0/1로 존재여부를 나타낸다.

6.4.3 유니캐스트 라우팅 프로토콜

라우팅 프로토콜들은 인터넷에 있는 라우터들이 서로의 변경 정보를 알릴 수 있는 규칙과 절차들이다. 이 프로토콜들은 라우터가 그들의 주변에 관한 정보를 공유하게 해주며, 다른 라우터에서 수신된 정보를 조합하는 절차도 포함한다.

(1) 경로 선택의 최적화

라우터는 여러 네트워크에 연결되어 있고, 패킷을 수신하여 목적지로 전달한다. 이 때 어떤 경로로 전달하는 것이 가장 좋은가를 판단하는 것이 중요하다.

그 방법 중의 하나는 네트워크에 대해 비용을 할당하는데, 이 비용을 메트릭(metric)이라 부르며, 각 네트워크에 할당되는 메트릭은 프로토콜의 유형에 따라 다르며, RIP와 같이 간단한 프로토콜은 하나의 네트워크를 통해 전달되는 비용을 1홉으로 생각한다.

(2) 도메인 내 라우팅과 도메인 간 라우팅

현재의 인터넷은 너무 커서 하나의 라우팅 프로토콜로는 모든 라우터의 라우팅 테이블을 갱신할 수 없으므로, 자율 시스템들로 나눈다. 자율 시스템은 하나로 관리되는 네트워크와 라우터들의 그룹으로, 자율 시스템 내의 라우팅은 도메인 내 라우팅이고, 자율 시스템 간의 라우팅은 도메인 간 라우팅이다.

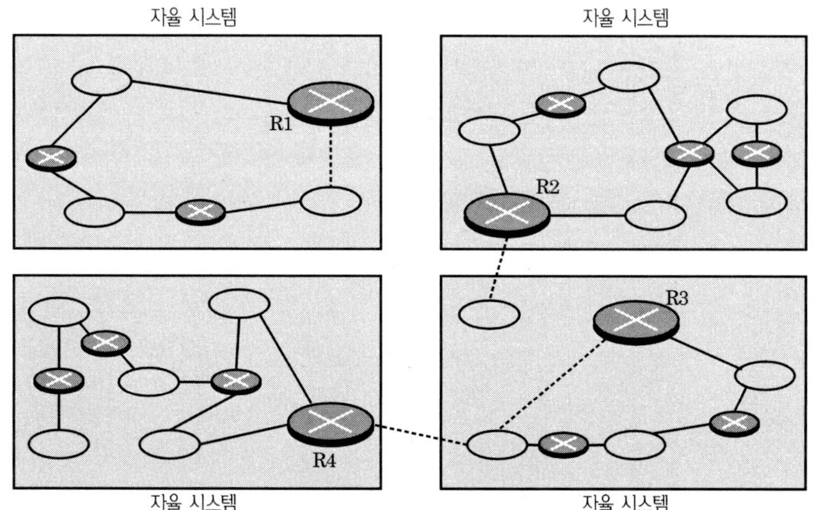

[그림 6-32] 자율 시스템(autonomous system)

(3) 거리 벡터 라우팅

거리 벡터 라우팅에서 두 노드 사이의 최적의 경로는 최소거리의 경로이며, 각 노드는 모든 노드에 대한 최소거리 테이블을 관리한다. 각 노드의 테이블은 경로상의 다음 홉을 알려줌으로써 목적지 노드로 패킷을 보내게 한다. 그림 6-33은 5개의 노드와 라우팅 테이블을 갖는 시스템을 보여준다.

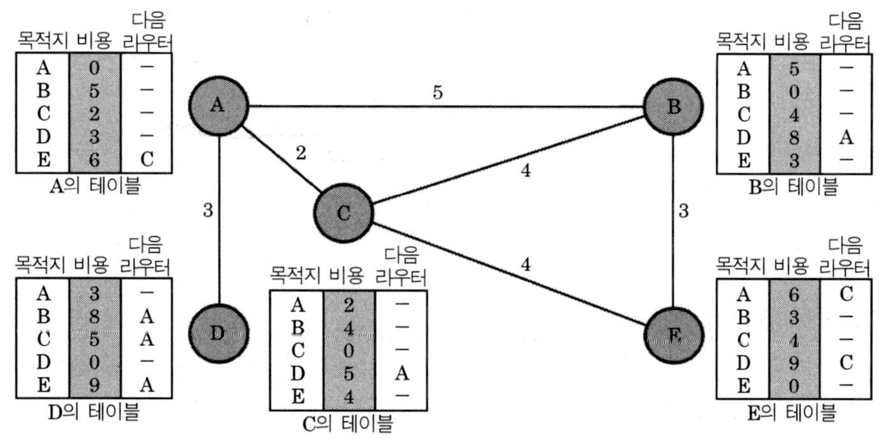

A의 테이블

목적지	비용	다음 라우터
A	0	–
B	5	–
C	2	–
D	3	–
E	6	C

B의 테이블

목적지	비용	다음 라우터
A	5	–
B	0	–
C	4	–
D	8	A
E	3	–

D의 테이블

목적지	비용	다음 라우터
A	3	–
B	8	A
C	5	A
D	0	–
E	9	A

C의 테이블

목적지	비용	다음 라우터
A	2	–
B	4	–
C	0	–
D	5	A
E	4	–

E의 테이블

목적지	비용	다음 라우터
A	6	C
B	3	–
C	4	–
D	9	C
E	0	–

[그림 6-33] 거리 벡터 라우팅 테이블

초기 상태

초기 상태에서 각 노드는 오직 자기 자신과 직접 연결된 인접 이웃에 대한 거리만 알 수 있다. 그 때 각 노드는 인접 이웃에게 메시지를 전달할 수 있고 자신과 인접 이웃 간의 거리를 찾을 수 있다고 가정한다. 그림 6-34는 각 노드의 초기 상태를 보여주는데, 이웃이 아닌 항목의 거리는 무한대로 표시된다.

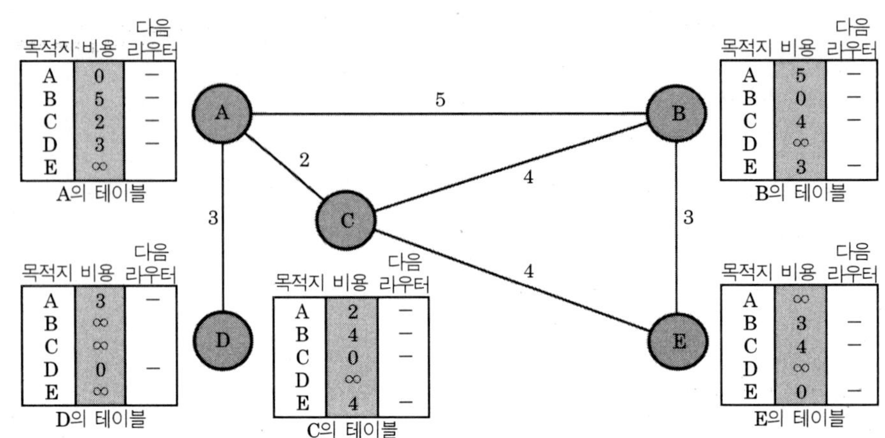

[그림 6-34] 거리 벡터 라우팅에서 초기 테이블

라우팅 정보의 공유

그림 6-34처럼 비록 노드 A는 노드 E와 직접 연결되지 않아 노드 E에 대해서 알지 못하지만 노드 C는 E와 직접 연결되어 E에 대해 알고 있다. 만약 노드 C가 노드 A와 자신의 라우팅 테이블을 공유하다면 노드 A는 노드 E로 가는 방법을 알 수 있다.

그리고 노드 C는 노드 D로 가는 방법을 알지 못하지만 노드 A는 알고 있으므로, 노드 A가 노드 C와 자신의 라우팅 테이블의 정보를 공유하면 노드 C는 노드 D로 가는 방법을 알 수 있다. 그러므로 노드 A와 노드 C가 인접 이웃으로 서로 돕는다면 그들의 라우팅 테이블을 갱신할 수 있다.

라우팅 테이블의 갱신

이웃 노드로부터 처음 두 개의 열을 갖는 테이블을 받으면 노드는 다음과 같은 3단계로 자신의 라우팅 테이블을 갱신해야 한다.

- 수신 노드는 자신과 송신 노드 사이의 비용을 모두 2번째 열의 값에 더한다. 노드 C에서 목적지까지의 거리가 $S1$이고 A와 C 사이의 거리가 $S2$이면 노드 A에서 C를 경유하여 목적지까지의 거리는 $S1+S2$이다.

- 수신 노드가 어느 행의 정보를 이용한다면, 수신 노드는 각 행에 송신 노드의 이름을 세 번째 열로서 추가해야 한다. 송신 노드는 경로에서 다음 노드이다.
- 수신 노드는 대응되는 수신된 테이블의 변경된 버전의 행과 자신의 이전 테이블의 각 행을 비교해야 한다.

그림 6-35는 노드 A가 C의 정보를 수신했을 때 테이블을 갱신하는 것을 보여준다.

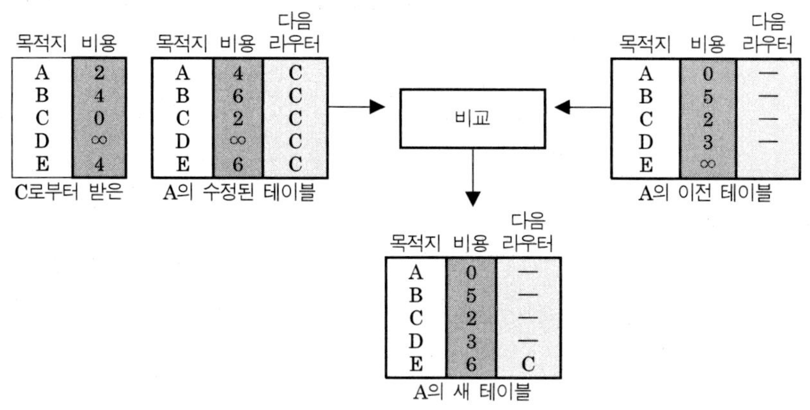

[그림 6-35] 거리 벡터 라우팅 테이블 갱신

여기서 고려해야할 점들의 첫 번째는 무한대에 어떤 수를 더하면 그 결과는 무한대이며, 두 번째는 변경된 테이블에 노드 A에서 노드 C를 경유하여 다시 노드 A로 오는 방법의 정보를 보여주어야 한다. 노드 A가 C를 경유하여 자신에게 돌아온다면 노드 C를 거쳐 다시 노드 A로 오는 거리는 4이다.

세 번째는 노드 A의 라우팅 테이블을 갱신하여 얻는 정보는 마지막에 있는 노드 E에 도달하는 방법이다. 초기의 노드 A는 노드 E에 도달하는 방법을 알 수 없어 거리가 ∞이지만, 갱신 후에는 노드 C를 경유하여 E로 가는 비용이 6임을 알 수 있다.

주기적 갱신 : 노드의 주기적인 갱신은 일반적으로 30초마다 자신의 테이블을 이웃 라우터에게 보냄으로써 이루어지는데, 테이블의 갱신 주기는 거리 벡터 라우팅을 사용하는 프로토콜에 따라 다르다.

트리거 갱신(triggered update) : 노드는 자신의 라우팅 테이블에 변경이 발생하면 언제라도 자신의 이웃에게 두 열만 포함된 테이블을 보내는데, 이것을 트리거 갱신이라 한다.

라우팅 정보 프로토콜(RIP; Routing Information Protocol)

자율 시스템 내에서 사용되는 도메인 내 라우팅 프로토콜로 거리 벡터 라우팅에 기반을 두며, 다음과 같은 몇 가지를 고려하여 직접 거리 벡터 라우팅을 적용한다.

- 자율 시스템 내의 라우터는 라우팅 테이블을 갖지만 네트워크는 갖지 않는다.
- 테이블에서 목적지는 네트워크이며. 첫 번째 열이 네트워크 주소를 나타낸다.
- RIP에서는 거리를 네트워크 수로 정의하므로 메트릭을 홉 수라고 한다.
- 자율 시스템에서는 경로가 15홉을 넘지 않도록 16을 무한대로 정의한다.
- 다음-홉 열은 패킷이 목적지에 도달하기 위한 다음 라우터의 주소를 나타낸다.

그림 6-36은 7개의 네트워크와 4개의 라우터를 갖는 자율 시스템과 각 라우터의 라우팅 테이블도 나타내었다.

*R*1의 라우팅 테이블을 보면, 자율 시스템 내의 각 네트워크에 도달하는 방법을 보여준다. 라우터 *R*1은 네트워크 130.10.0.0과 130.11.0.0에 직접 연결되었으므로, 이 두 네트워크에 대한 다음-홉 정보는 필요 없다. 왼쪽의 3개 네트워크 중 한 곳으로 패킷을 전송하려면, 라우터 *R*1은 패킷을 *R*2로 보내야 한다. 이 3개의 네트워크에 대한 다음-홉 항목은 IP 주소 130.10.0.1을 갖는 라우터 *R*2의 인터페이스이다. 그러나 오른쪽에 위치한 2개의 네트워크에 패킷을 전송하려면, 라우터 *R*1은 IP 주소 130.11.0.1을 갖는 라우터 *R*4의 인터페이스로 패킷을 보내야 한다.

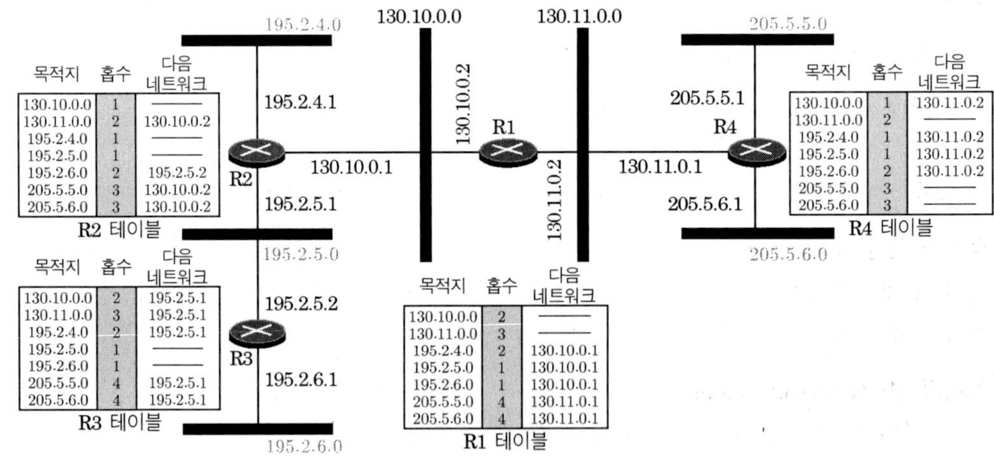

R2 테이블

목적지	홉수	다음 네트워크
130.10.0.0	1	———
130.11.0.0	2	130.10.0.2
195.2.4.0	1	———
195.2.5.0	1	———
195.2.6.0	2	195.2.5.2
205.5.5.0	3	130.10.0.2
205.5.6.0	3	130.10.0.2

R3 테이블

목적지	홉수	다음 네트워크
130.10.0.0	2	195.2.5.1
130.11.0.0	3	195.2.5.1
195.2.4.0	2	195.2.5.1
195.2.5.0	1	———
195.2.6.0	1	———
205.5.5.0	4	195.2.5.1
205.5.6.0	4	195.2.5.1

R1 테이블

목적지	홉수	다음 네트워크
130.10.0.0	2	———
130.11.0.0	3	———
195.2.4.0	2	130.10.0.1
195.2.5.0	1	130.10.0.1
195.2.6.0	1	130.10.0.1
205.5.5.0	4	130.11.0.1
205.5.6.0	4	130.11.0.1

R4 테이블

목적지	홉수	다음 네트워크
130.10.0.0	1	130.11.0.2
130.11.0.0	2	———
195.2.4.0	1	130.11.0.2
195.2.5.0	1	130.11.0.2
195.2.6.0	2	130.11.0.2
205.5.5.0	3	———
205.5.6.0	3	———

[그림 6-36] RIP를 사용하는 도메인

(4) 링크 상태 라우팅(link state routing)

링크 상태 라우팅에서 도메인 내에 있는 각 노드가 유형과 비용, 링크의 상태, 노드와 링크가 어떻게 연결되었는지에 대한 정보를 갖는다면, 노드는 Dijkstra의 알고리즘을 사용하여 라우팅 테이블을 만들 수 있다.

그림 6-37은 링크 상태 라우팅의 개념을 보여주고 있다.

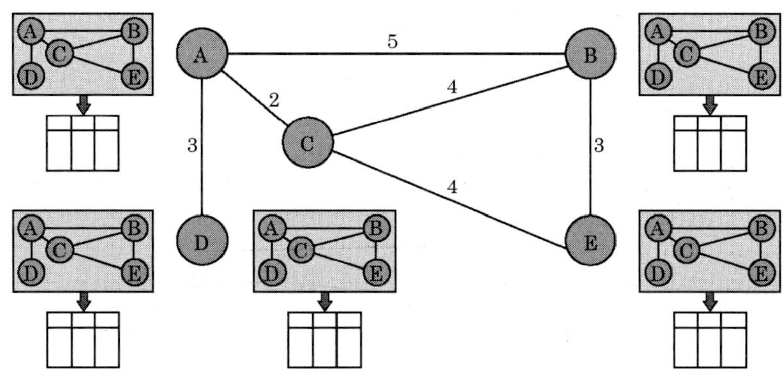

[그림 6-37] 링크 상태 라우팅의 개념

5개의 노드를 갖는 간단한 도메인에서 각 노드는 전체 네트워크의 라우팅 테이블을 알 수 있다. 왜냐하면, 네트워크 전체의 접속 유형을 각 노드의 부분적인 지식으로 만들 수 있기 때문이다.

각 노드와 링크의 최근 상태를 나타내는 접속 유형은 어떤 지점의 링크가 다운된 것과 같은 네트워크 내의 변경이 발생하면, 반드시 각 노드에 의해 갱신되어야 한다.

링크 상태 라우팅은 각 노드가 접속 유형에 대한 전체적인 정보는 불명확하지만 네트워크에 대한 부분적인 정보를 가지고 있다는 가정을 기초로 한다.

링크 상태 라우팅은 자신의 링크에 대한 유형, 조건 그리고 비용과 같은 상태를 알므로, 전체 접속 유형은 각 노드의 부분적인 지식들을 종합하여 만들 수 있다.

라우팅 테이블의 작성

링크상태 라우팅에서 각 노드가 다른 노드들에 대한 최소비용 노드를 나타내는 라우팅 테이블을 갖도록 하기 위해 다음과 같은 4가지 과정이 요구된다.

- 각 노드는 링크 상태의 정보를 담은 링크 상태 패킷(LSP)을 생성한다.
- 플러딩 방법을 통해 모든 다른 라우터로 LSP를 보낸다.

- 각 노드에 대한 최단의 경로 트리 형성한다.
- 최단의 경로 트리에 의해 라우팅 테이블 계산한다.

링크 상태 패킷은 노드 식별자와 링크 목록, 순서 번호와 정보생성 시간과 같은 정보들을 포함하는데, 이 LSP는 다음과 같은 2가지 경우에 만들어진다.

- 도메인의 접속 유형이 변경되었을 때, 도메인 내의 노드는 자신의 접속 유형의 갱신을 알리기 위해 LSP를 보낸다.
- 링크상태 라우팅에서도 주기적으로 LSP를 보내는데, 그 주기는 보통 한 시간이나 두 시간 정도이다.

LSP 플러딩 : 노드가 LSP를 만든 후 모든 다른 노드로 보내는 과정은 플러딩이라 부르며 다음과 같은 절차를 따른다.

- LSP를 만든 노드는 각 인터페이스로 LSP의 복사본을 전송한다.
- LSP를 수신한 노드는 이미 가지고 있는 정보와 복사본을 비교하여 수신한 LSP가 자신이 가지고 있는 것과 순서 번호를 비교하여 오래된 것이면 버린다. 만약 새로운 것이면 노드는 이전 LSP를 버리고 새로운 것을 유지하며, 패킷이 도착한 인터페이스를 제외한 모든 인터페이스로 복사본을 전송한다.

노드들이 모든 LSP를 수신하면 모든 노드들의 접속 유형 복사본을 갖게 되지만 이 복사본들은 모든 다른 노드에 대한 최단 경로를 찾는 데는 불충분하다. 그러므로 최단 경로 트리가 필요한데, 이 트리는 노드와 링크의 그래프이며 하나의 노드는 루트라 부른다. 모든 다른 노드는 오직 하나의 유일한 경로를 통해 루트에서 출발하여 도달할 수 있다. 최단 경로 트리는 루트와 모든 다른 노드들 사이의 가장 짧은 경로를 갖는 트리를 말한다.

Dijkstra 알고리즘 : 그래프로부터 최단 경로 트리를 만드는 알고리즘이며 노드들을 임시적인 것과 영구적인 것으로 나눈다. 이 알고리즘은 현재 노드의 이웃들을 찾아 임시 노드로 만들고, 임시 노드를 평가한 후, 기준을 통과하면 영구 노드로 만든다.

그림 6-38은 Dijkstra 알고리즘의 흐름도를 보여준다.

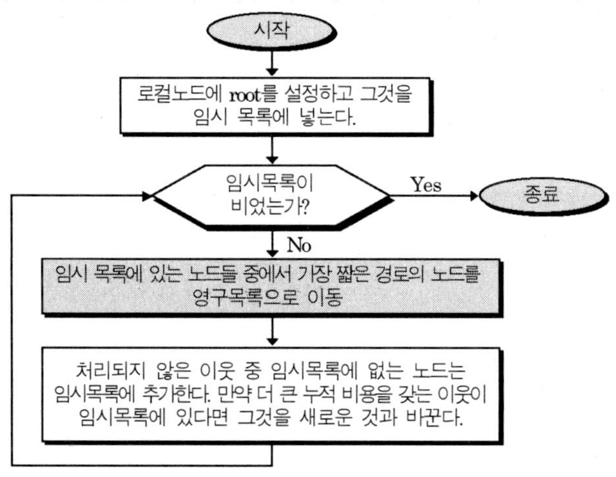

[그림 6-38] Dijkstra 알고리즘의 흐름도

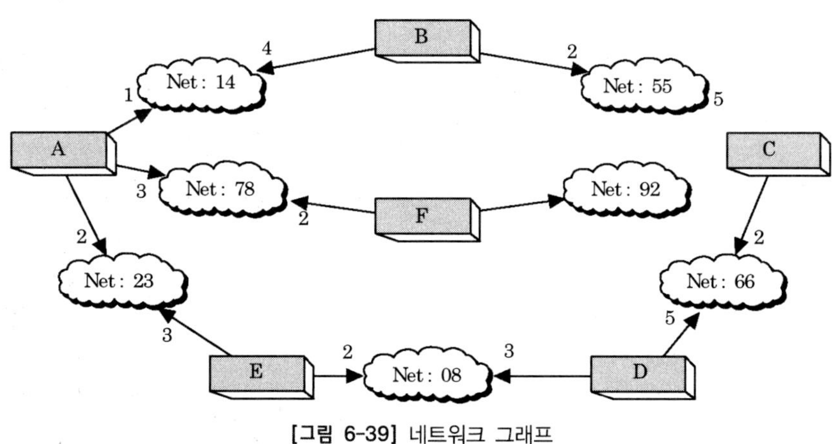

[그림 6-39] 네트워크 그래프

그림 6-39와 같은 네트워크의 그래프에 Dijkstra 알고리즘을 적용하여 최단경로 트리를 얻기 위해 다음 4단계를 따른다.

- 각 라우터는 루트가 라우터 자신이며, 자신의 루트를 식별함으로써 트리의 구성을 시작하다. 그 다음 알고리즘은 이 루트로부터 도달할 수 있는 모든 노드, 즉 이웃 노드를 연결하며, 이 단계에서는 노드와 호는 임시적이다.
- 알고리즘은 트리의 임시적 호들을 비교하여 가장 낮은 비용의 호를 알아내고, 연결되는 호와 노드는 이제는 영구적인 부분이 된다.
- 알고리즘은 데이터베이스를 검사하고 선택된 노드로부터 도달할 수 있는 모든 노드를 식별한다. 이 노드들과 호들은 임시적으로 트리에 추가된다.

- 3번째와 4번째 단계는 네트워크의 모든 노드가 트리의 영구적인 부분이 될 때까지 반복한다. 영구적인 호는 모든 노드에 대해 가장 짧은 경로를 나타낸다.

위와 같은 4단계를 그림 6-39에서 노드 *A*를 기준으로 Dijkstra 알고리즘을 적용하면 그림 6-40과 그림 6-41과 같으며, 그림 6-41은 노드 *A*를 위한 최단경로 트리의 완성을 보여준다.

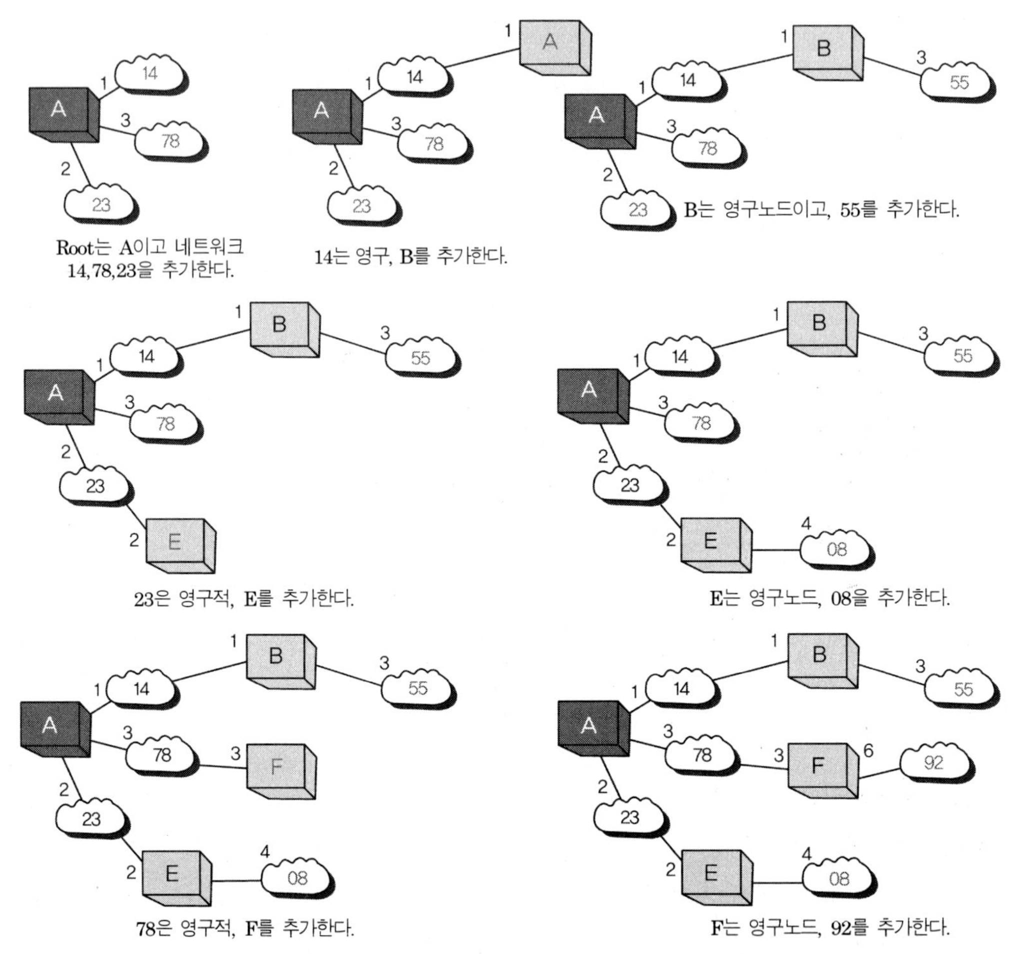

[그림 6-40] 최단경로의 계산 1

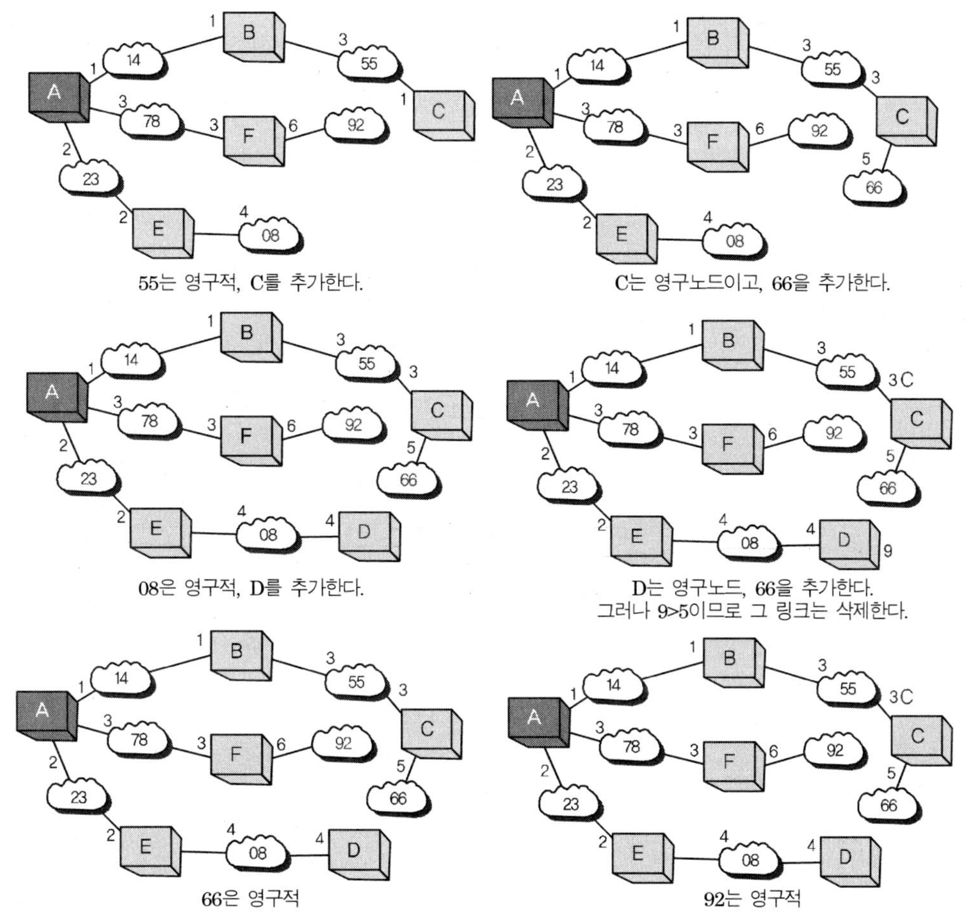

[그림 6-41] 최단경로의 계산 2

최단경로 트리에서 라우팅 테이블 계산: 최단경로 트리가 완성되면 각 노드는 라우팅 테이블을 만들기 위해 최단경로 트리를 이용한다. 라우팅 테이블은 루트에서 각 노드에 도달하는 비용이며, 표 6-10은 노드 A의 라우팅 테이블을 보여준다.

표 6-10 노드 A에 대한 라우팅 테이블

네트워크	비용	다음 라우터
08	4	E
14	1	—
23	2	—
55	3	B
66	5	B
78	3	
92	6	F

OSPF(Open Shortest Path First)

OSPF 프로토콜은 링크 상태 라우팅에 기초한 도메인 내 라우팅 프로토콜로 자율 시스템을 지역으로 나누는데, 한 지역은 네트워크와 호스트, 그리고 라우터의 집합으로 모두 자율 시스템에 포함된 것들이다. 각 지역은 지역을 표시하는 값을 가지며, 그림 6-42는 자율 시스템과 지역들을 보여준다.

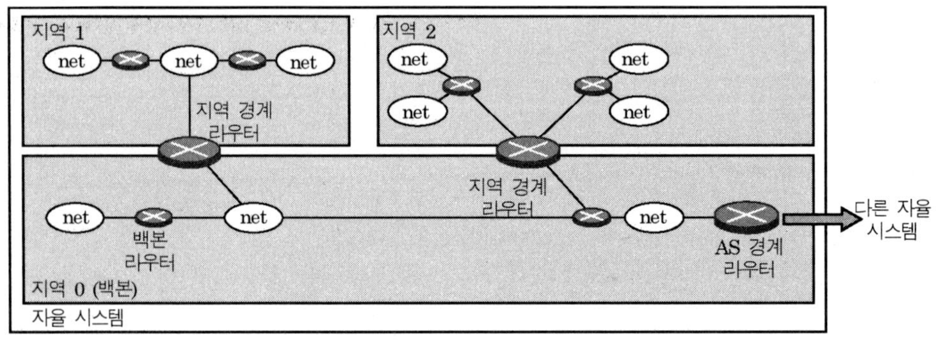

[그림 6-42] 자율 시스템의 지역

메트릭: OSPF 프로토콜은 관리자가 각 경로의 비용을 지정하며, 이것을 메트릭이라 한다. 이 비용은 최소 지연과 최대 처리량 등에 따르는 서비스 유형에 따라 다르다.

라우터는 서비스 유형에 따라 여러 개의 라우팅 테이블을 가질 수 있다.

링크의 종류: OSPF 프로토콜에서는 연결을 링크라고 하며, 링크는 점-대-점과 일시적, 스터브 그리고 가상 링크 4가지 유형으로 정의한다.

자율 시스템의 그래픽 표현: 자율시스템을 어떻게 그래프로 나타내는지를 이해하기 위해 그림 6-43과 같이 7개의 네트워크와 6개의 라우터를 가지는 소규모 자율시스템을 살펴보자.

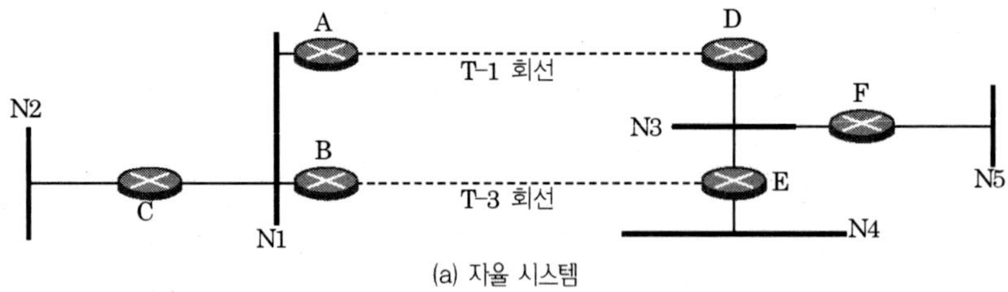

(a) 자율 시스템

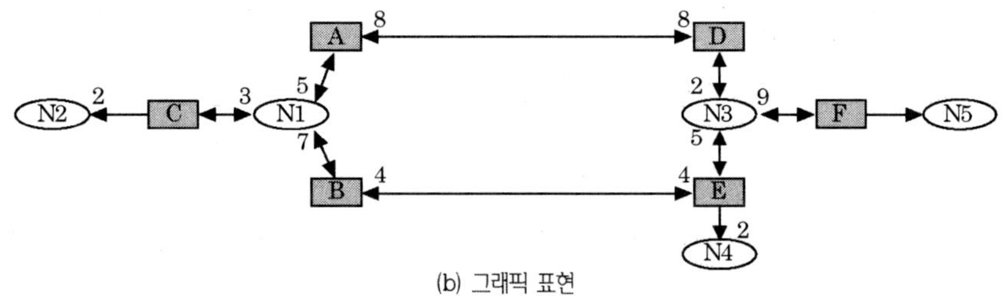

(b) 그래픽 표현

[그림 6-43] OSPF에서 자율시스템의 그래픽 표현

(5) 경로 벡터 라우팅

경로 벡터 라우팅은 도메인 간 라우팅에 유용하며, 전체 자율 시스템을 대신하여 동작하는 각 자율 시스템에 하나의 노드가 있다고 가정한다. 이것을 스피커 노드(speaker node)라고 부르며, 라우팅 테이블을 만들고 이 정보를 이웃한 자율 시스템의 다른 스피커 노드로 보낸다. 스피커 노드는 자신의 자율 시스템 또는 다른 자율 시스템의 노드 비용이 아닌 경로 정보를 알려준다.

초기화(initialization)

초기에 각 스피커 노드는 자율 시스템 내부의 노드에 도달할 수 있는지 여부만을 알 수 있다. 그림 6-44는 4개의 자율 시스템에 있는 스피커 노드들의 초기 테이블을 보여준다.

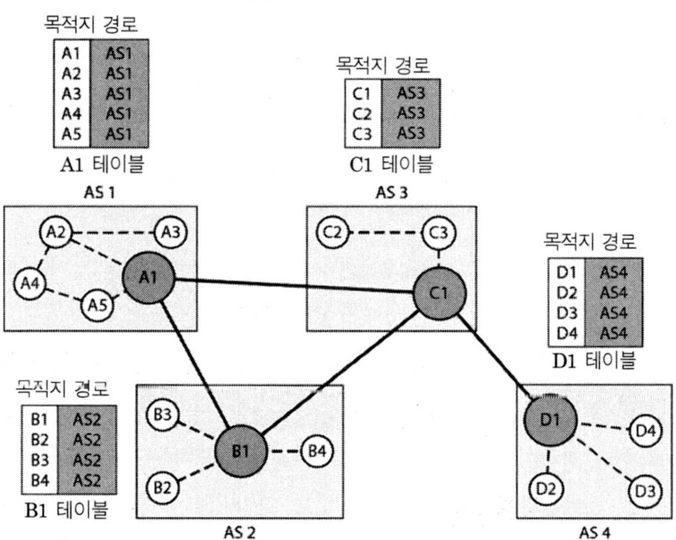

[그림 6-44] 경로 벡터 라우팅의 초기 라우팅 테이블

노드 *A*1은 *AS*1, *B*1은 *AS*2, *C*1은 *AS*3, 그리고 *D*1은 *AS*4를 위한 스피커 노드이다. 노드 *A*1은 *A*5가 *AS*1에 위치하고 *A*1을 통해 도달할 수 있다는 것을 나타내는 초기 테이블을 만든다.

노드 *B*1은 *B*1에서 *B*4까지가 *AS*2에 위치하고 *B*1을 통하여 도달할 수 있다는 정보를 초기 테이블로 만든다. 계속해서 *C*1은 *AS*3에 관한 테이블을, *D*1은 *AS*4에 관한 테이블을 만들어 간다.

테이블 공유: 경로 벡터 라우팅에서도, 자율 시스템에 있는 스피커 노드는 인접 이웃과 테이블을 공유한다.

테이블 갱신: 스피커 노드가 이웃으로부터 2-열 테이블을 수신하면, 자신의 라우팅 테이블에 없는 노드를 더하고 자신의 자율 시스템과 테이블을 보내온 자율 시스템을 더하여 자신의 데이터를 갱신한다. 얼마 후 각 스피커 노드는 갱신된 테이블을 가지게 되므로 다른 자율 시스템의 각 노드로 어떻게 도달할 수 있는지를 안다.

그림 6-45는 시스템이 안정화된 후 각 스피커 노드들의 테이블을 나타낸다.

목적지	경로
A1	AS1
…	
A5	AS1
B1	AS1-AS2
…	…
B4	AS1-AS2
C1	AS1-AS3
…	…
C3	AS1-AS3
D1	AS1-AS2-AS4
…	…
D4	AS1-AS2-AS4

A1 테이블

목적지	경로
A1	AS2-AS1
…	
A5	AS2-AS1
B1	AS2
…	…
B4	AS2
C1	AS2-AS3
…	…
C3	AS2-AS3
D1	AS2-AS3-AS4
…	…
D4	AS2-AS3-AS4

B1 테이블

목적지	경로
A1	AS3-AS1
…	
A5	AS3-AS1
B1	AS3-AS2
…	…
B4	AS3-AS2
C1	AS3
…	…
C3	AS3
D1	AS3-AS4
…	…
D4	AS3-AS4

C1 테이블

목적지	경로
A1	AS4-AS3-AS1
…	
A5	AS4-AS3-AS1
B1	AS4-AS3-AS2
…	…
B4	AS4-AS3-AS2
C1	AS4-AS3
…	…
C3	AS4-AS3
D1	AS4
…	…
D4	AS4

D1 테이블

[그림 6-45] 3개의 자율 시스템의 안정화 된 테이블

BGP(Border Gateway Protocol)

BGP는 도메인 간의 라우팅으로 버전4까지 개발되었다.

자율 시스템의 유형: 인터넷 사용자들에게 서비스를 제공하는 지역 ISP도 자율 시스템의 일종이다. 자율 시스템을 스터브(stub)와 멀티홈(multihomed), 통과(transit)의 3가지 범주로 나눌 수 있다.

경로 속성: 목적지 네트워크로 가기 위한 경로를 자율 시스템의 목록으로 나타내었으나, 실제로는 속성들의 목록이며 각 속성은 경로에 관한 정보를 제공한다.

BGP 세션(BGP Sessions) : 2개의 라우터 사이의 라우팅 정보를 교환하기 위해 BGP는 세션을 설정한다. BGP는 신뢰성 있는 환경을 위해 TCP 서비스를 사용하며, TCP 연결이 이루어지면 이상이 발생할 때까지 유지된다.

외부와 내부 BGP : BGP는 외부 세션과 내부 세션의 두 가지 유형을 갖는데, 외부 BGP 세션은 2개의 다른 자율 시스템에 속하는 스피커 노드들 사이에서 정보 교환을 위해 사용된다. 그러나 내부 BGP 세션은 하나의 자율 시스템 내부에 있는 2개의 라우터 사이의 라우팅 정보 교환에 사용된다.

6.4.4 멀티캐스트 라우팅 프로토콜

인터넷에서 메시지를 전송하는 방식에는 유니캐스트, 멀티캐스트 그리고 브로드캐스트 3가지가 있다.

유니캐스팅(unicasting)

하나의 발신지와 하나의 목적지 사이에서만 데이터 교환을 하려면 유니캐스트 방식을 사용하며, 발신지와 목적지 사이의 관계는 점-대-점이다. 이 통신에서 IP 패킷에는 발신지와 목적지 주소 모두 유니캐스트 주소가 포함된다.

멀티캐스팅(Multicasting)

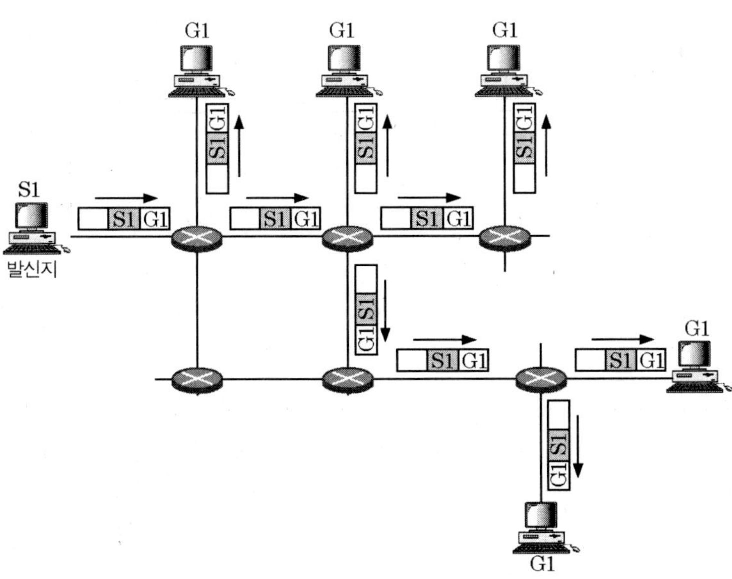

[그림 6-46] 멀티캐스팅

하나의 발신지와 하나의 목적지 그룹 사이에는 멀티캐스트 통신이 사용되며, 이들의 관계는 점-대-다중점이다. 이 유형의 통신에서 발신지 주소는 유니캐스트 주소지만 목적지 주소는 그룹 주소로 하나 이상의 목적지를 정의하며 그룹 주소는 그룹의 멤버십을 식별한다. 그림 6-46에서 보듯이 발신지 *S*1에서 보낸 멀티캐스트 패킷은 그룹 *G*1에 속하는 모든 목적지로 전달된다.

브로드캐스팅(Broadcasting)

발신지와 목적지 사이의 관계가 점-대-모든 점인 브로드캐스트 통신은 하나의 발신지만 있고 나머지 호스트들은 모두 목적지이다. 브로드캐스팅으로 대규모의 트래픽이 발생하므로 인터넷은 공개적적으로 브로드캐스팅을 지원하지 않는다.

(1) 멀티캐스트 라우팅

멀티캐스트 라우팅에서서는 라우터가 멀티캐스트 패킷을 수신하면, 멀티캐스트 패킷은 하나 이상의 네트워크들이 목적지가 될 수 있다. 하나의 패킷 그룹 회원들에 대한 전달은 최단 경로 트리를 요구하며, 만약 n개의 그룹을 가지고 있다면 n개의 최단 경로 트리가 필요할 것이다.

최단경로: 도메인 간 라우팅 처리의 목적은 최단 경로 트리를 찾는 것이며, 트리의 루트는 발신지이고 리프는 잠재적인 목적지이며, 루트에서 각 목적지까지의 경로가 최단 경로이다.

(2) 멀티캐스트 라우팅 프로토콜

여러 종류의 멀티캐스트 라우팅 프로토콜이 개발되었고, 이들 중 몇 가지는 유니캐스트 라우팅 프로토콜을 확장한 것이며 나머지는 새로운 개념의 프로토콜이다. 이들 중 단일 기반 트리는 MOSPF와 DVMRP, PIM-DM 이고, 그룹 기반 트리는 PIM-SM과 CBT이다.

MLSR(Multicast Link State Routing) : 멀티캐스트 링크 상태 라우팅은 유니캐스트 라우팅의 직접적인 확장이며 발신지 기반 트리 방법을 사용한다.

MOSPF(Multicast Open Shortest Path First)는 발신지 기반 트리를 만들기 위해 멀티캐스트 링크 상태 라우팅을 사용하는 OSPF 프로토콜을 보완하였다. MOSPF는 호스트가 지원하는 그룹 주소 또는 호스트의 유니캐스트 주소와 연결하려면, 링크 상태 갱신을 위한 새로운 패킷이 필요하다. 이 패킷을 그룹-멤버십 LSP라고 하며, 이 방법으로 특정한 그룹에 속하는 유니캐스트 주소를 사용하는 호스트들만을 트리에 포함시켜, 한 그룹에 속하는 모든 호스트들을 포함한 트리를 만든다.

MDVR(Multicast Distance Vector Routing) : 멀티캐스트 라우팅은 라우팅 테이블을 이웃한 라우터에게 전송하지 않고, 기본적으로 유니캐스트 거리 벡터 테이블의 정보를 사용하여 테이블을 생성한다.

DVMRP(Distance Vector Multicast Routing Protocol)은 멀티캐스트 거리 벡터 라우팅을 실현한 것으로 RIP에 기초한 발신지 기반 라우팅 프로토콜이다.

CBT(Core-Based Tree) 프로토콜은 트리의 루트로 코어를 사용하는 그룹 공유 프로토콜이며, 자율 시스템을 지역들로 나누고 코어라고 하는 중앙 라우터 또는 랑데부 라우터를 각 지역에 하나씩 배정한다.

MBONE(Multicast Backbone)

인터넷 사용자는 증가하고 멀티미디어와 실시간 통신에 대한 요구사항이 늘어나지만, 멀티캐스트 라우터들은 매우 적다. 그러므로 멀티캐스트 라우터는 패킷을 멀티캐스팅하기 위해 이웃에서 다른 멀티캐스트 라우터를 찾지 못할 수도 있다. 근본적인 해결은 더 많은 멀티캐스트 라우터를 추가하는 것이지만, 다른 해결 방법은 터널링(tunneling)이다. 멀티캐스트 라우터는 유니캐스트 라우터들의 상위에 있는 라우터의 그룹으로 볼 수 있으므로 물리적으로 연결되지 않았더라도 논리적으로는 연결된다. 그러므로 터널링의 개념을 사용하여 멀티캐스팅이 가능하도록 격리된 라우터들로 멀티캐스트 백본을 만들 수 있다.

연/습/문/제 6.4

EXERCISE

01 포워딩 기법들의 종류를 제시하고 설명하시오.

02 라우팅 테이블의 2가지 종류와 이들 간의 차이점은 무엇인가?

03 도메인 내 라우팅과 도메인 간의 라우팅은 무엇이 다른가?

04 거리 벡터 라우팅의 개념은 무엇인가?

05 링크 상태 라우팅은 거리 벡터 라우팅과 무엇이 다른가?

06 라우팅 테이블의 생성 절차에 대해 설명하시오.

07 경로 벡터 라우팅에 대해 간단히 설명하시오.

08 OSPF에 대해 간략히 설명하시오.

09 BGP의 목적은 무엇인가?

10 멀티캐스트 라우팅 프로토콜 2가지 그룹에 대해 간단히 설명하시오.

CHAPTER 07 전송 계층 기능

전송계층은 프로세스 간의 데이터 전달을 책임지고, 발신지와 목적지에서 오류제어와 흐름제어를 수행하면서 메시지를 손상 없이 순서대로 전달하는 것을 보장한다. UDP는 예외적으로 흐름제어나 오류제어를 실행하지 않는다. 동시에 여러 프로그램들이 컴퓨터에서 실행되므로 전송계층이 운반하는 메시지는 컴퓨터 내의 특정 프로세스에서 다른 컴퓨터의 특정 프로세스로 전달된다. 그러므로 전송계층에서 추가하는 헤더에는 서비스 액세스 점 주소(SAP)와 포트 번호 또는 포트 주소라고 하는 주소 정보가 포함되어야 한다.

7.1 프로세스 간 전달 프로토콜

사용자 입장에서 통신은 두 개의 응용 프로그램들 간에 이루어지므로 프로세스 간에 데이터가 전달되어야 한다. 착신측 포트 번호는 패킷 전달을 위해 필요하고 발신측 포트 번호는 응답을 위해 필요하다. 포트 번호는 0과 65,535 사이의 값을 갖는 16비트의 정수이며, IANA(Internet Assigned Numbers Authority)는 포트 번호를 잘 알려진 포트 번호와 등록 포트 번호, 동적 포트 번호의 세 그룹으로 구분한다.

프로세스 간의 전달을 위해서는 각 종단에서 IP 주소와 포트 번호가 모두 필요하며, 이 두 번호의 조합을 소켓(Socket) 주소라고 한다.

송신측 사이트에서 패킷을 보내려는 프로세스들은 여러 개 있을 수 있으나 전송을 책임지는 전송계층 프로토콜은 하나이므로, 다중화가 필요하다. 그러나 수신측 사이트에서는 하나의 프로토콜로 수신한 패킷을 여러 개의 프로세스들에게 나누어주어야 하므로 역다중화가 필요하다.

전송계층 서비스는 신뢰할 수 있거나 신뢰할 수 없지만, 응용 프로그램에서 신뢰성이 필요하면 흐름제어와 오류제어를 구현하여 신뢰성 있는 전송계층 프로토콜을 사용한다. 그러나 응용계층 자신이 흐름제어와 오류제어 기능을 가지고 있거나 이것을 필요로 하지 않을 경우 비신뢰성 프로토콜을 사용할 수 있다.

전송계층의 3가지 프로토콜

전송계층은 메시지 전송을 위해 UDP와 TCP, SCTP 세 가지 프로토콜들을 정의하였으며, 그림 7-1은 TCP/IP 프로토콜에서 이 프로토콜들의 위치를 보여준다.

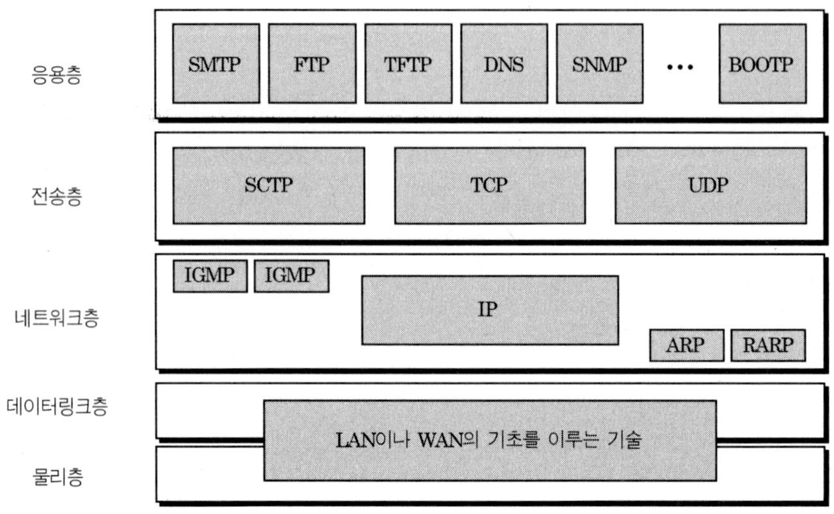

[그림 7-1] TCP/IP 그룹에서 UDP와 TCP, SCTP

7.1.1 UDP(User Datagram Protocal)

비연결형이며 신뢰성이 없는 전송 프로토콜인 UDP는 프로세스 사이에 통신을 제공하고 제한된 오류 검사만을 하므로, 오버헤드가 적고 간단하다. 만약 프로세스가 크기가 작은 메시지를 보내려 할 때 신뢰성에 비중을 두지 않는다면 UDP를 사용할 수 있다. UDP를 이용하여 작은 메시지를 보내면 TCP나 SCTP를 이용하는 경우보다 송신측과 수신측 사이의 상호 작용이 적다.

(1) 잘 알려진 UDP 포트

UDP에서 사용되는 잘 알려진 포트 번호들을 표 7-1에서 정리하였는데, 어떤 포트 번호들은 UDP와 TCP에서 모두 사용할 수 있다.

표 7-1 잘 알려진 UDP 포트 번호

포트	프로토콜	설명
7	Echo	수신된 데이터그램에 대한 송신측으로의 Echo
9	Discard	수신되는 어떤 데이터그램을 버림

11	Users	능동적 사용자
13	Daytime	날짜와 시간을 반환
17	Quote	Returns a quote of the day
19	Chargen	문자들의 열을 반환
53	Nameserver	도메인 명 서비스
67	BOOTPs	부팅 정보 다운로드에 대한 서버 포트
68	BOOTPc	부팅 정보 다운로드에 대한 클라이언트 포트
69	TFTP	Trivial 파일 전송 프로토콜
111	RPC	원격 프로시쥬어 콜
123	NTP	네트워크 시간 프로토콜
161	SNMP	간단한 네트워크 관리 프로토콜
162	SNMP	간단한 네트워크 관리 프로토콜(trap)

(2) 사용자 데이터그램(user datagram)

UDP 패킷은 사용자 데이터그램이라고 부르며 그림 7-2와 같이 8-바이트로 고정된 크기의 헤더를 가지며, 다음과 같은 필드들이 있다.

16-bit 발신지 포트 번호	16-bit 목적지 포트 번호
16-bit UDP 길이	16-bit UDP 검사합
데이터	

[그림 7-2] 사용자 데이터그램 형식

- **발신지 포트 번호**는 발신지 호스트에서 동작중인 프로세스가 사용하는 포트 번호이며, 16비트의 길이로 0부터 65,535 사이의 값을 갖는다.
- **목적지 포트 번호**는 길이가 16비트이며, 목적지 호스트에서 동작중인 프로세스가 사용하는 포트 번호이다.
- **길이** 필드는 사용자 데이터그램의 총 길이를 정의하며, 데이터그램은 65,535바이트의 총 길이를 갖는 IP 데이터그램에 캡슐화되므로 실제 총 길이는 IP헤더의 크기를 제외한 크기이다.
- **검사합** 필드는 전체 사용자 데이터그램의 오류를 검출하기 위하여 사용된다.

(3) UDP 검사합

UDP 검사합은 의사헤더(pseudoheader), UDP 헤더 그리고 응용층에서 오는 데이터 3개의 섹션을 포함한다.

사용자 데이터그램의 검사합 계산과 포함은 선택 사항이므로, 검사합을 사용하지 않는다면 그 필드는 1로 채워진다.

(4) UDP의 기능

비연결 서비스

UDP 데이터그램들은 서로 독립적이므로, 동일한 발신지 프로세스에서 동일한 목적지 프로세스로 보내도 서로 다른 경로로 순서에 무관하게 전달된다. TCP와는 달리 연결 설정이 필요 없으므로 단문의 메시지를 보내는데 유리하다.

흐름과 오류 제어

UDP는 단순하고 신뢰성 없는 전송 프로토콜이므로, 흐름 제어가 없고, 검사합을 제외하고는 UDP에는 오류 제어 기법이 없으므로 송신자는 메시지의 손실과 중복을 알 수 없고, 검사합을 통해 오류를 검출하면 데이터그램을 제거한다.

UDP 캡슐화와 캡슐제거

프로세스가 다른 프로세스로 메시지를 송신하려면 UDP 프로토콜은 IP 데이터그램에 메시지를 캡슐화하고 수신되었을 때는 캡슐을 제거한다.

포트의 입출력 큐(Queue)

UDP에서 큐들은 포트와 관련이 있으며 클라이언트에서 프로세스가 시작될 때 프로세스는 운영체제에게 포트번호를 요청한다.

하나의 프로세스가 여러 프로세스들과 통신하려 할 때도 하나의 포트 번호만 사용하므로, 포트는 하나의 출력 큐와 입력 큐를 갖는다. 클라이언트에게 부여되는 큐는 임시 포트 번호로 식별되며, 프로세스가 동작하는 동안 큐가 존재하고 프로세스가 종료되면 큐는 없어진다.

클라이언트 프로세스는 메시지에 포함된 발신지 포트 번호를 사용하여 출력 큐로 메시지를 보내며, UDP는 메시지를 하나씩 꺼내 UDP 헤더를 붙인 후에 IP로 전달한다. 프로세스가 많은 메시지를 보내면 출력 큐도 오버플로우가 발생하며, 운영체제는 클라이언트 프로세스에게 더 이상의 메시지를 보내지 않도록 요청한다.

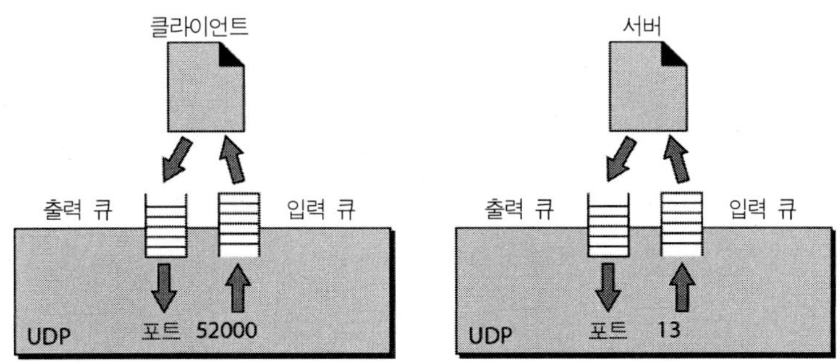

[그림 7-3] UDP의 큐

메시지가 클라이언트에 도착하면 UDP는 목적지 포트 번호에 해당하는 입력 큐의 맨 끝에 넣는다. 입력 큐에서도 오버플로우가 발생할 수 있는데, 이 경우 데이터그램을 버리며 "포트 도달 불가" 메시지를 서버에게 보내도록 요청한다.

서버 사이트에서는 서버가 동작을 시작할 때 잘 알려진 포트로 입력과 출력 큐를 요청하며, 서버가 동작하는 동안 큐는 항상 열려 있다.

메시지가 서버에 도착하면 UDP는 사용자 데이터그램을 목적지 포트의 입력 큐의 맨 끝에 넣는다. 하나의 특정한 서버에 들어오는 모든 메시지들은 같은 클라이언트에서 오든 다른 클라이언트에서 오든 동일한 큐에 넣는다. 서버가 클라이언트에게 응답하려면 발신지 포트 번호를 사용하여 출력 큐에 메시지를 보낸다.

(5) UDP의 용도

- UDP는 흐름과 오류 제어가 필요 없는 간단한 요청-응답 통신을 원하는 프로세스에 적당하며, FTP처럼 대량의 데이터 전송에는 사용하지 않는다.
- TFTP와 같이 독자적인 흐름과 오류 제어 기법을 가진 프로세스에 적합하다.
- 멀티캐스팅 능력이 있어 UDP는 멀티캐스팅에 적당한 전송 프로토콜이다.
- UDP는 SNMP와 같은 관리 프로세스들을 위하여 사용된다.
- UDP는 RIP와 같은 경로 갱신 프로토콜을 위하여 사용된다.

7.1.2 TCP

전송계층의 두 번째 전송층 프로토콜은 TCP로 UDP와 마찬가지로 프로세스 간 프로토콜이므로, UDP와 같이 포트 번호를 사용한다. TCP는 연결 지향 프로토콜이며, 데이터를 보내기 위하여 두개의 프로세스 사이에 가상 연결을 만들며, 전송 레벨에서 흐름과 오류 제어 기법을 사용하는 신뢰성 있는 프로토콜이다.

표 7-2 TCP의 잘 알려진 포트

포트	프로토콜	설 명
7	Echo	수신된 데이터그램에 대한 송신측으로의 Echo
9	Discard	수신되는 어떤 데이터그램을 버림
11	Users	능동적 사용자
13	Daytime	날짜와 시간 반환
17	Quote	날짜의 인용 반환
19	Chargen	문자들의 열 반환
20	FTP, Data	파일 전송 프로토콜(데이터 연결)
21	FTP, Control	파일 전송 프로토콜(제어 연결)
23	TELNET	단말기 네트워크
25	SMTP	간단한 메일 전송 프로토콜
53	DNS	도메인 네임 서버
67	BOOTP	부팅 프로토콜
79	Finger	Finger
80	HTTP	하이퍼 텍스트 프로토콜
111	RPC	원격 프로시쥬어 콜

(1) TCP 서비스

TCP는 응용층의 프로세스들에게 다음과 같은 여러 가지 서비스들을 제공한다.

프로세스 간 통신

TCP는 포트 번호를 사용하여 프로세스 간 통신을 제공하며, TCP가 사용하는 잘 알려진 포트 번호들은 표 7-2에 나타내었다.

스트림 전송 서비스(Stream Delivery Service)

TCP는 스트림 지향 프로토콜로 송신 프로세스는 바이트의 흐름으로 데이터를 전달하고 수신 프로세스도 바이트의 흐름으로 데이터를 수신한다. TCP는 그림 7-4처럼 인터넷으로 데이터를 운반하는 가상의 "튜브"가 두 개의 프로세스를 연결하는 것과 같은 환경을 만든다.

[그림 7-4] 바이트 스트림 전달

TCP는 전이중 방식으로 통신하고 송신과 수신 프로세스가 같은 속도로 데이터를 보내고 받아 처리를 할 수 없으므로 각 방향 별로 송신과 수신 버퍼를 마련한다. 버퍼로 데이터 전달과 수신 처리 간 속도의 불균형을 조정하지만, 데이터를 송신하기 전에 **세그먼트**라고 하는 패킷으로 여러 바이트를 그룹화 한다. TCP는 각 세그먼트에 제어 목적으로 헤더를 붙여 IP 계층으로 전달하면 IP 데이터그램으로 캡슐화되어 전송된다.

TCP는 세그먼트들의 순서가 바뀌거나, 손실 또는 손상되어 수신된 경우 순서를 바로 잡거나 재전송하는 등의 처리를 한다. TCP는 데이터가 확실히 전달되는 것을 확인하기 위해 확인응답 기법을 사용한다.

(2) TCP의 기능

세그먼트 헤더에는 순서번호와 확인응답 번호라고 하는 2개의 필드가 있다.

TCP는 연결 상태에서 전송되는 모든 데이터 바이트에 TCP 번호를 붙이는데, 프로세스에서 데이터를 받아 송신 버퍼에 넣을 때 번호를 붙인다. 번호지정은 반드시 0부터 시작할 필요는 없고 0에서 2^{32}-1사이에서 임의의 번호로 시작한다. TCP는 바이트들에 대해 번호가 붙여진 값을 보내는 각 세그먼트에 순서번호를 부여하는데, 그 번호는 해당 세그먼트에서 운반되는 첫 번째 바이트의 번호이다.

세그먼트가 피기백킹과 같이 데이터와 제어 정보를 혼합해서 전달한다면 순서번호를 사용해야 한다. 그러나 제어 정보만을 전달할 때 세그먼트는 수신자로부터 확인응답을 위해 순서 번호가 필요하다. TCP는 수신한 바이트에 대한 확인을 위해 확인응답 번호를 사용하는데, 그 번호는 수신측이 받을 다음 바이트의 번호 즉, 수신측이 확실하게 수신한 마지막 바이트의 번호에 1을 더한 값을 사용한다.

TCP의 흐름 제어 기능은 송신자가 보내는 데이터의 양을 제어하여, 수신자가 너무 많은 데이터의 입력으로 처리 불능 상황을 방지하기 위해 사용된다.

TCP는 오류 제어 기법으로 신뢰성 있는 서비스를 제공한다. TCP는 네트워크가 혼잡할 때 정도에 따라 송신자가 보내는 데이터를 조절한다.

(3) TCP 세그먼트

TCP에서 전달하는 패킷을 세그먼트라고 하며 형식은 다음의 그림 7-5와 같다.

세그먼트는 헤더와 데이터로 구성되며, 헤더는 선택사항이 없으면 20바이트이고, 있으면 60바이트까지이다.

헤더의 각 필드를 설명하면 다음과 같다.

- **발신지 포트 주소**는 16비트 필드로 세그먼트를 송신하는 호스트 프로세스의 포트 번호이며, UDP 헤더에 있는 발신지 포트 번호와 동일하게 사용된다.
- **목적지 포트 주소**는 16비트 필드로 세그먼트를 수신하는 호스트 프로세스의 포트 번호이며, UDP 헤더에 있는 목적지 포트 번호와 동일하게 사용된다.

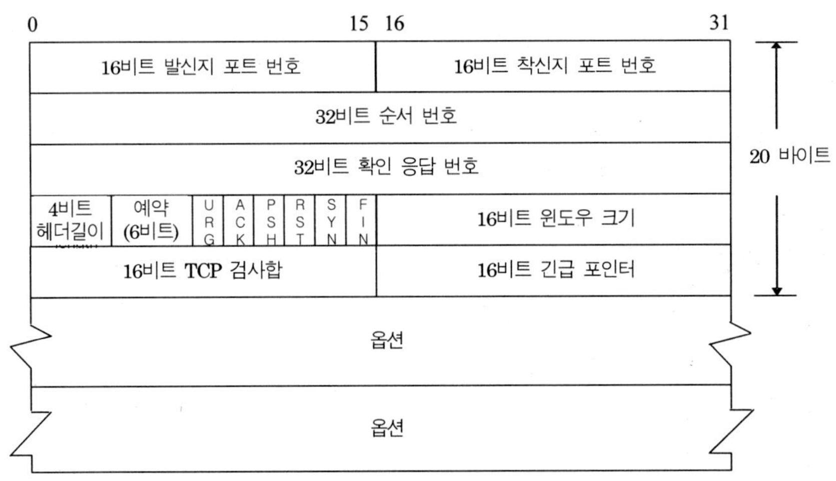

[그림 7-5] TCP 세그먼트 형식

- **순서 번호**는 32비트 필드로 이 세그먼트에 포함된 첫 번째 바이트를 알려준다.
- **확인응답 번호**는 32비트 필드로 세그먼트의 송신자가 상대편으로부터 받기를 기대하는 바이트 번호를 나타낸다.
- **헤더 길이** 필드는 TCP 헤더 길이를 4바이트 단위의 개수로 나타낸다.
- **예비** 필드는 6비트로 미래의 사용을 위해 예비용으로 남겨두었다.
- **제어** 필드는 그림 7-5에서 보듯이 6개의 제어 비트와 플래그 비트를 정의한다. 이 비트들은 TCP에서 흐름 제어와 연결 설정, 종료, 연결 중지 그리고 데이터 전송 모드를 나타내는데 사용하며, 표 7-3에 간단히 요약하였다.

표 7-3 제어 필드의 플래그 설명

플래그	설명
URG	긴급 포인터 필드 값 유효
ACK	확인응답 필드 값 유효
PSH	Push the data
RST	연결 재설정
SYN	연결 동안 순서번호 동기화
FIN	연결의 종료

- **윈도우 크기** 필드는 16비트로 상대측이 반드시 유지해야 하는 바이트 단위의 윈도우 크기를 나타내며, 윈도우 최대 크기는 65,536바이트임을 의미한다.
- **검사합** 필드는 16비트로 검사합을 나타내며, TCP를 위한 검사합은 필수사항으로 동일한 목적을 수행하는 동일한 의사헤더가 세그먼트에 부가된다.
- **긴급 포인터** 필드는 16비트로 긴급 플래그 값이 설정이 되었을 때만 유효하며 세그먼트가 긴급 데이터를 포함하고 있을 때 사용된다.
- **선택사항** TCP 헤더는 40바이트까지 선택사항 정보를 가질 수 있다.

(4) TCP 연결

TCP는 메시지를 전달하기 전에 반드시 발신지와 목적지 사이에 가상 경로를 설정하며, 하나의 메시지에 속하는 모든 세그먼트들은 가상 경로를 거쳐 보내진다.

TCP 연결 설정

TCP에서 연결 설정은 그림 7-6과 같은 3방향 핸드셰이크라는 방법을 이용한다.

클라이언트 응용 프로세스가 TCP를 사용하여 서버 응용 프로세스와 연결을 만들려면 서버 프로세스는 연결을 받아들일 준비가 되어 있다고 자신의 TCP에게 알리는데 이것을 수동 개방(passive open) 시작이라고 한다.

클라이언트 프로세스는 능동 개방(active open)을 시작하는데, 서버와 연결이 필요하다는 것을 자신의 TCP에게 알린다.

TCP는 그림 7-6처럼 3방향 핸드셰이크 절차를 시작할 수 있는데, 세그먼트들의 헤더에 순서 번호, 확인응답 번호, 제어 플래그, 윈도우 크기만 나타내었다.

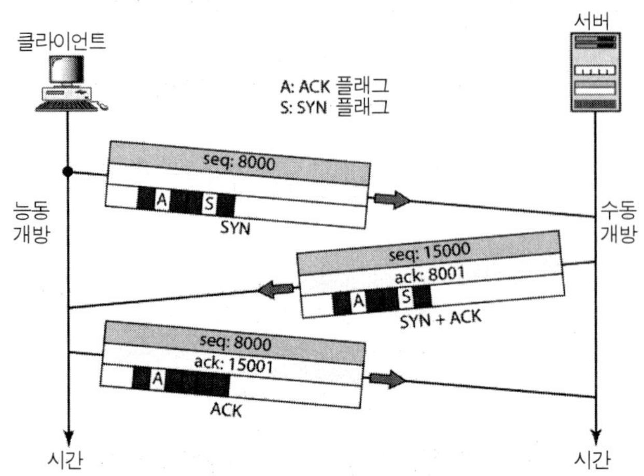

[그림 7-6] 3방향 핸드셰이크 연결 설정 절차

- 클라이언트는 순서 번호들을 동기화시키는 SYN 플래그만 설정된 SYN 세그먼트를 전송하며, 순서 번호 하나를 사용하므로 데이터 전송이 시작될 때의 순서번호는 1이 증가한다.
- 서버는 2개의 플래그 비트가 설정된 두 번째 세그먼트인 SYN+ACK 세그먼트를 보낸다. 이 세그먼트는 다른 방향으로 통신하기 위한 SYN 세그먼트인 동시에 수신된 SYN 세그먼트에 대한 확인응답으로 순서 번호 하나를 사용한다.
- 클라이언트가 ACK 플래그와 확인응답 번호 필드를 사용하여 2번째 세그먼트 수신에 대한 확인응답인 세 번째 세그먼트를 보낸다.

악의적 공격자가 발신지 IP를 위조하여 클라이언트처럼 위장하여 많은 SYN 세그먼트들을 서버에게 보낼 경우 TCP의 연결 설정 절차는 보안에 위협을 받는다. 어떤 TCP의 구현에서는 SYN 공격의 영향을 줄이려고 정해진 시간 동안 연결 시작 수를 제한하며, 다른 경우는 수신된 데이터그램 중 원하지 않는 발신지 주소에서 오는 것은 버린다.

데이터 전송

연결이 설정된 후에는 양방향으로 데이터 전송이 이루어지며, 클라이언트와 서버 모두 데이터와 확인응답을 보낼 수 있고 확인응답은 데이터를 가진 피기백킹이다.

그림 7-7처럼 클라이언트는 2개의 세그먼트로 2,000바이트 데이터를 보낸다.

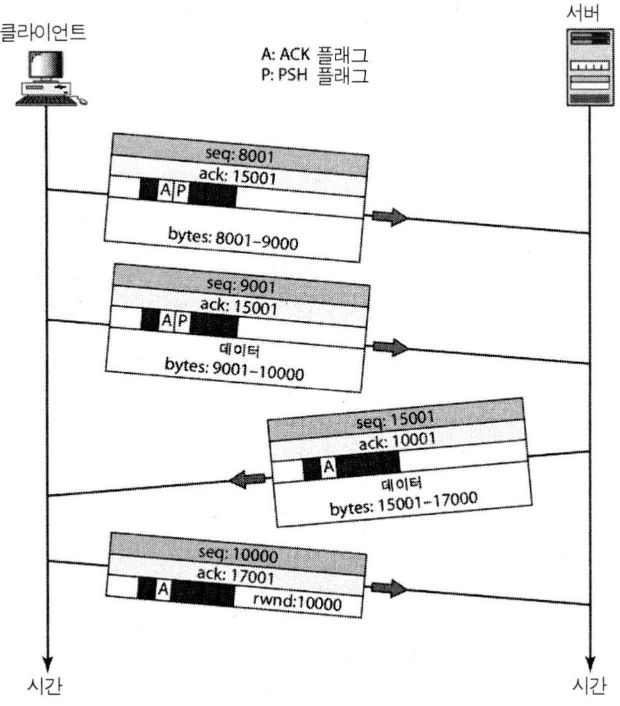

[그림 7-7] TCP의 데이터 전달

그 다음 서버는 하나의 세그먼트에 2000바이트를 보내며, 클라이언트가 다시 하나의 확인응답 세그먼트를 보낸다. 첫 3개의 세그먼트는 데이터와 확인응답 모두를 전달하고 마지막 세그먼트는 보낼 데이터가 더 이상 없으므로 확인응답만 전달한다. 클라이언트가 보내는 데이터 세그먼트는 서버 TCP가 수신된 데이터를 서버 프로세스에게 전달하도록 PSH 플래그가 설정된다. 그러나 서버에서 보내는 세그먼트는 PSH 플래그를 설정하지 않는다.

데이터 Pushing : 데이터를 전송하고 수신할 때, 송신 TCP는 응용프로세스에서 오는 데이터의 저장을 위해 버퍼를 사용하며, 세그먼트의 크기를 정할 수 있다. 수신 TCP는 데이터가 들어오면 버퍼에 저장하고 프로세스가 동작중이면 전달한다. 이러한 버퍼 사용은 TCP의 효율을 높이지만 대화형 동신에서는 버퍼 사용으로 발생하는 데이터의 지연을 원하지 않는다. 그러므로 송신측 프로세스는 윈도우가 채워지는 것을 기다리지 말고 데이터를 받는 즉시 송신하라는 의미인 push 동작을 요구할 수 있다. 그러면 송신 TCP는 세그먼트를 생성하여 즉시 전송하는데, 세그먼트에 PSH 비트를 설정하여, 수신 TCP에게 데이터가 더 들어오기를 기다리지 말고 빨리 응용 프로세스로 데이터를 전달하도록 알린다.

응용 프로세스가 긴급히 데이터를 보낼 필요가 있는 경우 송신 TCP에게 알리면, TCP는 URG 비트를 설정하는데, 세그먼트의 시작부분에 긴급 데이터를 넣고, 헤더의 긴급 포인터 필드는 긴급 데이터의 끝과 정상 데이터의 시작을 표시한다.

수신 TCP가 URG 비트가 설정된 세그먼트를 받으면, 긴급 포인터의 값으로 세그먼트로부터 긴급 데이터를 찾아내어 응용 프로세스에게 전달한다.

연결 종료는 보통 클라이언트가 시작하지만 데이터 교환에 참여한 어느 쪽에서도 연결을 종료할 수 있으며, 3방향 핸드셰이크와 절반-닫힘 선택사항을 가진 4방향 핸드쉐이킹의 2종류가 사용된다. 대부분의 시스템에서는 그림 7-8에서 보는 것처럼 연결 종료에 3방향 핸드셰이크를 사용하며 그 절차는 다음과 같다.

- 정상적인 경우 클라이언트 TCP가 응용 프로세스가 보낸 종료 요구를 받으면 FIN 플래그를 설정한 첫 번째 FIN 세그먼트를 서버로 보낸다. FIN 세그먼트에는 클라이언트가 보내는 마지막 데이터 부분을 포함하거나 그림에서 보는 것처럼 단순한 제어 세그먼트일 수 있다.
- 서버 TCP가 FIN 세그먼트를 수신하면 프로세스에게 그 상황을 알리고, 클라이언트에서 온 FIN 세그먼트 수신에 대한 확인응답과 동시에 반대 방향으로 연결 종료를 알리기 위해 두 번째 세그먼트인 FIN+ACK를 송신한다.
- 클라이언트 TCP는 서버 TCP에서 보내온 FIN 세그먼트에 대한 확인응답으로 마지막 세그먼트인 ACK 세그먼트를 전송한다.

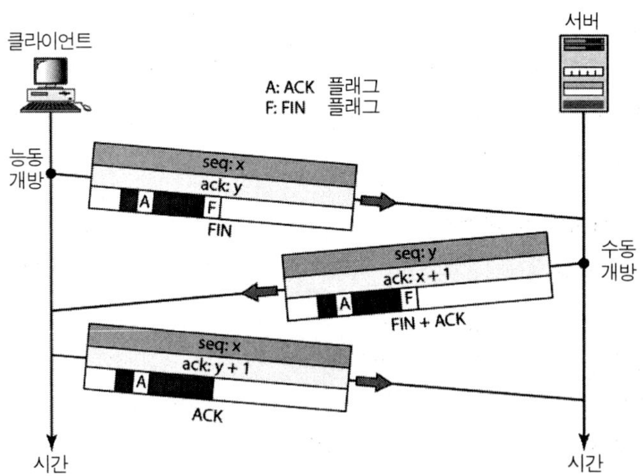

[그림 7-8] 3방향 핸드쉐이킹을 이용한 연결 종료 절차

클라이언트가 보낼 데이터가 없으면 서버로 가는 방향의 연결을 종료할 수 있지만 보내올 데이터가 있으므로 서버에서 오는 방향의 연결은 그대로 두어야 한다. 이것이 TCP 연결의 절반-닫힘이며, 클라이언트는 FIN 세그먼트를 보내 연결을 절반-닫힘하고, 서버는 ACK 세그먼트를 송신함으로써 절반-닫힘을 받아들인다.

클라이언트는 서버로 데이터의 전송을 중단하지만 서브는 계속 데이터를 보낼 수 있다. 서버가 처리된 모든 데이터를 보냈을 때 FIN 세그먼트를 전송한다. 절반-닫힘 후에도 서버는 데이터를 보낼 수 있고 클라이언트는 확인응답을 서버로 보낼 수 있지만, 더 이상 데이터를 서버로 전송할 수 없다.

(5) TCP의 흐름제어

TCP는 흐름 제어를 위하여 슬라이딩 윈도우를 사용하지만, NAK를 사용하지 않으므로 Go-Back-N처럼 취급되지만, 수신측에 재전송 세그먼트가 도착할 때까지 순서에 어긋나게 도착한 세그먼트를 유지하므로 선택적 거부처럼 보인다. TCP의 슬라이딩 윈도우는 데이터링크층의 윈도우와는 두 가지 차이가 있는데, 첫 번째는 TCP 윈도우는 바이트 지향이나 데이터링크층의 윈도우는 프레임 지향이고, 두 번째는 TCP의 윈도우 크기는 가변적이나 데이터링크층은 고정되었다.

그림 7-9는 TCP의 슬라이딩 윈도우를 보여주는데, 윈도우는 프로세스로부터 받은 바이트들이 들어있는 버퍼의 일부분에 결쳐있다.

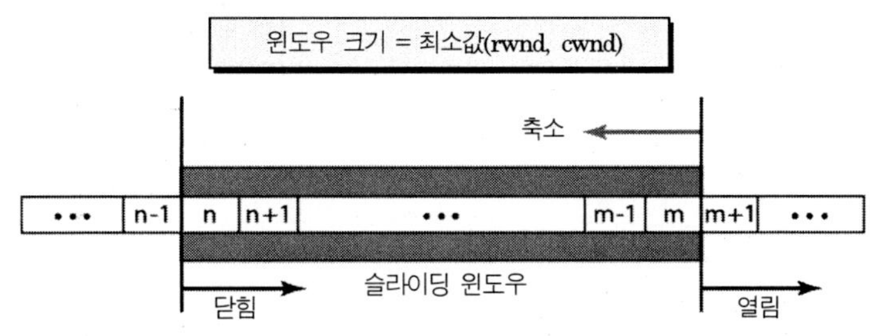

[그림 7-9] 슬라이딩 윈도우

윈도우의 왼쪽과 오른쪽에는 하나씩 2개의 벽이 있으며, 윈도우는 벽이 움직이면 열리고 닫히며 축소되며, 이 동작들은 네트워크 혼잡에 따라 수신측이 제어한다.

송신측에서 윈도우가 열리는 것은 오른쪽 벽이 오른쪽으로 움직이는 것이며, 버퍼에 더 많은 데이터가 들어오도록 한다. 윈도우 닫힘은 왼쪽 벽이 오른쪽으로 이동하는 것이며, 전송에 대한 확인응답을 받은 후 일어난다.

윈도우 크기는 수신측 윈도우와 혼잡 윈도우 2 종류의 값들 중 적은 것에 의해 결정되며, 수신측 윈도우 값은 확인응답 세그먼트의 수신측에서 알려온 값이다.

(6) TCP의 오류제어

TCP는 손상된 세그먼트와 손실된 세그먼트, 순서가 어긋난 세그먼트, 그리고 중복된 세그먼트를 찾아내는 기능을 포함한 오류 제어를 수행하며, 오류 검출과 정정은 검사합, 확인응답, 시간 초과 3가지 간단한 도구를 이용한다. 세그먼트 오류의 검사는 세그먼트의 검사합을 이용하며, 오류로 판단하면 그 세그먼트를 버린다.

TCP는 데이터 세그먼트가 잘 도착했는지를 확인하는 확인응답을 사용한다.

TCP는 전송 중 세그먼트가 손상되거나 손실, 또는 재전송 타이머가 타임 아웃되거나 송신자가 3개의 중복된 확인응답을 받았을 경우에 재전송을 실시한다.

현재 TCP 기능을 실현한 시스템들에서는 전송되었으나 아직 확인응답이 없는 세그먼트에 대해 재전송 타이머(RTO)를 설정한다. 타이머가 종료되면 그 세그먼트는 일정시간 동안 확인응답을 받지 못한 것이므로 보낸 세그먼트가 지연된 경우이든 ACK가 지연된 경우이든 또는 ACK가 손실된 경우이든 재전송 된다. 확인응답 세그먼트에 대해서는 재전송 타이머가 설정되지 않으며, TCP에서는 RTO값은 세그먼트의 왕복시간에 기초하여 동적으로 갱신된다.

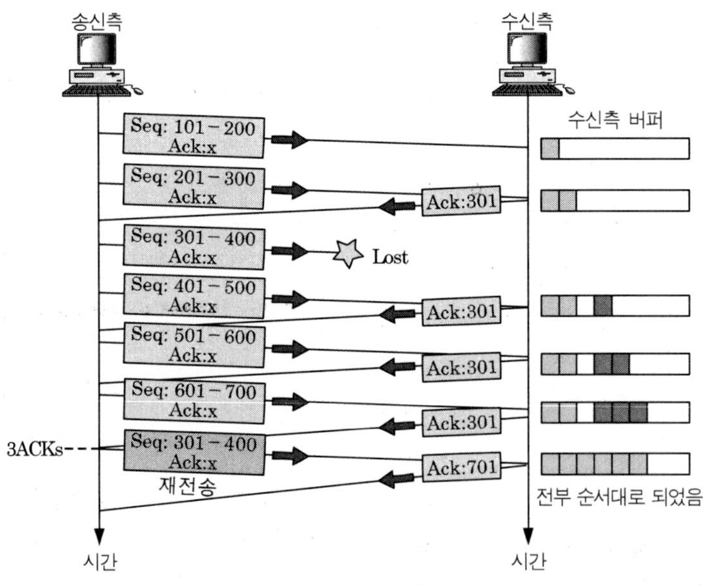

[그림 7-10] TCP의 빠른 재전송

수신측에서 하나의 세그먼트가 손실되어 순서가 어긋난 세그먼트들이 계속하여 수신되면 버퍼 크기 때문에 그들을 모두 저장할 수 없다. 대부분의 시스템들은 이 상황을 개선하기 위하여 3개의 중복 ACK 규칙에 따라 손실된 세그먼트를 즉시 재전송하는데, 이 방법을 빠른 재전송이라 한다.

그림 7-10에서 보여주는 것은 데이터 세그먼트가 손실되었을 때 빠른 재전송을 위한 3개의 중복 ACK를 사용하는 예이다. 수신측이 4번째와 5번째, 그리고 6번째 세그먼트를 수신할 때 계속 확인응답을 발생시키므로, 송신측은 3개의 중복된 ACK를 포함하여 모두 4개의 확인응답을 받는다. 세그먼트 3에 대한 타이머가 타임 아웃되지 않았지만 빠른 응답은 세그먼트 3을 즉시 재전송해야 한다.

7.1.3 SCTP(Stream Control Transmission Protocol)

최근에 사용되고 있는 몇 가지 인터넷 응용들은 TCP가 제공할 수 있는 것보다 더 세심한 전송 서비스를 요구한다. SCTP는 신뢰성 있고 메시지 지향적인 새로운 전송층 프로토콜로 IP 네트워크를 통한 새로운 인터넷 응용들을 위해 설계되었다.

SCTP는 UDP와 TCP의 장점들을 조합한 신뢰성 있는 메시지 지향 프로토콜이며, 메시지 경계를 구분하고 손실 및 중복 데이터, 그리고 순서가 어긋난 데이터를 검출한다. 뿐만 아니라 혼잡 제어 및 흐름 제어 기능도 수행한다. 그러므로 SCTP는 기존의 전송 프로토콜들 보다 향상된 성능과 신뢰성을 제공한다.

(1) SCTP 서비스

SCTP는 TCP에서 사용하고 있는 잘 알려진 포트들을 모두 사용하며, 표 7-4는 SCTP에서 사용되는 포트 번호들과 기능들을 요약하였다.

표 7-4 SCTP 응용

프로토콜	포트 번호	기 능
IUA	9990	IP를 통한 ISDN
M2UA	2904	SS7 전화 신호방식
M3UA	2905	SS7 전화 신호방식
H.248	2945	매체 게이트웨이 신호방식
H.323	1718, 1719, 1720, 11720	IP 전화
SIP	5060	IP 전화

SCTP는 연합이라는 다중 스트림을 각 연결에 허용하므로, 스트림 중의 하나가 막히면 다른 스트림으로 데이터를 전달할 수 있다. 그림 7-11은 다중 스트림 전달의 기본 개념을 보여준다.

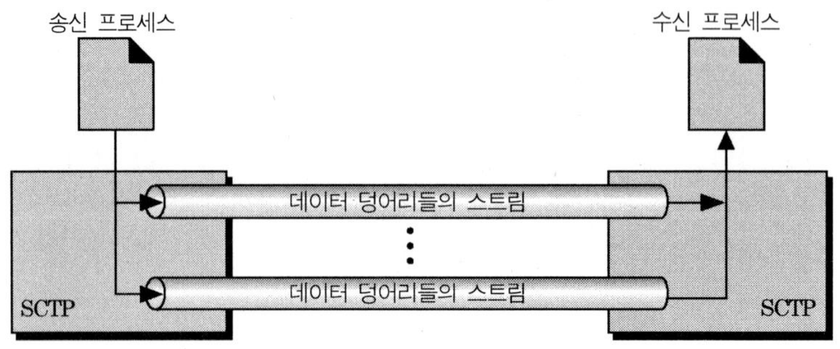

[그림 7-11] SCTP의 다중 스트림의 개념

SCTP 연합은 여러 개의 IP 주소를 가지고 한 개 이상의 물리적 주소에 연결되는 멀티홈잉(Multihomming) 서비스를 지원하므로, 송신 호스트와 수신 호스트는 연합에 대해 각 종단에 여러 개의 IP 주소를 정의할 수 있다. 그림 7-12는 멀티홈잉의 기본 개념을 보여준다. 그림에서 클라이언트는 2개의 IP 주소를 가지고 2개의 로컬 네트워크에 연결되고, 서버도 2개의 IP 주소를 가지고 2개의 네트워크에 연결되었다. 그러나 SCTP에서는 IP 주소 한 쌍만이 정상 통신용으로 선택되고 다른 경로는 보조의 백업용이므로 경로들 사이에 데이터 분산은 불가능하다.

SCTP는 연결을 연합이라고 부르며, 신뢰성 있는 전송 프로토콜로 데이터 전달을 확인하기 위하여 확인응답 절차를 사용한다.

[그림 7-12] SCTP의 멀티홈밍 개념

(2) SCTP의 특징

SCTP에서 데이터 단위는 데이터 덩어리(data chunk)이며, 여기에 번호를 붙여 데이터 전송을 제어한다. SCTP는 데이터 덩어리에 번호를 부여하기 위하여 TSN을 사용하는데, TSN은 32비트이고 0과 $2^{32}-1$ 사이에서 임의 값으로 지정된다.

SCTP에서는 각 연합에 여러 개의 스트림이 있을 수 있으므로, 각 스트림은 0부터 시작하는 16비트 번호인 스트림 식별자(SI)로 구별한다. 각 데이터 덩어리는 목적지에 도착할 때 스트림 내에서의 위치를 알도록 헤더에 SI 필드를 포함한다.

데이터 덩어리가 목적지에 도착할 때 올바른 순서로 적절한 스트림에 전달하려고 SCTP는 각 스트림의 데이터링크를 스트림 순서(SSN)로 정의하며, 동일한 스트림에 속하는 다른 데이터 덩어리를 구별하기 위해 SSN을 사용한다.

SCTP에서 데이터는 데이터 덩어리로 제어 정보는 제어 덩어리로 전달된다. 여러 개의 제어 덩어리와 데이터 덩어리는 하나의 패킷에 함께 묶일 수 있으며, SCTP의 패킷은 TCP의 세그먼트와 같은 역할을 담당하며, 그림 7-13에서 TCP의 세그먼트와 SCTP의 패킷을 비교하여 보여준다.

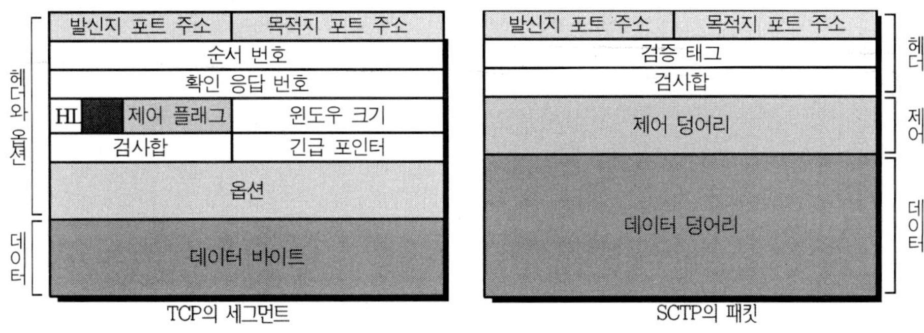

[그림 7-13] TCP 세그먼트와 SCTP 패킷 비교

SCTP 확인응답 번호는 데이터 덩어리 지향적이므로, TSN을 참조하며, 제어 정보는 제어 덩어리에 의해 운반되고 TSN이 필요 없다. 이러한 제어 덩어리는 다른 적절한 형태의 제어 덩어리에 의해 확인응답 된다.

SCTP도 흐름 제어와 오류 제어 기능이 있고 TSN 번호와 확인응답 번호를 사용한다. SCTP는 네트워크가 혼잡할 때 어느 정도의 데이터 덩어리들이 보낼 수 있는지를 결정하려고 혼잡 제어 기능을 사용한다.

(3) SCTP의 패킷형식

SCTP 패킷은 필수 항목의 일반 헤더와 덩어리라 부리는 블록 집합들을 가진다. 덩어리에는 제어 덩어리와 데이터 덩어리 2가지 형태가 있고 패킷에서 제어 덩어리는 데이터 덩어리 전에 위치한다.

SCTP 패킷의 헤더는 패킷이 속한 각 연합의 끝 지점을 나타내며, 특정한 연합에 속하는 패킷을 보장하고 헤더를 포함한 패킷 내용에 대한 무결성을 보장한다.

헤더에는 그림 7-13의 오른쪽 그림처럼 다음과 같은 4개의 필드가 있다.

- **발신지 포트 주소** 필드는 패킷의 송신 프로세스 포트 번호를 나타낸다.
- **목적지 포트 주소** 필드는 패킷의 수신 프로세스 포트 번호를 나타낸다.
- **검증 태그** 필드는 연합에 패킷을 일치시키는 번호이며, 이전의 연합에서 온 패킷을 이 연합에서 잘못 받아들이는 것을 방지한다. 연합에 대한 식별자로 사용하므로 모든 패킷에서 반복적으로 나타난다.
- **검사합** 필드는 32비트의 CRC 검사합을 포함한다.

제어 정보와 사용자 데이터는 덩어리로 운반되는데, 첫 번째 3개 필드는 모든 덩어리에 공통이다. 정보 필드는 덩어리의 종류에 따라 다르며, SCTP의 정보부분은 4바이트의 정배수이다. 만약 정수배가 아니라면 모든 비트가 0인 바이트들을 채워 넣는다.

표 7-5에서 덩어리들의 종류와 기능들을 요약하였다.

표 7-5 덩어리들의 종류와 기능

형태	덩어리	기능
0	DATA	사용자 데이터
1	INIT	연합 설정
2	INIT ACK	INIT에 대한 확인응답
3	SACK	선택적 확인 응답
4	HEARTBEAT	동작 여부 조사
5	HEARTBEAT ACK	HEARTBEAT에 대한 확인응답
6	ABORT	연합 중단
7	SHUTDOWN	연합 종료
8	SHUTDOWN ACK	연합 종료에 대한 확인응답
9	ERROR	중단 없이 오류 보고
10	COOKIE ECHO	연합 설정에서 3번째 패킷
11	COOKIE ACK	COOKIE ECHO에 대한 확인응답
14	SHUTDOWN COMPLETE	연합 설정종료에서 3번째 패킷
192	FORWARD TSN	누적 TSN 조정을 위함

(4) SCTP 연합

SCTP에서는 연합 설정은 4방향 핸드셰이크가 필요하며 그림 7-14와 같은 철차로 진행되며, 그 단계별 동작은 다음에 소개하였다.

- 클라이언트가 연합 설정 시작을 위해 INIT 정보를 가진 패킷을 서버로 보낸다.

- INIT를 받으면 서버는 INIT ACK 정보를 가진 두 번째 패킷으로 응답한다.
- 클라이언트는 쿠키(COOKIE) ECHO 정보를 포함하는 세 번째 패킷을 보내는데, 이것은 서버가 보내온 쿠키를 변경 없이 echo시키는 간단한 덩어리이다.
- 서버는 COOKIE ECHO 정보에 대한 확인응답으로 COOKIE ACK 정보를 포함한 네 번째 패킷을 보내며, 패킷에는 데이터 덩어리를 포함시킬 수 있다.

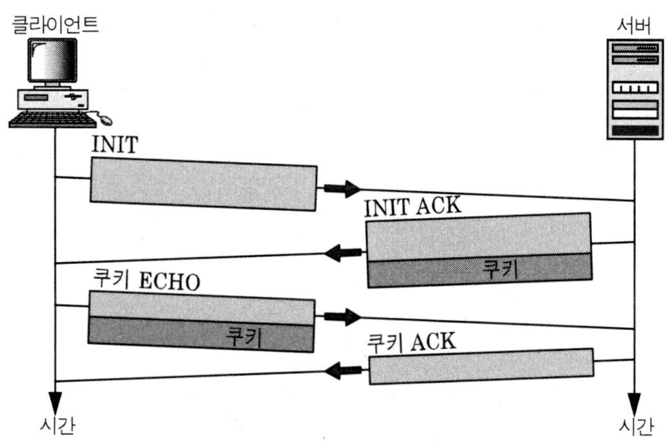

[그림 7-14] 4방향 핸드셰이크

SCTP는 악의적 형태의 공격을 방어하기 위해 세 번째 패킷을 수신할 때까지 자원 할당을 연기한다. 첫 번째 패킷에서 수신된 정보를 세 번째 패킷의 정보와 비교하기 위해 서버는 그 정보를 다시 클라이언트에게 보내는 방법을 사용하며, 이것을 쿠키 생성이라 한다. 쿠키는 첫 번째 패킷의 발신측 주소를 두 번째 패킷에 실어 클라이언트로 보내는 것으로 이 경우 다음과 같이 상황을 생각할 수 있다.

- 첫 번째 패킷이 악의적 공격자가 보낸 것이라면 서버는 세 번째 패킷을 수신하지 않는다.
- 첫 번째 패킷이 클라이언트가 연합설정을 만들기 위해 요청한 것이라면, 클라이언트는 쿠키가 포함된 두 번째 패킷을 수신하여 쿠키를 변경하지 않고 세 번째 패킷인 COOKIE ECHO에 쿠키를 포함시켜 서버로 보낸다. 서버는 세 번째 패킷에 클라이언트가 보낸 쿠키가 있으므로 자원을 할당한다.

연합이 설정된 후에는 전이중 방식으로 클라이언트와 서버는 모두 데이터를 송신할 수 있으며, SCTP도 피기백킹이 가능하다.

SCTP는 메시지 사이의 경계선을 인식하고 유지하므로, 프로세스가 보내는 메시지들을 하나의 단위로 취급하고 단편화되지 않았다면 데이터 덩어리로 넣는다.

프로세스에서 보내온 메시지는 데이터 덩어리 헤더를 메시지에 추가해 하나의 데이터 덩어리를 만들며, 메시지가 커서 단편화되면 여러 개의 데이터 덩어리를 만든다. 이렇게 만든 데이터 덩어리만이 TSN을 사용하고 SACK 덩어리에 의해 확인응답 된다. 그림 7-15에서 클라이언트는 4개의 데이터 덩어리를 보내고 서버로부터 2개의 데이터 덩어리를 수신하는 간단한 데이터 전송 시나리오를 보여준다.

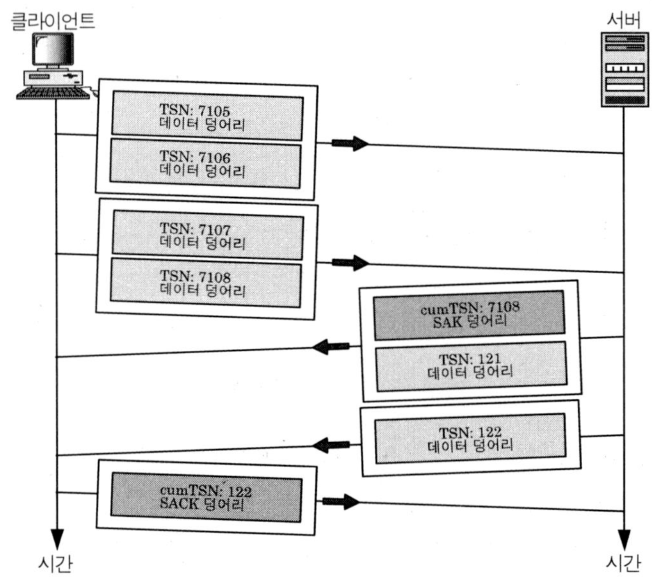

[그림 7-15] 간단한 데이터 전송 시나리오

- 클라이언트는 7105와 7106 TSN을 가진 2개의 데이터 덩어리를 전달하는 첫 번째 패킷을 서버로 보낸다.
- 클라이언트는 7107과 7108 TSN을 가진 두 개의 데이터 덩어리를 운반하는 두 번째 패킷을 서버로 보낸다.
- 서버는 클라이언트에서 온 데이터 덩어리에 대한 확인응답에 필요한 SACK 덩어리와 TSN 121을 갖는 서버의 첫 번째 데이터 덩어리를 세 번째 패킷에 포함시켜 클라이언트로 보내며, 수신된 마지막 순서 TSN으로 확인응답 한다.
- 그 다음 서버는 TSN: 122 데이터 덩어리를 전달하는 다른 패킷을 보낸다. 끝으로 클라이언트는 더 이상 보낼 데이터가 없으므로 서버에서 받은 TSN: 122 데이터 덩어리에 대해 SACK 덩어리를 포함한 패킷으로 확인응답 한다.

멀티홈밍은 통신을 위해 2종단 사이에 여러 개의 IP 주소를 정의하는 것이 가능하지만, 이 주소들 중 하나만 우선 주소로 사용하고 나머지는 대체 주소이다. 우선 주소는 연합 설정 중에 정해지는데, 발신지가 목적지의 우선 주소를 지정한다.

SCTP는 데이터 전송을 다루기 위하여 TSN 번호를 사용하며, 데이터 덩어리의 전달은 SI와 SSN으로 제어한다. SCTP는 여러 개의 스트림을 지원할 수 있으므로, 송신 프로세스는 서로 다른 스트림들을 정의할 수 있고 하나의 메시지는 이러한 스트림의 하나에 속할 수 있다.

SCTP는 IP 데이터그램에서 캡슐화 될 때 메시지의 크기가 경로의 MTU를 넘지 않는다면, 메시지로 데이터 덩어리를 만들 때 메시지의 경계선을 유지한다. IP 데이터그램의 크기는 메시지의 크기에 데이터 덩어리 헤더, 필요한 SACK 헤더, SCTP 일반 헤더 그리고 IP 헤더 등 4개의 오버헤드를 더하여 결정된다.

SCTP에서는 클라이언트와 서버가 데이터를 주고받을 때 어느 쪽도 연결을 종료할 수 있으나, 절반-닫힘은 사용하지 않는다.

(5) SCTP의 흐름 제어

SCTP는 윈도우 크기를 나타내는 rwnd와 cwnd의 값은 바이트를 사용하고 TSN과 확인응답 값은 덩어리로 표현하며, 네트워크 혼잡과 오류가 없다면, cwnd는 무한히 크고 패킷은 손실되거나 손상 또는 순서가 바뀌어 도착하지 않는다.

수신측은 하나의 큐와 3개의 변수를 가지며, 프로세스가 아직 읽지 않은 수신된 데이터는 큐에 보관한다. 첫 번째 변수는 수신된 마지막 TSN, 즉 cumTSN이고, 두 번째 변수는 이용 가능한 버퍼 크기 winSize이며, 세 번째 변수는 마지막 누적된 확인응답 lastACK이다. 그림 7-16에서 수신기 측의 큐와 변수들을 보여준다.

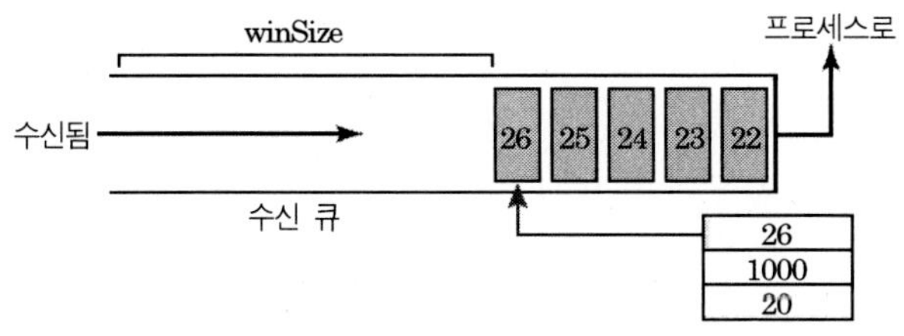

[그림 7-16] 수신측에서 SCTP의 흐름 제어

- 수신측이 데이터 덩어리를 수신하면 큐의 끝에 저장하고 winSize에서 덩어리 크기를 뺀다. 덩어리의 TSN 번호는 cumTSN 변수에 저장한다.

- 프로세스가 덩어리를 읽으면 큐에서 지우고 지운 덩어리의 크기를 winSize에 더한다.
- 수신측이 SACK 송신을 결정하면 lastACK 값을 검사하여, cumTSN보다 작다면 cumTSN과 같은 누적된 TSN 번호를 가진 SACK를 보낸다. 이 때 공개된 윈도우 크기로 winSize 값을 포함한다.

송신기는 하나의 큐와 그림 7-17에서 보듯이 curTSN, rwnd 그리고 inTransit 3개의 변수를 가지며, 각 덩어리의 길이가 100바이트라고 가정한다.

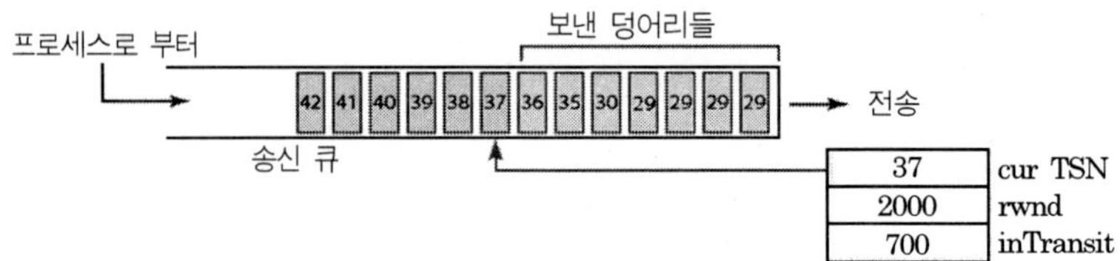

[그림 7-17] 송신측에서 SCTP의 흐름 제어

큐에는 송신되거나 송신을 준비를 하고 있는 프로세스가 만든 덩어리를 보관한다. 변수 curTSN은 송신되는 다음 덩어리를 나타내며, 이 값보다 작은 TSN을 가진 큐에 있는 모든 덩어리들은 송신되었으나 확인응답은 받지 못한 것들이다. 변수 rwnd는 수신기가 보내온 마지막 바이트 값이다. 마지막 변수인 inTransit는 바이트가 전송되었고, 아직 확인응답이 되지 않은 이동 상태에 있는 바이트 수를 나타낸다. 송신측에서 흐름제어에 사용하는 절차들은 다음과 같다.

- curTSN이 가리키는 덩어리는 데이터의 크기가 rwnd-inTransit 보다 작거나 같으면 전송될 수 있으며, 전송하면 curTSN의 값을 1만큼 증가시키며 그 값은 전송될 다음 덩어리를 가리킨다. inTransit의 값은 전송된 덩어리에 있는 데이터 크기만큼 증가한다.
- SACK가 수신되면 SACK에 누적된 TSN보다 작거나 같은 TSN을 가진 덩어리는 이미 확인응답된 것이므로 큐에서 제거한다. inTransit 값은 제거된 덩어리의 크기만큼 감소된다. rwnd의 값은 SACK에 포함된 윈도우 값으로 갱신한다.

(6) SCTP의 오류 제어

SCTP도 신뢰성 있는 전송층 프로토콜이며, 송신측으로 수신측의 버퍼 상태를 알리기 위해 SACK 정보를 이용한다. SCTP에서 오류제어의 기능 구현은 수신기와 송신기 측에 대해 서로 다른 형태의 엔티티(Entity)와 타이머를 사용한다.

이 방법에서 수신측은 순서가 뒤바뀐 덩어리들을 포함하여 큐에 들어온 모든 덩어리들을 저장하지만, 손실된 덩어리를 위한 공간을 남겨둔다.

송신측에서는 오류제어를 위해 송신 큐와 재전송 큐의 2종류의 큐가 필요하며, rwnd와 inTransit 그리고 curTSN 등 3개의 변수를 사용한다.

시스템은 cumTSN보다 크거나 같은 TSN을 가진 데이터 덩어리가 송신 큐나 재전송 큐에 있을 때 그 패킷을 송신한다. 그러나 패킷에 포함되어 있는 데이터 덩어리나 덩어리의 총 크기는 rwnd에서 inTransit를 뺀 값을 초과하지 못하고 프레임의 총 크기는 MTU 보다 크지 않아야 한다.

(7) SCTP의 혼잡 제어

SCTP를 설계할 때 TCP의 혼잡 제어와 같은 전략을 사용하였으며, SCTP는 느린 시작과 혼잡 배제, 혼잡 검출 단계로 혼잡제어를 수행하며, 빠른 재전송과 빠른 복구를 사용한다.

7.1 연/습/문/제

EXERCISE

01 UDP는 짧은 데이터를 보내는데 장점이 있는데 그 이유는 무엇인가?

02 UDP와 IP의 신뢰성 수준을 비교하라.

03 포트 주소의 용도와 IP 주소보다 짧은 이유는 무엇인가?

04 UDP 데이터그램의 최소와 최대 길이는 얼마인가?

05 UDP 데이터그램에서 캡슐화될 수 있는 데이터의 최소와 최대 크기는 얼마인가?

06 UDP와 TCP 헤더의 차이점을 비교 설명하라.

07 SCTP가 제공하는 부가 서비스에는 어떤 종류들이 있는가?

08 SCTP가 UDP와 TCP에 비해 좋은 점들을 무엇인가?

7.2 트래픽 제어와 서비스 품질

현재의 통신시스템이나 전송장치 간의 통신 품질은 획기적으로 향상되었지만 오류가 없는 통신은 있을 수 없고, 대역폭이 넓은 전송로와 빠른 통신처리 시스템이라도 급증하는 인터넷 트래픽을 혼잡 없이 처리하기는 불가능하다.

혼잡제어와 서비스 품질은 서로 밀접하게 관련이 있으므로, 혼잡을 예방하거나 없애는 기술은 네트워크 내의 서비스 품질도 높일 수 있다. 혼잡제어와 서비스 품질은 어느 하나의 계층에만 관련된 것이 아니라 데이터링크층, 네트워크층과 전송층에 관련되는 복합적인 문제이다.

7.2.1 데이터 트래픽

네트워크에 트래픽이 적다면 혼잡 제어가 필요 없고 빠른 데이터의 송수신으로 서비스 품질도 만족된다. 그러나 예측할 수 없는 트래픽이 발생할 수 있으므로, 혼잡 제어와 서비스 품질을 설명하기 전에 트래픽에 대한 이해가 필요하다.

(1) 트래픽 서술자(traffic descriptor)

데이터 흐름을 질적으로 나타내는 값들이며, 다음과 같은 종류들이 있다.

- **평균 데이터율(average data rate)**은 일정 시간 동안 전송된 비트의 수를 그 시간의 초 단위로 나눈 값이다.
- **최대 데이터율(peak data rate)**은 데이터 흐름을 멈추지 않고 그 트래픽이 통과시키기 위해 네트워크가 필요로 하는 최대 대역폭을 나타낸다.
- **최대 버스트 크기(maximum burst size)**는 최대 데이터율로 트래픽이 만들어지는 최대 시간을 의미하며, 지속기간이 짧으면 크게 문제되지 않는다.
- **유효 대역폭(effective bandwidth)**은 네트워크가 트래픽 흐름에 할당하는 대역폭을 말하며, 평균 데이터율, 최대 데이터율과 최대 버스트 크기 등 세 값의 함수이다.

(2) 트래픽의 흐름 형태

서비스의 목적에 따라 데이터 흐름은 고정 비트율(constant bit rate), 가변 비트율(variable bit rate), 버스트(burst) 3가지 트래픽 흐름 형태 중 하나이다.

- **고정 비트율**(CBR or fixed-rate)의 트래픽은 데이터율이 변하지 않으므로, 평균 데이터율과 최대 데이터율이 같으며 최대 버스트 크기는 적용하지 않는다.
- **가변 비트율**(VBR)은 데이터 흐름의 비트율이 시간에 따라 변하는데, 갑작스럽거나 급격하게 변하지 않는다. 이 형태의 트래픽 흐름은 평균 데이터율과 최대 데이터율이 서로 다르며, 최대 버스트 크기는 작다.
- **버스트(burst)** 형태의 트래픽은 짧은 시간 내에 데이터율이 급격히 변하므로, 평균 비트율과 최대 비트율의 차이가 크다. 이 형태의 트래픽에서는 최대 버스트 크기도 중요하며, 트래픽을 예측하기 어려워 네트워크가 처리하기 가장 힘들다.

7.2.2 혼잡(congestion)

네트워크로 들어온 패킷의 수가 용량을 넘어설 때 혼잡이 발생하며, 패킷 교환 네트워크에서 중요한 문제 중의 하나이다. 혼잡제어는 혼잡을 제어하고 네트워크 용량보다 부하를 적게 유지하는 기법과 기술을 포함한다.

혼잡의 원인은 라우터와 교환기들이 패킷을 수신하여 처리하기 전과 처리 후 송신하기 전에 패킷을 버퍼에 저장하므로 대기하는 상황이 발생하기 때문이다. 그림 7-18은 각 인터페이스에 큐를 가지고 있는 라우터를 보여주는데, 패킷이 인터페이스에 도착하면 그 패킷은 그림에서는 보듯이 나가기 전에 3단계를 거친다.

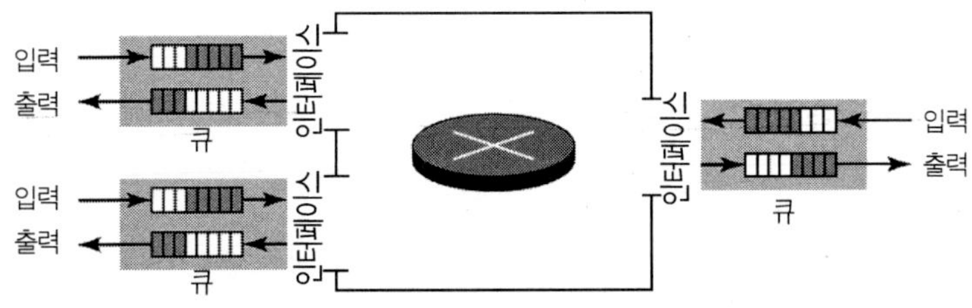

[그림 7-18] 라우터의 큐에서의 처리

- 패킷이 도착하면 처리를 기다릴 때 입력 큐의 제일 뒤에 넣는다.
- 패킷이 큐의 제일 앞에 오면 입력 큐에서 꺼내어 라우팅 테이블과 목적지 주소를 사용하여 경로를 찾는다.
- 경로를 찾은 패킷은 해당 출력 큐에 뒤에 넣어져 송신 순서를 기다린다.

네트워크의 성능

혼잡 제어는 네트워크의 성능을 나타내는 트래픽 지연과 처리율에 밀접한 관련이 있다. 네트워크에 부하가 커지면 네트워크의 성능이 증가하지만 부하가 네트워크의 용량을 초과하면 급격히 성능이 감소한다.

네트워크에서 지연은 전파지연과 처리 지연, 두 가지이며 부하가 용량에 가까워지면 모든 라우터의 버퍼에서 대기 시간이 커지기 때문에 지연이 급격히 증가한다. 부하가 용량보다 크면 지연은 무한대가 되고 재전송하므로 혼잡을 심화시킨다.

네트워크에서 처리율은 단위 시간당 통과하는 패킷 수인데, 부하가 용량보다 적으면 처리율은 부하와 비례하여 증가하지만 부하가 용량에 도달하면 처리율은 급격히 감소한다.

7.2.3 혼잡 제어

혼잡 제어는 네트워크에 혼잡이 발생하지 않도록 사전에 방지하거나 혼잡이 발생한 후에는 혼잡을 없애는 기술과 기법을 말한다. 혼잡 제어 방식은 일반적으로 개방 루프 혼잡 제어와 폐쇄루프 혼잡 제어 두 가지로 크게 분류할 수 있다.

(1) 개방루프 혼잡 제어(open-loop congestion control)

개방루프 혼잡 제어에서는 혼잡이 발생하기 전에 다음과 같은 방지하는 정책들을 적용한다.

재전송: 재전송은 네트워크의 혼잡을 증가시킬 수 도 있으나, 좋은 재전송 정책은 혼잡을 방지할 수 있다.

윈도우: 혼잡 제어에는 선택적 ARQ 윈도우가 N 프레임 후퇴 ARQ 윈도우 보다 좋다.

확인응답: 여러 방법들이 사용되는데, 수신기가 전송할 패킷을 가지고 있거나 특정한 타이머가 종료될 때에만 확인응답을 보내는 방법과 수신기가 N개의 패킷에 대해 확인응답을 한 번씩 보내는 방법도 있다.

폐기: 라우터에서 우선순위가 낮은 패킷을 네트워크의 상황에 따라 적절하게 폐기하는 방법은 혼잡을 방지하며 전송 데이터의 무결성을 해치지 않는다.

허가: 어떤 서비스를 위해 필요한 데이터 스트림을 요청하면 교환기나 라우터는 그것을 수용하는데 필요한 네트워크의 자원을 먼저 확인한다. 만약 혼잡이 있거나 그 흐름으로 혼잡이 예상되면, 라우터는 연결 설정을 거부할 수 있다.

(2) 폐쇄루프 혼잡 제어(closed-loop congestion control)

혼잡이 발생한 후 혼잡을 완화시키려고 노력하는 방식인 폐쇄루프 혼잡 제어는 지금까지 여러 가지 방법들이 서로 다른 프로토콜에서 사용되어 왔다.

후방압박(back pressure)은 혼잡이 발생한 노드가 직접 연결된 상향 노드나 다른 노드에서 오는 데이터의 수신을 중단하는 방식으로, 이렇게 하면 상향 노드나 다른 노드가 혼잡하게 되어 그 노드들도 그들의 상향 노드에서 오는 데이터를 거부한다. 이 현상이 반복되는 후방압박은 하나의 노드에서 시작하여 데이터 흐름의 반대방향으로 발신지까지 영향을 주는 노드-대-노드 혼잡제어 방법이다.

폐색 패킷(choke packet)은 혼잡이 발생한 라우터에서 직접 발신지로 경고를 보내는 패킷으로, 이러한 혼잡 제어의 예는 ICMP에서 볼 수 있다.

암시적 신호방식(implicit signaling)에서는 혼잡 노드나 경로 중간의 노드들과 발신지 사이에 아무런 통신도 없지만, 확인응답 패킷의 지연과 같은 정보들로부터 네트워크의 어느 부분에 혼잡이 있다는 것을 발신지가 추측한다.

명시적 신호방식(explicit signaling)은 혼잡이 생긴 노드가 별도의 경고 패킷을 사용하지 않고 데이터를 전달하는 패킷에 혼잡을 알리는 정보를 포함시켜 발신지 또는 목적지에게 경고 신호를 보낸다.

후 방향(backward direction) 신호는 혼잡의 반대 방향으로 이동하는 패킷에 경고 정보를 표시한다.

전 방향(forward direction) 신호는 혼잡이 있는 방향으로는 이동하는 패킷에 경고 정보를 표시하여 목적지에 혼잡이 있다는 것을 알린다.

7.2.4 혼잡제어의 예

혼잡 제어의 개념을 이해하기 위하여 TCP가 네트워크에서 혼잡을 예방하거나 완화하기 위한 혼잡 제어의 예를 다음과 같이 제시하였다.

혼잡 윈도우: 대부분의 통신시스템에서 송신측의 윈도우 크기는 수신측뿐만 아니라 네트워크의 혼잡에 의해서 좌우되므로, 송신측은 수신측이 알려주는 윈도우 크기(rwnd)와 혼잡 윈도우 크기(cwnd) 중 작은 값으로 윈도우 크기를 결정한다.

혼잡 정책

혼잡제어를 위한 TCP의 방법은 느린 시작과 혼잡 회피, 혼잡 검출의 3단계에 기초한다.

- **느린 시작**: 지수적 TCP 혼잡 제어에서 사용되는 알고리즘으로 혼잡 윈도우 크기는 최대 세그먼트의 크기(MSS)로 결정한다는 개념에 기초한다. MSS 값은 최대 세그먼트 크기 선택사항을 이용하여 연결 설정 시에 결정되며, 윈도우의 크기는 확인응답이 수신될 때마다 MSS 크기만큼 증가시키므로, 윈도우는 느리게 시작하나 지수적으로 증가한다. 그림 7-19에서 세그먼트 번호를 사용하였고, rwnd는 cwnd보다 훨씬 크다고 가정하여 송신측 윈도우 크기가 항상 cwnd와 같게 하였으며, 각 세그먼트는 개별적으로 확인응답이 되는 것으로 가정하였다.

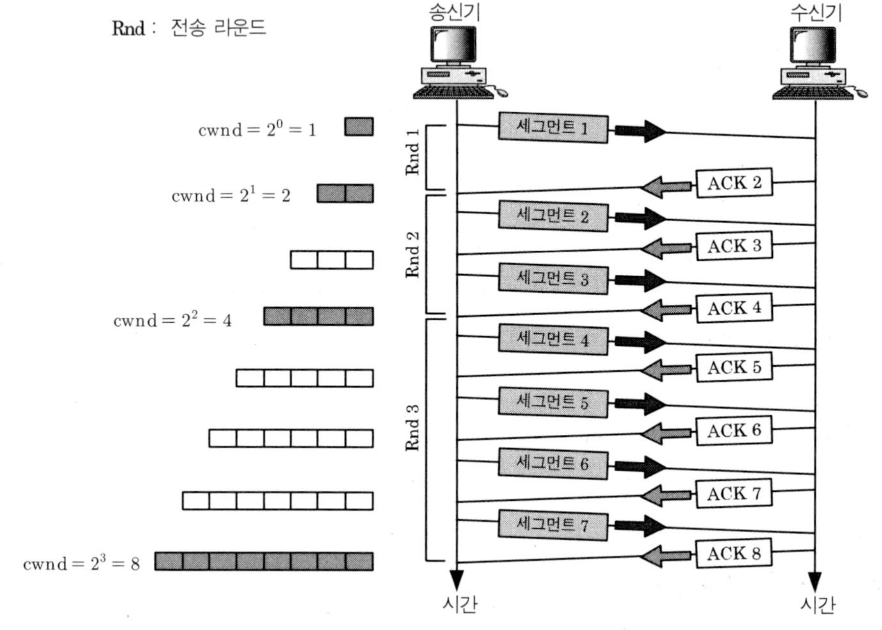

[그림 7-19] 느린 시작의 지수적 증가

송신측은 혼잡 윈도우 크기를 한 세그먼트만 전송할 수 있다는 것을 의미로 1 MSS로 시작한다. 세그먼트 1에 대한 확인응답을 수신하면 혼잡 윈도우의 크기는 1만큼 증가되어 2가 되면, 두개의 세그먼트를 더 보낼 수 있다. 확인응답을 받을 때마다 윈도우 크기는 1 만큼씩 증가하여, 7 세그먼트가 모두 확인응답이 되었을 때는 혼잡 윈도우 크기는 8이 된다. 세그먼트들의 전송과 확인응답에 따른 cwnd의 크기의 증가를 요약해 보면 표 7-6과 같다.

표 7-6 느린 시작의 혼잡 윈도우 크기 증가

라운드	혼잡 윈도우 크기
시작	1
첫 번째 라운드 후	$2^1 = 2$
2 번째 라운드 후	$2^2 = 4$
3 번째 라운드 후	$2^3 = 8$

송신측에서 느린 시작 단계를 멈추고 다음 단계로 전환하는 기준은 느린 시작 임계값이라는 변수이며, 대부분의 통신시스템에서 그 값은 65,535바이트이다.

- **혼잡회피:** 느린 시작 알고리즘은 혼잡 윈도우 크기가 지수적으로 증가하므로, TCP에서는 지수적 증가 대신 덧셈증가라는 알고리즘을 정의하였다. 혼잡 윈도우의 크기가 임계값에 이르면 느린 시작 단계에서 덧셈 단계로 전환하며, 매 세그먼트들의 전체 윈도우가 확인응답이 되는 1라운드 후에는 혼잡윈도우의 크기가 1씩 증가한다. 혼잡회피 알고리즘은 윈도우 크기가 1보다 훨씬 클 때 시작하지만, 그림 7-20에서 개념의 이해를 쉽게 하기 위해 다음과 같은 절차를 보여준다.

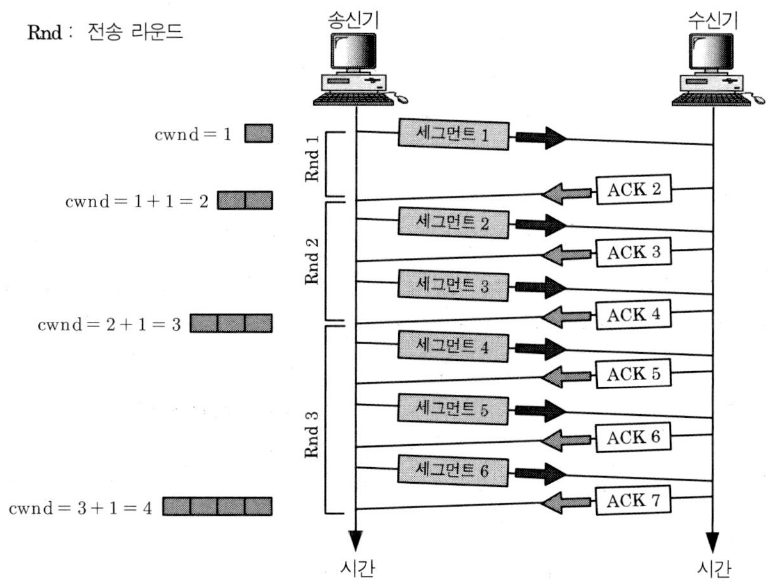

[그림 7-20] 덧셈증가의 혼잡회피

이 경우 송신측의 전체 윈도우 크기의 세그먼트에 대해 확인응답을 수신한 이후에 윈도우 크기가 한 세그먼트만큼 증가된다.

라운드별 혼잡 윈도우의 크기를 요약해 보면 다음의 표 7-7과 같이 비율이 덧셈 형식인 것을 알 수 있다.

표 7-7 덧셈증가 혼잡회피의 혼잡 윈도우 크기 증가

라운드	혼잡 윈도우 크기
시작	1
첫 번째 라운드 후	1+1 = 2
2 번째 라운드 후	2+1 = 3
3 번째 라운드 후	3+1 = 4

- **혼잡검출(Congestion Detection):** 혼잡이 발생하면 혼잡 윈도우 크기를 감소시키데, 송신측이 혼잡을 짐작할 수 있는 것은 재전송이 필요할 경우이며 임계값의 크기가 1/2로 줄어드는 곱셈 감소가 된다. 대부분의 시스템에서 TCP는 다음과 같은 두 가지 처리를 수행한다.

① 타이머가 종료되면 혼잡의 가능성이 높아 전송한 세그먼트가 손실되어 확인응답이 없게 되므로, 이 경우 TCP는 다음과 같은 과감한 처리를 한다.

- 임계값의 값을 현재 윈도우 크기의 1/2로 줄인다.
- cwnd를 하나의 세그먼트 크기로 만든다.
- 다시 느린 시작 단계를 시작한다.

② 만약 3개의 ACK를 수신하면 혼잡의 가능성이 낮아, 혼잡으로 세그먼트 하나가 손실되어도 3개의 ACK를 받았으므로 그 세그먼트 다음의 일부 세그먼트들은 무사히 도착했을 가능성이 있다. 이것을 빠른 전송과 빠른 복구라고 하며, 이 경우 TCP는 다음과 같은 처리를 한다.

- 임계값을 현재 윈도우 크기의 1/2로 조정한다.
- cwnd를 임계값으로 조정하는데, 일부 시스템에서는 임계값에 3세그먼트 크기를 더한다.
- 혼잡회피 단계를 시작한다.

그림 7-21은 최대 윈도우 크기는 32세그먼트이고 임계값은 최대 윈도우의 1/2인 16세그먼트로 동작하는 시스템에서 혼잡제어를 트래픽의 변화에 따라 보여준다.

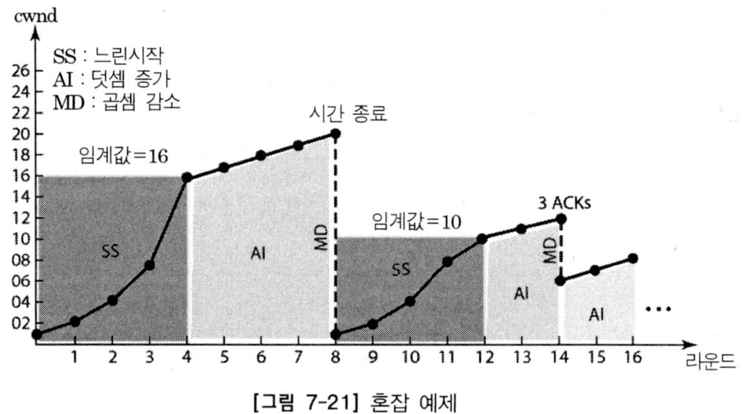

[그림 7-21] 혼잡 예제

느린 시작에서 윈도우의 크기는 1로 시작하고 임계값에 도달할 때까지 지수적으로 증가하며, 그 값에 도달하면 덧셈증가 혼잡회피 단계로 전환하여, 타이머가 종료되거나 최대 윈도우 크기에 도달할 때까지 윈도우 크기는 선형으로 증가한다. 그림에서 윈도우 크기가 20일 때 타이머가 종료되어, 곱셈감소 단계로 넘어가서 임계값을 윈도우 크기 20의 절반인 10으로 줄인다.

TCP는 다시 느린 시작 단계로 넘어가서 윈도우 크기 1로 시작하고, TCP는 새 임계값 10에 도달하면, 덧셈증가 단계로 전환된다. 윈도우 크기가 12일 때, 3개의 ACK를 수신하는 경우가 발생하면, 곱셈감소 단계로 넘어가 임계값은 6으로 조정되고 이번에는 덧셈증가 단계로 간다.

7.2.5 서비스 품질

서비스 품질이란 다양한 응용 서비스들에 대해 품질과 성능을 보장하여 사용자 요구를 만족시키는 것이다. 서비스 품질에 성능에 관련된 항목들은 대역폭, 손실량, 지연, 지터 등이 있으며, 서비스 흐름 단위로 QoS를 적용하거나, 여러 서비스나 여러 개의 흐름들을 통합한 등급에 대해 QoS를 적용할 수도 있다.

(1) 데이터 흐름 특성

네트워크에서 데이터 흐름은 신뢰성과 지연, 지터와 대역폭 등 4종류의 특성에 의해 평가된다.

- **신뢰성(reliability)**은 송신측에서 전송한 데이터가 수신측에 정확히 전달되었는가의 문제이다.

- **지연(delay)**은 데이터 전달을 시간적 측면에서 보는 특성으로, 응용에 따라 감내할 수 있는 지연의 정도가 다르다.
- **지터(jitter)**는 같은 흐름에 속하는 패킷들에 대한 지연되는 정도의 차이를 말한다. 지터가 높으면 지연들 간의 차이가 크므로, 지터가 높은 데이터를 수신했다면 그 것을 그대로 사용할 수 없으므로 처리가 필요하다.
- **대역폭**은 서비스 별로 요구하는 정도가 달라서 영상회의에서는 하나의 화상을 변경하기 위해 수백만 bps로 데이터를 전송해야 하지만 전자우편에서는 데이터 전송률이 수백 bps로도 충분하다.

(2) 데이터 흐름의 등급

데이터 흐름 특성에 따라 흐름을 비슷한 수준의 특성을 가진 그룹으로 분류할 수 있는데, 이 분류는 표준화되거나 명문화된 것은 아지만, ATM과 같은 프로토콜에서는 AAL1, AAL2, AAL3/4 및 AAL5 4가지 등급을 정의한다.

7.2.6 서비스 품질 향상 기술

혼잡이나 전자기적인 간섭, 잡음 등의 영향으로 데이터가 부정확하고 제시간에 전달되지 못하는 것을 고려하여 현재 몇 가지 서비스 품질에 도움을 주는 다음과 같은 기술들이 개발되었다.

(1) 스케줄링(scheduling)

네트워크로 들어오는 패킷의 지연을 제어하기 위해 링크를 효율적으로 공유하려면 지연제어 이외에도 스케줄링이 필요하다. 스케줄링이란 공정하고 적절한 방법으로 서로 다른 흐름에서 들어온 패킷들을 처리하는 기술이다.

- **FIFO 큐잉(first-in, first-out queunig)**은 트래픽을 store-and-forward 방식으로 처리하는 방법으로, 패킷들이 노드가 처리할 준비가 될 때까지 버퍼에서 기다리며, 버퍼가 넘치게 되면 새로 들어오는 패킷들을 버린다. FIFO큐잉은 먼저 들어온 패킷부터 차례로 처리하는 단순한 스케줄링이며 서비스를 차별하지 않는다.
- **우선순위 큐잉**은 FIFO 큐잉 방식을 특정 유형의 트래픽을 먼저 처리되도록 변형한 것이다. 모든 패킷들에게 우선순위를 하나씩 부여하며, 각 우선 순위 별로 별도의 큐가 마련된다. 우선순위가 가장 높은 큐의 패킷들을 모두 처리한 후 다음 우선순위의 큐를 처리하며, 가장 낮은 큐의 패킷들을 마지막으로 처리한다.

- **가중 공정 큐잉(weighted fair queuing)**은 작은 트래픽이 큰 트래픽에 의해 피해를 보지 않도록 흐름별로 큐를 두어 조절하는 공정성 측면과 특정 기준에 따라 가중치를 부여하여 같은 양의 트래픽을 가진 흐름 간에도 차별을 두는 복합적인 방식이다. 패킷에 등급을 부여하고 여러 개의 큐를 우선순위에 의해 가중치를 다르게 주어, 가중치에 따라서 각 큐에서 선택하여 처리하는 패킷 수가 결정된다. 그림 7-22에서는 3개의 등급에 대한 처리를 보여준다.

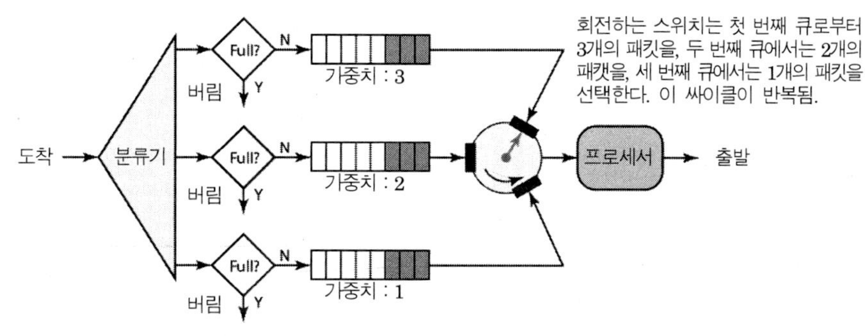

[그림 7-22] 가중 공정 큐잉

(2) 트래픽 조정(traffic shaping)

트래픽 조정은 트래픽 양과 트래픽율을 제어하는 방법으로 리키 버킷(leaky bucket)과 토큰 버킷(token bucket)의 두 가지 방법을 사용한다.

리키 버킷: 버킷의 바닥에 구멍이 있다면 버킷에 들어오는 물의 양과는 무관하게 물은 같은 속도로 샐 것이다. 이와 같이 네트워크에서도 리키 버킷이라 부르는 기술을 적용하여 버스트 트래픽을 균일하게 만들 수 있다.

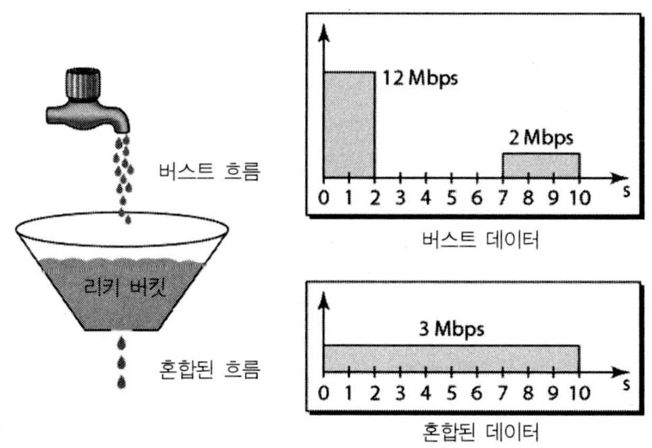

[그림 7-23] 리키 버킷의 예

그림 7-23에서 보듯이 버스트 트래픽이 버킷에 들어가 저장되고 일정한 비율로 출력된다. 그림에서 네트워크는 호스트에게 4Mbps의 대역폭을 허용하였으나, 호스트는 버스트 데이터를 2초 동안 14Mbps율로 총 28Mbits를 전송한 후 5초 동안 데이터 전송을 멈추었다가 다음 3초 동안 4Mbps율로 총 12Mbits의 데이터를 내보낸다.

그러므로 호스트는 10초 동안 40Mbits의 데이터를 전송하였는데, 리키 버킷은 같은 10초 동안 데이터를 4Mbps 비율로 내보내어 트래픽을 균일하게 만들었다. 그러므로 리키 버킷이 혼잡을 예방할 수 있음을 알 수 있다.

그림 7-24는 시스템에서 구현한 간단한 리키 버킷기능을 보여주는데, FIFO 큐에 패킷을 저장한다. 만약 트래픽이 ATM 셀과 같이 고정된 크기의 패킷으로 구성되면 프로세스는 한 번에 하나씩 큐에서 고정된 수의 패킷을 꺼내 처리한다. 트래픽이 가변 길이의 패킷들이라면, 출력 비율은 바이트 수나 비트 수에 따른다.

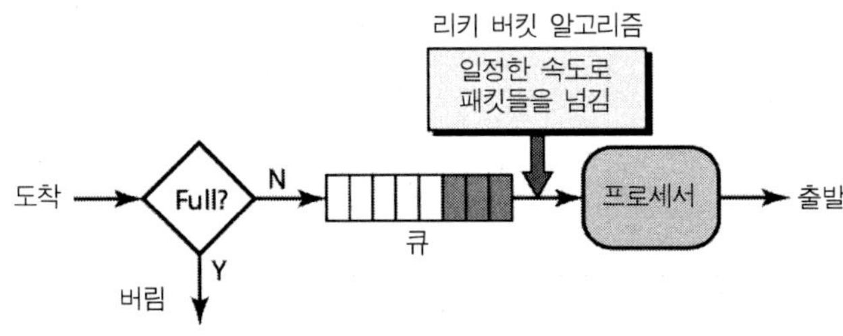

[그림 7-24] 리키 버킷의 구현

토큰 버킷: 리키 버킷은 호스트가 쉬고 있던 시간을 고려하지 않는 단점이 있으나, 토큰 버킷 알고리즘은 쉬고 있는 호스트가 미래를 위해 토큰 형태의 신용을 축적하도록 해준다. 클록의 매 시작마다 시스템은 n개의 토큰을 버킷에게 보내고, 전송된 데이터마다 토큰을 하나씩 제거한다. 만약 n이 100이고 호스트가 100단위 시간만큼 쉬고 있다면 버킷은 10,000 개의 토큰을 축적한다. 그 다음 호스트는 이 토큰들로 10,000 개의 데이터를 한 단위시간에 전송하여 소비할 수도 있고, 한 단위시간 동안 10개의 데이터를 전송하여 1000단위 시간동안 사용할 수도 있다.

토큰 버킷은 하나의 카운터로 구현하는데, 카운터는 0으로 초기화된다. 토큰이 하나 추가될 때마다 카운터가 하나씩 증가하며, 데이터 단위 하나씩 전송될 때마다 카운터는 하나씩 감소하며 카운터가 0이 되면 호스트는 데이터를 보낼 수 없다.

토큰 버킷과 리키 버킷의 결합: 쉬고 있는 호스트에 신용을 제공하는 동시에 트래픽을 조정하도록 두 가지 기술을 결합시킬 수 있다.

(3) 자원예약(resource reservation)

데이터를 전달하려면 버퍼, 대역폭, CPU 시간 등과 같은 자원들이 필요하므로, 전송하기 전에 자원들을 예약할 수 있다면, 품질은 향상된다. 여기서는 서비스 품질 향상을 위해 자원예약을 사용하는 통합 서비스라는 서비스 품질 모델을 소개한다.

(4) 수락 제어(admission control)

수락 제어는 라우터나 호스트가 새로운 트래픽을 만들 때 네트워크가 이미 제공하고 있던 서비스 품질에 영향을 주지 않고 자원을 할당하는 제어 기법이다. 하나의 흐름을 받아들이기 전에, 라우터는 흐름 규격을 조사하여 대역폭, 버퍼 크기, CPU 시간 등 자신의 용량과 이전에 다른 흐름들에게 허용한 용량이 새로운 흐름 처리에 그대로 적용이 가능한가를 조사하여 수락 여부를 결정한다.

7.2.7 통합 서비스(Integrated Services) 모델

IETF IntServ Working 그룹에서는 실시간 응용 서비스가 필요한 QoS를 지원하기 위해 트래픽 특성과 서비스 품질 향상 기법들에 기초하여, 통합 서비스와 차등 서비스(Differentiated Services) 모델을 개발하였다. 이 모델들은 모두 네트워크층에서 서비스 품질을 지원한다.

통합 서비스 모델은 실시간 응용 서비스에서 생성하는 패킷의 흐름을 단위로 QoS 보장형 서비스와 비보장형 서비스유형으로 구분하여 패킷을 전달한다. QoS를 보장해 주어야 하는 서비스에 대해 자원 예약 프로토콜인 RSVP 신호 프로토콜을 이용해 연결수락 제어와 자원 예약을 하여 원하는 품질의 서비스를 제공한다. 그러나 통합 서비스 모델은 각 패킷 흐름에 대한 상태 정보를 라우터가 유지해야 하므로 네트워크의 규모가 커지면 현실적으로 이 모델을 적용하기 어렵다.

(1) 신호 프로토콜

IP와 같은 비연결성 프로토콜에 흐름기반 모델을 구현하려면 네트워크 자원들을 예약하는데 신호 프로토콜이 필요하다.

(2) 흐름 규격(flow specification)

발신지가 RSVP를 통해 자원을 예약하려면 자원규격과 트래픽 규격 두 가지를 포함하는 흐름 규격을 정의해야 한다. 자원규격은 그 흐름이 필요한 버퍼나 대역폭 등의 네트워크 자원을 나타내며, 트래픽 규격은 흐름의 트래픽 특성을 정의한다.

(3) 수락(admission)

흐름 규격을 응용 프로그램에서 받으면 라우터는 이전에 허용한 용량과 현재 사용 가능한 자원의 량에 근거하여 서비스를 수락 여부를 결정한다.

(4) 서비스 유형(service classes)

통합 서비스모델에서는 지연시간을 기준으로 서비스 유형을 실시간 서비스와 탄력적(Elastic) 서비스로 나눈다. 탄력적 서비스는 여러 응용 형태가 있는데, 모든 응용들은 최선 노력 서비스로 분류된다. 실시간 서비스는 지연시간의 허용 정도에 따라 보장형(guaranteed)과 부하 제어형(controlled-load)으로 구분한다.

보장형 서비스는 종단 간 전송지연 시간의 한계를 보장해 주는 서비스로 영상, 음성 등과 같은 실시간 서비스에 적합하다. 이에 비해 부하 제어형 서비스로는 데이터가 조금 지연되는 것은 괜찮으나 데이터 손실로 치명적인 피해를 입을 수 있는 파일 전송과 전자우편, 인터넷 사이트 접속 등이 있다.

(5) RSVP(Resource Reservation Protocol)

RSVP는 IP 멀티캐스트 서비스가 주 대상이므로 수신측에서 자원 예약을 수행한다. RSVP는 IP가 흐름을 만들고 그 흐름에 자원을 예약하도록 지원하는 신호 프로토콜이다. 그리고 RSVP는 통합 서비스 모델과는 별개의 독립적인 프로토콜이므로 다른 모델에서도 사용될 수 있다.

RSVP의 동작

송신자는 PATH 메시지로 자신의 트래픽 특성을 수신자에게 알리며, 이 때 경로는 IP 유니캐스트 또는 멀티캐스트 라우팅 프로토콜에 의해 결정된다.

PATH 메시지가 지나는 경로의 노드는 경로상태를 기록한다. PATH 메시지를 받은 수신자는 송신자가 보내고자 하는 흐름의 특성을 보고 자신이 원하는 대역폭을 결정하여 자원요청(RESV) 메시지로 전달한다. RESV 메시지는 PATH 메시지가 전달된 경로를 따라 반대 방향으로 전달된다.

수신자로부터 RESV 메시지를 받은 노드는 메시지에 기록된 서비스 요구를 현재의 네트워크 자원으로 가능한지를 결정한다. 이것을 연결 수락제어라 하며, 만약 수락한다면 노드는 흐름 규격을 링크층에 전달하고 링크층은 흐름 규격에 따라 패킷 스케줄링을 하여 서비스 요구에 따라 패킷을 전달한다.

노드는 자원의 요청에 대해 필터(filter) 규격을 사용하는데 이것은 할당된 자원이 어느 송신자의 흐름에 해당하는지를 표시한다. 특정 송신자의 흐름에 별도의 자원을 할당할 수도 있고, 여러 송신자의 흐름이 합쳐진 흐름에 자원을 할당할 수도 있다.

자원 예약 신호처리 과정

자원 예약을 위한 신호처리 과정은 그림 7-25와 같다.

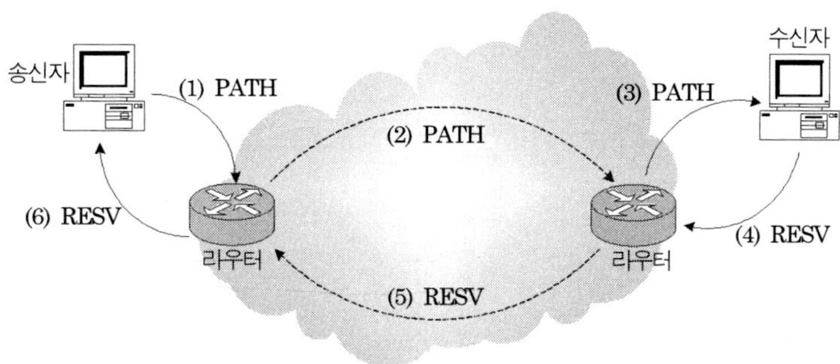

[그림 7-25] 자원 예약 신호처리 과정

- 송신자는 트래픽 특성 정보를 PATH 메시지에 실어 수신자에게 보낸다.
- 경로의 모든 라우터들은 라우팅 프로토콜에 의해 결정된 다음 노드로 PATH 메시지를 전송한다.
- PATH 메시지를 받은 수신자는 흐름의 자원 요청(RESV) 메시지를 보낸다.
- 경로의 중간 라우터들도 자원할당을 위해 RESV 메시지를 보낸다.
- 만약 자원 요청이 거절되면 요청을 거절한 라우터는 오류 메시지를 수신자에게 보내고 신호처리 과정을 종료한다.
- 요청이 수락되면 해당 흐름을 위한 링크 대역폭과 버퍼 공간이 할당되며 관련 흐름의 상태 정보가 라우터에 유지된다.

(6) 통합 서비스 모델의 한계

통합 서비스 모델은 최선 노력 모델보다 개선된 방식으로 네트워크를 통해 QoS를 제공할 수 있으나, 큰 규모의 인터넷 백본에서 적용하는데 다음 문제점들이 있다.

- 인터넷 백본망에는 많은 패킷 흐름들이 존재하므로, 모든 흐름들에 대한 상태를 유지하려면 라우터의 메모리 용량이 커야 한다.

- 많은 흐름들에 대해 자원 예약 제어 메시지를 처리하고, 패킷 헤더의 정보를 통해 패킷을 구분하려면 라우터의 처리 능력이 강력해야 한다.
- 무분별한 자원 예약은 사용자에게 피해를 주므로 자원 예약과정에서 이를 감시할 기능이 필요하지만 많은 패킷 흐름에 대해 실행하려면 불가능하다.
- 불법 사용자가 자원을 예약하는 경우를 방지하기 위한 보안 기능이 필요하다.
- 통합 서비스는 보장과 부하 제어의 두 종류의 서비스만 제공하므로, 다양한 응용을 위한 보완이 필요하다.

7.2.8 차등 서비스(Diffserv; differentiated services) 모델

통합 서비스 모델은 여러 가지 프로토콜과 기술들이 네트워크 장비와 호스트들에서 구현되어야 하므로 짧은 기간에 전체 네트워크에서 실현하기 힘들고 네트워크의 규모가 커질수록 적용하기 어렵다. 그러므로 현재의 인터넷을 크게 수정하지 않고 쉽게 차별화된 서비스를 제공하기 위한 방법으로 IETF의 Working 그룹에서 차등 서비스 모델을 정의하였다.

(1) 차등서비스 모델의 개념

차등 서비스는 서비스를 차등화 하기 위해 IP 패킷에 우선순위 비트를 두어 라우터 등이 이 정보로 패킷을 전달할 때 차별화하여 처리한다. IPv4 헤더에는 TOS(Type of Service) 필드가 정의되어 작은 지연, 높은 수율, 낮은 손실률 등으로 표시할 수 있지만 기존의 라우터들은 이것을 무시하였다. 차등 서비스 모델은 패킷의 DS 필드의 값에 따라 패킷을 처리하여 차별화된 서비스 등급을 만든다.

가입자가 차별화된 서비스를 받으려면 ISP와 SLA(Service Level Agreement)를 맺어야 한다. SLA는 가입자와 네트워크 사업자 간 또는 네트워크 사업자 간의 계약으로 서비스 등급과 허용되는 정적이나 동적인 트래픽 양을 나타낸다. 정적 SLA는 한 달 또는 일 년 단위로 계약된다.

(2) 통합 서비스 모델과 차등서비스 모델의 차이점

차등 서비스 모델은 종합 서비스 모델에 비교해 다음 두 가지가 변경되었다.

- 네트워크 장치들이 수행하던 주요 처리를 주변 장치들이 처리하므로, 확장성 문제를 해결하여 라우터는 흐름에 대한 정보를 저장할 필요가 없고, 응용 프로세스 또는 호스트가 패킷을 전송할 때마다 필요한 서비스를 정의한다.

- 흐름단위 서비스가 등급단위 서비스로 바뀌어 라우터는 흐름이 아닌 패킷에 정의된 서비스 등급에 따라 패킷을 전달하므로 서비스 종류가 제한되는 문제를 해결하여 응용의 필요에 따라 다양한 서비스를 정의할 수 있다.

(3) DS(Differentiated Service) 필드

차등 서비스 모델에서는 DS 필드의 값은 호스트나 경계 라우터로 지정된 종단 라우터가 정한다. IETF는 IPv4에서 사용하는 TOS 필드 또는 IPv6의 등급 필드를 DSCP와 CU의 두 서브필드를 포함 DS 필드로 대체할 것을 제안하였다.

DSCP(Differentiated Service Code Point)는 6비트의 서브필드로 홉 단위 동작(PHB; per-hop behavior)을 정의하고, 2비트의 CU(currently unused) 서브필드는 현재 사용되지 않는다. 차등 서비스 모델 기능이 있는 라우터는 패킷처리 방법을 정의하는 테이블의 인덱스로 DSCP 필드 값 6비트를 사용한다.

홉 단위 동작(PHB, Per-Hop Behavior) : 차등 서비스 모델은 패킷을 수신할 때 각 노드의 홉 단위 동작을 정의하였는데, 현재 DE PHB, EF PHB, AF PHB 등 3가지 PHB가 있다.

- **DE PHB**(default PHB)는 TOS와 호환성이 있으며 최선 노력 전달과 같다.
- **EF PHB**(expedited forwarding PHB)는 낮은 손실, 낮은 대기시간, 보장된 대역폭을 제공하므로, 발신지와 목적지 사이에 가상연결을 갖는 것과 같다.
- **AF PHB**(assured forwarding PHB)는 등급 트래픽이 노드의 트래픽 프로파일을 초과하지 않는 이상 높은 확률로 패킷을 전달하지만 혼잡이 발생하면 우선순위에 따라 일부 패킷이 폐기될 수 있다.

트래픽 조절기

차등 서비스 모델를 구현하기 위해서 차등 서비스 모델 노드는 계량기(meter), 표시기(marker), 조정기(shaper)와 폐기기(dropper)와 같은 트래픽 조절기(traffic conditioner)를 사용한다.

계량기는 입력되는 흐름이 계약된 트래픽 프로파일과 맞는가를 조사하여, 그 결과를 다른 구성요소들에게 보내며, 프로파일을 조사하기 위해 토큰 버킷과 같은 여러 도구를 사용할 수 있다.

표시기는 최선 노력 전달(DSCP: 000000)을 사용하는 패킷을 다시 표시할 수 있으며, 계량기에서 받은 정보에 따라 만약 흐름이 프로파일과 일치하지 않으면 흐름의 등급을 낮추는 다운마크(down-mark)를 할 수 있다.

조정기는 트래픽이 계약된 프로파일과 맞지 않을 경우 재조정하기 위해 계량기에서 받은 정보를 사용한다.

버퍼가 없는 조정기로 사용되는 폐기기는 만약 흐름이 계약된 프로파일과 크게 다르면 패킷들을 폐기한다.

7.2.9 고속 전송 네트워크의 QoS

대량의 데이터를 전달하는 핵심 네트워크를 구성하는 프레임 릴레이와 ATM의 두 교환망에서 사용되는 QoS는 인터넷 전체의 서비스 품질을 크게 좌우한다.

(1) 프레임 릴레의 QoS

프레임 릴레이에는 트래픽을 제어하기 위하여 4가지 서로 다른 속성인 액세스율(access rate), 허용 버스트 크기(committed burst size) B_c, 허용 정보율(CIR; committed information rate)과 초과 버스트 크기(excess burst size) B_e가 정의되었다. 이 속성들은 사용자와 네트워크 간의 협상에 의해 설정되며, PVC 연결은 설정할 때 한 번만 협상하며, SVC은 연결 설정이 필요할 때마다 협상한다.

액세스율은 연결이 설정될 때마다 정해지는데, 사용자를 네트워크에 연결하는 채널의 대역폭에 따라 달라진다.

허용 버스트 크기는 각 연결에 대해 허용하는 것으로 B_c로 정의하는데, B_c는 정해진 시간 동안 프레임의 폐기나 DE비트의 설정 없이 네트워크가 전송을 약속한 최대 비트수이다.

허용 정보율은 bps단위로 평균율을 정의한다는 것을 제외하고는 개념적으로 허용 버스트 크기와 유사하다. 그러나 이것은 평균 측정값이므로 정해진 기간 동안에 평균값을 만족하면 프레임은 전달된다.

초과 버스트 크기는 각 연결에 대해 B_e로 정의하는데, 사용자가 정해진 시간 동안 B_c를 초과하여 보낼 수 있는 최대 비트수이다. 네트워크는 혼잡하지 않으면 전송을 약속하지만 B_c의 경우보다 구속력이 약하며 네트워크가 조건부로 허용한다.

사용자율(User Rate)

사용자가 B_c를 초과하지 않고 버스트 데이터를 보낸다면 네트워크는 어떤 프레임도 버리지 않고 전송할 수 있다. 사용자가 보내는 총 비트수가 B_c+B_e보다 작다면, 혼잡이 없는 경우 네트워크는 모든 프레임을 전송할 수 있고 혼잡이 있으면 일부 프레임을 버린다. 사용자 프레임을 받는 첫 번째 교환기는 B_c를 초과하는 프레임에 대해 DE

비트를 설정하므로 혼잡이 있다면 경로의 다른 교환기들은 이 프레임들을 버린다. 빨리 데이터를 보내려는 사용자는 B_c를 초과할 수도 있는데, 이 경우 B_c+B_e만 초과하지 않으면 목적지에 도착할 가능성이 있다. 그러나 B_c+B_e를 초과하면 그 이후의 프레임들을 첫 번째 교환기가 폐기한다.

(2) ATM의 QoS

ATM의 서비스 품질은 서비스 등급과 사용자 관련 속성, 네트워크 관련 속성을 기반으로 결정된다.

등급(Classes)

ATM 포럼에서는 CBR, VBR, ABR과 UBR 등 다음에 설명하는 4가지 서비스 등급을 정의한다.

- **CBR** 등급은 실시간 오디오나 비디오 서비스를 요구하는 사용자를 위해 만들어 졌으며, T-회선과 같은 전용선에 의해 제공되는 서비스와 비슷하다.
- **VBR** 등급은 실시간 VBR과 비실시간 VBR이라는 두 개의 서브등급으로 나누며, 실시간 VBR은 음성전송과 비디오 전송과 같은 실시간 서비스를 위한 것이다. 비실시간 VBR은 실시간 서비스가 필요 없다.
- **ABR** 등급은 최소율로 셀을 전달하며 만약 네트워크에 트래픽이 적다면 이 최소율을 초과하여 전송할 수 있으므로 버스트 특성을 가진 응용에 특히 적합하다.
- **UBR** 등급은 아무 것도 보장하지 않는 최선노력 전달 서비스이다.

사용자 관련 속성

ATM은 사용자와 관련된 두 가지 속성 집합을 다음과 같이 정의하는데, 사용자가 얼마나 빠르게 데이터 전송을 바라는가를 나타내는 속성들이다. 이 속성들은 사용자와 네트워크 사이에 계약을 맺을 때 협상한다.

- **SCR**(Sustained Cell Rate)은 장시간 동안의 평균 셀율로, 실제 셀율은 이것보다 작거나 클 수 있지만, 평균값은 SCR과 작거나 같아야 한다.
- **PCR**(Peak Cell Rate)은 호스트의 최대 셀율을 정의하며, 사용자의 셀율은 SCR이 유지되는 한 PCR에 도달할 수 있다.
- **MCR**(Minimum Cell Rate)은 호스트에게 허용할 수 있는 최소 셀율로, MCR이 1,500이면 네트워크는 호스트가 매 초 최소 1,500셀을 전송하도록 보장해야 한다.
- **CVDT**(Cell Variation Delay Tolerance)은 셀들 간의 전송지연 변이의 측정값이다.

네트워크 관련 속성

네트워크 관련 속성은 네트워크의 특성을 정의하는 것으로, **CLR**(Cell Loss Ratio)은 전송 중에 유실 또는 너무 늦게 전달되어 유실된 것으로 간주하는 셀의 비율을 정의한다. **CTD**(Cell Transfer Delay)은 하나의 셀이 발신지에서 목적지까지 전달되는데 필요한 평균시간이며, 최대 CTD와 최소 CTD로 나눈다. **CDV**(Cell Delay Variation)는 최대 CTD와 최소 CTD의 차이이다. **CER**(Cell Error Ratio)는 전송 오류를 가진 셀들의 비율이다.

연/습/문/제 7.2

EXERCISE

01 혼잡제어는 서비스 품질에 어떤 영향을 주는가?

02 평균 데이터 전송률과 최대 데이터 전송률은 어떤 관계가 있는가?

03 버스트 데이터는 어떤 형태를 말하며 네트워크에 어떤 영향을 주는가?

04 개방 루프 혼잡제어와 폐쇄 루프 혼잡제어는 어떻게 다른가?

05 혼잡을 예방하는 방법에는 어떤 정책들이 있는가?

06 혼잡이 발생했을 때, 이를 완화할 수 있는 방법들을 제시하고 간단히 설명하라.

07 TCP에서 송신측 윈도우 크기를 결정하는 것은 무엇인가?

08 프레임 릴레이의 혼잡제어는 무엇인가?

09 데이터 흐름을 표현하는데 사용되는 속성들에는 어떤 것들이 있는가?

10 서비스 품질 향상에 사용될 수 있는 4가지 기술들을 소개하면 무엇이 있나?

11 트래픽 조정의 2가지 방법들을 소개 하시오.

12 종합서비스 모델과 차등 서비스 모델의 차이점은 무엇인가?

13 자원예약 프로토콜은 종합서비스에 어떤 역할을 수행하는가?

14 프레임 릴레이 트래픽제어에 사용되는 속성은 무엇인가?

15 ATM 사용자의 QoS를 결정하는 요소들은 무엇인가?

CHAPTER

응용 계층 기능

웹 응용을 지원하는 여러 요소들이 표준화 되면서 웹 사용이 급격히 증가하고 있는데, 가장 중요한 요소는 HTTP로 웹 브라우저와 웹 서버 사이의 웹 기반 정보를 교환하는 프로토콜이다. 응용계층은 사용자에게 네트워크에 대한 접속을 가능하게 하여, 전자우편과 원격 파일 액세스, 파일 전송, 시스템 자원 액세스, WWW 서핑, 네트워크 관리 서비스 등을 지원한다.

8.1 DNS(Domain Name System)

DNS는 호스트의 이름과 IP 주소를 연결하여 주는 거대한 분산 디렉토리 참조 서비스이다. IP와 상위 계층에서 동작하는 Explorer와 같은 응용들은 IP 주소만을 인식하는데, 이 IP 주소는 컴퓨터는 쉽게 해석하지만 사람들은 기억하기 어렵고, IP 주소만으로는 서비스의 유형을 예측하기 힘들므로 이름을 주소로, 또는 주소를 이름으로 연결시켜 주는 시스템이 필요하다.

초기 인터넷에서는 규모가 작아 이름과 주소로 이루어진 2개의 필드를 가진 호스트 파일을 사용하여 연결할 수 있었다. 그러나 현재 인터넷은 호스트들이 너무 많아 하나의 호스트 파일로는 모든 주소를 이름과 연관시키거나 그 반대로 이름을 IP로 연결하는 것이 불가능하다. 그러므로 많은 양의 연결 정보를 작게 나누어서 서로 다른 컴퓨터에 분산시켜서 주소 변환이 필요하면 이 정보를 저장한 가장 가까운 컴퓨터로 주소 변환을 요청한다.

8.1.1 네임 공간(name space)

인터넷의 자원을 명확히 식별하기 위해 각 장치에 붙이는 이름들은 이름과 IP 주소 간의 연결을 완벽하게 관리하도록 네임 공간에서 신중하게 선택해야 한다. 네임 공간은 단층적 또는 계층적 2가지 방법으로 구성할 수 있다.

(1) 단층적 네임 공간(flate name space)

단층적 네임 공간에서 네임은 주소에 할당되고 네임은 공통부분을 가질 수 있으며, 만약 공통부분을 가지면 어떤 의미도 갖지 않는다. 네임들이 중복되지 않고 사용되려면 전체를 관리해야 하므로 인터넷과 같은 시스템에서 사용할 수 없다.

(2) 계층적 네임 공간(hierarchical name space)

계층적 네임 공간에서 각 네임의 첫 번째 부분은 기관의 성격을 나타내고 두 번째 부분은 기관의 이름, 세 번째 부분은 기관내의 부서를 나타내는 식으로 구성된다. 이 방법에서는 중앙기관(center authority)은 기관의 성격과 이름을 정의하고 나머지 부분의 할당은 해당 기관에서 책임진다. 각 기관은 그 네임에 접두사나 접미사를 붙여 호스트나 자원을 정의한다.

8.1.2 도메인 네임 공간(domain name space)

도메인 네임 공간은 그림 8-1과 같이 계층적 네임 공간을 갖기 위해 만들었으며, 네임들은 최상위의 루트를 갖는 트리 구조로 정의된다.

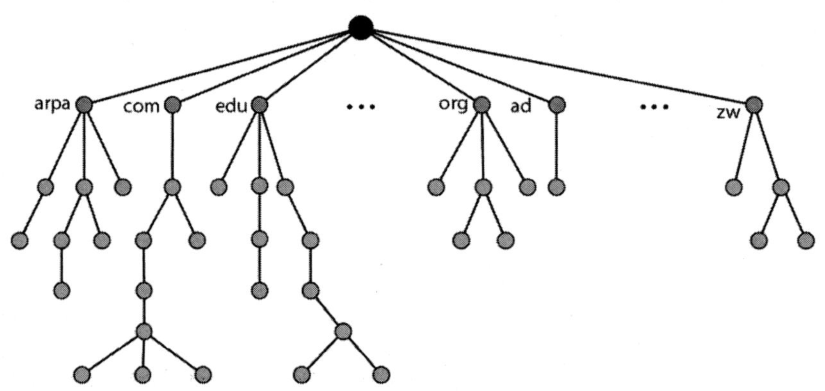

[그림 8-1] 도메인 네임 공간

트리의 각 노드는 최대 63문자로 구성되는 스트링인 레이블(label)을 갖는데, 루트 레이블은 널 스트링이다. DNS는 동일한 노드로부터 갈라진 노드들이 다른 레이블을 가질 수 있도록 하여 도메인 네임의 유일성을 보장한다.

트리의 각 노드는 도메인 네임을 가지며, 완전한 도메인 네임은 "·"으로 구분되는 레이블의 순서이다. 도메인 네임은 항상 노드에서 루트 방향으로 읽으므로 마지막 레이블은 루트의 레이블인 널(null)이 된다. 널은 아무것도 없는 것이므로 완전한 도메인 네임은 항상 점으로 끝나게 된다. 레이블이 널 스트링으로 끝나면 완전한 도메인 네임(FQDN; fully qualified domain name)이라고 하며, FQDN은 호스트의 완전한 네임이 들어있는 도메인 네임이다. 만약 레이블이 널 스트링으로 끝나지 않으면 이를 부분 도메인 네임(PQDN; partially qualified domain name)이라고 한다. PQDN은 해석할 네임이 클라이언트와 같은 사이트에 있을 때 사용되며, 여기서 변환기(resolver)는 FQDN을 생성하기 위해 첨자(suffix)라는 나머지 빠져있는 부분을 제공한다.

도메인은 도메인 네임 공간의 서브 트리로 도메인의 네임은 서브 트리의 최상위에 있는 노드의 도메인 네임이다. 도메인은 그 자체가 다른 도메인 또는 서브도메인(subdomain)이라고 부르는 부분으로 나누어질 수 있다.

8.1.3 네임 공간의 분산 관리

전 세계의 컴퓨터에 관한 도메인 네임 공간에 들어있는 정보는 너무 크고, 저장한 호스트에 장애가 발생하면 모든 컴퓨터가 주소 연결을 할 수 없다. 그러므로 DNS 서버라고 하는 여러 컴퓨터에 정보를 분산시키기 위해 모든 네임 공간을 첫 번째 레벨에 기초하여 여러 개의 도메인으로 나눈다. 즉, 루트를 독립적으로 두고 첫 번째 레벨의 노드 개수와 같은 여러 개의 도메인을 만든다. 이 도메인도 매우 크므로, 그림 8-2와 같이 계층화하여 DNS는 더 작은 서브도메인으로 나눈다.

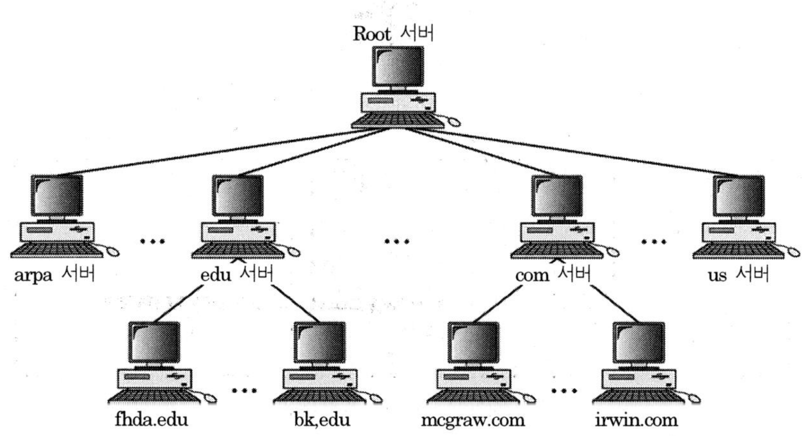

[그림 8-2] 네임 서버들의 계층

도메인 네임 계층 전체를 여러 서버에 나누어 저장하며 서버가 책임과 권한을 갖는 범위를 영역이라 한다. 서버는 그 도메인 내의 모든 노드 정보가 들어있는 영역 파일을 갖지만, 서버가 도메인을 서브도메인으로 나누고 일부를 다른 서버에게 책임을 넘기면 도메인과 영역은 서로 다르다. 서브도메인의 노드에 대한 정보는 더 낮은 레벨의 서버에 저장되고 원래의 서버는 낮은 레벨 서버에 대한 정보만 갖는다. 원래의 서버는 여전히 영역에 대한 책임을 지며 여전히 영역을 가지고 자세한 정보만 낮은 레벨의 서버에 저장한다.

루트 서버는 전체 트리를 구성하는 영역들의 서버로 자신의 권한을 다른 서버들에게 위임하고 이 서버들에 대한 참조 정보만을 유지한다. 몇 개의 루트 서버들이 전체 도메인 네임 공간을 다루고 전 세계에 분산 되어 있다.

DNS의 일차 서버는 자신이 권한을 갖는 영역에 대한 파일을 생성, 관리, 갱신하며 로컬 디스크에 저장한다. 이차 서버는 일차 서버로부터 영역에 관한 정보를 받아 저장하지만, 그 파일을 생성하거나 갱신하지 않는다. 한 서버가 실패할 경우 다른 서버가 서비스하도록 중복된 데이터를 유지한다. 하나의 서버는 특정 영역에 대해 일차 서버가 되며 다른 영역에 대해서는 이차 서버가 될 수 있다.

8.1.4 인터넷에서 DNS

DNS는 서로 다른 플랫폼에서 사용될 수 있으며, 인터넷에서 도메인 네임 공간은 일반 도메인과 국가 도메인, 역 도메인이라는 3가지 섹션으로 분류한다.

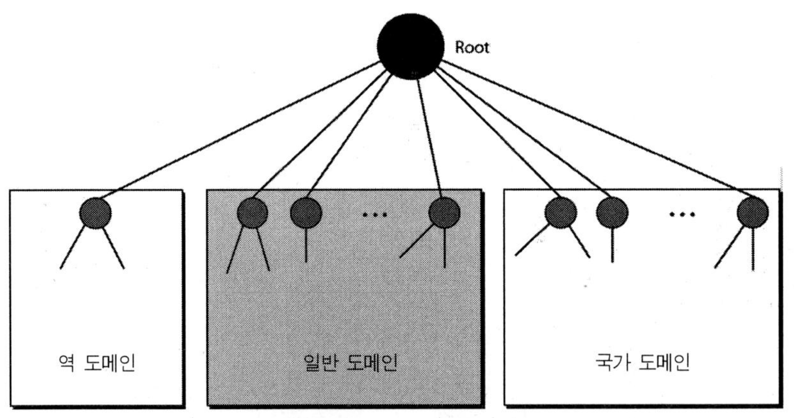

[그림 8-3] 인터넷에서 DNS

일반 도메인은 일반적인 특성에 따라 등록된 호스트를 정의하며, 트리에 있는 각 노드는 도메인 네임 공간 데이터베이스에 대한 색인인 도메인을 뜻한다. 그림 8-4의 트리에서 보듯이, 일반 도메인 섹션의 첫 번째 레벨에서 각 레이블들은 표 8-1에 나타낸 사용기관 및 국가들의 유형을 뜻한다.

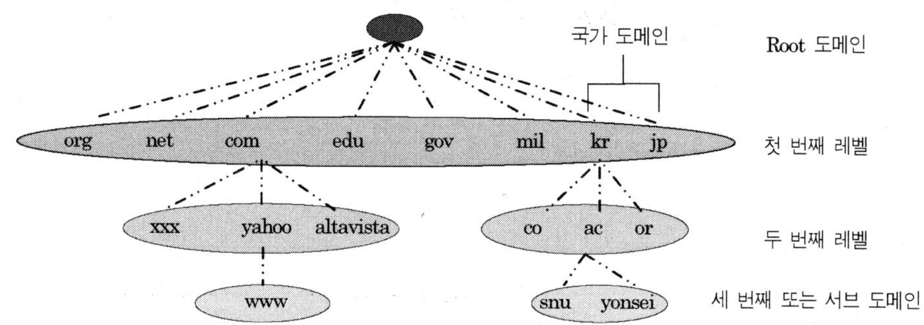

[그림 8-4] 일반 도메인의 네임 체계

표 8-1 도메인의 첫 번째 레이블

레이블	내 용
org	비영리 기관
net	네트워크 지원 센터, 인터넷 서비스 제공자
com	영리 단체
edu	교육 기관
gov	정부 기관
mil	군 기관
kr	대한민국
jp	일 본

그림 8-4의 첫 번째 레벨의 오른쪽에 나타낸 국가 도메인 섹션은 2개의 문자로 국가의 약자를 표시하며, 대한민국은 "kr", 일본은 "jp"로 표기한다. 2번째 레벨의 레이블은 연방국가의 세부적인 행정 지역을 나타내는데 사용할 수도 있다.

역도메인은 클라이언트가 서버에게 IP 주소에 해당되는 네임을 요청했을 때 서버가 주소를 네임으로 대응시키는데 사용한다. 클라이언트가 질의한 메시지에는 IP 주소만 있으므로, 그 클라이언트가 목록에 있는지를 알기 위해 IP 주소를 네임으로 대응시키도록 변환기에게 요구해야 한다.

이 질의를 포인터(pointer) 또는 역 질의라고 하며, 질의를 처리하기 위해서는 arpa라는 첫 번째 레벨의 도메인 네임 공간에 역 도메인을 추가한다. 역 주소에서 2번째 레벨은 역 주소를 위한 in-addr라고 하는 단일 노드이며 도메인의 나머지는 IP 주소를 정의한다.

역 도메인을 처리하는 서버들도 계층적이며 전체 사이트의 서비스를 담당하는 서버는 각 서브 네트워크의 DNS 서버보다 레벨이 높다. 그림 8-5의 역도메인 구성 예는 일반 또는 국가 도메인과 비교할 때 반대로 된 것처럼 보이는데, 도메인 네임을 밑에서부터 맨 위로 읽어가는 과정을 따르면 netid가 132.34인 클래스 B 주소 "132.34.45.121"와 같은 IP 주소는 "121.45.34.132.in-addr.arpa"로 읽는다.

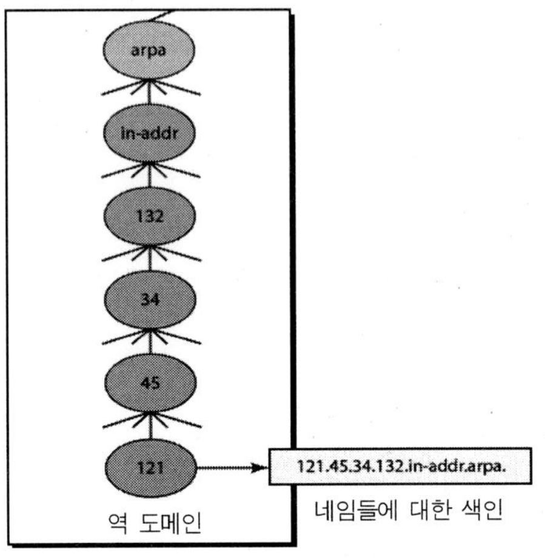

[그림 8-5] 역 도메인 구성 예

8.1.5 네임-주소 변환

네임-주소 변환은 네임을 주소로, 주소를 네임으로 변환시켜 주는 DNS의 기능을 말하며, 주소를 네임으로, 또는 네임을 주소로 변환시키려고 하는 호스트는 DNS 클라이언트를 호출한다.

대부분의 경우 클라이언트는 도메인 네임을 서버에게 보내 대응하는 주소를 요청하며, 서버는 주소 탐색을 위해 일반 도메인 또는 국가 도메인을 검사한다. 만약 클라이언트가 "daebul.ac.kr" 과 같은 도메인 네임을 받으면, 그것을 로컬 DNS서버로 보낸다. 만약 로컬 서버가 질의에 답변할 수 없으면 클라이언트에게 다른 서버를 참조하도록 응답하거나 다른 서버로 직접 요청한다.

클라이언트가 IP 주소를 도메인 네임으로 변환하려면 PTR 질의로 IP 주소를 서버로 보낸다. DNS 서버는 응답을 위해 역 도메인을 사용하므로 "132.34.45.121"인 IP 주소를 변환기가 받으면, 주소를 반대로 하고 서버로 보내기 전에 addr와 arpa 두 레벨을 추가한다. 변환기가 서버에게 보내는 도메인 네임은 "121.45.34.132. in-addr.arpa."이며 이것을 로컬 DNS가 받아 역 도메인을 사용하여 변환한다.

클라이언트가 서버에게서 최종 변환 결과를 얻을 수 있다고 예상하면 네임 서버에게 순환적 응답을 요청할 수 있다. 만약 서버가 도메인 네임에 대한 권한이 있다면 데이터베이스를 찾아 응답을 하지만, 권한이 없다면 상위 서버에게 요청을 보내고 응답을 기다린다. 만약 상위 서버에 권한이 있다면 그 응답을 할 것이지만 그렇지 않다면 또 다른 서버에게 질의를 보낸다. 질의가 최종적으로 해석되면 응답은 처음 요청한 변환기에게 전달할 때까지 거꾸로 거슬러 간다. 그림 8-6에서 볼 수 있는 이 과정을 순환적 변환(recursive resolution)이라고 부른다.

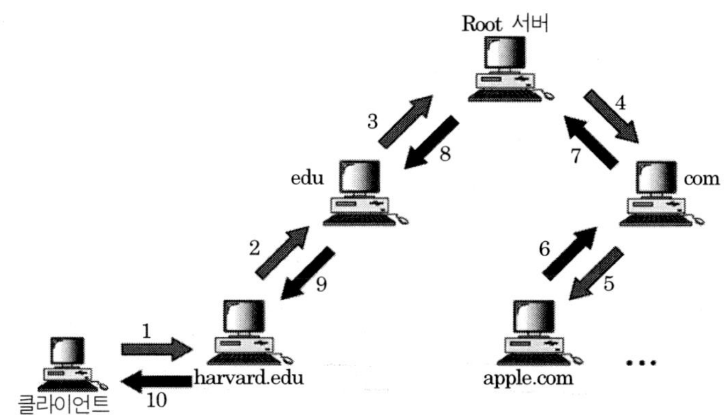

[그림 8-6] 순환적 변환

그러나 클라이언트가 순환적 해석을 요청하지 않는다면 변환은 반복적으로 진행되는데, 서버가 네임에 대한 권한이 있다면 바로 응답하지만 아니면 이 질의를 해석할 수 있다고 예상하는 서버의 IP 주소를 클라이언트에게 알려준다.

클라이언트는 알려온 IP 주소로 두 번째 서버에게 질의를 반복하며, 이때 그 서버가 해결할 수 있으면 IP 주소를 응답하고 그렇지 않으면 다른 서버의 IP 주소를 클라이언트에게 알려준다. 그러면 클라이언트는 세 번째 서버에게 질의를 반복하므로 반복적 변환(iterative resolution)이라 한다.

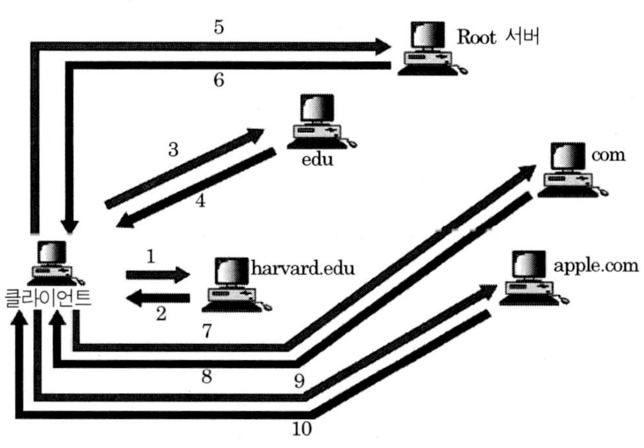

[그림 8-7] 반복적 변환 과정

그림 8-7은 naver.com 서버에게서 최종 변환 결과 얻을 때까지 4번 반복적으로 질의하는 과정을 보여준다.

서버가 자신의 도메인에 없는 네임에 대해 질의를 받을 때마다 데이터베이스를 검색하는 시간이 짧을수록 효율이 높으므로, 다른 서버에게 변환 정보를 요청하고 응답을 수신하면 그 정보를 클라이언트에게 전달하기 전에 캐시 메모리에 저장한다. 그 다음에 클라이언트가 같은 변환을 질의하면 서버는 자신의 캐시를 검색하여 응답한다. 이 경우 클라이언트에게 지금의 응답이 캐시에서 찾은 것임을 알리는 "인증할 수 없음"이라는 표시를 한다.

캐싱으로 주소 변환은 빠르지만 만약 서버의 캐시 정보가 오래된 것이면 잘못된 정보를 보낼 수도 있다. 이 문제를 위한 첫 번째 방법은 권한 있는 서버가 변환 정보에다 수신한 서버가 캐시에 유지할 수 있는 초 단위 시간을 나타내는 TTL(time-to- live) 정보를 추가한다. 이 시간이 지나면 변환 정보는 무효가 된다. 두 번째 방법은 서버가 각 변환 정보에 대해 TTL 카운터를 갖도록 하여 캐시를 주기적으로 조사해 종료된 TTL의 변환 정보들은 삭제한다.

8.1.6 DNS 메시지

DNS에는 질의와 응답이라는 같은 형식의 메시지가 사용된다. 질의 메시지는 헤더와 질의 섹션으로 구성되고, 응답 메시지는 헤더와 질의 섹션, 응답 섹션, 권한 섹션, 그리고 부가적인 섹션들로 구성된다. 질의와 응답 메시지의 헤더는 12바이트로 형식이 같으며 질의 메시지의 경우 몇 개의 필드는 0으로 지정된다.

식별 필드는 클라이언트가 질의를 보낼 때 마다 다른 식별 번호를 사용하며, 서버는 질의에 응답할 때 해당 번호를 복사하여 넣는다. 플래그 필드는 메시지 유형, 질의-응답 유형, 원하는 응답의 유형과 기타 정보들인 서브 필드로 구성된다. 질의 레코드의 수는 메시지의 질의 섹션에 있는 질의의 개수이고, 응답 레코드의 수는 응답 메시지의 응답 섹션에 있는 레코드 수를 표시한다. 권한 레코드의 수는 응답 메시지의 권한 섹션에 있는 레코드 수이다. 끝으로 추가 레코드의 수는 응답 메시지의 추가 섹션에 있는 레코드의 수를 나타낸다.

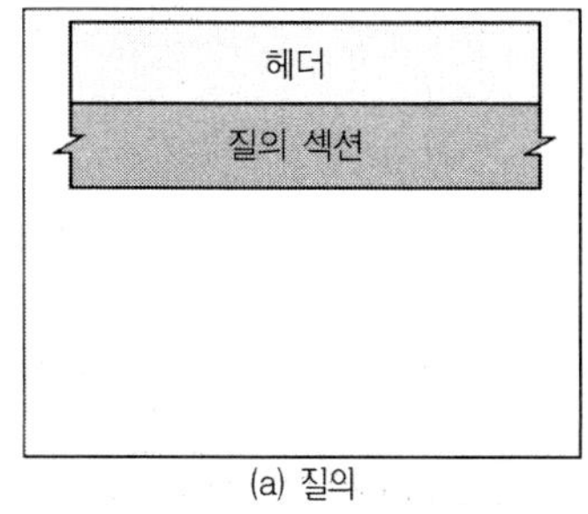

(a) 질의

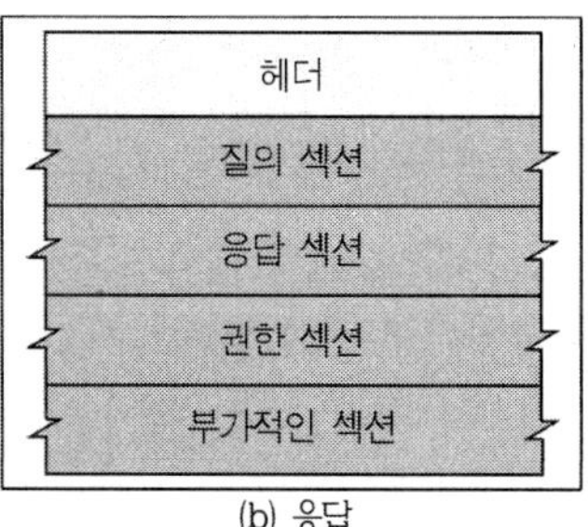

(b) 응답

[그림 8-8] 질의와 응답 메시지

식별	플래그
질의 레코드의 수	응답 레코드의 수 (질의 메시지에 모두 0으로 표시)
권한 레코드의 수 (질의 메시지에 모두 0으로 표시)	추가 레코드의 수 (질의 메시지에 모두 0으로 표시)

[그림 8-9] 헤더 형식

8.1.7 레코드 유형

DNS에는 두 가지 유형의 레코드가 있으며, 질의 레코드는 질의와 응답 메시지의 질의 섹션에서 사용되고, 자원 레코드는 응답 메시지의 응답과 권한 및 추가 정보 섹션에서 사용된다. 질의 레코드는 서버로부터 정보를 얻기 위해 사용되며 도메인 네임을 포함한다. 트리에서 각 노드는 자원 레코드라고 하는 레코드와 관련이 있고, 서버 데이터베이스는 자원 레코드로 구성되고 자원 레코드는 서버에서 클라이언트로 반환된다.

8.1.8 등록자(register)

새로운 도메인을 DNS에 등록하려면 ICANN이 공인한 영리 업체인 등록자를 통해 이루어진다. 등록자는 요청된 도메인 네임이 유일한 네임인지를 검증한 뒤, 이를 DNS 데이터베이스에 추가하고 요금을 부과한다. 현재 많은 등록자들이 있으며 이들의 네임과 주소는 "http://www.intenic.net"에서 찾을 수 있다

도메인을 등록하려면 서버의 IP 주소와 네임이 필요한데, 서버의 네임이 daebul이고 IP 주소가 212.225.235.4인 daebuluniversity이라는 새로운 비영리 기관은 하나의 등록기로 다음과 같은 정보를 제공한다.

Domain name: daebul.daebuluniversity.com
IP address: 212.225.235.4

8.1.9 동적 도메인 네임 시스템(DDNS; Dynamic Domain Name System)

처음 DNS를 설계할 때, 주소의 변경이 얼마나 될지 예측할 수 없으므로, DNS에서 호스트를 추가하거나 호스트를 제거 또는 IP 주소를 바꾸어야 한다면 DNS 마스터 파일을 변경해야 하므로 수작업이 필요하였다. 그러나 현재의 인터넷에서는 수작업으로는 불가능하다. 그러므로 DNS 마스터 파일은 동적인 도메인 네임 시스템(DDNS)을 사용하여 동적으로 갱신해야 한다.

DDNS에서는 네임과 주소 사이에 바인딩이 필요하며 주로 DHCP에서 일차 DNS서버로 정보를 보내고 일차 서버는 영역을 갱신한다.

능동적 통보의 경우는 일차 서버가 영역의 변경을 이차 서버로 알려주며, 수동적 통보의 경우는 이차 서버가 주기적으로 변경이 있었는지를 살펴본다. 어느 경우든 변경에 대한 통보가 이루어진 후, 일차 서버는 전체 영역에 대한 정보를 요청한다.

연/습/문/제 8.1

EXERCISE

01 인터넷과 같이 큰 규모의 네트워크에서는 계층적 네임 공간을 사용하는데 단층적 네임 공간에 비해 좋은 점은 무엇인가?

02 도메인 네임 서버 중 1차 서버와 2차 서버의 역할은 어떻게 다른가?

03 도메인 네임 공간에서 3가지 도메인은 무엇인가?

04 반복적 변환과 귀환적 변환의 차이점은 무엇인가?

05 캐싱은 왜 필요한가?

06 FQDN은 무엇인가?

07 DNS 메시지의 종류별 기능을 설명하시오.

08 DNS 레코드의 종류와 그 용도는 무엇인가?

09 DDNS의 기능은 무엇인가?

8.2 인터넷응용 서비스

인터넷의 주요 기능은 인터넷 사용자들이 요구하는 여러 가지 응용 서비스를 제공하는 것으로, 대표적인 응용 서비스로는 원격 로그인, 전자우편, 그리고 파일 전송이 있다. 여기서는 이 3가지 응용들을 소개하고 가장 널리 사용되는 응용 서비스인 월드 와이드 웹(WWW, World Wide Web)은 다음의 8.3절에서 설명한다.

8.2.1 원격 로그인(remote login)

인터넷 사용자들 중 재택근무자나 학생들의 경우 집에서 회사나 학교의 컴퓨터에 연결할 필요가 있다. 가장 대표적인 원격 로그인이 TELNET이라는 클라이언트/서버 응용 프로그램이며, TELNET은 TErminaL NETwork의 약자이다.

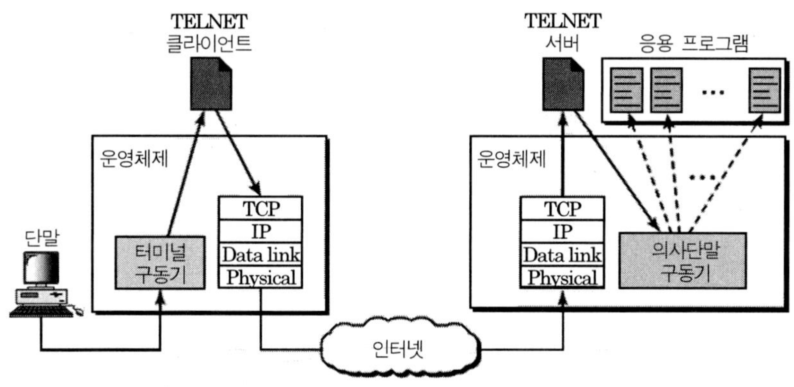

[그림 8-10] 원격 로그인

사용자가 원격 컴퓨터에 있는 응용 프로그램이나 유틸리티를 액세스하려면 원격 로그인을 실행해야 하며, 이때에 TELNET 클라이언트와 서버 프로그램이 사용된다. 사용자가 키 입력을 터미널 드라이버에 보내면 로컬 운영체제는 문자를 받아 해석하지 않고 TELNET 클라이언트에게 보내고, 여기서 NVT(Network Virtual Terminal) 문자로 바꾸어서 로컬 TCP/IP 스택으로 전달한다.

TELNET에서는 NVT 문자 집합이라는 일반적 인터페이스를 정의하여, 이 인터페이스를 통해서 TELNET 클라이언트는 로컬 터미널에서 NVT 형태로 들어온 데이터 또는 명령을 해석한다. 그러나 TELNET 서버는 NVT 형태의 문자를 원격 컴퓨터가 사용 가능한 형태로 데이터나 명령을 번역한다.

NVT는 데이터용과 원격 제어용 두 가지 문자 집합을 사용하는데 모두 8비트이다. 두 컴퓨터 간에 제어 문자들을 보내기 위해서 NVT는 최상위 비트가 1로 지정된 8비트 문자를 사용하며 표 8-2에 몇 가지 제어 문자와 그 의미를 보여준다.

표 8-2 NVT 제어 문자

문자	10진수	2진수	의미
EOF	236	11101100	파일의 끝
EOR	239	11101111	레코드의 끝
SE	240	11110000	서브 옵션 끝
NOP	241	11110001	동작 없음
DM	242	11110010	데이터 마크
BRK	243	11110011	중단
IP	244	11110100	인터럽트 처리
AO	245	11110101	출력 중단
AYT	246	11110110	거기 존재하는가?
EC	247	11110111	문자 삭제
EL	248	11110000	라인 삭제
GA	249	11111001	계속 진행
SB	250	11111010	서브 옵션 시작
WILL	251	11111011	옵션 사용 동의
WONT	252	11111100	옵션 사용 거부
DO	253	11111101	옵션 요청 승인
DONT	354	11111110	옵션 요청 거부
IAC	255	11111111	다음 문자를 제어로 해석

8.2.2 전자우편

인터넷의 초기에 사람들은 짧고 간단한 문자만으로 구성된 메시지를 교환하였으나, 현재는 메시지에 문자와 소리, 동영상까지 포함되었고 하나의 메시지를 동시에 여러 명의 수신자에게 보낼 수 있게 되었다.

(1) 사용자 에이전트(User Agent)

사용자 에이전트(UA)는 전자우편 시스템의 첫 번째 구성요소로 사용자가 메시지를 송수신하는 과정을 보다 쉽게 만들어 주는 서비스를 제공한다. 전자우편 메시지를 보내기 위해 사용자 에이전트는 사용자가 화면에 메시지를 작성할 수 있도록 템플릿을 제공하며, 수신한 메시지를 읽을 수 있도록 돕고 수신 편지함에 전자우편이 있는지 검사한다. 일반적으로 사용자 에이전트는 각 편지에 대해 한 줄의 요약을 보여주며 각 전자우편에는 다음과 같은 내용이 포함된다.

- 번호 필드
- 새로운 메일이나, 메일의 상태를 나타내는 플래그 필드
- 메시지 크기
- 송신자
- 선택적인 제목 필드

회신은 원래 메시지의 송신자나 그 메시지의 수신자들에게 메시지를 보내는 것이며, 전달은 제3자에게 그 메시지를 전해주는 것이다. 수신자는 사용자 에이전트를 사용하여 메시지에 별도의 정보를 추가하여 제3자에게 전달할 수 있다.

사용자 에이전트는 받은 편지함과 보낸 편지함을 만들며 받은 편지함에는 사용자가 전자우편을 지울 때까지 모든 전자우편을 저장하고 보낸 편지함에는 송신한 모든 전자우편을 저장한다.

사용자 에이전트는 명령-구동형(command-driven)과 GUI 기반(Graphic User Interface-based)이라는 2가지 유형을 제공하는데, 현재의 사용자 에이전트는 GUI 기반이며, 서비스에 쉽게 접근할 수 있도록 만드는 아이콘, 메뉴바 그리고 윈도우와 같은 그래픽 구성요소를 가지고 있다.

사용자는 전자우편을 전송하기 위해 일반 편지와 비슷한 전자우편을 만들며 봉투(envelope)와 메시지(message)로 구성된다. 봉투에는 보통 송신자 주소와 수신자 주소 그 외의 기타 정보들이 포함되며, 메시지에는 헤더와 본문이 들어있다. 헤더는 송신자, 수신자, 메시지 제목 그리고 이후에 간단히 살펴볼 부호화 형식과 같은 그 밖의 정보들을 정의한다.

전자우편 처리 시스템은 유일한 주소를 사용하는데 인터넷에서 주소 체계는 "@" 기호에 의해 구분되어지는 로컬 부분과 도메인 네임으로 구성된다.

- 로컬 부분은 사용자에게 수신된 모든 전자우편을 사용자 액세스 에이전트가 검색하도록 저장된 사용자 편지함이라는 특수 파일의 네임을 나타낸다.
- 도메인 네임은 주소의 2번째 부분으로 기관은 보통 전자우편을 송수신하기 위해 메일 서버 또는 교환기라고 불리는 하나 이상의 호스트를 사용한다.

전자우편은 여러 개의 전자우편 주소를 하나의 별칭(alias)으로 나타낼 수 있으며, 메시지를 보낼 때마다 시스템은 별칭 데이터베이스의 수신자 네임을 검사한다.

(2) 전자우편 전송 에이전트(MTA; Mail Transfer Agent)

전자우편 메시지의 전송 과정은 연결 설정, 전자우편 전송, 연결 종료로 구성되며 MTA를 통해 이루어진다. 그러므로 시스템이 전자우편을 보내려면 클라이언트 MTA 기능을 가져야 하고, 수신하려면 서버 MTA 기능을 가져야 한다.

인터넷에서 MTA 클라이언트와 서버의 역할을 수행하는 공식적인 프로토콜은 단순 우편 전달 프로토콜인 SMTP이다. MTA 클라이언트/서버 프로그램 두 쌍이 사용되며, 그림 8-11은 SMTP 프로토콜의 적용 범위를 보여준다.

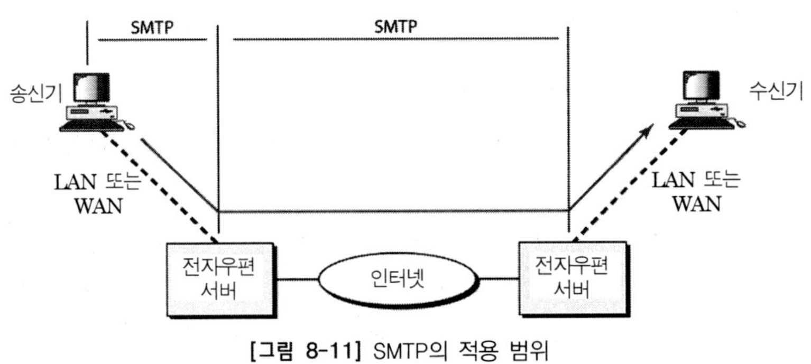

[그림 8-11] SMTP의 적용 범위

SMTP(Simple Mail Transfer Protocol)

SMTP는 송신자와 송신자 메일 서버 사이, 그리고 두 메일 서버들 사이에서 모두 두 번 사용되며, 메일 서버와 수신자 사이에는 다른 프로토콜이 필요하다.

SMTP는 단순히 명령과 응답들이 어떻게 송신되고 수신되는지를 규정하며, 명령과 응답을 사용하여 MTA 클라이언트와 MTA 서버 사이에 메시지를 전송한다.

- 명령은 클라이언트에서 서버로 전송되며 키워드와 뒤에 따라오는 0또는 그 이상의 인수로 구성되며, SMTP는 14개의 명령을 정의한다.
- 응답은 서버에서 클라이언트로 보내는 3자리 숫자의 코드로 뒤에 추가적인 문자 정보가 따라올 수 있다.

(3) 메시지 액세스 에이전트(message Access Agent)

전자우편 전달의 첫 번째와 두 번째 단계는 SMTP를 사용하지만 세 번째 단계는 메시지 액세스 에이전트를 이용한다.

현재 POP3(Post Office Protocol, version3)와 IMAP4(Internet Mail Access Protocol, version4) 두 가지 메시지 액세스 프로토콜을 사용할 수 있다. 그림 8-12에서 가장 일반적인 상황에서 이 2가지 프로토콜의 적용 범위를 보여준다.

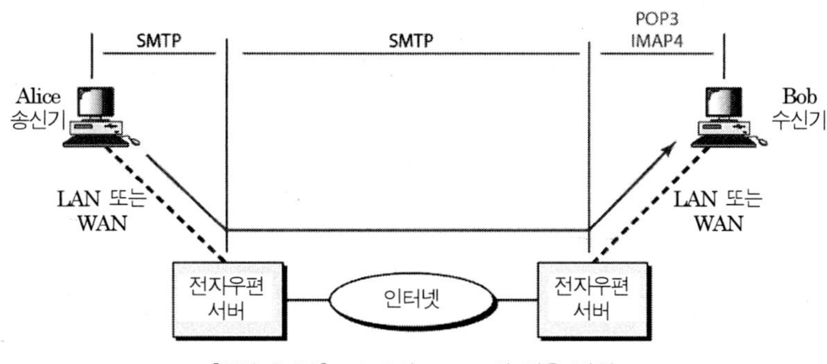

[그림 8-12] POP3와 IMAP4의 적용 범위

클라이언트 POP3 소프트웨어는 수신자 컴퓨터에 설치되고, 서버 POP3 소프트웨어는 전자우편 서버에 설치된다. 사용자가 편지함에서 전자우편을 읽으려 할 때 클라이언트는 TCP 포트 110을 통해 서버에 연결하여 편지함을 액세스하기 위해 사용자 네임과 패스워드를 보낸다. 그 후 사용자는 전자우편 메시지들의 목록을 보고 하나씩 받아 볼 수 있다.

POP3은 삭제 모드에서는 전자우편을 읽고 나면 전자우편이 편지함에서 삭제되며, 유지 모드에서는 전자우편을 읽고 난 후에도 유지된다.

IMAP4는 POP3과 비슷하나 복잡하며 다음과 같은 사용자 기능을 추가 제공한다.

- 전자우편을 받기 전에 헤더를 검사할 수 있다.
- 전자우편을 받기 전에 특정 문자열로 내용을 검색할 수 있다.
- 전자우편을 부분적으로 내려 받을 수 있는데, 이 기능은 전자우편이 큰 대역폭을 필요로 하는 멀티미디어를 포함하는 경우에 특히 유용하다.
- 전자우편 서버에 편지함을 생성, 삭제하거나 네임을 변경할 수 있다.
- 전자우편 저장을 위해 폴더 내의 편지함들을 체계적으로 만들 수 있다.

(4) 웹 기반의 전자우편

현재 몇 개의 대표적인 웹사이트에서 그 사이트에 접속하는 모든 사람들에게 전자우편을 제공하며, 우리나라의 대표적인 웹사이트로는 "naver"와 "daum"이 있다. 웹기반의 전자우편의 개념은 매우 간단하여 전자우편의 전송은 발신자의 브라우저에서 메일 서버로 HTTP를 통해 수행된다. 메시지의 전달은 송신측 전자우편 서버에서 수신측 전자우편 서버로 SMTP를 사용하여 전달되며, 최종적으로 메시지는 수신측 웹 서버에서 수신자의 브라우저로 HTTP를 통해 수행된다.

(5) 다목적 인터넷 전자우편의 확장(MIME; Multipurpose Internet Mail Extensions)

SMTP는 기능이 단순하여 NVT 7비트 ASCII 형식의 메시지만 전송하므로 7비트 ASCII 문자로 표현할 수 없는 프랑스, 독일어, 중국어, 일본어 등의 언어는 사용할 수 없으며, 2진 파일이나 영상 또는 음성 데이터를 전송할 수 없다.

MIME는 ASCII가 아닌 데이터를 송신 가능하도록 하는 부가적인 프로토콜로 송신사이트에서 일반 데이터를 NVT ASCII 데이터로 변환하여 인터넷을 통해 전송할 클라이언트 MTA에게 전달한다.

그림 8-13에서 보듯이 MIME는 ASCII가 아닌 데이터를 ASCII 데이터로 변환하거나 그 역의 기능을 수행하는 소프트웨어들의 조합으로 생각할 수 있다.

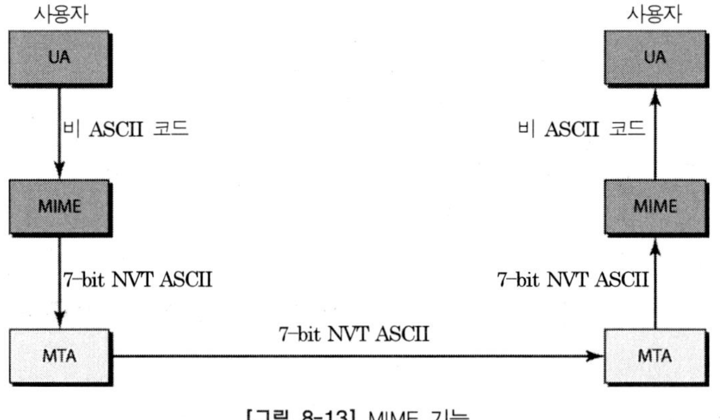

[그림 8-13] MIME 기능

8.2.3 파일 전송

컴퓨터 간의 파일 전송은 인터넷에서 가장 많이 사용되는 응용 프로토콜 중의 하나로 FTP는 파일 전송을 위한 인터넷 표준이다. 동영상의 다운 로딩이나 실시간 영화 시청과 같이 막대한 양의 데이터 교환은 실제로는 파일 전송이다.

(1) 파일 전송 프로토콜(FTP; File Transfer Protocol)

FTP는 한 호스트의 파일을 다른 호스트로 복사하기 위해 TCP/IP가 제공하는 표준 프로토콜이다. FTP는 호스트 간의 통신을 위해 데이터 연결과 제어 연결을 분리하여 설정하므로, 전송을 효율적으로 사용할 수 있다.

FTP는 2개의 잘 알려진 TCP 포트를 사용하는데 포트 21은 제어 연결을 위한 것이고 포트 20은 데이터 전송을 위해 사용한다.

그림 8-14는 FTP의 기본 모델로 클라이언트는 사용자 인터페이스와 클라이언트 제어 프로세스, 클라이언트 데이터 전송 프로세스라는 3가지 요소로 구성되고, 서버는 제어 프로세스와 서버 데이터 전송 프로세스라는 2가지 구성 요소가 있다. 제어 연결은 제어 프로세스 간에 설정되고 데이터 연결은 데이터 전송 프로세스 간에 이루어진다. 제어 연결은 대화형 FTP 세션 동안 연결 상태가 유지되고 데이터 연결은 파일이 전송될 때마다 설정되고 파일 전송이 끝나면 종료된다.

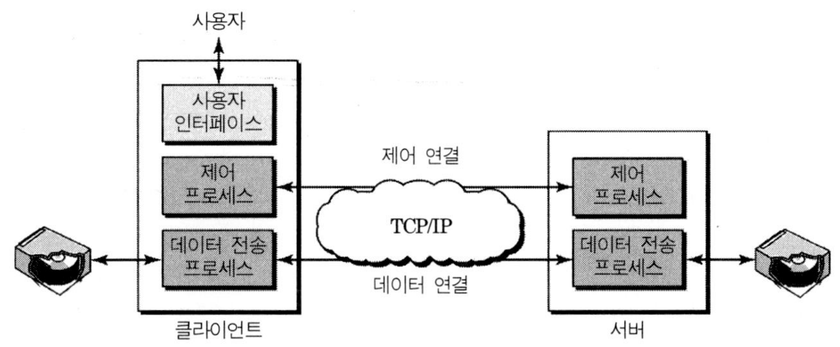

[그림 8-14] FTP의 기본 모델

FTP는 제어 연결을 통해 명령과 응답을 주고받으며 7-bit ASCII 문자 조합을 사용한다. 명령과 응답은 짧게 한 줄이므로 사용자는 파일 형식이나 파일 구조를 고려할 필요가 없다. 파일 전송은 제어연결로 전송되는 명령에 따른 데이터 연결을 통해 이루어지며, 파일 전송은 다음 3가지 중 하나의 경우에 해당된다.

- 파일이 서버에서 클라이언트로 복사되는 것을 파일 검색(retrieving)이라 하며 RETR 명령에 의해 실행된다.
- 파일이 클라이언트에서 서버로 복사되는 것은 파일 저장(storing)이라 하며 STOR 명령에 의해 실행된다.
- 디렉토리나 파일 네임들의 목록을 서버에서 클라이언트로 전송하는 것은 LIST 명령에 의해 실행된다. FTP는 디렉토리나 파일 네임들의 목록을 파일로 취급하므로 데이터 연결을 통해 전송된다.

클라이언트는 전송할 파일의 유형과 데이터 구조, 전송 모드를 정의하고, 전송하기 전에 제어 연결을 통해 데이터 연결을 설정한다. 호스트 간의 형식이나 방식의 차이는 파일 유형과 데이터 구조, 전송모드를 정의함으로써 해결한다.

FTP는 데이터 연결을 통해 ASCII와 EBCDIC 또는 이미지 파일이라는 파일 유형 중 하나로 파일을 전송할 수 있다. ASCII 파일은 텍스트를 전송하는 기본 형식으로 모든 문자는 7-비트 ASCII로 부호화된다. 이미지 파일은 2진 파일을 전송하는 기본 형식으로 파일은 부호화 없이 연속적인 비트의 흐름으로 전송되며 대부분 2진 파일을 전송하는데 사용한다.

FTP는 파일을 전송할 때 스트림 모드와 블록 모드, 압축 모드라는 3가지 전송 모드 중 하나로 파일을 전송할 수 있다. 스트림 모드는 기본 모드로 데이터를 연속된 바이트 스트림으로 TCP로 전달한다. 만일 데이터가 레코드 구조이면, 각 레코드는 1바이트의 EOR(end-of- record) 문자를 가지며 파일의 끝은 1바이트의 EOF 문자이다. 블록 모드에서 FTP는 데이터를 블록 형태로 TCP로 전달할 수 있다. 만약 파일 크기가 크다면 압축 모드에서 데이터를 압축할 수 있는데, 일반적으로 실행 길이 부호화 압축 방식을 사용한다.

(2) 익명의 FTP(anonymous FTP)

일반적으로 사용자가 FTP를 사용하려면 원격 서버에서 요구하는 사용자 네임과 패스워드가 필요한데 어떤 사이트들은 익명의 FTP가 가능하도록 공개적으로 액세스가 가능한 파일들을 제공한다. 이 파일을 액세스하기 위해 사용자는 계정이나 패스워드가 필요 없고 단지 사용자 네임으로 “anonymous”를, 패스워드로 “guest”를 사용할 수 있다.

이 시스템에 대한 사용자 액세스는 매우 제한적으로 대부분의 사이트들은 사용자들에게 몇 개의 파일만을 복사하도록 허용한다.

EXERCISE

8.2 연/습/문/제

01 TELNET 서비스의 기능은 무엇인가?

02 서버에서의 NVT의 기능은 무엇인가?

03 TELNET 3가지 모드는 무엇이며 그 기능은?

04 SMTP가 사용하는 주소 지정 시스템에 대해 설명하시오.

05 전자우편에서 UA의 역할은 무엇인가?

06 전자우편에서 MIME는 무엇을 가능하게 해주는가?

07 전자우편에서 MTA의 기능을 설명하시오.

08 POP3과 IMAP4가 전자우편 서비스에서 필요한 이유는 무엇인가?

09 FTP의 기능은 무엇인가?

10 FTP가 전송할 수 있는 파일의 유형은?

11 FTP의 3가지 전송모드에 대해 설명하시오.

12 익명의 FTP는 무엇인가?

13 FTP가 메시지 형식을 갖지 않는 까닭은 무엇인가?

8.3 WWW(World Wide Web)와 HTTP

WWW는 전 세계적으로 연결된 인터넷을 통해 얻을 수 있는 대표적인 서비스로, 가상 공간에서 원하는 정보를 쉽게 찾을 수 있도록 전 세계의 정보를 거미줄처럼 연결해 주는 기능을 가지고 있다. WWW는 인터넷에서 하이퍼텍스트(hypertext) 형태로 분산된 정보를 웹브라우저를 통해 검색하고 사용할 수 있도록 하는 서비스이다. 웹브라우저를 사용하여 정보를 서비스 받는 호스트를 클라이언트라 하고, 정보를 제공하는 웹 호스트를 서버라 한다. 웹브라우저를 사용하면 웹에서의 검색은 물론 FTP, e-Mail, News 등의 서비스를 쉽게 이용할 수 있다.

8.3.1 웹의 구조

현재의 WWW는 분산된 클라이언트/서버 구조로 클라이언트가 브라우저를 사용하여 서버를 통해 서비스를 받으며, WWW가 제공하는 서비스는 그림 8-15에서 보듯이 사이트라고 하는 여러 장소에 분산되어 있다.

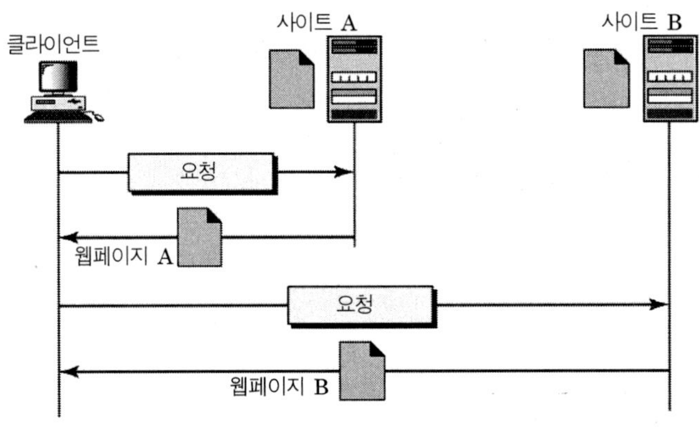

[그림 8-15] WWW의 구조

각 사이트는 웹 페이지라는 여러 개의 문서들을 가지며, 웹 페이지는 같은 사이트나 다른 사이트에 있는 다른 페이지들과 연결하도록 링크를 포함할 수 있다.

그림 8-15에서 클라이언트는 사이트 A에 있는 어떤 정보를 보기 위해 브라우저를 통해 요청을 보내면 사이트 A의 서버는 해당 문서를 찾아 클라이언트로 전송한다. 사용자가 문서를 볼 때 사이트 B에 있는 웹 페이지를 포함한 다른 문서들에 대한 링크를 발견하는데 이 링크는 새로운 사이트에 대한 URL(Uniform Resource Locator)을 가지고 있다.

사용자는 이 문서들을 보기 위해 새로운 사이트 B로 다른 요청을 보내어 웹 페이지를 불러온다.

(1) 클라이언트

상용 브라우저의 구조는 거의 동일하며 브라우저는 제어기와 클라이언트 프로토콜, 번역기의 세 부분으로 구성된다. 제어기는 키보드나 마우스로부터 입력을 받아 클라이언트 프로그램을 사용하여 문서를 액세스한 후 번역기 중 하나를 이용하여 화면에 문서를 나타낸다. 클라이언트 프로토콜은 그림 8-16에서 보듯이 FTP나 HTTP, SMTP, TELNET 등과 같은 프로토콜 중의 하나가 될 수 있으며 번역기는 문서의 유형에 따라 HTML, Java 또는 JavaScript 중 하나이다.

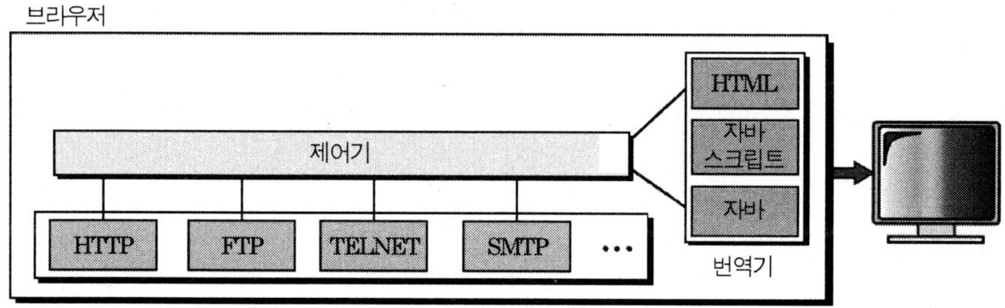

[그림 8-16] 웹 브라우저

(2) 웹 서버(Web Server)

서버에 저장되어 있는 웹 페이지는 클라이언트가 요청할 때마다 해당 페이지가 클라이언트로 전송된다. 효율을 높이기 위해, 서버는 요청된 파일을 디스크보다 액세스 속도가 빠른 메모리의 캐시에 저장하며, 하나 이상의 요청에 응답할 수 있도록 다중 스레딩이나 다중 프로세싱을 사용하여 더 빠르게 동작할 수 있다.

(3) URL(Uniform Resource Locator)

웹 페이지를 엑세스하려는 클라이언트는 그 페이지가 위치하는 주소를 알아야 하는데, HTTP는 위치 지정자(locator)라는 개념을 사용하여 전 세계에 퍼저있는 문서들을 액세스할 수 있다. URL은 인터넷에서 어떤 종류의 정보든 지정할 수 있는 표준으로 프로토콜, 호스트 컴퓨터, 포트, 경로의 4가지를 정의한다.

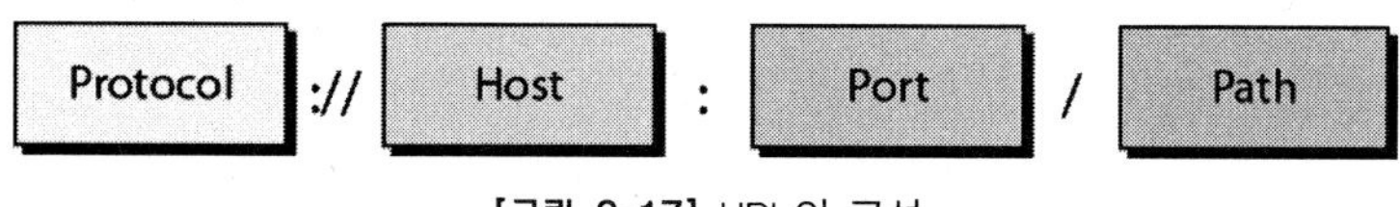

[그림 8-17] URL의 구성

문서를 불러오는데 사용하는 클라이언트/서버 프로그램을 프로토콜이라 하며 여러 종류들이 사용될 수 있는데 현재 가장 일반적인 것은 HTTP이다.

일반적으로 웹 페이지들을 저장하고 있는 호스트는 "www"라는 문자로 시작되는 별칭의 네임을 갖지만 웹 페이지를 가지고 있는 컴퓨터에 붙여진 어떤 네임도 가능하다. URL에는 선택적으로 서버의 포트 번호가 포함될 수 있으며 포트 정보는 그림 8-17에서와 같이 호스트와 경로 사이에 위치하고 ":"을 사용하여 호스트와 구분한다. 경로는 정보가 위치하는 파일의 경로 네임이다.

(3) 쿠키(Cookie)

처음 WWW를 개발할 때는 상태가 없는 개체로 설계되어 클라이언트는 웹페이지를 요청하고 서버는 이에 응답하는 간단한 관계였으나 현재의 웹은 다음과 같은 몇 가지 목적 때문에 기능들이 추가되었다.

- 교보문고와 같은 웹 사이트는 등록된 사용자만 액세스를 허용한다.
- 교보문고와 같은 웹 사이트들이 인터넷 쇼핑몰로 이용되어 사용자들은 검색하고, 책들을 선택하여 전자 카트에 담고, 신용카드로 결제할 수 있어야 한다.
- 웹 사이트들이 포털로 이용되어 사용자가 사이트를 선택할 수 있어야 한다.
- 일부 웹 사이트는 광고로만 사용될 수 있어야 한다.

이 목적을 위해 다음과 같은 쿠키 메커니즘이 사용되며 쿠키의 생성과 저장은 구현에 따라 다르지만 원리는 다음과 같이 동일하다.

- 서버가 요청을 받으면 클라이언트에 관한 정보를 파일이나 문자열로 저장한다. 그 정보에는 클라이언트의 도메인 네임과 서버가 클라이언트에 관해 수집한 정보인 쿠키의 내용, 타임스탬프 등이다.
- 서버는 클라이언트에게 보내는 응답에 쿠키를 포함한다.
- 클라이언트가 응답을 받으면 브라우저는 쿠키를 도메인 서버 네임으로 정렬되는 쿠키 디렉토리에 저장한다.

클라이언트가 서버에게 요청을 보낼 때 브라우저는 쿠키 디렉토리를 검색하여 서버가 보낸 쿠키가 있다면 쿠키를 요청에 넣는다. 서버가 그 요청을 받으면 기존의 클라이언트가 보낸 것임을 알게 된다.

8.3.2 웹 문서(Web Document)

WWW에서 문서는 문서의 내용이 언제 결정되느냐에 따라 정적, 동적 그리고 액티브라는 세 종류로 크게 분류할 수 있다.

(1) 정적 문서(static document)

서버에서 생성된 고정된 내용의 문서로 클라이언트는 문서의 복사본만을 얻을 수 있다. 내용은 문서를 만들 때 결정되며, 서버에서 변경할 수 있지만 사용자가 바꿀 수는 없다. 클라이언트가 문서를 액세스하면 문서의 복사본이 전송되며 그것을 브라우저가 화면에 나타낸다.

HTML(Hypertext Markup Language)는 웹 페이지를 만드는 마크업 언어로 파일 자체에 서식 작업 명령을 삽입할 수 있도록 허용한다. 이러한 명령들은 텍스트와 함께 저장된다. 이와 같은 방식으로 명령을 저장하면 어떠한 브라우저를 사용하더라도 명령을 읽는 특정 워크스테이션에 맞는 텍스트로 표현할 수 있게 된다.

(2) 동적 문서(dynamic document)

브라우저가 문서를 요청할 때마다 웹 서버는 애플리케이션 프로그램이나 스크립트를 실행시켜 동적 문서를 만든다. 서버는 프로그램이 만든 동적 문서를 요청한 브라우저에게 응답하는데, 각 요청에 대해 새로운 문서를 만들므로 동적 문서의 내용은 각 요청마다 달라질 수 있다.

CGI(Common Gateway Interface)는 동적 문서를 생성하고 처리하는 기술로, 동적 문서를 어떻게 작성하는지와 입력 데이터가 어떻게 프로그램에 제공되는지 그리고 출력 결과가 어떻게 사용되는가를 정의하는 표준들의 집합이다. CGI가 정의하는 유일한 것은 프로그래머가 준수해야 할 규칙과 용어들의 집합이다.

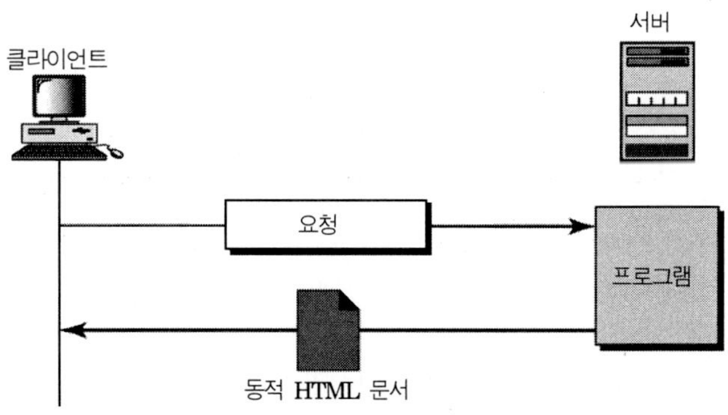

[그림 8-18] CGI를 사용한 동적 문서

CGI 기술은 생성된 동적 문서의 일부가 고정되어, 요청할 때마다 변경되지 않는 경우 문서의 고정 부분은 HTML로 만들고 변화하는 부분은 서버가 수행할 수 있는 스크립트를 삽입한다. 스크립트를 사용하여 동적 문서를 생성하는 기술 중 가장 일반적인 것으로는 Perl 언어를 사용하는 PHP(Hypertext Preprocessor)와 스크립트를 Java 언어로 사용하는 JSP(Java Server Pages), 스크립트를 위해 Visual Basic 언어를 사용하는 Microsoft의 ASP(Active Server Pages), 그리고 HTML 문서에 SQL 데이터베이스 질의를 포함한 Cold Fusion 등이 있다.

(3) 액티브 문서(active document)

클라이언트 사이트에서 화면에 움직이는 그림들을 생성하거나 사용자와 상호작용을 하는 프로그램을 수행시키는 등을 액티브 문서라 한다. 이 프로그램은 애니메이션이나 상호 작용이 발생할 클라이언트에서 반드시 실행되어야 하며 브라우저가 액티브 문서를 요청할 때 서버는 문서의 복사본이나 스크립트를 보낸다.

Java Applet은 액티브 문서를 만드는 대표적인 방법으로 Java는 고급 프로그래밍 언어와 실행 환경 그리고 프로그래머가 Applet을 작성하고 브라우저가 이를 수행할 수 있도록 하는 클래스 라이브러리의 조합이다.

클라이언트의 브라우저는 URL에 직접 Java Applet 프로그램을 요청하고 2진 형태의 애플릿을 수신하여 Java Applet을 실행할 수 있고, Applet의 주소를 태그로 삽입한 HTML 파일을 읽어와 수행할 수도 있다.

동적 문서의 스크립트 개념이 액티브 문서를 위해서도 사용될 수 있는데, 만약 문서의 액티브 부분이 작다면 이것을 스크립트 언어로 작성할 수 있고, 클라이언트에 의해 번역되어 수행될 수 있다. 스크립트는 소스 코드로 2진 형태가 아니다. 이 경우에 사용되는 스트립트 기술은 보통 Java Script이다. 자바와 유사한 Java Script는 이러한 목적을 위해 개발된 최고급 스크립트 언어이다.

8.3.3 HTTP(Hypertext Transfer Protocol)

데이터 액세스에 주로 사용되는 프로토콜은 HTTP로 FTP 및 SMTP와 유사하게 동작하지만, 제어 연결 없이 하나의 TCP 연결만 사용하여 데이터를 서버에서 클라이언트로 전송한다. HTTP 서버와 클라이언트가 HTTP 메시지를 읽고 번역하며, HTTP 메시지는 저장되지 않고 즉시 전달된다. 클라이언트가 서버에게 보내려는 명령과 요청하는 파일 내용이나 다른 정보들도 응답 메시지에 포함하며, HTTP는 잘 알려진 포트 80을 통해 TCP 서비스를 이용한다.

(1) HTTP 트랜잭션

클라이언트와 서버 사이의 HTTP 트랜잭션은 클라이언트에서 요청 메시지를 보내어 트랜잭션을 시작하고 서버는 응답 메시지로 대답하며, 요청 메시지와 응답 메시지는 그림 8-19와 같다.

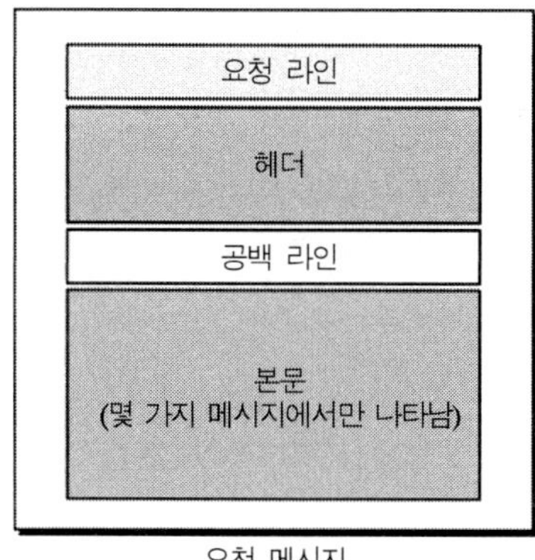

요청 메시지

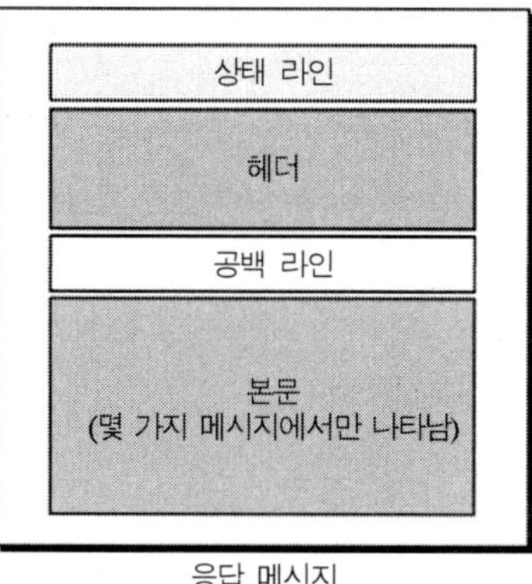

응답 메시지

[그림 8-19] 요청과 응답 메시지

요청 메시지의 첫 번째 줄은 요청 라인이라 하고 응답 메시지의 첫 줄은 상태 라인이라고 하며 공통된 필드가 존재한다.

- **요청 유형** 필드는 요청 메시지에서 사용되고 HTTP 버전 1.1에서는 표 8-3과 같은 방식(method)으로 분류되는 여러 가지 요청 유형들이 정의된다.

표 8-3 요청 유형들의 방식

방식	동작
GET	서버에게 문서를 요청
HEAD	문서 자체가 아니라 문서에 관한 정보를 요청
POST	클라이언트에서 서버로 몇 가지 정보를 보냄
PUT	서버에서 클라이언트로 문서를 보냄
TRACE	들어오는 요청을 에코
CONNECT	예약됨
OPTION	가능한 옵션에 관한 질의

- **상태 코드** 필드는 응답 메시지에서 사용되고 3자리 숫자로 구성된다. 100 범위의 코드들은 정보를 나타내며, 200 범위는 요청이 성공했음을 나타낸다. 300 범위는 클라이언트에게 다른 URL로 재지정하며, 400 범위는 클라이언트 사이트 오류를 나타내고 500 범위는 서버 사이트의 오류를 표시한다.

- **상태 표현** 필드는 응답 메시지에서 사용되며 표 8-8에서와 같이 문자 형태로 상태 코드를 설명한다.

헤더는 클라이언트와 서버 사이에 추가적인 정보를 교환할 때 사용하며, 클라이언트가 특별한 형식으로 문서를 전송하도록 요청할 수 있고 서버가 문서에 대한 추가 정보를 전송할 수도 있다. 헤더 라인은 일반 헤더, 요청 헤더, 응답 헤더, 그리고 개체 헤더의 4가지 중 하나이다. 요청 메시지는 일반과 요청, 개체 헤더만을 포함할 수 있으며 응답 메시지는 일반과 응답, 개체 헤더만을 포함할 수 있다.

- **일반 헤더**는 메시지에 대한 일반 정보를 제공하며 요청과 응답에 모두 있다.
- **요청 헤더**는 요청 메시지에만 존재하며 클라이언트의 구성과 클라이언트가 선호하는 문서 형식을 지정한다.
- **응답 헤더**는 응답 메시지에만 있고 서버의 구성과 요청에 대한 특별한 정보를 지정한다.
- **개체 헤더**는 문서 본문의 정보를 제공하며 주로 응답 메시지에 있지만 POST나 PUT 방식과 같이 본문을 포함하는 일부 요청 메시지에도 이러한 유형의 헤더를 사용한다.

본문은 요청 또는 응답 메시지에 있을 수 있으며 전송되거나 수신되는 문서를 포함한다.

(2) 지속적과 비지속적 연결(persistent & nonpersistent connection)

초기 버전인 HTTP 1.0은 비지속적 연결을 사용하였지만 버전 1.1에서는 지속적 연결을 기본적으로 사용한다. 비지속적 연결에서는 하나의 요청/응답에 대해 하나의 TCP 연결이 만들어지며 동작은 다음과 같은 단계로 이루어진다.

- 클라이언트가 TCP 연결을 설정하고 요청을 보낸다.
- 서버는 응답을 보내고 연결을 종료한다.
- 클라이언트는 end-of-file 표시 전까지 데이터를 읽은 후 연결을 종료한다.

이 방식에서는 서로 다른 파일에 있는 *N*개의 다른 그림들을 위해 연결을 *N*번 설정하고 종료해야 한다. 이 경우 서버는 *N*개의 다른 버퍼들이 필요하고 연결이 설정될 때마다 느린 시작 과정이 필요하므로 서버의 오버헤드가 크다.

HTTP 버전 1.1은 지속적 연결을 기본으로 지정하며 서버는 응답을 보낸 후 다음 요청을 위해 연결을 유지한다. 클라이언트가 요청하거나 타임아웃이 되면 서버는 연결을 종료한다.

(3) 프록시 서버(proxy server) 지원

HTTP는 최신 요청에 대한 응답들의 복사본을 갖고 있는 컴퓨터인 프록시 서버를 지원한다. HTTP 클라이언트는 프록시 서버로 요청을 보내고, 프록시 서버는 캐시를 검사하여 응답이 캐시에 저장되어 있지 않으면 적절한 서버로 요청을 보낸다. 돌아오는 응답이 프록시 서버로 오면 다음에 있을 다른 클라이언트의 요청을 위해 저장된다.

프록시 서버는 부하를 줄이고, 트래픽의 감소와 지연을 개선하지만 프록시 서버를 사용하려면 클라이언트가 서버 대신 프록시를 액세스하도록 설정해야 한다.

8.3 연/습/문/제

EXERCISE

01 HTTP는 WWW와 어떤 관계인가?

02 HTTP와 SMTP의 유사한 점은 무엇인가?

03 HTTP와 FTP의 유사점은 무엇인가?

04 URL의 구성요소들에 대해 설명하시오.

05 프록시 서버의 기능과 HTTP와의 관계는 무엇인가?

06 브라우저의 3가지 공통적 요소들은 무엇인가?

07 웹 문서의 유형에는 어떤 종류가 있는지 설명하시오.

08 HTML의 기능은 무엇인가?

09 동적 문서는 언제 만들어 지는가?

10 CGI가 필요한 이유는?

11 액티브 문서는 어디서 언제 수행되는가?

12 자바와 액티브 문서의 관계를 설명하시오.

8.4 네트워크 관리

ARPANET의 초기에는 어떤 호스트에서 지연이 예상보다 커지면 그것을 발견한 사람이 핑(Ping) 프로그램을 작동시켜 돌아온 패킷의 헤더에 적힌 시간을 확인하여 대부분의 문제를 해결하였다. 그러나 현재의 인터넷은 광범위한 네트워크이므로 네트워크 관리를 위한 보다 나은 방법이 필요하게 되었다.

1990년에 발표된 SNMP는 컴퓨터 네트워크를 모니터하고 관리하는 체계적인 방법을 제시하였다. 실제로 SNMP는 프로토콜과 데이터베이스 정의, 관련된 개념을 포함한 네트워크 관리에 대한 명세서를 모아놓은 것을 말한다.

8.4.1 네트워크 관리 시스템

일반적으로 네트워크 관리 시스템이 수행하는 기능들은 구성 관리, 장애 관리, 성능 관리, 보안 관리, 계정 관리 등으로 크게 5개 부분으로 분류할 수 있다.

(1) 네트워크 구성 관리(Configuration management)

인터넷은 하나 이상의 물리적 또는 논리적으로 연결된 수천 만 개의 개체들로 이루어져 있다. 이 개체들은 네트워크를 처음 구성할 때의 설정이 호스트의 추가나 네트워크의 확장 등에 따라 변경될 수 있다. 구성 관리 시스템은 각 개체의 상태와 다른 개체들과의 관계를 파악할 수 있고, 재구성과 문서화로 나눌 수 있다.

재구성(Reconfiguration)은 네트워크 구성요소와 특성을 조정하는 것으로 하드웨어 재구성, 소프트웨어 재구성, 사용자 계정 재구성 등의 3가지 유형이 있다.

하드웨어 재구성은 호스트를 교체하거나 라우터의 추가 또는 네트워크의 다른 부분으로 이동하는 일 또는 서브네트워크의 추가나 제거하는 등이 대상이 될 수 있다. 이 일들의 관리는 시간과 주의가 필요하므로 대규모 네트워크에서는 빠르고 효율적으로 하드웨어 재구성하려면 훈련된 전문적인 관리요원이 필요하다. 이러한 재구성의 유형은 자동화가 불가능하여 발생할 때마다 수작업으로 처리한다.

소프트웨어 재구성은 새로운 소프트웨어를 서버 또는 클라이언트에 설치하거나 운영체제를 갱신하는 경우이며, 대부분은 자동화 될 수 있으며 네트워크 일부 또는 전체 호스트의 응용 프로그램을 서버에서 다운로드하여 갱신할 수 있다.

사용자 계정 재구성은 사용자의 권한을 개별적인 것과 그룹의 일원으로써 권한을 모두 고려하여 사용자를 추가하고 삭제해야 하며 어느 정도 자동화할 수 있다.

문서화(documentation)는 초기 네트워크 구성과 계속 발생하는 변경을 기록하는 것으로 상세히 기록해야 하며, 세 가지 재구성 유형 모두에 해당된다. 하드웨어 문서화는 맵(map)과 규격을 포함하는데, 맵으로 하드웨어의 부품과 네트워크와 관련된 부품들을 추적할 수 있으므로 서브 네트워크들 사이의 논리적인 관계와 물리적인 관계를 보여주는 것도 맵이 될 수 있다. 그리고 각 서브 네트워크에 대한 하나 이상의 맵은 장비의 전체 부품을 나타낸다.

소프트웨어 문서화는 소프트웨어 유형, 버전 정보, 설치 날짜, 라이센스 계약서와 같은 정보를 포함한다. 소프트웨어 재구성 관리는 이 정보와 함께 파일을 갱신하고 보안 관리를 책임져야 한다.

(2) 장애 관리(fault management)

장애 관리는 네트워크 관리 영역으로 효율적인 장애 관리를 위해 사후 장애 관리와 사전 장애 관리라는 두 가지 서브시스템으로 구성된다.

사후 장애 관리(reactive fault management)는 장애를 탐지하고 분리하며 정정 및 기록하는 역할을 하고 장애에 대한 단기간 해결을 책임진다.

사후 장애 관리의 첫 번째 단계는 장애의 위치를 정확히 탐지하는 것으로 장애가 발생하면 시스템은 작업을 중단하거나 시스템의 오류를 알린다.

두 번째 단계는 장애를 분리하는 것으로 장애를 분리한 후 영향을 받은 사용자에게 즉시 통지하고 예상되는 복구 시간을 알려준다.

세 번째 단계는 장애를 복구하는 것으로 결함이 있는 구성요소를 교체 또는 수리한다. 장애를 복구한 후에는 반드시 장애 발생의 정확한 위치와 가능성 있는 원인, 장애의 정정 작업, 비용, 각 단계에서 소요된 시간을 포함한 기록을 작성한다.

사전 장애 관리(proactive fault management)는 장애 발생을 방지하는데, 사전에 장애를 관리하는 것이 항상 가능한 것은 아니지만 장애의 일부 유형을 예측하고 예방할 수 있다.

(3) 네트워크 성능 관리(performance management)

성능 관리는 효율적인 네트워크 운영을 위해 네트워크를 모니터하고 제어하는 것으로 장애 관리와 밀접한 관계가 있다. 성능 관리는 용량, 트래픽, 처리량, 응답 시간과 같이 측정 가능한 데이터를 이용하여 성능을 평가한다.

- **용량(capacity)**은 성능 관리 시스템이 모니터해야 하는 중요한 요소로, 네트워크의 용량은 한계가 있으므로 트래픽이 이것을 초과하여 사용하지 않아야 한다.

- **트래픽(traffic)**은 내부와 외부로 나누며, 내부 트래픽은 네트워크 내부의 패킷 이동의 수를 측정하고 외부 트래픽은 네트워크 외부의 패킷 교환을 측정한다.
- **처리율(throughout)**은 개별 장치 또는 네트워크의 한 부분에 대해 측정할 수 있으며, 네트워크가 수용할 수 없는 단계까지 도달하지 않도록 모니터한다.
- **응답시간(response time)**은 사용자가 서비스를 요청한 시간에서 서비스를 받은 시간까지이며, 평균 응답 시간과 peak 시간 응답 시간을 모니터한다.

(4) 네트워크 보안 관리(Security management)

보안 관리는 앞에서 정의한 정책에 따라 네트워크 액세스를 제어하는 역할을 하며, 네트워크 보안에 대해서는 9장에서 소개한다.

(5) 계정 관리(accounting management)

네트워크 사용에 대해 요금을 부과함으로써 자원을 액세스하는 사용자를 제어하며, 개별 사용자, 부서, 프로젝트 별로 수신한 서비스에 대해 요금을 부과한다. 현재 대부분의 기관에서는 다음과 같은 이유로 계정 관리 시스템을 사용한다.

- 제한된 네트워크 자원을 독점하는 사용자 방지
- 비효율적인 시스템을 사용하는 사용자 방지
- 네트워크 사용에 대한 요구를 기반으로 단기간, 장기간 계획이 가능

8.4.2 SNMP(Simple Network Management Protocol)

SNMP는 인터넷에서 장치들을 관리하기 위한 기본 구조이며, 인터넷을 감시하고 유지보수하기 위한 기본적인 동작들의 조합을 제공한다.

(1) SNMP의 기본 개념

SNMP는 UDP에서 수행하도록 설계되었고, 그림 8-20은 SNMP 프로토콜의 구성을 보여준다.

SNMP는 UDP를 사용하므로 관리자와 에이전트 사이에는 연결이 설정되지 않으며, 호스트인 관리자는 라우터인 에이전트들의 집단을 제어하고 감시한다. SNMP는 몇 개의 관리자 스테이션들이 여러 에이전트들을 제어하며, 다른 종류의 라우터로 연결된 이질적인 인터넷에서도 사용될 수 있다.

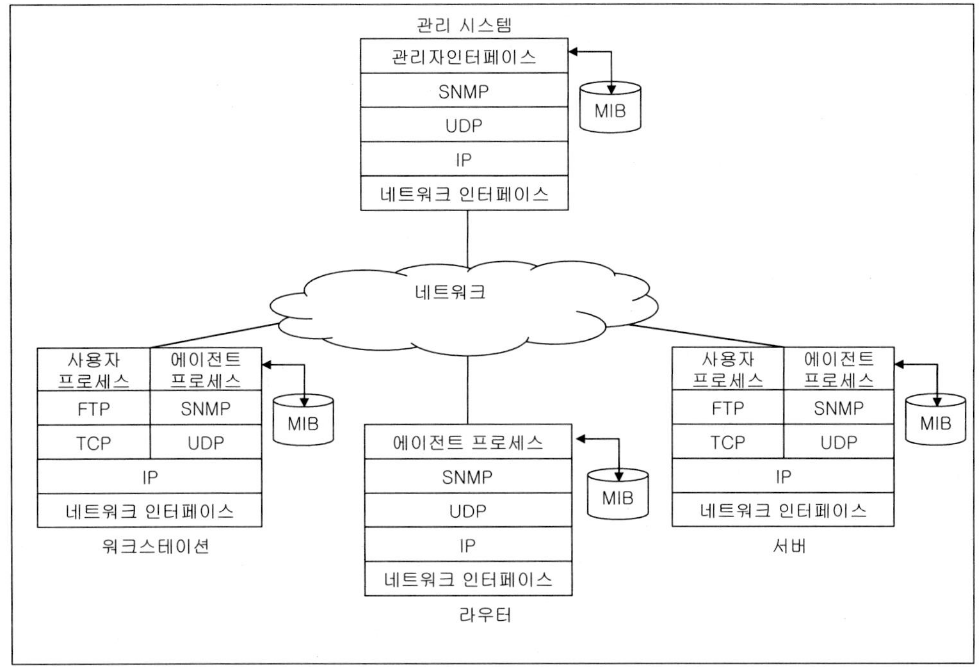

[그림 8-20] SNMP의 구성

관리자(manager)라고 부르는 관리 시스템은 SNMP 클라이언트 프로그램을 수행하는 호스트이며, **에이전트(agent)**라고 하는 관리 대상은 SNMP 서버 프로그램을 수행하는 라우터 또는 호스트이다. SNMP를 사용하는 관리는 다음 세 가지 기본적인 처리에 기초하여 수행된다.

- 관리자는 에이전트의 동작을 나타내는 정보를 요구하여 에이전트를 검사한다.
- 관리자는 에이전트 데이터베이스 값을 재설정하여 에이전트가 작업을 수행하게 한다.
- 에이전트는 비정상적인 상황을 관리자에게 경고하여 관리 과정에 기여한다.

(2) 관리 구성요소

SNMP는 관리 작업을 수행하기 위해 **SMI**(Structure of Management Information)와 **MIB**(Management Information Base) 두 가지 구성요소를 사용하며, SMI와 MIB의 협동 작업에 의해 관리 작업이 실행된다.

SNMP는 관리자와 에이전트 사이에 주고받는 패킷 형식을 정의하고 결과를 해석하며 통계자료를 생성한다. 교환되는 패킷들은 객체 이름과 그들의 상태 값을 포함하며, SNMP는 이 값들을 읽고 변경하는 책임이 있다.

SMI를 사용하기 위해서는 객체의 이름을 짓는 규칙과 SNMP가 처리하는 객체의 유형, 유형의 크기, 유형의 범위, 유형의 부호화 등에 관한 규칙이 필요하다. SMI는 객체의 이름을 붙이고 그들의 유형을 나열하기 위한 일반적인 규칙들의 모음이며, 객체와 유형과의 연결은 SMI가 관여하지 않는다.

MIB는 관리될 각 개체에 대해 번호를 정하고 이들을 SMI에 의해 정의된 규칙에 따라 이름을 붙이며, 이름이 붙은 각 개체에 유형을 연결한다. MIB는 데이터베이스와 유사하게 각 개체에 대해 정의된 객체를 만든다.

SNMP 관리 시스템인 클라이언트가 에이전트인 SNMP 서버가 받은 UDP 사용자 데이터그램의 수를 확인하기 위해 에이전트에게 메시지를 송신할 때, 그림 8-21은 관련된 단계들의 간단히 나타낸 것이다.

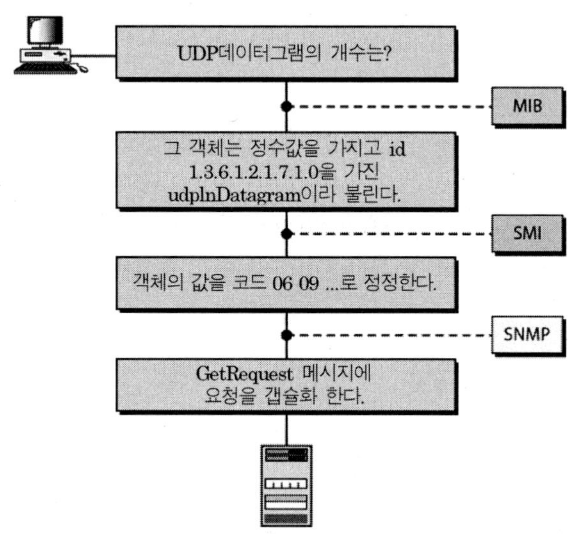

[그림 8-21] SNMP 관리단계

MIB는 수신된 UDP 사용자 데이터그램의 번호를 가지고 있는 객체를 찾고, SMI는 다른 내장된 프로토콜의 도움을 받아 객체의 이름을 부호화한다. SNMP는 GetRequest 메시지라고 불리는 메시지를 만들고 부호화된 메시지를 캡슐화 한다.

(3) 관리 정보의 구조(SMI)

SMIv2는 네트워크 관리를 위한 구성 요소로 그 기능은 다음과 같다.

- 객체에 네임을 붙인다.
- 객체에 저장될 수 있는 데이터의 유형을 정의한다.

- 네트워크에서 전송을 위해 데이터를 어떻게 부호화할 지를 나타낸다.

SMI는 SNMP를 위한 지침이며 객체를 다루기 위해 이름, 데이터 유형, 부호화 방식 등 세 가지 속성을 정의한다.

SMI는 라우터나 라우터에 있는 변수, 값 등과 같은 각 관리 대상 객체가 유일한 이름을 갖도록 요구한다. 객체의 이름을 범용으로 짓기 위해서 SMI는 트리 구조에 기초한 계층적 식별자인 객체 식별자를 사용한다.

SMI는 BER(Basic Encoding Rules)이라는 또 다른 표준을 사용하여 네트워크를 통해 전송되는 데이터를 부호화한다. BER은 데이터의 각 부분이 태그, 길이, 값이라는 3가지가 한 조가 되는 형식으로 부호화하도록 규정한다.

- **태그(tag)** 태그는 데이터 유형을 정의하는 1바이트 필드로 class(2비트), format(1비트), number(5비트)라는 3개의 서브필드로 구성된다.
- **길이(Length)** 필드는 1 이상인데 이 필드가 1바이트이면, 최상위 비트는 0이 되어야 하고. 나머지 7비트로 데이터 길이를 규정한다. 만약 이 필드가 1바이트 이상이면 첫 번째 바이트의 최상위 비트는 1이 되어야 하며, 첫 번째 바이트의 나머지 7비트와 2번째 바이트의 8비트가 길이를 규정한다.
- **값(Value)** 필드는 BER에 정의된 규칙에 따라 데이터 값을 부호화 한다.

(4) 관리 정보 베이스(Management Information Base)

MIB2는 네트워크 관리에서 사용되는 2번째 구성요소로 모든 에이전트는 관리할 수 있는 모든 객체를 모아 놓은 자신의 MIB2를 갖는다. MIB2 내의 객체들은 다음 10개의 서로 다른 그룹으로 분류 되는데, 이는 각각 system, interface, address translation, ip, icmp, tcp, udp, egp, transmission, snmp이다. 이 그룹들은 객체 식별자 트리에서 mib-2 객체 아래에 있으며, 각 그룹들은 값 그리고/또는 테이블을 규정한다.

다음에 객체 중 몇 가지를 간단히 설명하였다.

- **sys**(system) 객체는 노드에 관한 정보, 즉 이름, 위치, 수명 등을 규정한다.
- **if**(interface) 객체는 노드의 모든 인터페이스에 관한 정보, 즉 인터페이스 번호, 물리주소, IP 주소 등을 규정한다.
- **at**(address translation) 객체는 ARP 테이블에 관한 정보를 규정한다.
- **ip** 객체는 IP에 관한 정보, 즉 라우팅 테이블과 IP 주소 등을 규정한다.
- **icmp** 객체는 IP에 관한 송수신된 패킷 수와 생성된 전체 오류 등을 규정한다.

- tcp 객체는 TCP에 관한 연결 테이블, 타임-아웃 값, 포트 수, 송수신 된 패킷 수 등을 규정한다.
- udp 객체는 UDP에 관한 포트 수, 송수신된 패킷 수 등을 규정한다.
- snmp 객체는 SNMP 자체에 관련된 일반적인 정보를 규정한다.

(5) 사전 편집 순서(lexicographic order)

MIB 변수는 인스턴스 식별자 포함한 객체 식별자가 사전 편집 순서로 되어 있다. 테이블들은 열-행 규칙에 따라 배열된다. 사전 편집 순서를 사용하면 관리자가 첫 번째 변수를 정의한 후 여러 변수들을 차례대로 읽는 것이 가능하다.

(6) SNMP

SNMP는 인터넷 네트워크 관리에 SMI와 MIB를 모두 사용하며, SNMP는 다음을 가능하게 하는 응용 프로그램이다.

- 관리자가 에이전트에서 정의된 객체의 값을 읽는다.
- 관리자가 에이전트에서 정의된 객체에 값을 저장한다.
- 에이전트가 비정상적 상황에 대한 경고 메시지를 관리자에게 보낸다.

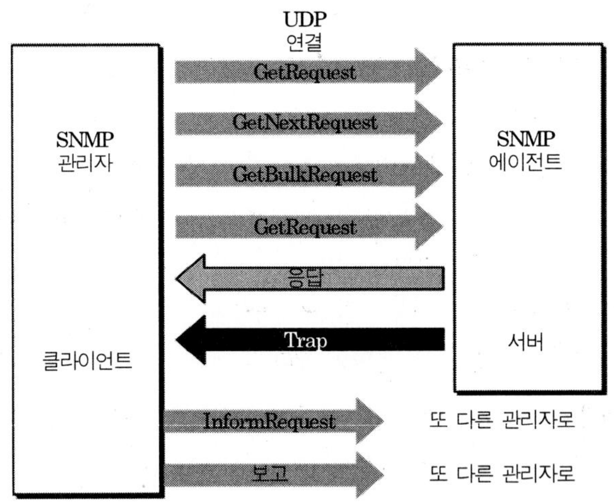

[그림 8-22] SNMP PDU의 8가지 유형

SNMPv3은 그림 8-22처럼 다음과 같은 8가지 유형의 패킷을 정의한다.

GetRequest, GetNextRequest, GetBulkRequest, SetRequest, Response, Trap, InformRequest, Report.

GetRequest PDU는 변수나 변수들의 값을 읽기 위해 관리자가 에이전트로 보낸다.

GetNextRequest PDU는 변수의 값을 읽기 위해 관리자가 에이전트로 보내며, 읽혀진 값은 PDU에 정의된 ObjectID 바로 다음의 객체 값이다. 이는 대부분 테이블에 있는 항목들의 값을 읽기 위해 사용된다.

8가지의 SNMP PDU에 대한 형식을 그림 8-23에서 보여주는데, 그림에서 보듯이 Get BulkRequest PDU는 다른 것들과 두 가지 영역에서 다르다.

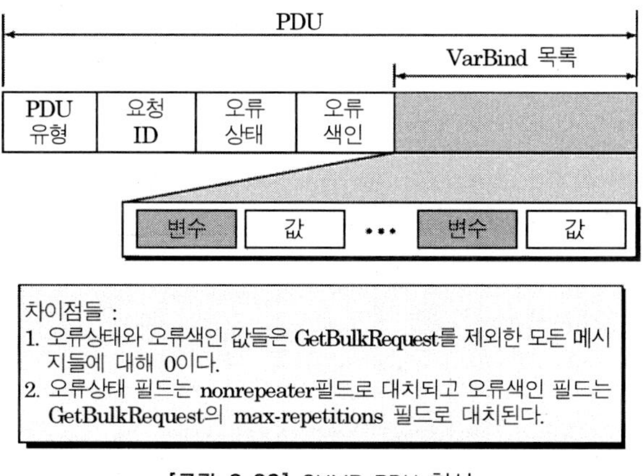

[그림 8-23] SNMP PDU 형식

SNMP PDU 형식의 필드에 대한 설명은 다음과 같다.

- **PDU type** 필드는 PDU의 유형을 정의한다.
- **Request ID** 필드는 순서 번호로 관리자가 요청 PDU에서 사용하며, 에이전트는 응답에서 같은 번호를 반복하여 요청과 응답을 일치시킨다.
- **Error status** 필드는 응답 PDU에서만 사용되는 정수로 오류의 종류를 나타낸다. 요청 PDU에서는 값이 0이며, 표 8-4에 오류의 종류를 정리하였다.
- **Nonrepeaters** 필드는 GetBulkRequest에서만 사용되며, 요청 PDU에서 비어 있는 error status 필드를 대체한다.
- **Error index** 필드는 관리자에게 오류를 일으킨 변수가 어느 것인지를 알려주는 옵셋이다.
- **Max-repetition** 필드도 GetBulkRequest에서만 사용되며, 요청 PDU에서 비어 있는 error index 필드를 대체한다.
- **VarBindList** 필드는 관리자가 읽거나 설정하기 원하는 값을 갖는 변수들의 조합으로, Trap PDU에서 이는 특정 PDU에 관련된 변수와 값을 보여준다.

표 8-4 오류의 종류

상태	이름	의미
0	noError	오류 없음
1	tooBig	하나의 메시지로는 너무 크다는 응답
2	noSuchName	변수가 존재하지 않음
3	badValue	저장할 값이 무효임
4	readOnly	값이 변경될 수 없음
5	renErr	기타 다른 오류

(7) SNMP의 메시지

SNMP는 PDU를 메시지에 포함시키며 SNMPv3에서 메시지는 그림 8-24에서 보듯이 버전, 헤더, 보안 파라미터, 부호화된 PDU를 포함한 데이터로 구성된다.

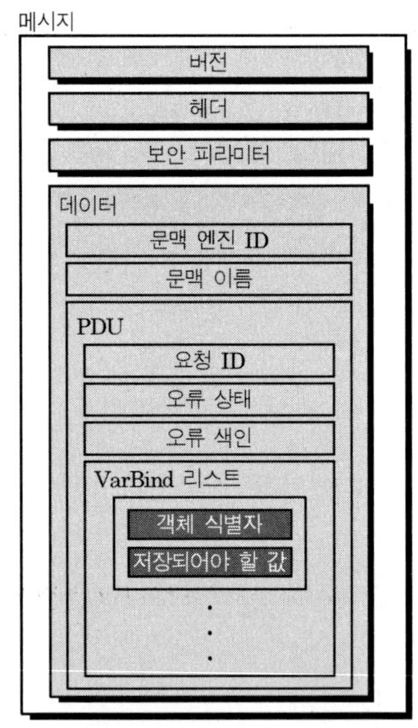

[그림 8-24] SNMP 메시지

요소들의 길이가 메시지별로 다르므로 각 요소를 부호화하기 위하여, SNMP는 BER을 사용한다. 헤더는 메시지 식별, 응답 메시지 최대 크기, 메시지 플래그, 메시지 보안 모델 등에 관한 값을 포함한다. 보안 파라미터는 메시지 요약을 생성을 위해 사용되며, 데이터는 PDU를 포함한다. 데이터가 암호화되어 있다면, 관리자 프로그램과 암호화 유형 등에 대한 정보가 있고 뒤에 암호화된 PDU가 붙는다.

PDU의 유형을 정의하기 위해 SNMP는 태그를 사용한다. 등급은 context-sensitive (10)이며, 형식은 structures(1), 번호는 0, 1, 2, 3, 4, 5, 6, 7, 8이다.

표 8-5 SNMP 메시지의 코드

데이터	등급	형식	번호	전체 태그(이진수)	전체 태그(Hex)
GetRequest	10	1	00000	10100000	A0
GetNext Request	10	1	00001	10100001	A1
Responest	10	1	00010	10100010	A2
SetRequest	10	1	00011	10100011	A3
Get Bulk Request	10	1	00101	10100101	A5
InformRequest	10	1	00110	10100110	A6
Trap(SNMPv2)	10	1	00111	10100111	A7
Report	10	1	01000	10101000	A8

(8) UDP 포트

SNMP는 잘 알려진 포트 161과 162를 통해 UDP의 서비스를 사용한다. 잘 알려진 포트 161은 서버가 사용하며, 잘 알려진 포트 162는 클라이언트가 사용한다.

서버는 수동적 개방을 시도한 후, 클라이언트에서의 연결을 기다린다. 클라이언트는 임시 포트를 사용하여 능동적 개방을 시도한다. 요청 메시지는 클라이언트로부터 서버로 전송되는데, 이때 발신지 포트로는 임시 포트를 사용하며, 목적지 포트로는 잘 알려진 포트 161을 사용한다. 응답 메시지는 서버로부터 클라이언트로 전송되는데, 이때 발신지 포트로 잘 알려진 포트 161을 사용하며, 목적지 포트로는 임시 포트를 사용한다.

클라이언트는 포트 162로 수동적 개방을 시도한 수, 서버에서의 연결을 기다린다. 서버는 전송할 Trap 메시지가 있을 때마다 임시 포트를 사용하여 능동적 개방을 시도한다. 이 연결은 서버에서 클라이언트로 단방향이다.

SNMP에서 클라이언트/서버 동작은 다른 프로토콜과는 다르다. 여기서는 클라이언트와 서버 모두 잘 알려진 포트를 사용한다. 덧붙여, 클라이언트와 서버 모두 무한히 수행되어야 한다. 그 이유는 요청 메시지는 관리자(클라이언트)에 의해 만들어지나, Trap 메시지는 서버에 의해 만들어지기 때문이다.

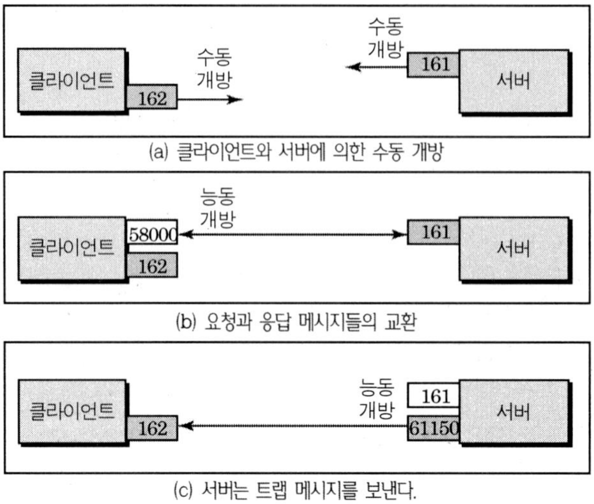

(a) 클라이언트와 서버에 의한 수동 개방

(b) 요청과 응답 메시지들의 교환

(c) 서버는 트랩 메시지를 보낸다.

[그림 8-25] SNMP가 사용하는 포트 번호

연/습/문/제 8.4

EXERCISE

01 네트워크 관리의 5개 분야는 무엇인가?

02 구성관리의 목적은 무엇인가?

03 장애관리의 목적과 기능은 무엇인가?

04 성능관리의 목적과 기능에 대해 설명하시오.

05 보안관리의 목적과 기능은 무엇인가?

06 SNMP에서 관리자는 무엇이며 어떤 역할을 하는가?

07 MIB는 무엇이며 변수를 관리하기 위해 무엇을 사용하는가?

08 계정관리의 기능과 목적은 무엇인가?

CHAPTER 9 네트워크 보안

네트워크와 통신 설비들을 사용한 컴퓨터 통신의 대중화로 전송도중의 데이터를 보호하고 데이터 전송이 인증된 방식으로 이루어질 수 있도록 네트워크 보안 기법들이 필요하게 되었다.

9장에서는 네트워크 보안에 대한 일반적인 요구사항들을 살펴보며, 가장 많이 사용되는 대칭형 암호화의 개념과 사용 방법을 설명하고, 메시지 인증에 대해 소개한다. 그 다음은 공개키 암호화와 인터넷 전자상거래에 필수적인 전자서명의 사용에 대해서 살펴보며, 마지막으로 SSL, IPSec을 소개한다.

9.1 보안 요구 사항과 공격

보안을 위협하는 공격의 종류를 이해하기 위해서 보안 요구 사항을 정의해야 하는데, 컴퓨터와 네트워크 보안은 다음과 같은 네 가지 사항을 요구한다.

- 기밀성(confidentiality) : 인증된 사람만이 데이터를 액세스할 수 있게 한다.
- 무결성(integrity) : 인증된 사람만이 데이터를 수정할 수 있게 한다.
- 가용성(availability) : 인증된 사람만이 데이터를 사용할 수 있어야 된다.
- 신빙성(authenticity) : 사용자의 신원을 증명할 수 있어야 한다.

보안 공격은 수동적 공격과 능동적 공격으로 나누며, 수동적 공격은 시스템에 영향을 주지 않지만 시스템의 정보를 알아내거나 이용하는 것을 말하고 능동적 공격은 시스템의 정보를 바꾸거나 동자에 영향을 주는 것을 말힌다.

(1) 수동적 공격

수동적 공격은 전송을 도청하거나 감시하는 성격의 공격으로, 공격자의 목표는 전송 중인 것에서 정보를 얻는 것이다. 수동적 공격의 2가지 형태는 메시지 내용 공개와 트래픽분석이다.

트래픽 분석의 경우는 비록 암호화되었더라도, 메시지들의 모양을 관찰하고 통신호스트의 위치와 신원을 알고 주고받는 메시지의 길이와 빈도를 관찰한다.

(2) 능동적 공격

능동적 공격은 데이터를 조작하거나 잘못된 데이터를 만들어 내는 것을 말하는데 위장과 재생, 메시지 수정, 서비스 거절 등 네 가지로 구분할 수 있다.

- 위장(masquerade)은 어떤 개체가 다른 개체처럼 작동하는 것으로, 일반적으로 다른 형태의 능동적 공격이 함께 일어난다.
- 재생(replay)은 데이터를 가로채는 수동적 공격을 포함하고 그 가로챈 메시지를 재전송하여 인증을 잘못되게 만든다.
- 메시지 변경(modification of message)은 단순히 메시지의 어느 부분을 바꾸거나 지연 또는 순서를 어긋나게 함으로써 인증하지 않는 효과를 낸다.
- 서비스 거절(denial of service)은 통신 장치의 관리와 이용을 방해하고 막는 것으로, 예를 들어 어떤 개체가 특정 부서나 포털 사이트로 전달되는 모든 메시지를 막거나, 특정 서버에게 엄청나게 많은 메시지를 보낸다.

능동적 공격을 막으려면 모든 통신설비와 경로에 대한 물리적인 보호가 필요하므로 능동적 공격은 방어하기 불가능하다. 능동적 공격을 방어한다는 것은 공격을 찾아내고 그것으로 인해 발생하는 지연이나 피해를 완화하거나 복구하는 것이다.

9.2 대칭형 암호화를 이용한 비밀 보장

데이터를 전송할 때 기밀성을 제공하기 위해 널리 사용하는 두 가지 대칭형 암호화 알고리즘은 데이터 암호화 표준(DES)과 고급 암호화 표준(AES)이다.

(1) 대칭형 암호화

대칭형 암호화는 전통적 암호화 또는 단일키 암호화라고 부르며, 줄리어스 시저에서부터 현재의 외교적, 군사적, 상업적인 사용자에 이르기까지 수없이 많은 사람들과 단체에서 사용해 왔다. 지금도 두 가지 형태의 암호화 방식 중 더 널리 사용되는 방식이며, 그림 9-1과 같이 다섯 가지의 구성요소로 이루어진다.

- 평문(plaintext) : 암호화 알고리즘이 적용되지 않은 원래의 메시지다.

- 암호화 알고리즘 : 평문을 다양한 치환과 변형으로 암호화 한다.
- 비밀 키(secret key) : 비밀 키도 암호화 알고리즘의 입력이며, 비밀 키에 의해 알고리즘의 정확한 치환과 변형이 실행된다.
- 암호문(ciphertext) : 암호화 알고리즘의 출력으로 만들어진 암호화된 메시지로, 평문과 비밀 키에 의해 결과가 좌우된다.
- 복호화 알고리즘 : 암호화 알고리즘과는 반대로 메시지를 복원한다.

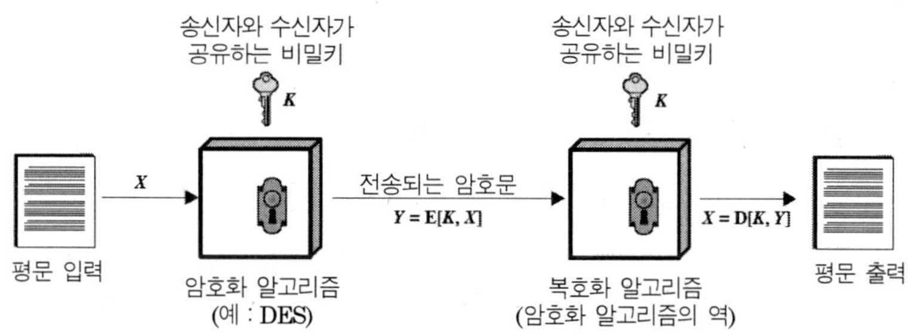

[그림 9-1] 대칭형 암호화의 모델

대칭형 암호화를 안전하게 사용하려면 두 가지 요구 사항을 만족시켜야 한다.

- 알고리즘을 알고 하나 이상의 암호문을 액세스할 수 있는 공격자라도 쉽게 암호문을 복호화하거나 키를 알 수 없는 강력한 암호화 알고리즘이 필요하다.
- 송신자와 수신자는 안전한 방식으로 비밀 키를 나누어 가질 수 있어야 하고 비밀 키를 안전하게 지킬 수 있어야 한다.

대칭형 암호화 기법을 공격하는 방법은 두 가지가 있는데, 첫 번째는 암호해독으로 알고리즘의 특성과 평문의 일반적인 특성에 대한 지식 또는 몇 개의 평문 암호문의 쌍을 이용해서 이루어 질 수 있다. 이 공격은 특정 평문을 미루어 짐작하거나 키를 유추하기 위해 알고리즘의 특성을 이용한다.

두 번째 방법은 암호문을 이해할 수 있는 평문으로 번역할 수 있을 때까지 암호문의 일부에 모든 가능한 키를 모두 적용해 보는 공격이다. 표 9-1은 현재의 일반적인 컴퓨터로 하나의 복호화를 수행하는 데 1μs가 걸린다고 가정할 때, 키의 크기에 따른 소요시간을 나타낸다. 표의 마지막 열은 1μs마다 백만 개의 키를 처리할 수 있는 시스템에서의 결과를 나타내었다.

표 9-1 가능한 키의 대입 방식으로 키를 찾는데 소요되는 평균시간

키 크기(bit)	키의 수	1번의 복호화에 걸리는 시간(㎲)	10^6개를 복호화 하는데 걸리는 시간(㎲)
32	$2^{32}=4.3\times10^{9}$	$2^{31}\mu s=35.8$분	2.15밀리초
56	$2^{56}=7.2\times10^{16}$	$2^{55}\mu s=1142$년	10.01시간
128	$2^{128}=3.4\times10^{38}$	$2^{127}\mu s=5.4\times10^{24}$년	5.4×10^{18}년
168	$2^{168}=3.7\times10^{50}$	$2^{167}\mu s=5.9\times10^{36}$년	5.9×10^{30}년
26문자(순열)	$26\neq4\times10^{26}$	$2\times10^{26}\mu s=6.4\times10^{12}$년	6.4×10^{6}년

(2) 대칭형 암호화 알고리즘

가장 많이 사용하고 있는 대칭형 암호화 알고리즘 중 하나는 블록 암호화(block cipher)로 평문을 일정한 크기의 블록으로 나누어, 각 평문 블록에 대해 같은 크기의 암호화된 블록을 만든다. 많이 사용되는 블록 암호화에는 DES와 AES가 있다.

- 데이터 암호화 표준(DES; Data Encryption standard)은 1977년에 개발되었으며, 56비트 키를 사용하므로 컴퓨터의 처리 속도가 빨라져 DES는 조만간 쓸모없게 될 것이다. 기본적인 DES 알고리즘을 112비트나 168비트의 2개 또는 3개의 키를 사용하여 세 번 반복하는 삼중 DES를 사용한다면, DES 사용 기간의 연장이 가능하다.
- 고급 암호화 표준(AES; Advanced Encryption Standard)은 3DES의 단점을 보완하여 이를 대체하는 것으로, 3DES보다 더 나은 보안성을 가지며 2001년 미연방의 정보처리 표준으로 발표되었다.

그림 9-2는 AES의 전체적인 구조를 보여주며, 암호화와 복호화 알고리즘의 입력은 128비트 블록이다.

이 블록은 바이트들의 정사각형 행렬로 암호화와 복호화의 각 단계마다 수정이 되는 상태 배열에 복사된다. 마지막 단계가 끝난 후, 상태에 있는 내용은 출력 행렬로 복사된다. 마찬가지로, 128비트 키 또한 바이트들의 정사각형 행렬이며, 키 스케줄 단어 배열로 확장된다. 각 단어는 4바이트이고 키 스케줄 전체는 128비트 키의 경우 44단어이며 행렬 안에서 바이트의 순서는 줄을 기준으로 한다.

같은 방식으로, 하나의 단어를 구성하는 확장된 키의 첫 번째 4바이트는 w행렬의 첫 번째 줄을 구성한다.

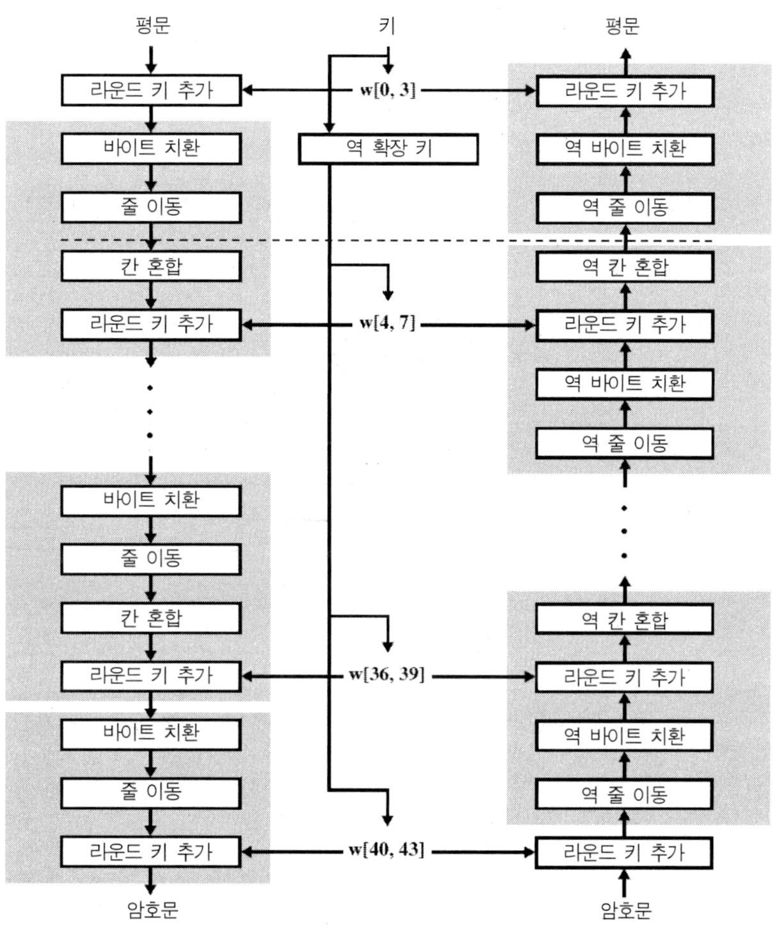

[그림 9-2] AES 암호화와 복호화

AES의 과정은 다음과 같다.

- 입력으로 들어오는 키는 44개의 32비트 단어 배열, w[i]로 확장된다. 4개의 단어는 각 라운드마다 라운드 키로 사용한다.
- 4개의 다른 단계가 행해지는데, 1개의 교환단계와 3개의 치환단계이다.
  - 바이드 치환단계(substitute bytes) : S-box라고 부르는 표를 이용하여 블록에 대해 바이트 단위 치환을 수행한다.
  - 행 교환단계 (shift rows) : 줄 단위로 간단하게 교환한다.
  - 칸 혼합단계(mix columns) : 칸에 있는 모든 바이트에 대한 함수로 칸에 있는 각 바이트를 변경하여 치환한다.

- 라운드 키 추가단계(add round key) : 확장된 키와 현재 블록을 비트 단위로 XOR 연산을 수행한다.

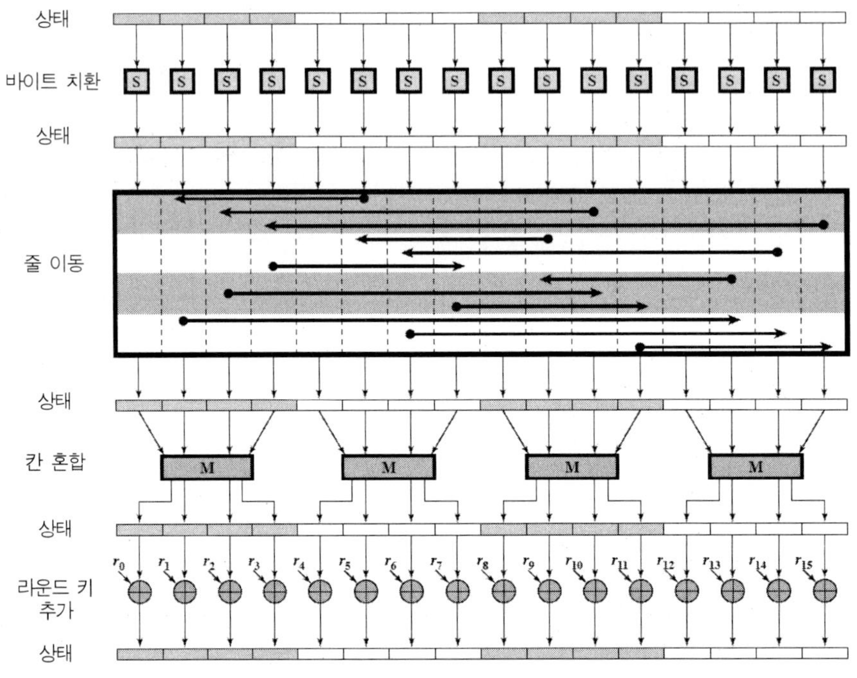

[그림 9-3] AES 암호화 라운드

- 암호화 라운드의 구조는 매우 간단하며, 암호화나 복호화 모두 라운드 키 추가단계로 시작하고, 네 개의 단계로 이루어진 9라운드를 수행한 후 마지막 10번째 라운드에서는 세 개의 단계만 수행한다. 그림 9-3에서 전체 암호화 라운드의 구조를 자세히 보여준다.
- 라운드 키 추가단계에서만 키를 사용하므로 과정 수행은 라운드 키 추가로 시작하고 끝을 맺는다. 시작과 끝에 적용되는 다른 모든 단계들은 키를 모르더라도 역으로 수행할 수 있기 때문에 보안에 도움을 주지 못한다.
- 라운드 키 추가단계 자체는 그다지 강력하지 않고, 나머지 3단계 모두 비트를 뒤섞지만, 키를 사용하지 않으므로 그 세 가지 단계 자체로는 보안을 보장할 수 없다. 암호화는 어떤 블록에 대해 XOR 연산으로 암호화를 하는 과정을 교대로 반복하는 것이며 이 방법은 효율적이고 보안상 매우 안전하다.
- 각 단계는 쉽게 역으로 수행할 수 있어 바이트 치환단계와 줄 교환단계, 칸 혼합단계는 복호화 알고리즘에서 역함수를 사용하며 라운드 키 추가단계는 그 블록에 적

용하였던 라운드 키와 동일한 라운드 키를 XOR해서 원래의 블록을 얻는데, A⊕A ⊕B=B인 원리를 이용한다.

- 대부분의 블록 암호화에서와 같이 복호화 알고리즘에서도 확장된 키를 역으로 적용한다. 그러나 복호화 알고리즘은 암호화 알고리즘과 같지 않은데, 이것은 AES의 특별한 구조 때문이다.
- 4가지 단계 모두 역으로 수행할 수 있다는 것을 확인했다면, 복호화과정이 평문을 다시 복원한다는 것을 쉽게 증명할 수 있다. 그림 9-2는 암호화와 복호화과정이 서로 반대의 순서로 과정을 수행하는 것을 보여주고 있다.
- 암호화와 복호화 모두 마지막 라운드는 3단계로 이루어지며, 이것 역시 AES의 특별한 구조 때문이며 암호화 모듈을 역으로 수행하려면 필요하다.

(3) 암호화 장치의 위치

네트워크 보안 위협에 대처하는 강력한 방법이 암호화이며, 무엇을 암호화하며 암호화 장치를 어디에 위치시켜야 할 것인가를 결정해야 한다. 그림 9-4에서 보듯이 2개의 기본적인 방식이 있는데, 링크 암호화와 종단-대-종단 암호화이다.

링크 암호화의 경우 보안이 취약한 통신 링크마다 양 끝에 암호화 장치를 설치하므로, 이 통신링크를 거치는 모든 트래픽은 보안이 보장된다. 큰 규모의 네트워크에서는 장비가 많이 필요한 단점이 있지만, 높은 수준의 보안을 제공한다.

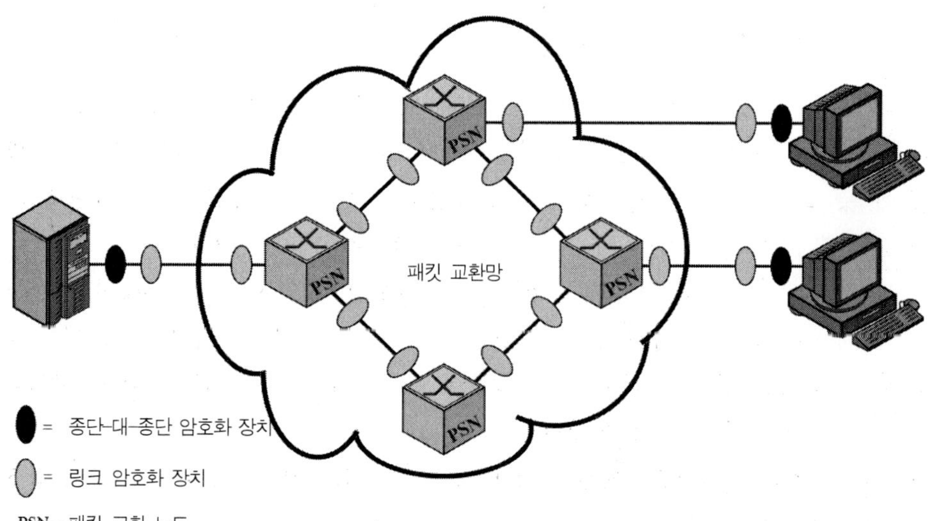

[그림 9-4] 패킷 교환망에서의 암호화

종단-대-종단 암호화 과정은 두 종단 시스템에서 수행되므로, 암호화된 데이터는 경로 중간에서 복호화 되지 않고 목적지 단말이나 호스트까지 전달된다. 수신측은 송신측과 키를 공유하고 있으므로 데이터를 복호화 할 수 있다.

그러므로 종단 간 암호화에서 데이터는 보안상 안전하지만 헤더는 암호화되지 않고 전송되므로, 트래픽 패턴은 보안상 안전하지 못하다. 보안성을 강화하기 위해서는 그림 9-4에서와 같이 링크 암호화와 종단 간 암호화 모두 필요하다.

두 가지 방식을 모두 적용할 때, 패킷의 데이터 부분을 종단 간 암호화키를 사용하여 암호화한 다음 전체 패킷을 링크 암호화키를 사용해서 암호화한다.

(4) 암호화 키의 분배

대칭형 암호화를 수행하려면 두 개체는 같은 키를 공유해야 하며, 그 키는 다른 이들이 액세스할 수 없어야 한다. 키를 자주 교체하는 것도 공격자가 키를 알게 되었을 때, 노출되는 데이터의 양을 줄여주기 때문에 바람직하다. 키 분배는 다양한 방식으로 수행할 수 있는데, 두 개의 통신 대상인 "갑"과 "을"이 있다면,

① "갑"이 키를 하나 선택하여 "을"에게 직접 전달한다.

② 제3자가 키를 선택하여 "갑"과 "을"에게 직접 전달한다.

③ "갑"과 "을"이 최근에 사용했던 키가 있다면, 한쪽에서 새로운 키를 사용했던 키로 암호화하여 상대에게 보낸다.

④ "갑"과 "을"이 제3자 "병"과 암호화로 연결되었다고 하면, "병"이 갑과 "을"에게 암호화된 연결을 통해 키를 전송한다.

①과 2의 방법은 키를 직접 전달해 주어야 하는데, 링크 암호화는 직접 전달이 가능하다. 왜냐하면 각 링크의 암호화 장치들은 링크에 연결된 상대하고만 데이터를 주고받기 때문이다. 그러나 종단 간 암호화는 직접 전달하는 방식을 사용하기가 어려우므로, 각 장치는 연결 설정마다 제공되어야 할 키들이 필요하다.

③의 방법은 링크 암호화나 종단 간 암호화 두 방식에 모두 적용이 가능하지만, 공격자가 하나를 알게 되면, 그 후에 만들어지는 모든 키들은 노출된다. 링크 암호화키는 자주 변경할 수 있지만, 한 번에 하나씩 수작업으로 수행해야 한다. 그리고 종단 간 암호화의 키 제공 방식은 ④의 방법을 사용하는 것이 좋다.

그림 9-5는 종단-대-종단 연결을 ④의 방법으로 구현한 것이며 그림에서 링크 암호화는 생략하였으며 이 기법에는 두 종류의 키가 사용된다.

- 세션 키(session key)는 호스트나 단말기 등의 두 개의 종단 시스템이 통신할 때, 가상회선과 같은 논리적인 연결을 설정한다. 논리적인 연결을 설정하는 동안 모든 데이터는 일회용 세션 키를 사용하여 암호화한다.
- 영구 키(permanent key)는 세션 키를 분배할 목적으로 개체들 간에 사용한다.

키 분배 환경은 다음의 요소들로 이루어진다.

- 키 분배 센터(KDC : key distribution center)는 시스템들 간에 서로 통신할 수 있는지 여부를 결정하는데, 두 시스템 간에 연결이 가능하면 키 분배 센터는 그 연결의 설정에 사용되는 일회용 세션 키를 분배한다.
- 보안서비스 모듈(SSM : security service module)은 사용자 측에서 종단-대-종단 암호화를 수행하고 세션 키를 가져오는 역할을 한다.

연결 설정의 첫 번째 단계에서는 하나의 호스트가 다른 호스트와 연결 설정을 할 때 연결 요청 패킷을 자신의 보안서비스 모듈에게 보낸다. 두 번째 단계에서 수신측 보안서비스 모듈은 패킷을 저장하고 키 분배 센터에게 연결 설정을 위한 세션 키를 요청한다. 이 때 보안서비스 모듈과 키 분배 센터 사이의 통신은 둘 사이에만 공유하는 마스터키를 사용하여 패킷을 암호화한 후에 이루어진다.

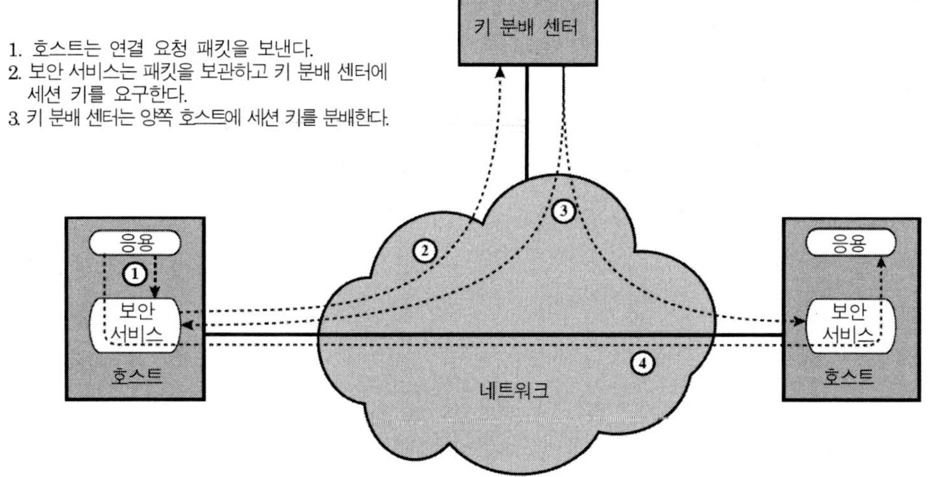

[그림 9-5] 연결 지향 프로토콜의 자동 키 분배

세 번째 단계는 키 분배 센터가 연결 요청을 승인한다면, 세션 키를 만들어 각 보안서비스 모듈의 영구키를 이용하여 암호화한 후 두 개의 보안서비스 모듈에게 분배한다.

네 번째 단계에서는 두 종단 시스템 간에 연결이 설정되었으므로 통신이 이루어진다. 두 시스템 간에 연결을 설정할 때 교환되는 패킷은 각 시스템의 보안서비스 모듈에서 일회용 세션 키를 이용하여 암호화하여 전달한다.

(5) 트래픽 패딩

트래픽 분석 공격에 대한 방어는 링크 암호화를 사용하면 패킷 헤더가 암호화되기 때문에 어느 정도 막을 수 있다. 그러나 링크암호화가 적용되는 환경이라도 공격자는 네트워크의 트래픽 양과 각 시스템에 입출력되는 트래픽의 양을 측정할 수 있다. 트래픽 패딩은 전송할 데이터가 있을 때는 그것을 암호화하여 전송하고, 전송할 데이터가 없는 경우에는 무작위로 데이터를 만들어 암호화하여 전송하는 기능이다. 그러므로 공격자가 순수한 데이터와 무작위로 추가한 데이터를 구분할 수 없게 하여 전송되는 트래픽 양의 추정을 불가능하게 만든다.

9.3 메시지 인증과 해시함수

도청과 같은 수동적 공격은 암호화로 방어할 수 있지만, 전송되는 데이터와 메시지들을 변형시키고 위장 또는 재생하는 능동적 공격에 대한 방어도 필요하다. 이런 공격을 막는 방법에는 메시지 인증이 있다.

9.3.1 메시지 인증 방식

메시지 인증이란 통신을 하는 상대가 수신한 메시지를 믿을 수 있는지를 확인하는 절차로, 중요한 판단 기준은 전달 도중에 메시지의 내용이 변형되지 않았다는 것과 신뢰할 만한 발신자가 보낸 것인지를 확인하는 것이다.

(1) 대칭형 암호화를 사용하는 인증 방법

대칭형 암호화를 사용한다면 송신자와 수신자만 키를 공유하고 있으므로 키를 가지고 있는 진짜 송신자만이 상대에게 메시지를 암호화하여 보낼 수 있다. 메시지가 에러 검출 코드와 순서 번호, 시간정보를 포함한다면 수신자는 메시지가 변형되지 않았고 순서가 어긋나지 않았으며 인위적으로 지연되지 않고 정상적으로 수신되었음을 확인 할 수 있다.

(2) 메시지 암호화를 사용하지 않는 메시지 인증 방법

암호화를 사용하지 않는 여러 가지 메시지 인증방식들은 전송하는 메시지에 인증태그(authentication-tag)를 만들어 첨부시킨다.

이와 같이 암호화 없이 인증만을 제공하는 것이 더 좋은 3가지 경우를 소개하면 다음과 같다.

- 현재 네트워크를 사용할 수 없다는 통지나 관리시스템의 경고는 같은 메시지를 여러 목적지로 보낸다. 하나의 상대와 인증 관계를 설정했다면, 그것을 유지하는 비용은 적고 신뢰할 만하다. 그러므로 브로트캐스팅 메시지는 평문에 인증 태그만을 붙여 보내고, 책임이 있는 시스템이 인증과정을 수행한다.
- 통신량이 많아서 수신되는 모든 메시지를 복호화 할 여유가 없을 때는 무작위로 메시지를 선택해서 인증을 검사를 하는 선택적 방식을 사용한다.
- 암호화되지 않은 컴퓨터 프로그램의 경우는 매번 처리기 자원을 낭비해가며 복호화를 하지 않고도 수행될 수 있는 장점이 있지만, 인증 태그가 프로그램에 첨부된 경우에는 인증이 필요할 때 언제든 인증을 수행할 수 있다.

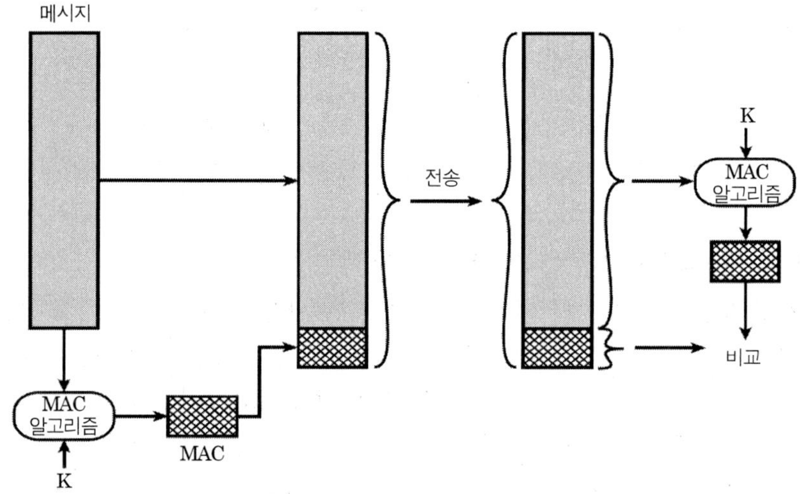

[그림 9-6] 메시지 인증 코드를 사용한 메시지 인증

(3) 메시지 인증 코드(MAC; Message Authentication Code)

다른 인증 기법으로는 비밀 키를 사용하여 메시지 인증 코드를 만들어 메시지에 첨부하는 방식이다. 통신 당사자들이 "갑"과 "을"이고 비밀 키 K_{AB}를 공유한다면, "갑"이 "을"

에게 보낼 메시지 M이 있을 때, "갑"은 메시지와 키를 인자로 한 함수를 이용하여 메시지 인증 코드를 생성한다. 즉, 인증코드는 $MAC_M = F(K_{AB}, M)$이다.

메시지와 첨부된 인증코드는 전달하고자 하는 "을"에게 전송된다. "을"은 동일한 비밀키로 새로운 메시지 인증 코드를 만들기 위해 받은 메시지에 대해서 같은 연산을 수행한다. 수신한 인증코드와 수신측에서 계산한 인증코드를 비교하는데, "갑"과 "을"만이 비밀 키를 공유하므로 수신한 인증 코드와 계산한 인증 코드가 동일하다면,

- "을"은 메시지가 변형되지 않았다는 것을 알 수 있는데, 만약 공격자가 메시지만 변형하고 인증 코드는 변형하지 않았다면 "을"이 계산한 인증 코드와 수신한 인증 코드는 다를 것이다.
- 그러므로 "을"은 그 메시지가 정확하게 "갑"에게서 왔다고 확신할 수 있으며, "갑" 외에 다른 사람들은 비밀키를 모르기 때문에 메시지에 부합되는 인증 코드를 만들 수 없다.
- HDLC와 TCP처럼 메시지에 순서 번호가 있다면 공격자는 순서 번호를 바꿀 수 없기 때문에 "을"은 번호가 순서에 어긋나지 않았음을 확신할 수 있다.

미국의 국가표준국에서는 인증코드를 만들기 위한 알고리즘으로 DES 사용을 권고하였다. DES는 메시지를 암호화 하는데 사용하고, 암호문의 마지막 몇 비트는 인증 코드로 이용하며 16비트나 32비트를 사용한다.

인증과정은 암호화와 유사하지만, 인증 알고리즘은 복호화에서처럼 역으로 수행할 필요가 없다. 인증함수의 이러한 수학적인 특성 때문에 암호화보다 파괴하기 어렵다.

(4) 단방향 해시함수(One-way Hash Function)

현재 메시지 인증 코드로 가장 많이 사용되는 것은 단방향 해시함수로, 여러 가지 크기의 메시지 M을 입력으로 정해진 크기의 메시지 요약 $H(M)$을 출력한다. MAC과는 달리 해시함수는 비밀 키를 입력으로 하지 않으며, 메시지 요약은 메시지 인증을 위해 메시지와 함께 보낸다.

그림 9-7은 메시지를 인증하는 3가지 방식을 보여준다.

메시지 요약은 대칭형 암호화를 사용하여 암호화할 수 있는데, 송신자와 수신자끼리만 암호화키를 공유한다면 인증이 가능하다. 공개키 방식을 사용할 경우 메시지 인증과 함께 전자서명 기능도 제공받고, 키 분배과정도 필요 없는 장점이 있다.

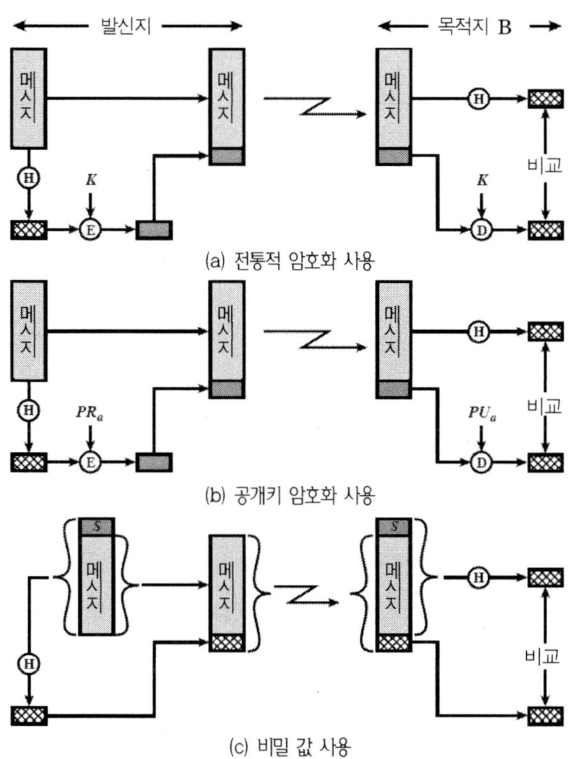

[그림 9-7] 3가지 메시지 인증 방식

이 메시지 요약과 공개키 방식은 전체 메시지를 암호화하는 것보다 계산량이 적으나, 암호화를 전혀 사용하지 않는 방식의 기술을 개발하는 데 많은 노력을 기울여 왔다. 이러한 기술에 관심을 갖는 이유는 다음과 같다.

- 암호화 소프트웨어의 처리 속도는 느리고, 암호화해야 하는 데이터의 양이 적더라도 메시지가 시스템에 계속 입출력되는 경우가 많다.
- 암호화 하드웨어의 가격이 비싸므로, DES를 저가의 칩으로 구현한 것이 있더라도, 네트워크의 모든 노드에 이 기능을 설치하려면 비용이 많이 든다.
- 암호화 하드웨어는 큰 크기의 데이터에 최적화되었으므로, 작은 데이터 블록의 경우 대부분의 시간이 초기화 호출 같은 부수적인 일들에 낭비된다.
- 암호화 알고리즘들 중 특허를 받은 경우들이 많아 비용이 커진다.

그림 9-7(c)는 메시지 인증을 위해서 암호화를 전혀 사용하지 않고 해시함수를 사용하는 기술을 보여주고 있다.

통신하는 두 당사자를 "갑"과 "을"이라 하고, 둘 사이에 공유하는 비밀값 S_{AB}가 있다고 가정한다. "갑"이 "을"에게 보낼 메시지가 있을 때, "갑"은 비밀값과 메시지에 연관된 해시함수 결과값을 계산하면, 그 값은 $MD_M=H(S_{AB} \| M)$인데, 여기서 ‖는 접합을 뜻한다. 그 다음 "갑"은 "을"에게 $[M \| MD_M]$을 보낸다. "을"은 S_{AB}를 알고 있으므로 $H(S_{AB} \| M)$을 다시 계산하여 수신한 MD_M과 비교하여 확인한다. 비밀값 자체는 전송되지 않으므로, 공격자가 가로챈 메시지를 수정할 수 없다.

비밀 값을 이용하는 세 번째 메시지 인증방식을 IP 보안에 사용하며, SNMPv3가 좋은 예이다.

9.3.2 안전한 해시함수(Secure Hash Function)

안전한 해시함수는 메시지 인증에서 뿐만 아니라 전자 서명에서 중요한 역할을 하는데, 여기서는 안전한 해시함수의 조건들을 먼저 살펴본다.

(1) 해시함수의 조건

해시함수의 목적은 파일과 메시지 또는 다른 데이터 블록의 "지문"을 만드는 것으로, 메시지 인증에 사용하려면 해시함수 H는 다음과 같은 특성을 가져야 한다.

① H는 어떠한 크기의 데이터 블록에도 적용 가능해야 한다.

② H는 고정 길이의 출력을 만든다.

③ $H(x)$는 임의의 주어진 x에 대하여 계산하기 쉬워, 실제로 하드웨어와 소프트웨어로 구현 가능해야 한다.

④ 주어진 코드 h에 대해, $H(x)=h$를 만족하는 x를 찾아내는 것이 계산으로 불가능해야 한다.

⑤ 주어진 블록 x에 대해, $H(y)=h$를 만족하는 x를 찾아내는 것이 계산으로 불가능해야 한다.

⑥ $H(x)=(y)$인 쌍(x, y)를 찾아내는 것이 계산으로 불가능해야 한다.

처음 3가지 특성은 해시함수를 메시지 인증에 적용하기 위해 필요한 것이며, 4번째 성질은 단방향 특성이다. 주어진 메시지 대해서 코드를 만들어 내는 것은 실제로 불가능하다. 이 성질은 인증 기술이 비밀값을 사용하는 경우 필요한 조건이다,

5번째 성질은 주어진 메시지의 해시값과 동일한 해시값을 갖는 다른 메시지를 찾을 수 없음을 보장한다.

이러한 특성은 암호화 해시 코드 방식인 그림 9-7(a)와 (b)를 사용할 때 메시지 위조를 방지한다.

앞에 제시한 조건들에서 다섯 가지 특성을 만족하는 해시함수를 약한 해시함수라고 하고, 6번째 성질도 만족하는 경우 강한 해시함수라고 한다.

(2) 안전한 해시 알고리즘(SHA; Secure Hash Algorithm)

해시 알고리즘들 중에서 가장 일반적인 것은 SHA-1이며, 160비트의 해시 값을 만들어 낸다. 2002년 NIST에서는 해시 값의 길이가 256, 384, 512비트인 SHA-256, SHA-384, SHA-512를 정의하는 새로운 표준을 발표하였다.

새로운 버전 중 SHA-512의 알고리즘은 최대 2^{128}비트 길이의 메시지를 입력으로 받아 512비트의 메시지 요약을 출력하는데, 입력을 1024비트 단위의 블록으로 나누어 각각에 대해 연산을 수행한다. 그림 9-8은 메시지 요약을 만드는 과정을 간단히 보여주는데, 그 과정은 다음과 같이 두 단계로 이루진다.

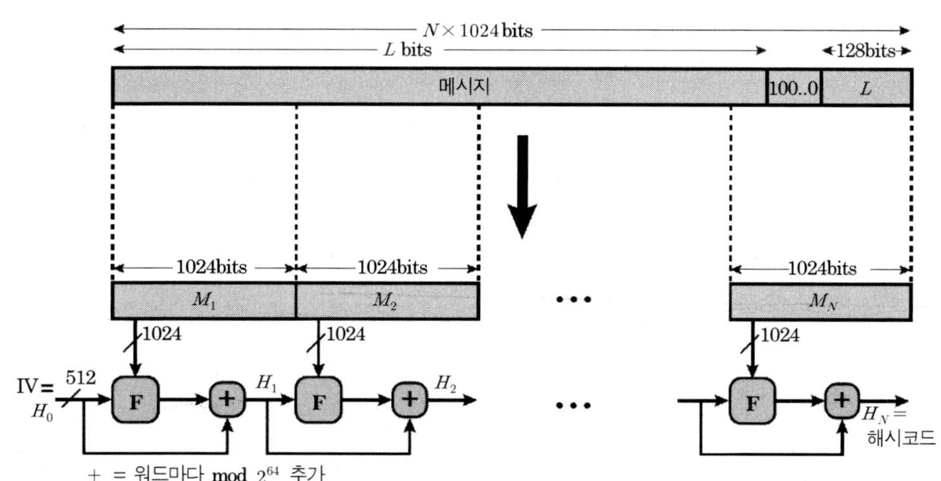

[그림 9-8] SHA-512를 이용한 메시지 요약 생성

- 1단계(패딩비트 덧붙이기) : 메시지의 길이를 1024로 나누어 나머지가 896이 되도록 패딩비트를 덧붙인다. 그러므로 패딩비트의 길이는 1~1024의 범위에 있으며, 패딩비트는 한 비트의 1에 필요한 개수만큼의 0을 덧붙여 만든다.
- 2단계(길이 늘이기) : 128비트의 블록을 메시지 끝에 붙이는데, 이 블록은 128비트의 부호 없는 정수이고, 패딩을 붙이지 않은 메시지의 길이를 나타낸다.
  처음 2단계를 거치면 메시지의 길이가 1024의 배수가 되며, 그림 9-8에서 확장된 메시지는 1024비트 크기의 블록 $M1$, $M2$, …, Mn으로 나타나고 확장된 메시지 총 길이는 N×1024비트이다.

- 3단계(MD 버퍼 초기화) : 512비트 버퍼에 해시함수 계산의 중간값과 최종값을 저장한다.
- 4단계(512비트 블록 단위로 메시지 처리) : 알고리즘의 핵심은 80라운드로 이루어진 메시지 처리 모듈이며, 80라운드는 같은 구조를 가지고 있지만 상수값이나 논리 연산을 다르다.
- 5단계(출력) : N개의 1024비트 블록에 대한 처리가 끝나면, N번째의 출력이 512비트 메시지 요약이 된다.

SHA-512 알고리즘은 해시 코드의 모든 비트는 입력으로 들어온 모든 비트에 대한 함수라는 특성을 가지며, 기본함수 F의 복잡한 반복은 잘 섞어 놓은 결과를 만든다.

즉, 2개의 메시지가 유사하더라도 같은 해시 코드를 갖기는 어렵다.

9.4 공개키 암호화와 전자 서명

메시지 인증과 키 분배에서 대칭형 암호화만큼이나 중요한 역할을 하는 것이 공개키 암호화이며, 먼저 공개키 암호화의 기본 개념을 소개한 다음 전자 서명에 대해서 설명한다. 뿐만 아니라 가장 보편적으로 사용되는 공개키 암호화 알고리즘 RSA(Rivest-Shamir-Adleman)와 키 분배 문제도 살펴본다.

9.4.1 공개키 암호화

공개키 암호화 알고리즘은 단순히 비트패턴을 조작하는 것이 아니라 수학적인 함수에 기반을 두며, 두 개의 분리된 키를 사용하는 비대칭적 성질을 가지고 있다. 두 개의 키 사용은 기밀성과 키 분배와 인증에 근본적인 변화를 가져왔다.

공개키 암호화 방식에서는 그림 9-9와 같이 6개의 요소가 있다.

- 평문 : 알고리즘의 입력이 되는 읽을 수 있는 메시지이다.
- 암호화 알고리즘 : 암호화 알고리즘은 평문을 다양하게 변형시킨다.
- 공개키와 개인키 : 하나가 암호화에 사용되면 나머지 하나는 복호화에 사용되는 한 쌍의 키이다.

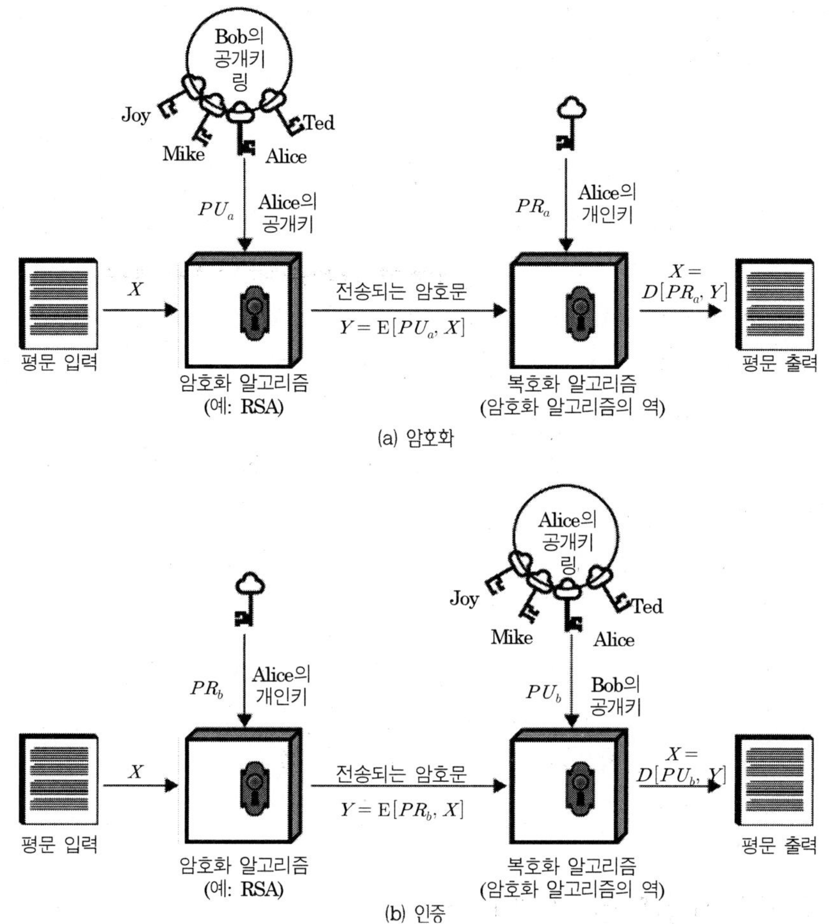

[그림 9-9] 공개키 암호화

- 암호문 : 출력으로 나오는 뒤섞인 메시지로 평문과 키에 의해 결정된다. 주어진 메시지에 대해, 2개의 다른 키는 2개의 다른 암호문을 만들어 낸다.
- 복호화 알고리즘 : 암호문과 해당 키를 받아 원래의 평문을 찾는다.

공개키는 다른 사람이 사용할 수 있도록 공개되는 키이고, 개인키는 그 키의 소유자만이 알고 있다. 공개키 암호화 알고리즘은 하나의 키를 암호화에 그에 상응하는 다른 키는 복호화에 사용하며, 다음과 같은 중요한 특성을 가지고 있다.

- 암호화 알고리즘과 암호화키를 알고 있는 것만으로 복호화 키를 찾아내는 것은 계산으로 불가능하다.

- 대부분의 공개키 암호화 방식에서, 두 가지 키 중 어느 것이든 암호화에 사용할 수 있고, 다른 것은 복호화에 사용될 수 있다.

공개키 암호화의 핵심은 다음 4단계인데, 여기서 사용하는 Bob과 Alice는 암호기법에서 등장하는 3사람의 주인공 중 2명인데 Alice는 안전한 데이터를 보내려는 사람이고, Bob은 그 데이터를 수신하는 사람이고, Eve는 메시지를 가로채거나 Alice가 보내는 것처럼 위장된 메시지를 전송하여 통신을 방해하려는 사람이다.

① 각 사용자는 메시지 암호화와 복호화에 사용할 키 쌍을 생성한다.

② 각 사용자는 키 쌍 중 하나를 공개 등록처나 다른 사람이 접근 가능한 파일에 올려놓고, 나머지 하나는 개인적으로 보관한다.

③ Alice가 Bob에게 비밀 메시지를 보내려고 할 때, Alice는 Bob의 공개키를 사용하여 메시지를 암호화한다.

④ Bob이 메시지를 받았을 때, Bob은 가지고 있는 개인키로 메시지를 복호화 한다. Bob의 개인키는 Bob만 가지므로 Eve는 메시지를 복호화 할 수 없다.

이 방식으로 모든 참가자는 공개키에 접근이 가능하고, 개인키는 각 참가자가 개인적으로 만들어 분배하지 않고 보관한다. 사용자가 개인키를 노출시키지 않는 한, 수신하는 통신은 안전하다. 언제든지, 사용자는 개인키를 바꿀 수 있고 그에 상응하는 공개키로 이전의 공개키를 대체할 수 있다.

9.4.2 전자 서명(Digital Signature)

공개키 암호화는 그림 9-9(b)에 나타난 것처럼, 다른 방식으로 사용이 가능하다. 메시지의 기밀을 지키는 것이 중요하지 않더라도, Alice가 Bob에게 메시지를 보낼 때, Bob은 그 메시지를 정말로 Alice에게서 받았다고 확신할 수 있기를 바란다. 이 경우 Alice는 그의 개인키로 메시지를 암호화한다.

Bob이 암호문을 받았을 때, Alice의 공개키로 암호문을 복호화 할 수 있다는 것을 알면, 그 사실로 그 메시지가 Alice가 암호화한 것이 분명하다고 확신할 수 있다. Alice 외에 아무도 Alice의 개인키를 알지 못하므로 Alice의 공개키로 복호화 되는 메시지를 만들 수 없다.

그러므로 암호화된 전체 메시지가 전자 서명의 역할을 하며, 게다가 Alice의 개인키를 모르면 메시지를 변경할 수 없으므로 메시지는 보낸 사람에 대한 인증과 무결성을 보장한다.

앞의 방식들에서는 모든 메시지를 암호화 하였는데, 이것은 내용과 발신자에 대해 보증하지만 많은 양의 메모리를 소모한다. 문서를 실제로 사용하려면 평문으로 유지되어야 하며, 분쟁이 발생했을 경우 출처와 내용에 대한 확인을 위해 복사본을 암호문으로 저장할 수 있다. 더 효율적인 방법은 문서에 대한 함수를 통해 얻는 결과인 작은 블록의 비트를 암호화하는 것이다. 그런 블록을 인증자(authenticator)라고 부르며 인증자를 바꾸지 않고는 내용을 변경할 수 없도록 해야 한다. 인증자가 송신자의 개인키로 암호화되었다면, 출처와 내용, 메시지의 순서를 확인할 수 있는 서명의 역할을 하며, SHA-1같은 안전한 해시함수를 여기에 사용할 수 있다.

9.4.3 RSA 공개키 암호화 알고리즘

가장 일반적인 공개키 알고리즘인 RSA(Rivest-Shamir-Adleman)는 1977년 MIT에서 개발하였으며, 널리 사용되는 유일한 공개키 암호화 기법으로 공인되었다. RSA는 원문과 암호문이 어떤 n에 대해 0과 $n-1$사이의 정수인 블록 암호화 방식이다. 암호화와 복호화는 어떤 평문 블록 M과 암호화 블록 C에 대해 다음과 같은 형식을 가진다.

$$C=M^e \bmod n$$
$$M=C^d \bmod n=(M^e)^d \bmod n=M^{ed} \bmod n$$

송신자와 수신자 모두 n과 e값을 알고 있고, 수신자만이 d값을 알고 있어야 한다. 이는 공개키 $PU=\{e, n\}$이고 개인키 $PR=\{d, n\}$인 공개키 암호화 알고리즘이다. 이 알고리즘이 공개키 암호화 요건을 만족시키기 위해서는 다음과 같은 조건을 만족해야 한다.

① 모든 $M<n$에 대하여 $M^{ed}=M \bmod n$을 만족하는 e, d, n을 찾는 것이 가능하다.

② 모든 $M<n$의 값에 대하여 M^e와 C^d를 계산하는 것이 비교적 쉽다.

③ e와 n이 주어졌을 때 d를 알아내는 것이 불가능하다.

처음 두 가지 요구 사항은 쉽게 만족하지만, 세 번째 요구 사항은 e와 n이 클 때 만족될 수 있다.

그림 9-10은 RSA 알고리즘을 요약한 것으로 가장 먼저 두 개의 소수 p와 q를 선택하고, 두 수의 곱인 n을 계산해 내는데, 이 값은 암호화과정이나 복호화 과정에서 모듈로 연산으로 수행된다.

다음으로 n의 Euier totient라고 하는 $\phi(n)$의 값이 필요한데, 이 값은 n보다 작고 n과 서로 소인 자연수의 개수인데, 여기서 n이 두 소수의 곱일 때 pq, $\phi(n)=(p-1)(q-1)$이다. 그 다음 $\phi(n)$와 서로 소인 정수 e값을 선택한다[e와 $\phi(n)$의 최대공약수가 1]. 마지막으로 $de \bmod \phi(n)=1$인 d를 계산한다. d와 e가 요구되는 성질을 만족한다는 것을 증명할 수 있다.

키 만들기	
p, q선택	p와 q는 둘 다 소수이고 서로 다르다
$n = p \times q$	
$\phi(n) = (p-1)(q-1)$ 계산	
정수 e 선택	$\gcd(\phi(n), e) = 1;\ 1 < e < \phi(n)$
d 계산	$de \bmod \phi(n) = 1$
공개키	$PU = \{e, n\}$
개인키	$PR = \{d, n\}$
암호화	
평문	$M < n$
암호문	$C = M^e (\bmod n)$
복호화	
암호문	C
평문	$M = C^d (\bmod n)$

[그림 9-10] RSA 알고리즘

사용자 "갑"이 공개키를 공개하고 "을"이 "갑"에게 메시지 M을 보내려면, "을"은 $C=M^e(\bmod n)$을 계산하여 C를 전송한다. 암호문을 받으면 "갑"은 $M=C^d(\bmod n)$을 계산하여 암호문을 해독한다.

공개키 암호화 과정의 예를 그림 9-11에서 보여주는데, 이 예에서 키는 다음과 같이 생성된다.

① 두 개의 소수 p=17과 q=11을 선택한다.

② $n=pq=17\times11=187$을 계산한다.

③ $\phi(n)=(p-1)(q-1)=16\times10=160$을 계산한다.

④ $\phi(n)=160$과 서로 소이고 $\phi(n)$보다 작은 e를 선택한다.
이 예에서는 $e=7$이다.

⑤ $d<160$이고 de mod 160을 만족하는 d를 결정하는데, 그 값은 $d=23$이 된다.
왜냐하면 $23\times7=161=10\times16+123$이기 때문이다.

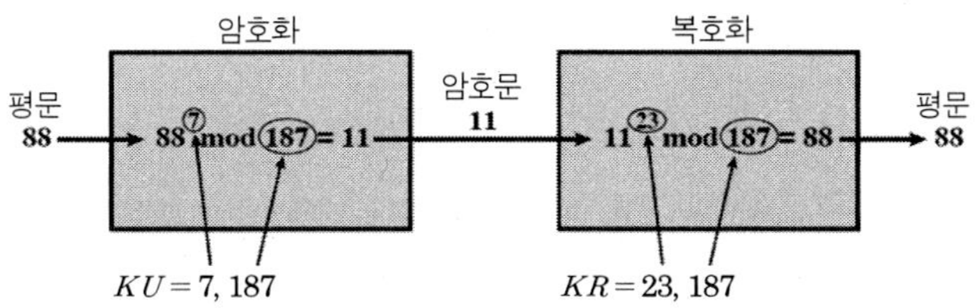

[그림 9-11] RSA 알고리즘의 예

공개키는 PU={7, 187}이 되고 개인키는 PR={23, 187}이 된다. 다음 예는 입력으로 들어온 원문 M=88에 대하여 키의 사용을 보여준다. 암호화를 위해 $C=88^7$ mod 187을 계산해야 한다. 모듈로 연산의 특징을 이용하여 다음과 같이 계산할 수 있다.

88^7 mod 187=[(88^4 mod 187)×(88^2mod 187)×(88^1 mod 187)] mod 187

88^1 mod 187=88

88^2 mod 187=7744 mod 187=77

88^4 mod 187=59,969,536 mod187=132

88^7 mod 187=(88×77×132) mod 187=894,432 mod 187=11

복호화 할 때는 $M=11^{23}$ mod 187을 계산한다.

$m=11^{23}$ mod 187=[($M=11^1$ mod 187)×($M=11^2$ mod 187)×($M=11^4$ mod 187)
×($M=11^8$ mod 187)×($M=11^8$ mod 187)] mod 187

$M=11^1$ mod 187=11

$M=11^2$ mod 187=121

$M=11^4$ mod 187=14,641 mod 187=55

$M=11^8$ mod 187=214,358,881 mod 187=33

$M=11^8$ mod 187=(11×121×55×33×33) mod 187=79,720,245 mod 187=88

RSA 알고리즘을 파괴하는 방법에는 가능한 모든 개인키를 적용하는 것으로 d와 e의 비트수가 많으면 알고리즘은 더욱 안전하지만 키 생성과 암호화/복호화가 복잡해져 시스템의 수행 속도가 느려진다. RSA를 해독하는 대부분 노력이 n을 두 개의 소수로 소인수분해 하는 일에 초점이 맞추어지는데, 큰 소수로 이루어진 수 n을 소인수분해하는 것은 어려운 일이지만, 예전에 비해서 쉬워졌다.

9.4.4 키 관리

대칭형 암호화로 안전하게 통신하기 위한 가장 기본적인 요구 조건은 둘 사이에 비밀키를 공유해야 하는 것이다. 예를 들어 Bob이 네트워크를 통해 Alice와 안전하게 이메일을 주고받을 수 있는 응용 프로그램을 만들려 한다. Bob이 대칭형 암호화만을 사용해서 구현하고 싶다면 Bob과 그의 상대 Alice는 다른 사람이 모르는 유일한 비밀키를 공유하는 방법을 찾아야 한다. 만약 Alice가 Bob의 옆방에 있다면, Bob은 키를 만들어서 종이에 적거나 USB 메모리에 담아 Alice에게 전달할 수 있다. 그러나 Alice가 다른 나라에 있다면, Bob은 새로운 키를 대칭형 암호화방식으로 암호화하여 Alice에게 전자 우편으로 보낼 수 있다. 이것은 Bob과 Alice가 새 비밀키를 암호화하기 위해 별도의 비밀키를 공유하고 있어야 한다는 뜻이다.

대칭형 암호화에서는 비밀키를 어떻게 안전하게 분배하느냐가 가장 어려운 문제이지만, 공개키 암호화 방식에서는 개인키를 분배할 필요가 없다. Bob이 다른 사람들과 통신하기를 원하면, 하나의 개인키와 하나의 공개키를 만든다. 개인키는 안전하게 보관하고 공개키는 모두에게 알려준다. Alice도 같은 일을 수행하면 Bob과 Alice는 서로의 공개키를 알게 되어 안전하게 통신할 수 있다. Bob이 Alice와 통신하고자 할 때, Bob은 다음과 같은 일을 수행한다.

① 메시지를 준비한다.

② 일회용 세션 키를 사용하여 대칭형 함호화로 메시지를 암호화한다.

③ 세션 키를 Alice의 공개키로 암호화한다.

④ 암호화한 세션 키를 암호화된 메시지에 첨부하여 Alice에게 보낸다.

Alice는 수신한 메시지에 첨부된 세션 키를 자신의 개인키를 사용하여 복호화 할 수 있으므로 원래의 메시지를 복원할 수 있다. 그러나 Alice의 개인키는 노출되지 않아 안전하지만, 임의의 사람이 공개키를 전송하고는 그것이 Alice의 공개키라고 사칭할 수도 있으므로 Bob은 Alice의 공개키라고 하는 키가 정말 Alice의 공개키인지 확인할 수 있어야 한다.

이 문제를 해결하는 방법이 공개키 인증서(public-key certificate)이며, 인증서는 공개키와 공개키 주인의 ID를 포함하고, 인증서 전체 블록을 신뢰할 수 있는 인증서 발급기관(CA; certificate authority)이 서명해 놓는다.

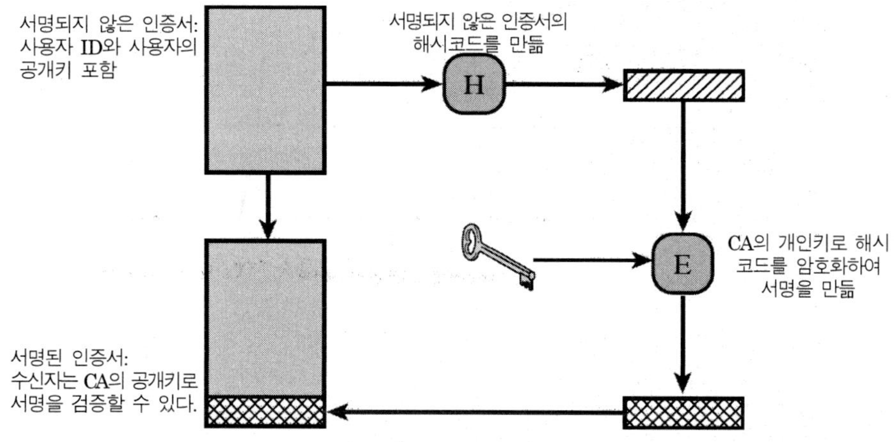

[그림 9-12] 공개키 인증서의 사용

인증서 발급기관은 보통 사용자들이 신뢰할 수 있는 정부기관이나 민간단체가 된다. 사용자는 공개키를 발급기관에 안전하게 전달하여 인증서를 발급 받을 수 있으며, 그 다음 사용자는 인증서를 공개한다. 어떤 사람이 이 사용자의 공개키가 필요하면 인증서를 찾아서 인증서에 첨부된 신뢰할 수 있는 서명을 보고 확인한다. 그림 9-12에서 그 과정을 보여주고 있다.

9.5 안전한 소켓계층과 전송계층의 보안

가장 보편적으로 사용되는 보안 서비스는 안전한 소켓계층(SSL)과 전송계층 보안(TLS)이라고 알려진 인터넷 표준이다. SSL은 TCP에 의존하는 프로토콜 집합으로 구현된 범용 서비스로, 두 가지 구현방식이 있다. SSL이나 TLS를 하위 프로토콜의 일부로 제공하여 응용프로그램이 인식할 수 없게 하거나, SSL을 브라우저에 넣을 수 있으며 대부분의 웹 서버는 이 프로토콜을 포함하고 있다.

(1) SSL(Secure Socket Layer) 구조

SSL은 응용 계층에서 만들어진 데이터를 압축과 인증, 암호화하여, TCP를 이용하여 종단 사이에 안전하고 믿을만한 서비스를 제공하기 위해 설계되었다. Netscape에서 개발하여 버전 2와 버전 3으로 갱신되었다. SSL은 그림 9-13에서 보는 것과 같이 두 개의 프로토콜 계층으로 이루어진다.

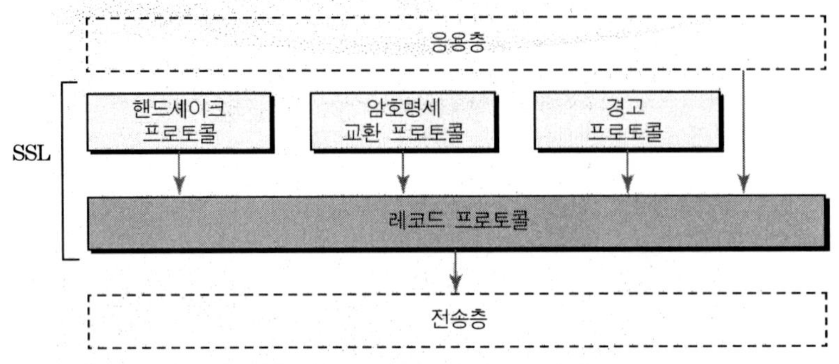

[그림 9-13] SSL 프로토콜 구성

레코드 프로토콜은 여러 종류의 상위 프로토콜에 기본적인 보안 서비스를 제공하며, 그 중에서 웹 클라이언트와 서버 간의 전송 서비스를 제공하는 HTTP는 SSL 상위에서 바로 레코드 프로토콜을 사용할 수 있다.

3개의 상위계층 프로토콜은 SSL의 일부로 정의되는데, 이들은 핸드셰이크 프로토콜(Handshake Protocol), 암호 명세 교환 프로토콜(Change Cipher Spec Protocol), 경고 프로토콜(Alert Protocol)이다. 이 프로토콜들은 SSL의 정보교환을 관리한다.

SSL은 세션과 연결의 두 레벨을 통해 접속이 가능하도록 설계되었는데, 세션은 오랫동안 유지될 수 있지만, 연결은 세션이 지속되는 동안에도 여러 번 설정되고 종료될 수 있다. 암호화와 마스터키와 같은 파라미터들은 세션이 확립되는 동안 만들어져 세션이 끝날 때까지 적용된다.

SSL 연결과 SSL 세션에 대해 상세히 정의하면 다음과 같다.

- 연결은 적당한 형태의 서비스를 제공하는 전송계층에 해당하며, SSL에서 연결은 P2P관계로 일시적이고 하나의 세션과 결합되어야 한다.
- SSL 세션은 통신을 안전하게 하기 위한 클라이언트와 서버의 연합으로, 핸드셰이크 프로토콜에 의해 만들어진다. 세션은 여러 개의 연결들이 공유할 수 있는 암호화 보안 변수의 집합을 의미하며, 연결을 설정할 때마다 새로운 보안 변수에 대해 협상하는 번거로움을 피하기 위해 사용한다.

(2) 레코드 프로토콜(Record Protocol)

레코드 프로토콜은 상위계층에서 오는 메시지를 분할하고 압축하며 협의된 해시 알고리즘을 사용하여 만든 MAC은 압축된 단편에 첨부한다. 압축된 단편과 MAC은 암호화 알고리즘을 사용하여 암호화한 후 SSL 레코드 헤더를 붙인다.

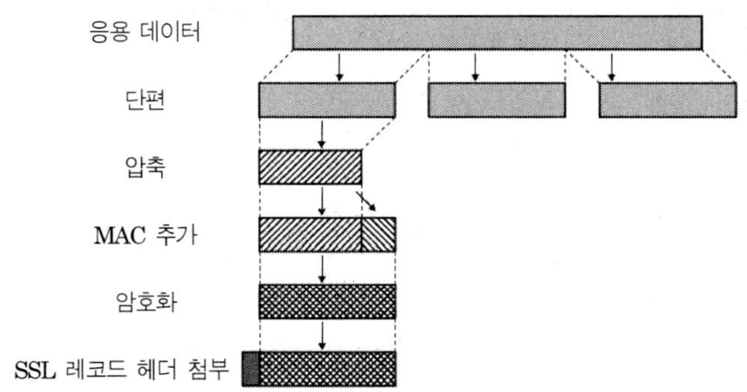

[그림 9-14] SSL 레코드 프로토콜의 동작

그림 9-14는 SSL 레코드 프로토콜의 전체 기능과 절차의 동작을 보여주는데, 첫 번째 과정은 단편화로 SSL 상위 계층들의 메시지를 16.384바이트보다 작거나 같은 크기의 블록으로 분할한다. 그 다음은 압축으로 이 과정은 선택사항이며, 세 번째 단계에서는 압축된 데이터에 대해 메시지 인증 코드(MAC)를 계산하여 압축한 데이터 단위에 첨부하여 대칭형 암호화로 암호화한다. SSL 레코드 프로토콜의 최종 단계는 다음과 같은 부분으로 이루어지는 헤더를 삽입하는 과정이다.

- 내용유형은 8비트 필드로 상위계층 프로토콜들의 데이터의 유형을 나타낸다.
- 주 버전 필드도 8비트로 사용되는 SSL 프로토콜의 주 버전을 표시한다.
- 부 버전 필드는 부 버전을 8비트로 나타낸다.
- 압축된 길이 필드는 단편화 했을 때 단편들의 길이를 바이트로 나타내는 것으로 압축되었을 경우는 압축된 단편의 길이를 말하며, 최대값은 2^{14}+2048이다.

유형에는 암호화 명세 교환과 경고, 협상, 응용데이터가 있는데, 응용 데이터를 제외한 3가지는 SSL 고유 프로토콜을 나타낸다. SSL을 사용하는 여러 가지 응용들이 있으며 대부분의 응용들을 차별하지 않고 서비스를 제공한다. 그러므로 응용이 만든 데이터의 내용은 SSL에서 변경하지 않는다.

SSL 레코드 프로토콜은 결과물을 TCP 세그먼트 단위로 전송하고, 수신된 데이터는 복호화와 인증, 해제, 재조립 단계를 거쳐 상위 계층의 사용자에게 전달된다.

(3) 암호 명세 교환 프로토콜

암호 명세 교환 프로토콜은 SSL 상위 프로토콜 중 가장 간단하다. 핸드셰이크 프로토콜의 4단계에서 보안 파라미터들을 협의하는데, 통신하려는 두 개체가 언제 파라미터들을 사용할 수 있는가에 문제가 있다. SSL은 개체가 특별한 메시지를 전송하거나 수신할 때까지 이 파라미터들을 사용하지 않도록 요구한다. 암호 명세 교환 프로토콜은 1의 값을 가진 1바이트로 구성되는 암호 명세 교환 메시지를 정의한다. 이 메시지의 목적은 보류 중인 파라미터들로 이번 연결에 사용되는 보안 관련 파라미터들을 갱신하게 한다.

(4) 경고 프로토콜

SSL은 경고 프로토콜을 사용하여 경고 메시지로 오류와 비정상적인 상태를 상대 개체에게 전달한다. SSL을 사용하는 다른 응용처럼 경고 메시지는 현재 상태를 명시된 대로 압축하고 암호화한다.

이 프로토콜의 메시지는 2바이트로 구성되는데, 첫 바이트의 값이 1이면 일반적 경고이며, 2이면 치명적 경고를 나타낸다. 치명적 경고의 경우 SSL은 즉시 연결을 종료하는데, 같은 세션의 다른 연결들은 계속 유지할 수 있지만, 이 세션으로 새로운 연결을 설정하지 못한다. 두 번째 바이트는 경고의 내용을 알리는 코드이다.

(5) 핸드셰이크 프로토콜

핸드셰이크 프로토콜은 보안 파라미터들을 협의하고 서버와 클라이언트가 서로를 인증하고, 암호화와 MAC 알고리즘으로 무엇을 사용할 것인지를 결정한다. 그리고 SSL 레코드 프로토콜에서 전송할 데이터를 보호하기 위해 사용할 암호화키를 협의하는 역할을 하므로, 응용 데이터가 전송되기 전에 사용되어야 한다.

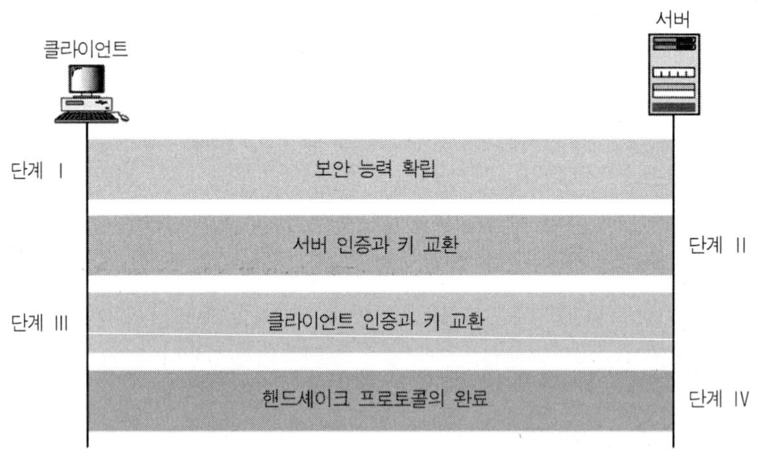

[그림 9-15] 핸드셰이크 프로토콜의 동작 단계

핸드셰이크 프로토콜은 클라이언트와 서버의 연속적인 메시지 교환으로 이루어진다. 그림 9-15는 클라이언트와 서버 간에 논리적은 연결을 만들기 위해 필요한 메시지 교

환의 4단계를 보여준다.

1단계는 논리적 연결을 설정하고 관련된 보안 능력을 확립한다. 메시지 교환은 클라이언트가 시작하며, 다음 변수를 포함한 client_hello 메시지를 서버로 보낸다.

- **버전**: 클라이언트가 해석할 수 있는 가장 높은 SSL 버전을 표시한다.
- **난수(random number)**: 32비트의 시간 정보와 보안 난수 생성기가 만든 28바이트 수로 구성된 클라이언트가 만든 무작위 수 구조로, 이 값은 키 교환 시 재생(replay) 공격을 막기 위해 사용된다.
- **세션ID**: 가변 길이의 세션 식별자로 0이 아닌 값은 클라이언트가 존재하는 연결의 파라미터들을 갱신하거나 이 세션에 새로운 연결을 만들려는 의사를 표시한다. 0은 새로운 세션에서 새로운 연결을 설정한다는 것을 의미한다.
- **암호 한 벌**: 클라이언트에서 지원하는 암호화 알고리즘의 조합을 선호도가 높은 순서로 열거한 목록으로, 각 요소는 키 교환 알고리즘과 암호 명세를 정의한다.
- **압축방법**: 클라이언트가 지원하는 압축 방법들을 나타낸다.

client_hello 메시지를 보낸 클라이언트는 서버의 server_hello 메시지를 기다리는데, 이 메시지에도 client_hello 와 같은 변수들이 포함된다.

2단계의 과정은 사용하는 공개키 암호화 기법에 따라 달라지며, 어떤 경우에는 서버가 클라이언트에게 추가적인 키 정보와 함께 인증서를 전달하고 클라이언트의 인증서를 요구한다. 모든 경우에 필요한 2단계의 마지막 메시지는 server_done 메시지로, 서버가 sever_hello와 그와 관련된 메시지의 처리가 모두 끝났음을 알리기 위해 보낸다. 이 메시지를 보낸 후 서버는 클라이언트의 응답을 기다린다.

3단계에서는 server_done 메시지를 받고난 후, 클라이언트는 필요한 경우 서버가 유효한 인증서를 보냈는지 확인하고 server_hello 변수들이 적용 가능한지를 확인해야 한다. 모든 조건이 만족되면, 클라이언트는 사용하는 공개키 암호화 기법에 따라 몇 가지 응답 메시지를 보낸다.

4단계는 마지막 단계로 클라이언트는 change_cipher_spec 메시지를 보내고 보류 중인 암호 명세를 현재의 암호 명세에 복사한다. 이 메시지는 핸드셰이크 프로토콜의 일부는 아니지만 암호 명세 교환 프로토콜을 사용해서 보낸다. 그 다음 클라이언트는 즉시 새로운 알고리즘과 키를 이용해 finished 메시지를 보낸다.

서버가 이 두 메시지를 수신하면 서버의 change_cipher_spec 메시지를 보내 보류 암호 명세를 현재의 암호명세로 전환하고 finished 메시지를 보낸다. 이것으로 협상은 완료되고 클라이언트와 서버는 응용계층의 데이터를 송수신할 수 있다.

9.6 인터넷 보안

IAB(Internet Architecture Board)에서 1994년 인터넷에 현재보다 효과적인 보안이 필요하다는 것을 지적하였다. 여기에는 네트워크 장치들을 허가 없이 관찰하거나 네트워크 트래픽을 임의로 제어하는 불법적인 행위들을 방어하고, 사용자 간의 트래픽을 인증과 암호화 기법으로 보호해야 할 필요가 있다고 언급하였다.

인터넷을 구성하는 라우터와 교환기 등과 같은 네트워크 장비들의 취약점뿐 아니라 Window나 UNIX, Linux 같은 운영체제 자체의 보안 문제점까지 거론하였다.

이러한 문제를 해결하기 위해 IAB는 인증과 암호화를 IPv6의 보안 특성에 포함시켰다. 이 보안 특성들은 IPv4와 IPv6 모두에 사용할 수 있게 설계 되었고, 많은 기업체들이 그들의 네트워크 장치에 IPSec의 기능을 구현하고 있다.

9.6.1 IP 보안(IP Security)

IPSec는 네트워크에서 패킷에 대한 보안을 제공하기 위해 IETF가 설계한 프로토콜들의 모음으로 IP 계층에 대해 인증하고 기밀성을 갖는 패킷의 생성을 지원한다. IPSec은 LAN과 사설 및 공용 WAN과 인터넷을 통해 안전한 통신을 할 수 있도록 해주며, 사용 예는 다음과 같다.

- 기업체는 분산되어있는 지사들과 인터넷이나 공중 WAN을 통해 안전한 가상 사설망 구축이 가능하여 비용과 네트워크를 관리의 번거로움을 줄일 수 있다.
- IP 보안 프로토콜을 이용하여 사용자는 ISP에 지역 호출(local call)을 통해 회사의 네트워크에 접속할 수 있어 재택근무자나 외근자의 통신비용을 줄인다.
- IPSec은 인증과 기밀성을 보장해 주고 키 교환 메커니즘을 제공해 줌으로써 다른 기관과의 안전한 통신을 보장한다.
- 웹과 전자 상거래 응용 프로그램이 자체적인 별도의 보안 프로토콜을 가지고 있더라도, IPSec의 사용은 통신 보안 강화에 도움을 준다.

다양한 응용을 지원할 수 있는 IPSec의 주요한 특징은 IP수준에서 모든 트래픽을 암호화하고 인증할 수 있으므로, 원격 접속과 클라이언트/서버, 전자 우편, 파일 전송, 웹 접속 등의 모든 분산 응용의 보안을 지원한다.

(1) IP 보안의 2가지 모드

IPSec은 그림 9-16에서 보듯이 전송 모드와 터널 모드 중 하나로 동작한다.

IPSec의 전송모드(transport mode)는 IP 패킷 전체가 아니라 전송층에서 네트워크 층으로 전달되는 페이로드를 보호한다. 이 모드는 IPSec 헤더와 트레일러를 전송층에서 오는 데이터에 붙이는데, IP헤더는 그 다음에 추가된다.

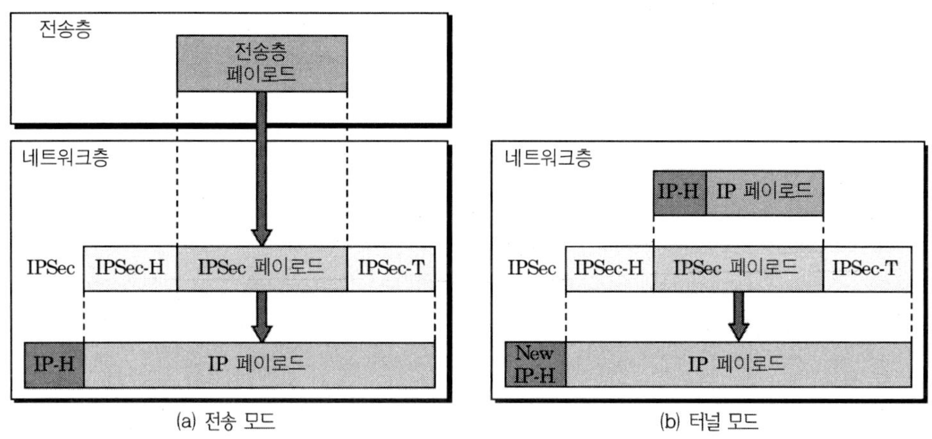

[그림 9-16] IPSec 프로토콜의 모드

전송모드는 데이터의 종단-대-종단의 보안이 필요할 때 사용하며, 송신 호스트는 전송층에서 전달된 페이로드를 인증하거나 암호화하기 위해 IPSec를 사용한다. 수신 호스트는 IP 패킷 인증과 복호화를 검사하기 위해 IPSec를 사용하고 전송층으로 전달한다. 그림 9-17은 송수신 호스트에서의 IPSec의 사용을 보여준다.

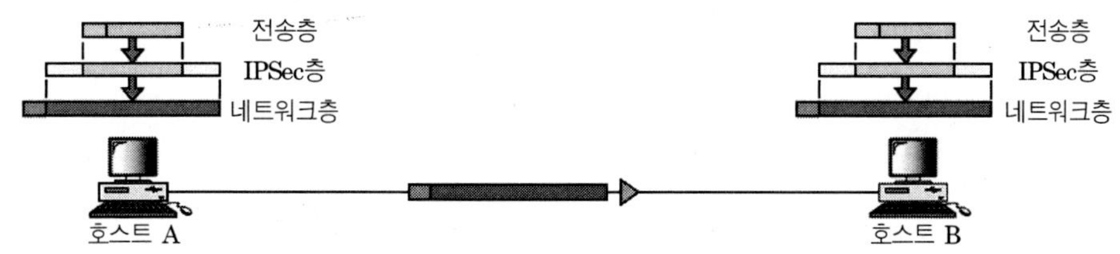

[그림 9-17] 전송모드의 동작

IPSec의 터널모드(tunnel mode)는 IP 패킷 전체를 보호하는데, IP 패킷을 받아 헤더를 포함한 패킷 전체에 IPSec 보안 방식을 적용한 후 그림 9-18과 같이 새로운 IP 헤더를 붙인다. 새로운 IP헤더는 원래 IP헤더와는 다른 정보를 가지게 되며, 그림에서 나타낸 것처럼 두 라우터 사이, 호스트와 라우터 사이 또는 라우터와 호스트 사이에서 사용된다. 다시 말하면, 송신자 또는 수신자가 호스트가 아닐 경우에 터널모드를 사용하며, 전체 원본 패킷은 송신자와 수신자 사이의 경로에서 공격으로부터 보호된다. 전체 패킷이 가상 터널을 거치는 경우와 같다.

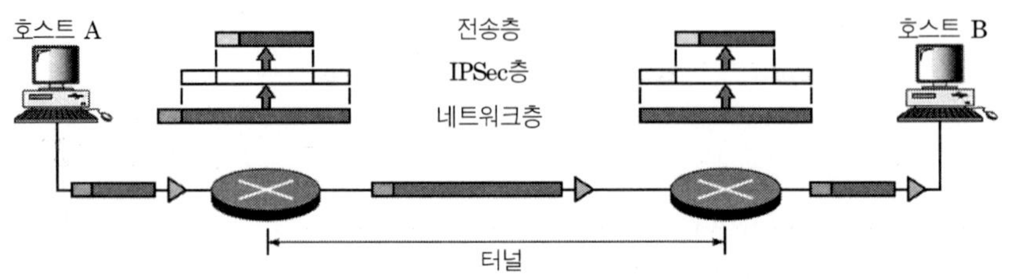

[그림 9-18] 터널모드의 동작

(2) IPSec 의 범위

IPSec는 인증 헤더(AH; Authentication Header)와 관련된 인증 기능, 보안 페이로드 캡슐화(ESP; Encapsulating Security Payload)라 부르는 인증/암호화의 복합 기능, 키 교환 기능, 등 3가지 주된 기능을 제공한다. 가상 사설 망(VPN)에서는 일반적으로 인증과 암호화가 모두 필요하다. 왜냐하면 허가받지 않은 사용자가 VPN에 침입하는 것을 막아야 하고, VPN에서 보내지는 메시지를 인터넷의 공격자가 읽을 수 없도록 해야 하기 때문이다. 일반적으로 두 가지 기능이 모두 요구되므로, 대부분의 구현에서 AH보다 ESP를 사용한다. 키 교환기능은 자동화된 기법뿐만 아니라 수동키 교환도 가능하다.

(3) 보안연합(SA; security association)

IP에 사용되는 인증과 기밀성 메커니즘에 나타나는 가장 중요한 개념은 보안연합(SA; security association)이다. IPSec에서 보안 파라미터의 확립은 보안연합에 의해 수행되고 단방향 관계이므로, 동등한 관계의 안전한 양방향 통신을 하려면, 두 개의 SA가 필요하다. 보안 서비스에서 하나의 SA에는 AH나 ESP 둘 중 하나만 사용할 수 있으며, SA는 다음과 같은 세 개의 변수로 식별한다.

- 보안 매개 변수 색인(SPI; Security Parameters Index)은 이 SA에 부여된 비트열로 로컬으로만 의미가 있는데, SPI는 AH와 ESP헤더에 넣어서 전달되고 수신 시스템에서 수신된 패킷을 처리할 SA를 선택할 수 있도록 한다.
- IP 목적지 주소는 SA의 최종 목적지 주소인데, 현재는 유니캐스트 주소만을 사용할 수 있고 방화벽이나 라우터 같은 최종 사용자 시스템이나 네트워크 시스템의 주소가 될 수 있다.
- 보안 프로토콜 식별자는 SA가 AH인지 ESP인지 알려준다.

그러므로 모든 IP 패킷에서 SA는 IPv4나 IPv6 헤더의 목적지 주소와 함께 보내는 AH나 ESP 확장 헤더의 SPI에 의해서만 식별해낼 수 있다.

IPSec 구현은 각 SA에 관련된 파라미터들을 저장하는 SA 데이터베이스의 구현을 포함하며, SA는 다음과 같은 파라미터들을 정의한다.

- 순서 번호 계수기는 AH나 ESP 헤더에 있는 순서 번호 부분을 위해 사용하는 32비트 값이다.
- 순서 번호 계수기 넘침은 순서 번호 계수기가 오버플로우 될 때 이 SA로 더 이상의 패킷 전송을 막을 것인지 말 것인지를 지시하는 플래그이다.
- 재생방지 윈도우(Antireplay window)는 순서 번호가 위치하는 슬라이딩 윈도우를 정의함으로써, AH 및 ESP 패킷의 재생 여부를 결정하는 데 사용한다.
- AH 정보는 인증 알고리즘과 키, 키 수명 및 관련 파라미터들을 나타낸다.
- ESP 정보는 ESP에 사용하는 암호화 알고리즘과 인증 알고리즘, 키, 초기값, 키 수명 및 관련 파라미터들을 나타낸다.
- SA의 수명은 SA가 새로운 SA와 SPI 대체되거나 종료되어야 하는 기간이나 어느 동작인지를 표시한다.
- IPSec 프로토콜 방식은 터널모드와 전송모드 또는 모든 구현에서 요구되는 와일드카드인지를 나타낸다.
- 경로 MTU는 확인된 최대 전송 단위와 노화 변수를 나타낸다.

키 관리 메커니즘은 보안 파라미터 색인자에 의해서만 인증 및 비밀보장 메커니즘과 연결되므로 인증과 비밀보장은 특정 키 관리와 무관하게 규정된다.

(4) 인증 헤더(AH; Authentication Header)

인증 헤더는 발신지 호스트를 인증하고 IP 패킷으로 전달되는 페이로드의 무결성을 보장하며, 해시 함수와 대칭키를 사용하여 메시지 요약을 만들어 인증헤더 속에 포함시킨다. 그리고 인터넷에서 볼 수 있는 주소 위장 공격으로부터 보호한다.

그림 9-19는 전송모드에서 인증헤더의 위치와 필드들을 보여준다.

- 다음 헤더 필드는 8비트로 이어서 나오는 바로 다음 헤더의 유형을 알려준다.
- 페이로드 길이 필드는 8비트로 인증헤더의 길이를 4바이트 워드 단위의 인증헤더의 길이를 나타낸다. 여기서 처음 8바이트는 포함하지 않는다.
- 미사용 필드는 16비트로 다음에 사용하기 위해 남겨둔다.

- 보안 파라미터 색인 필드는 32비트로 SA를 식별한다.
- 순서 번호 필드는 32비트로 데이터그램의 순서 정보를 제공한다.
- 인증 데이터 필드는 가변적 길이로 전송도중에 변하는 필드를 제외한 전체 IP 데이터그램에 해시 함수를 적용한 결과이다.

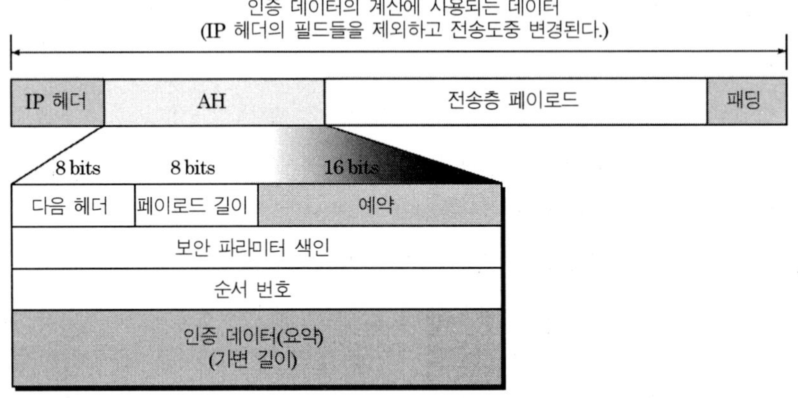

[그림 9-19] 전송모드의 인증 헤더

(5) 보안 페이로드 캡슐화(ESP; Encapsulating Security Payload)

인증헤더(AH)는 인증과 데이터 무결성만 제공하므로, IPSec은 발신지 인증과 무결성, 기밀성을 제공하는 보안 페이로드 캡슐화를 추가하여 정의하였다. ESP는 헤더와 트레일러를 추가하며, 계산을 쉽게 하려고 ESP의 인증 데이터는 패킷의 끝에 추가한다. 그림 9-20은 ESP 헤더와 트레일러의 위치를 보여주며, ESP 패킷은 다음과 같은 필드들로 이루어진다.

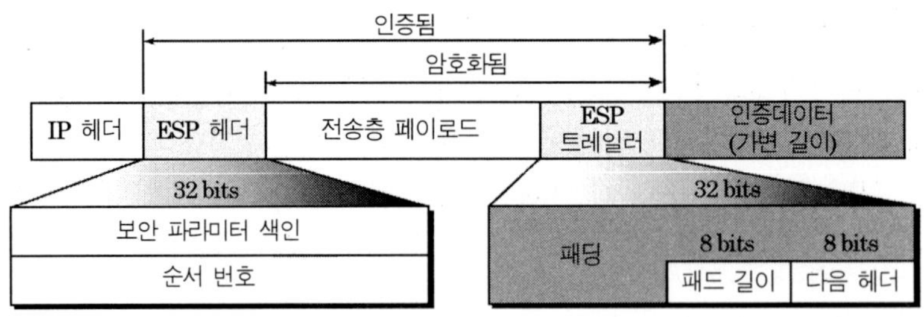

[그림 9-20] 전송모드에서의 IPSec ESP 형식

- 보안 파라미터 색인 필드는 32비트로 SA를 식별한다.
- 순서 번호 필드는 32비트로 데이터그램의 순서를 나타낸다.

- 패딩 필드는 0~255비트로 패딩할 때 사용하기 위한 0의 가변길이를 나타낸다.
- 패드 길이 필드는 패딩 바이트 수를 정의 하며, 0~255 사이의 값을 갖는다.
- 다음 헤더 필드는 8비트로 페이로더의 캡슐화되기 전 IP헤더의 프로토콜 필드와 같은 목적으로 사용된다.
- 인증 데이터 필드는 가변 길이로 ESP패킷에서 인증 데이터 부분을 제외한 부분에 대해 계산한 무결성 확인 값을 포함하며, 32비트 워드로 정수 개이다.

9.6.2 인터넷 키 교환(IKE; Internet Key Exchange)

인터넷 키 교환은 보안 연합 데이터베이스에서 인바운드(Inbound)와 아웃바운드(Outbound) 모두의 보안 연합을 만들기 위해 설계되었으며, IPSec에 대한 보안 연합을 생성한다. IKE는 그림 9-21에서 보듯이 3개의 다른 프로토콜인 Oakley와 SKEME, ISAKMP에 기반을 둔 복잡한 프로토콜이다.

Oakley 프로토콜은 Diffie-Hellman 키 교환 방식에 기반을 둔 키 생성 프로토콜이지만 일부분이 보완되었다. Oakley는 어느 면에서는 메시지를 교환하는 형식을 정의하지 않는 자유로운 형식의 프로토콜이다.

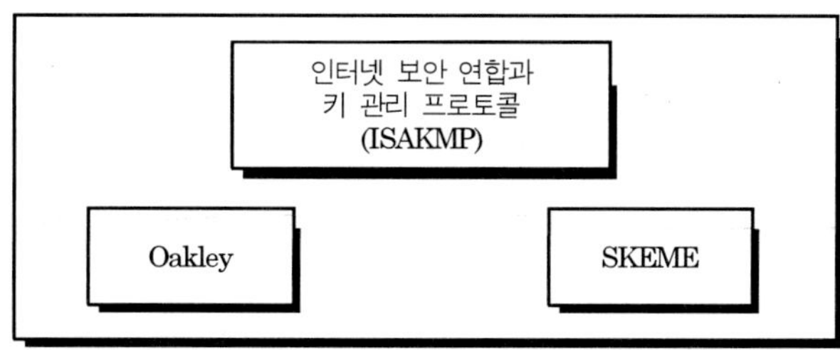

[그림 9-21] IKE의 구성 요소

SKEME는 키 교환을 위한 또 다른 프로토콜이며, 키 교환 프로토콜에서 개체 인증을 위해 공개키 암호화를 사용한다.

ISAKMP(Internet Security Association and Key Management Protocol)는 IKE에서 정의된 교환을 실제로 구현한 미국의 NSA에 의해 설계된 프로토콜이다. ISAKMP는 보안 연합을 생성하기 위해 표준화되고 정형화된 메시지를 만들도록 IKE 교환을 허가하는 몇 가지 패킷들과 프로토콜, 파라미터들을 정의한다.

9.6.3 가상 사설 네트워크(VPN; Virtual Private Network)

VPN은 기관 내 또는 기관 사이의 통신을 위해, 글로벌 인터넷을 사용하지만, 기관 내의 통신의 경우 기밀성이 필요한 큰 규모의 기관들에서 사용이 확대되고 있다. VPN은 IP 데이터그램에 보안을 적용하기 위해 IPSec 프로토콜을 사용한다.

(1) 사설 네트워크

사설 네트워크는 기관 내부에서 사용하기 위해 설계된 것으로, 공유 자원을 액세스할 수 있도록 하면서 기밀성을 제공한다. 이 네트워크를 이해하기 위해, 먼저 인트라넷과 엑스트라넷이라는 관련된 용어들을 소개하면

- **인트라넷(Intranet)**은 인터넷 모델에서 사용하는 사설 네트워크이지만, 네트워크에 대한 액세스는 기관 내부의 사용자로 제한된다. 네트워크는 HTTP와 웹 서버, 프린트 서버, 파일 서버 등과 같은 글로벌 인터넷을 위한 응용 프로그램을 사용하기 위해 정의된다.
- **엑스트라넷(Extranet)**은 인트라넷과 유사하지만 몇 가지 자원들은 네트워크 관리자의 통제가 가능한 범위에서 외부의 특정한 사용자 그룹에게 액세스하도록 허용한다. 대학의 경우 원격지의 학생들이 패스워드 확인 후 학교 컴퓨터를 액세스하거나 수강신청이나 인터넷 강의 서비스를 받을 수 있다.
- **주소 할당(Addressing)**은 인터넷 모델을 사용하는 사설 네트워크에서 주소 할당은 다음에 소개하는 3가지 방법 중 하나를 선택할 수 있다.
  ① 네트워크는 인터넷 관리기관에 주소할당을 요청할 수 있고, 인터넷 연결 없이도 사용할 수 있다. 이 방법은 이후에 인터넷과 연결하려 할 때 비교적 쉬운 장점이 있지만 주소를 낭비한다.
  ② 네트워크는 인터넷 관리기관에 등록하지 않고도, 주소를 부여하여 사용할 수 있는데, 독립된 네트워크이므로 외부의 네트워크와 주소가 중복되어도 무관하다. 그러나 사용자들이 글로벌 인터넷의 부분으로 주소를 혼동하여 잘못 사용할 수 있다.

표 9-2 사설 네트워크 주소

프리픽스(Prefix)	범위	총 개수
10/8	10.0.0.0 ~ 10.255.255.255	224
172.16/12	172.16.0.0 ~ 172.31.255.255	220
192.168/16	192.168.0.0 ~ 192.168.255.255	216

③ 앞의 두 가지 방법들이 가지고 있는 문제점을 해결하기 위해 인터넷 관리자들은 표 9-2와 같은 3개의 예약 주소를 부여한다.

기관은 인터넷 관리자의 승인 없이 외부에서 주소를 사용할 수 있으며, 사설 네트워크를 위한 이 예약 주소들은 잘 알려져 있다. 이 주소들은 기관 내에서는 유일하지만, 외부에서는 유일하지 않으므로 라우터들은 이 주소를 가진 패킷을 목적지로 전달하지 않는다.

(2) 기밀성 제공

기밀성을 제공하기 위해 기관은 하이브리드 네트워크, 사설 네트워크, 가상 사설 네트워크 중 하나를 사용할 수 있다.

- 사설 네트워크는 기관 내부의 정보를 전달하고 기밀이 필요한 경우 사용할 수 있다. 한 장소에 위치한 작은 기관은 독립된 LAN을 사용하며, 내부의 사람들은 내부의 다른 사람들에게 안전이 보장된 데이터를 보낼 수 있다. 여러 장소에 분산된 큰 기관에서도 다른 장소에 있는 LAN들을 라우터와 전용회선으로 서로 연결하여, 사설 네트워크를 구성할 수 있다. 그러므로 인터넷은 사설 LAN과 사설 WAN으로 구성될 수 있다. 그림 9-22는 두 장소에 분산된 기관의 LAN들을 라우터와 전용회선으로 연결한 모양을 보여준다.

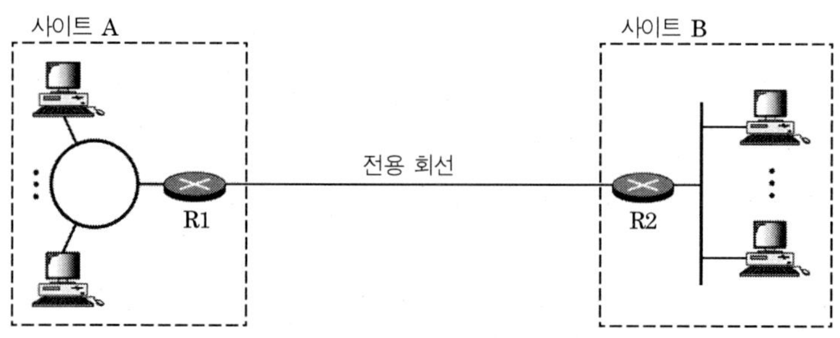

[그림 9-22] 사설 네트워크

이 방법으로 기관들은 글로벌 인터넷과 완전히 독립된 사설 네트워크를 만들며, 종단-대-종단 통신을 위해 다른 장소에 위치한 기관들은 인터넷 모델을 사용할 수 있다. 그러나 기관 인터넷 관리자에게 IP 주소 할당을 요청할 필요가 없으며 사설 IP 주소를 사용한다.

- 대부분의 기관들은 그림 9-23처럼 기관 내부의 데이터는 사설 네트워크를 통해 라우팅되며, 외부 기관으로 보내는 데이터는 글로벌 인터넷을 통해 라우팅된다. 이 경

우는 하이브리드 네트워크를 사용하며, 하나의 기관이 자신의 사설 인터넷을 가지면서 글로벌 인터넷을 액세스하는 것을 말한다.

한 기관의 분산된 LAN들은 라우터 R1과 R2 사이를 전용회선으로 연결하고, 외부와의 연결은 라우터 R3과 R4를 사용한다. 이 기관은 내부 통신과 외부 글로벌 인터넷과의 통신을 모두 하기 위해 글로벌 IP 주소를 사용한다. 그러나 내부에서 전달되는 패킷들은 모두 라우터 R1과 R2를 통해서만 라우팅되며, 외부와 송수신되는 패킷들은 R3과 R4 라우터를 통해 라우팅된다.

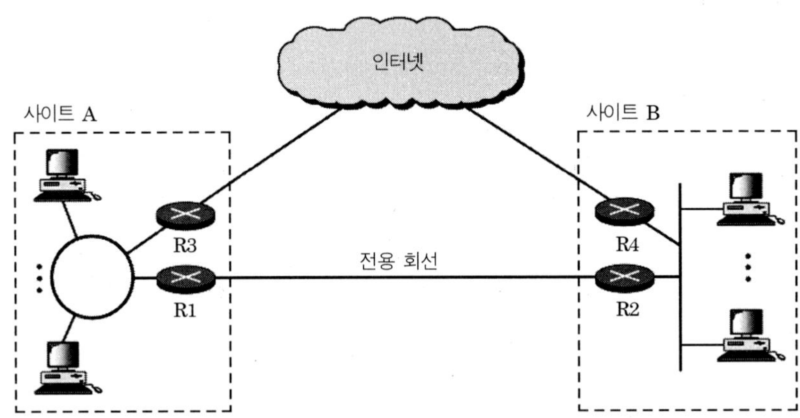

[그림 9-23] 하이브리드 네트워크 구성

- 사설 네트워크와 하이브리드 네트워크의 가장 큰 단점은 네트워크 구성에 비용이 많이 드는 것이며, 광역 사설 네트워크 구성은 엄청난 비용이 필요하다. 그러므로 전용회선 대신 사설 및 공중통신을 위해 글로벌 인터넷을 사용하는 데, 이것을 가상 사설 네트워크라고 부르며 하이브리드 네트워크를 사용하는 기관의 요구 사항을 만족시킬 수 있다.

VPN은 사설이지만 가상의 네트워크를 구성하고, 기관 내의 기밀성을 보장해 주기 때문에 사설 네트워크로 볼 수 있다. 그리고 사설 WAN을 사용하지 않기 때문에 가상이라고 하며, 물리적으로 이루어지는 것이 아니라 글로벌 인터넷을 통해 구성되는 가상의 사설 네트워크이다.

그림 9-24는 가상 사설 네트워크의 개념을 보여주며, 라우터 R1과 R2는 기관의 기밀성을 보장하기 위해 가상 사설 네트워크 기술을 사용한다.

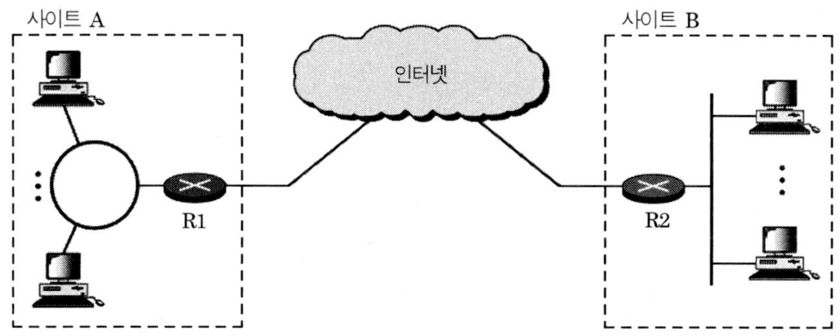

[그림 9-24] 가상 사설 네트워크 구성

(3) VPN 기술

가상 사설 네트워크는 인증과 무결성, 기밀성을 제공하기 위해 터널모드의 IPSec를 사용한다. 터널 모드에서 각 IP 데이터그램은 또 다른 데이터그램으로 캡슐화 된다. 터널링에서 IPSec를 사용하기 위해서는 그림 9-25에서 나타낸 것과 같이 두 개의 주소를 부여해야 한다.

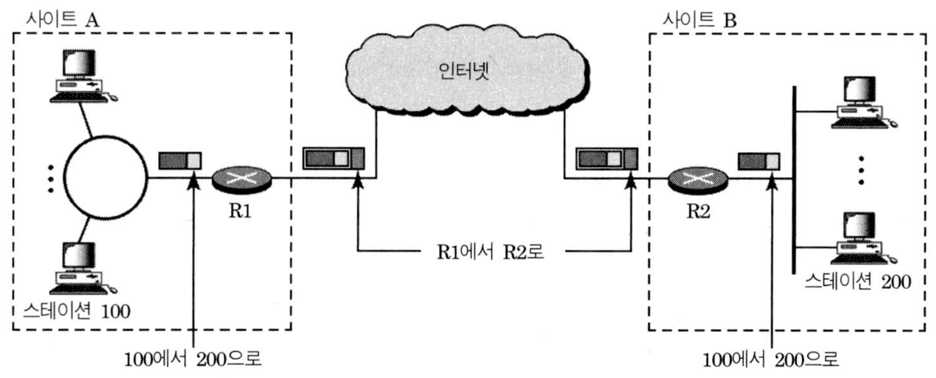

[그림 9-25] VPN 주소 부여

- 공개 네트워크는 패킷을 R1에서 R2로 전송하는 책임이 있으며, 외부에서는 패킷의 내용이나 발신지와 목적지 주소를 복호화 할 수 없다. R2에서 패킷을 복호화하고, 패킷의 목적지 주소를 찾고 패킷을 목적지로 전달한다.

EXERCISE

연/습/문/제 09장

01 수동적 공격과 능동적 공격의 차이점은 무엇인가?

02 수동적 공격과 능동적 공격의 종류를 제시하고 간단히 설명하시오.

03 DES와 3중 DES의 차이점은 무엇인가?

04 AES는 DES에 비해 어떤 점들이 보완되었는가?

05 트래픽 패딩이란 무엇인가?

06 메시지 인증의 방법들을 소개하시오.

07 안전한 해시 함수에 대해 간단히 설명하시오.

08 대칭형 암호화와 공개키 암호화의 차이점은 무엇인가?

09 공개키, 개인키, 비밀키의 차이점은 무엇인가?

10 전자서명은 무엇이며 왜 필요한가?

11 공개키 인증서란 무엇인가?

12 SSL에 속하는 프로토콜에는 어떤 것들이 있는가?

13 SSL 연결과 SSL 세션은 어떤 차이가 있는가?

14 IPSec의 주요한 3가지 기능에 대해 설명하시오.

15 IP 보안의 2가지 모드에 대해 설명하시오.

데이터 통신과 컴퓨터 네트워크

지 은 이 | 이용균

펴 낸 이 | 김형근

펴 낸 곳 | 도서출판 기한재

신 주 소 | 경기도 파주시 회동길 56
구 주 소 경기도 파주시 교하읍 문발리 535-11
(파주출판문화정보산업단지)

전 화 | 031)955-0900~2

팩 스 | 031)955-0100

등 록 | 1990년 3월 15일 제2-968호

발 행 | 2013년 3월 20일 1판 2쇄

정 가 | 19,000원

무단 복제 및 무단 전재를 금합니다.

Published by Kihanjae Co.

ISBN 978-89-7018-569-9

http://www.kihanjae.com

E-mail : kihanjae@hanmail.net